조리원리를 풀어 쓴

조리과학 &
관능평가

이진택·안용기·성기협 공저

조리원리를 바탕으로 한
조리과학 지침서

(주)백산출판사

　인간의 삶은 예로부터 생존을 위한 기본적인 욕구가 해결되면 좀 더 나은 삶을 위해 과학(科學)이라는 체계적 학습을 통해 발전해 왔다. 이러한 과학적 범주 안에서 조리외식 분야 역시 '미식(美食 : 행복)과 영양(營養 : 삶)'이라는 대표적인 카테고리(Kategorie)를 만들게 되었다. 여기에서 말하는 미식(美食)은 인간이 생존을 위한 먹거리를 벗어나 개인 혹은 집단의 취향에 맞는 음식을 섭취함으로써 느낄 수 있는 행복감의 전제조건이 되며 인간의 이차적 욕구를 대변하는 말이다. 이러한 미식을 해결할 수 있는 도구가 바로 조리원리를 이용한 과학적인 조리방법이라 하겠다.

　그러나 예로부터 한국의 음식문화와 관련하여 자주 사용된 '손맛'이라는 말에서 알 수 있듯이 우리의 음식문화는 과학적 원리보다는 음식 만드는 사람의 감각적 기술에 의존해 음식을 만들어 왔으며 조리방법의 표기에서도 '약간', '적당히', '몇 방울'과 같은 용어를 사용함으로써 정확한 계량이 이루어지지 않아 조리외식 산업의 측면에서 대량화는 물론 표준화의 어려움과 함께 조리과정에 대한 명확한 이해도를 떨어뜨리고 조리과정에서 발생하는 변화에 대해 능동적으로 대처할 수 없는 것이 사실이었다. 또한 푸드테크(Food-Tech)라 불릴 정도로 발전하는 현시대의 조리기기와 과거에는 볼 수 없었던 이타적(생물학 · 물리학 · 화학)인 분야 및 조리과학(調理科學)의 만남은 새로운 조리법과 조리기술을 더욱더 필요로 하게 되었다. 이렇듯 갈수록 고도화되어 가는 현대 음식문화 속에서 대량화·표준화를 비롯한 다양한 문제점들을 해결하기 위해 조리원리를 바탕으로 한 조리과학 지침서가 필요함을 인식하게 되었다. 이에 저자들은 식품의 종류와 특성 그리고 음식에 대한 관능평가를 실시함으로써 조리조작 시에 발생하는 과학적 현상을 이해하는 데 초점을 맞춘 책을 출간하게 되었다.

먼저 Chapter 1에서는 조리작업에 필요한 이론적 개념 확립을 위해 조리도구 및 조리방법과 식품 구성성분에 대하여 서술하였다. Chapter 2에서는 각각의 식재료가 갖는 조리특성 및 조리원리에 대하여 서술하였다. Chapter 3에서는 Chapter 1, 2의 내용을 바탕으로 실제 음식을 조리한 후 각각의 음식이 가지는 향미(香味)를 평가하는 관능평가 방법을 소개함으로써 식품의 조리원리 및 조리과학에 대한 이해도를 높이려 노력하였다. 이에 본서(本書)가 조리분야에 새로 입문하는 학생이나 조리과학에 대해 관심 있는 분들의 지침서(指針書)가 되기를 희망하며 향후 부족한 부분은 개정을 통해 지속적으로 보완할 것임을 약속드린다.

이 책이 세상의 빛을 볼 수 있도록 도움을 주신 ㈜백산출판사 진욱상 사장님을 비롯하여 이경희 부장님과 편집부 관계자 여러분 그리고 임직원 여러분께 진심으로 감사드리며 이 책과 더불어 독자 여러분들도 건승(健勝)하시기를 기원한다.

저자 씀

CONTENTS

Chapter 1 | 조리와 조리과학

Chapter 2 | 조리원리의 이해

Chapter 3 | 관능검사

조리와 조리과학

Chapter **1**

조리와 조리과학

① 조리(調理)의 개요와 식품 구성성분

1) 조리의 의미(意味)와 목적(目的)

(1) 조리의 의미

인간은 식용할 수 있는 다양한 식재료를 활용해서 음식을 만들고 섭취하며 살아간다. 과거에도 음식은 섭취해 왔지만, 생존을 위한 섭취가 주목적이었기에 주변에서 쉽게 구할 수 있는 식재료를 수렵이나 채집을 통해 구한 후 별도의 가공과정을 거치지 않고 날것 그대로 섭취하는 방식이 대부분이었다. 그러나 역사와 문화가 발전함에 따라 음식을 더 맛있고 영양가 있게 만들기 위한 노력을 기울이게 되었고 다양하게 연구하면서 많은 발전이 이루어졌다. 또한 음식은 그 민족의 문화와 주변 환경, 역사, 전통을 반영하기에 여러 형태로 변화되었으며 현대에 와서는 국가와 지역, 사회, 경제, 생활환경 등의 영향을 받아 더욱 세분화되었다. 이제 음식은 살아가기 위한 필수요인을 넘어 삶의 가치와 그 나라의 다양한 요인들을 반영하는 종합적 요소라 할 수 있다.

이러한 과정에서 몸에 필요한 여러 가지 영양소들을 섭취함으로써 건강을 증진함과 동시에 식생활의 가치를 높이고 만족도를 충족시킬 수 있게 되었다. 이처럼 생존을 위한 영양소의 섭취는 물론 기호와 가치를 높이기 위해 식재료를 선별하고 조작/가공 처리해서 하나의 음식으로 만드는 일련의 과정과 방법을 조리(調理)라고 한다.

(2) 조리의 목적

조리의 궁극적인 목적은 재료 자체가 가지고 있는 다양한 기호와 영양적 측면에서의 장점을 최대한으로 끌어내고 단점은 최소화시킴으로써 맛과 영양성을 향상시키며 음식에 문화와 멋을 담아내기 위한 총체적인 과정이라고 정의할 수 있다. 음식이 만들어지기까지 조리라는 과정은 세 가지 기능을 수행한다. 첫째, 영양성과 위생성의 향상 둘째, 맛과 멋의 향상, 마지막으로 문화를 담는 기능이다.

① 영양성과 위생성의 향상

음식에 사용되는 재료들은 그 성분과 특성에 따라 다양한 영양소와 함께 일부 재료는 자체적인 독성 또한 포함하고 있다. 이런 식재료들을 '조리'라는 일련의 과정을 통해 식품의 독성은 제거해서 무독성으로 변화시키고, 흡수성이 약하던 영양소는 흡수가 용이한 상태로 바꿔 소화 흡수를 도와주기도 하며, 좋은 미생물은 살리고 나쁜 미생물과 박테리아는 사멸시켜 위생적으로 안전하게 섭취할 수 있는 음식으로 만들어준다. 이처럼 식품을 조리하는 데 있어 영양성과 안전성 그리고 기호성은 반드시 갖춰져야 할 중요한 요인이라 하겠다.

② 맛과 멋의 향상

조리는 영양분을 효율적으로 섭취하기 위한 일종의 에너지 보충 방법이다. 단순히 에너지를 채우기 위해 먹는다면 조리과정은 필요하지 않을 것이다. 따라서 영양분의 흡수가 좋은 상태로 만들어서 섭취하면 되는데 군이 '조리'라는 과정을 거치는 이유는 음식에 대한 심미적 기능 향상과 기호성을 높이기 위함이다. "보기 좋은 떡이 먹기도 좋다"라는 말처럼 조리는 '생존을 위한 식품의 조작 작업' 이상의 기능을 가지고 있다.

③ 문화를 담는 기능

대부분의 국가는 고유한 역사와 전통을 가지고 있으며 이러한 민족문화를 보여주는 지표는 다양하다. 즉 종교나 경제생활, 문화예술 등과 같은 고유의 전통과 풍습, 관습이 존재하는데 그중 식생활을 통한 문화는 그 민족을 대표하는 상징적 지표라고 할 수 있다. 한 민족의 식생활이란 단순히 먹을 것을 보여주는 데 그치지 않고, 오랜 시간 대물림되어 온 풍습과 자연적, 경제적, 사회적 그리고 기술적 요인들이 반영되어 형성된다. 이러한 요인들은 긴밀한 상호작용을 통해 문화를 유지하고 계승하며 시대에 맞도록 발전시키는 기능을 하는 것이다.

② 조리과학(調理科學)의 의미와 목적

1) 조리과학의 의미와 목적

조리의 의미를 간단하게 정리하면 재료가 가진 특성을 이해하고 조리조작(가열 또는 비가열) 과정을 통해 궁극적으로 보기 좋고 맛있는 음식을 만드는 과정이라고 할 수 있다. 하지만 자세히 살펴보면 물리학 또는 생물학 나아가 화학, 영양학, 위생학, 식품학, 생리학은 물론 식품재료의 종류와 성분 그리고 식품의 특성과 기능에 대한 포괄적인 지식을 필요로 하는 과학적인 학문이다.

과거에는 전통적으로 내려오는 조리기술과 재래식 조리방법을 경험과 노하우(know-how)에 의존하며 조리에 적용해 왔기 때문에, 선배 조리사들의 숙련도에 따라 조리법이 바뀐다거나 도제식으로 답습하기 위해 많은 시간과 노력이 필요했다. 그 때문에 경험과 경력이 쌓이지 않으면 본래의 맛을 구현해 내기가 매우 어려웠다. 또한 일원화된 조리과학의 기초 틀이 만들어지지 않았기에 조리과정 중에 일어나는 현상이나 변수에 대한 이유를 알기가 힘들었다. 하지만 이제는 식품별 조리 특성을 이해하고 조리과정에서 일어나는 물리적, 화학적 변화를 확인하며 과학적으로 체계화된 데이터를 바탕으로 정확한 원리를 파악해야 할 필요가 있다.

즉, 조리과학이라는 분야가 의미하는 것은 조리에 필요한 식재료들의 물리적인 특성, 조리과정 중 물이나 불과 같은 다양한 매개체에 의해 생기는 재료의 화학적 변화, 맛과 위생을 위해 유의할 사항들 그리고 최종적으로 풍부한 영양가를 지닌 뛰어난 맛의 음식을 만들기 위해 과학적 기반을 갖추는 데 있어 큰 의미를 지니고 있다.

또한 근래의 사람들은 발전된 경제상황만큼이나 맛있는 음식만을 찾는 것이 아닌 영양과 맛, 모양이 더욱 새로운 음식의 변화를 추구하고 있다. 음식에 대한 기대치가 높아질수록 다양한 조리법을 개발하고 접목해야 하며 기존의 틀을 깨는 독특한 발상의 전환이 필요하다. 발상의 전환과 조리법 응용을 위해서는 조리방법의 과학적 특성을 이해하고, 식품의 성분과 조직구성, 물성의 변화, 기호성, 안전성, 영양성 등에 대한 과학적 원리를 바탕으로 이를 해명하고 식품의 화학적 변화도 조명해야 한다. 하지만 조리가 이뤄지는 중간에 생기는 변화는 식품의 물리적 변화와 화학적 변화 외에도 첨가되는 다양한 부재료에도 많은 영향을 미치기 때문에 변화 모두를 일목요연하게 정리하고 변화에 대한 특성을 해명한다는 것은 결코 쉬운 일이 아니다. 물리학과 화학, 생물학적 지식과 식품학, 통계학 등 여러 학문을 통한 연구와 해석이 필요하고 결과 도출을 위해 통합적인 접근법을 활용해야 한다. 그리고 이렇게 연구된 일련의 조리과정은 실제 식생활에 직간접적으로 적용할 수 있도록 해야 한다. 특히 과거부터 전해져온 전통적 조리법의 특징과 현대의 과학적 특성을 이용해 조리에 대한 원리를 이해하고 기존보다 나은 조리법을 개발하는 것, 그리고 최소한의 시간과 노력을 들여 더 나은 음식을 만들기 위한 효율적인 방식을 연구하는 것이 매우 중요하다. 이를 위해 다양한 지식을 연구하고 탐구하는 자세, 실생활에 접목할 수 있는 응용성을 높이는 것이 조리과학의 궁극적인 목적이라 할 수 있다.

③ 식품의 구성성분

인간이 삶을 영위하기 위해서는 우선 갖추어져야 할 요건이 의(衣)·식(食)·주(住)이다. 그중에서도 생명의 유지 측면에서 무엇보다 중요한 요소가 음식 즉, 식품(食品)이다. 식품의 사전적 의미를 살펴보면 '사람이 섭취할 수 있는 음식을 통틀어 이르는 말'로써 한 가지 이상의 영양소를 함유하고 있어야 한다. 이러한 식품을 구성하는 물질은 크게 식품의 영양적 가치를 부여하는 일반성분과 식품에 향미를 부여하는 특수성분으로 나눌 수 있다. 특수성분에는 향을 내는 정미물질과 독성을 나타내는 독성물질, 맛에 관여하는 지미성분, 그리고 식품의 변화에 관여하는 효소물질로 나눌 수 있으며 영양적 가치를 부여하는 일반성분은 크게 수분과 고형물질로 나누어볼 수 있다. 고형물질은 무기물과 유기물을 포함하며, 유기물은 탄수화물을 비롯한 지방, 단백질, 회분을 포함한다. 일반적으로 조리와 식품관련 학문을 연구할 때 인간이 섭취하기 이전의 식품 성분을 연구하는 학문을 식품학이라 하고, 인간이 식품을 섭취한 후 체내에서 일어나는 현상들을 연구하는 학문을 영양학이라 이해하면 된다.

무기질(無機質) & 유기질(有機質)
무기질 : 생체 유지에 없어서는 안 되는 필수 영양소로서 뼈, 치아, 체액, 혈액 등에 포함되어 있는 칼슘, 인, 물, 철분, 요오드 따위를 통틀어 이르는 말로서 C, H, O, N을 제외한 미네랄 등을 이야기한다. 쉽게 말해 태웠을 때 재가 되어 남아 있는 성분이다.
유기질 : 유기 화합물의 물질이나 성질로서 공간을 차지하는 질량을 가지며 탄수화물, 지질, 단백질, 비타민 등을 포함하며 태웠을 때 탄소가 사라지는 성분이다.

◈ **식품의 다섯 가지 기초식품군**

식품성분에 의한 다섯 가지 기초식품군				
구분		식품군	주요 영양소	식품명
체조직 구성 식품	1	고기와 생선알 & 콩류	단백질	육류, 생선류, 조개류, 굴, 두부, 콩, 땅콩, 된장, 달걀
	2	우유 및 유제품 뼈째 먹는 생선	칼슘	멸치, 뱅어포, 잔새우, 잔생선, 사골, 우유, 유제품
생리 작용 조절 식품	3	채소 및 과일류 / 녹황색채소 담황색채소 과일	무기질 및 비타민	당근, 배추, 시금치, 무, 양파, 오이, 양배추, 콩나물, 사과, 귤, 감, 딸기, 포도, 배, 참외, 수박, 풋고추, 부추, 깻잎, 토마토, 미역, 다시마, 파래, 김
에너지 식품	4	곡류(잡곡 포함) 및 감자류	탄수화물	쌀, 보리, 콩, 팥, 옥수수, 밀, 감자, 고구마, 토란, 밀가루, 미숫가루, 국수류, 떡류, 빵류, 과자류, 캔디류
	5	유지류	지질	참기름, 들기름, 옥수수기름, 면실유, 콩기름, 쇠기름, 통깨, 잣, 호두, 쇼트닝, 버터, 라드, 마가린

1) 수분(Moisture)

수분은 모든 동·식물에게 있어 필수적인 구성성분으로 수소(H)원자 2개와 산소

(O)원자 1개가 결합하여 분자(H_2O)를 이루고 이러한 분자들이 서로 엉켜서 상온에서 무색, 무미, 무취의 액체상태를 이루는 것으로 일반적으로 채소와 과일의 수분함량은 90% 정도이고 육류는 50~70%, 곡류는 8~16%가량 들어 있다. 특히 인체 내에서의 수분의 주요 기능으로는 물질의 운반작용(소화, 흡수, 순환, 배설) 즉, 영양소의 운반과 노폐물의 배설은 물론 체내 전해질의 균형과 세포의 삼투압 유지, 체온조절, 그리고 체내에 있는 모든 체액을 구성하여 윤활제의 역할을 한다. 또한 식품 내에서는 식품의 성질이나 외관, 관능적 품질 등에 영향을 미치며 식품 건조 시 수분함량을 줄여 미생물의 생육을 억제함은 물론 냉동 시에는 얼음으로 존재하면서 다른 식품과 공기를 차단함으로써 식품의 저장성을 높여주는 중요한 역할을 한다.

식품 중에서 수분의 역할
- 여러 화합물의 용매로 작용하여 화학적 반응을 일으키는 역할
- 식품의 조직감(물적 특성) 및 경제적 가치에 영향을 줌
- 미생물 성장에 영향을 줌

자유수(Free water)와 결합수(Bound water)

식품 내에서의 수분은 단순히 수분 형태로 존재하는 것이 아니라 탄수화물, 단백질, 지질 등의 유기화합물과 결합하여 그 일부분을 형성하고 있는 수분(결합수)과 염류, 당류, 수용성 단백질 등과 같은 가용성 물질을 녹여 용액상태로 만들거나 전분, 단백질, 지질 등과 같은 불용성 물질을 물속에 분산시켜 콜로이드 상태로 만드는 수분의 형태(자유수)가 있다. 특히 자유수는 유리수라고도 하며 세상에 존재하는 동물이나 식물에 모두 들어 있으면서 외부의 온도 및 습도 변화에 따라 쉽게 빠져나오는 형태의 물로서 0℃에서 얼고 100℃에서 끓는 보통의 물을 말하며, 식품 저장 시 건조하거나 냉동할 때 쉽게 증발되거나 동결되며 효소나 미생물의 증식, 생육에 이용된다. 결합수는 동물이나 식물의 성분과 결합되어 있는 물로서 조직이 파괴되어도 흘러나오지 않으므로 용매로 활용될 수도 없고 미생물에 의해서도 이용될 수 없다.

◈ 자유수와 결합수

자유수(유리수)	결합수
식품 내 자유상태로 존재	식품 내 고분자 물질과 강하게 결합되어 있음
전해질에 대하여 용매작용 있음	전해질에 대하여 용매작용 없음
쉽게 가열 및 증발 제거됨	가열 및 증발 어려움
0℃ 동결	0℃ 이하에서도 얼지 않음
미생물 생육 및 증식 가능	미생물 생육 및 증식 불가능

식품 내 자유수와 결합수 구분
−18℃를 기준으로 이하의 온도에서 액체상태로 존재하는 수분을 결합수라 한다.

수분활성도(Water Activity : Aw)

수분활성도는 수분의 활동능력을 수치로 나타낸 것으로 물의 활동으로 이해하면 된다. 같은 온도에서 순수한 물의 증기압(P_0)에 대한 식품에 함유된 수분의 증기압(P)의 비이다. 즉, 식품의 수분활성도는 각각의 식품에 함유된 용질의 종류와 양에 따라 다르며, P(식품에 함유된 수분의 증기압)는 P_0(순수한 물의 증기압)보다 적어서 수분활성도는 1보다 작게 된다. 따라서 순수한 물의 수분활성도는 1이고, 식품에 있는 수분의 수분활성도는 1 이하가 된다.

세균, 효모, 곰팡이 등은 수분활성도가 높을수록 성장·번식을 잘하기 때문에 수분활성도가 높은 식품(채소, 과일, 육류 등)들은 비교적 빨리 부패한다. 따라서 건조법, 냉동법, 염장법, 당장법 등과 같은 식품저장법을 이용하여 수분활성도를 저하시켜 미생물의 성장을 저해할 수 있다.

수분활성도 공식 & 주요 식품의 수분함량 및 수분활성도			
$Aw = \dfrac{Pw}{Ps}$ Aw : 수분활성도(Water Activity) Ps : 순수한 수분의 증기압 Pw : 용액 내 수분의 증기압	**식품**	**수분함량(%)**	**수분활성도(Aw)**
	채소/과실	90~97	0.97
	육류	65~70	0.97
	건조채소	14~20	0.6~0.7
	곡류	8~9	0.6~0.65
	면류	12~15	0.5

조리원리를 풀어 쓴 **조리과학 & 관능평가**

조리가공 중 물의 역할

- **세정(Wash)** : 식품의 이물질 제거(채소를 씻을 때 소금이나 식초를 사용하면 살균 및 잔류 농약 제거효과가 있으며 어패류는 엷은 소금물에 씻고 비늘, 지느러미, 내장을 제거한 후에 씻는 것이 좋다.)
- **용출(Extraction)** : 식품을 물에 담가두거나 끓여 식품 속에 있는 맛 성분 추출(짠맛, 쓴맛, 떫은맛 등)
- **삼투압(Osmosis : 침투압)** : 반투막(半透膜)의 양쪽에 농도가 다른 수용액이 있을 경우 농도가 낮은 수용액에서 농도가 높은 수용액 쪽으로 물이 이동할 때 생기는 압력을 말하며 대표적으로 조리에서 김장을 할 때 배추를 소금에 절이면 배추의 수분이 농도가 높은 소금물로 이동하면서 배추가 절여지는 현상을 예로 들 수 있다.
- **건조(Dry)** : 식품 속 수분함량을 감소시켜 저장성을 높이는 것(버섯류, 나물류 등)
- **팽윤(Swelling)** : 식품에 수분을 주어 흡수, 팽윤, 연화작용을 통한 조리시간의 단축
- **열의 전달매체** : 조리 시 열의 전도체로 사용(습열조리법: 찜, 데치기, 삶기 등)
- **화학변화 촉진** : 식품 내의 색소 용해 및 식품의 성질, 모양, 맛 등에 영향

식품의 보수력과 드립(Drip)현상

식품에 있어 수분은 품질을 결정짓는 데 매우 중요한 요소이다. 보수력이란 채소나 식육이 주어진 조건(온도, 밀폐)에 따라 수분을 보유할 수 있는 능력을 의미한다. 이에 따라 채소의 경우 수분 보수력에 따라 저장기간의 연장 여부와 품질의 저하 정도가 달라진다. 특히 식육의 맛을 좌우하는 아미노산, 펩타이드, 환원당, 지방 등을 풍미성분이라고 하는데 대부분 수용성 물질로부터 유래된다. 식육의 수분은 대부분 –0℃ 정도에서 얼기 시작하여 –30℃에서 90% 이상 동결하게 되는데 동결 시 단백질의 변성과 세포의 손상이 일어나기 때문에 동결육의 품질저하 원인이된다. 가령 냉동된 삼겹살을 구울 때 하얀색의 액체가 흘러나오는데 이것을 드립(drip)현상이라고 하며 이러한 드립현상으로 중량이 감소됨과 더불어 단백질, 무기질 등의 영양소 손실도 커지게 된다. 냉동하는 시간이 길수록 빙결정의 크기가 커지며 빙결정이 클수록 해동 시 손실되는 육즙의 양이 많아지게 되므로 식육을 포함한 모든 식품은 부피를 줄여서 가능한 한 최단시간(급속) 내에 냉동하는 것이 품질의 저하를 낮출 수 있다.

2) 탄수화물(당질 : Carbohydrate)

탄수화물(carbohydrate)은 당질이라고도 하며 탄소(C), 산소(O), 수소(H)의 세 가지 원소로 구성되어 있다. 식물의 엽록소(chlorophyll)에서 태양에너지에 의해 광합성으로 합성되어 주로 전분과 당류의 형태로 식품 중에 존재한다. 가수분해로 인해 생성되는 당 분자의 수에 따라 단당류(monosaccharide), 이당류(disaccharide), 다당류(polysaccharide)로 분류하며 인간이 주식으로 하는 쌀, 보리, 밀, 옥수수, 감자, 고구마 등 식물성 식품의 대표적인 구성성분이다.

체내기능으로는 1g당 4kcal의 에너지를 공급하고 뇌의 유일한 에너지 공급원(포도당)이며, 간장 보호 및 간의 해독작용은 물론 지방대사에 필수적임과 동시에 탄수화물이 충분히 공급되면 단백질이 에너지로 사용되지 않아 단백질 절약작용을 한다.

🌀 단당류

• 포도당(Glucose)

모든 당류의 구성단위가 되며 과일, 채소, 꽃 등에 존재한다. 중추신경계 세포들의 주요 에너지원으로 체내 대사에 주로 이용된다.

• 과당(Fructose)

과일, 채소, 꿀 등에 함유되어 있으며 달리아 뿌리, 돼지감자, 마늘 중에도 함유되어 있다. 당류 중 단맛과 용해도가 가장 큰 당이며 포도당과 결합하여 자당을 형성하나 단독으로는 식품 가공에 이용되지 않는다.

• 갈락토오스(Galactose)

식품 내에서 유리형태로 존재하지 않고 유제품이 발효되는 과정에서 생성된다. 해조류(한천)와 두류에 다당류 형태로 존재한다.

• 만노스(Mannose)

다당류인 만난(Mannan)의 구성성분으로 곤약 및 백합뿌리 등 식물의 뿌리에 들어 있으며, 발효성을 가지고 있다.

🌀 이당류

• 맥아당(Maltose)

두 분자의 포도당이 결합한 이당류로서 다당류인 전분을 함유하는 보리가 적당한 온도와 습도에서 발아하여 맥아를 생성할 때 생성되기 때문에 맥아당이라 부른다. 자연식품에는 존재하지 않으며 전분이 Amylase에 의해 가수분해될 때 생성되며 맥주, 식빵, 육아식품 등의 제조에 사용된다.

• 유당(젖당, Lactose)

포도당과 갈락토오스가 각각 한 분자씩 결합된 이당류로서 식물체에는 존재하지 않고 포유동물의 유즙 중에 2~8% 정도 존재한다. 포유동물의 성장과 뇌신경 조직의 성장에 중요한 역할을 하며 또한 젖산으로 전환되기 쉬운데 이 젖산은 식품의 저장성을 유지하는 데 효과적이다.

• 자당(설탕, Sucrose)

포도당 한 분자와 과당 한 분자가 결합한 당으로 비환원당이다. 특히 사탕수수, 사탕무에 많으며 조리 시 주된 감미료로 사용된다. 설탕을 산이나 자당의 전화효소인 Sucrase로 가수분해하여 얻은 포도당과 과당의 동량 혼합물을 전화당(Invert Sugar)이라 하며 이것은 설탕보다 단맛이 더 강하다. 전화당은 보습력이 좋아 캔디 제조에 많이 사용된다.

🌀 올리고당류(Oligosaccharides)

올리고당류(Oligosaccharides)는 단당류가 3~10개 결합되어 있는 탄수화물을 의미하며 근래에는 다이어트 및 장내 정장작용을 하는 것으로 밝혀져 기능성 소재로 중요시되고 있다.

🌀 다당류

가수분해될 때 여러 개의 단당류들이 결합되어 분자량이 큰 탄수화물이다. 영양학적 측면에서 중요한 당류이며 자연계에서 다량으로 광범위하게 존재한다.

• 덱스트린류(Dextrins)

녹말을 열이나 산, 효소로 가수분해할 때 포도당이나 맥아당이 되기 전에 생성되는 전분의 가수분해 중간산물이다. 빵이나 캔디 제조 또는 식품 조리 시 물에 녹으면 점착성이 있어 농후제로 사용한다.

• 글리코겐(Glycogen, Animal Starch)

글리코겐은 동물의 체내에 존재하는 동물성 전분으로 간장(6~8%)과 근육(0.5~0.8%)에 저장되어 있으며 세포 내의 원형질에 존재한다. 가수분해 시 포도당을 생성한다.

• 섬유소(Cellulose)

모든 식물성 세포벽(막)의 구성성분으로 자연계에 널리 분포되어 있는 탄수화물이다. 사람의 소화효소작용을 받지 않으므로 에너지원으로는 사용되지 못하나 수분의 흡수성이 좋아 섭취 시 장운동 촉진 및 포만감이 있다. 또한 정장작용이 있어 다이어트 식품으로 많은 개발이 이루어지고 있다.

• 펙틴(Pectin)

펙틴은 식물의 세포벽이나 세포막 사이 결합물질로서 식물의 조직을 지탱하는 역할을 한다. 사과나 감귤류의 과피에서 산이나 당과 함께 가열하면 젤리화하는 성질이 있어 잼이나 젤리 등 가공식품에 이용된다.

• 알긴산(Alginic acid)

갈조류 다당류로서 세포막을 구성하고 있으며 다시마, 감태 등에 많이 포함되어 있다. 굳고 끈끈한 성질이 있어 아이스크림, 잼, 치즈, 마요네즈 등에 첨가하여 점성을 증가시키는 데 많이 이용한다. 근래에는 액상(소스)을 구체화시키는 조리법에 많이 이용되고 있다.

• 키틴(Chitin)

아미노산의 하나이며 유기용매나 알칼리, 물에 녹지 않는다. 새우, 게 등의 갑각류와 메뚜기 등의 곤충껍질에 함유된 난소화성 다당류로서 키틴에서 얻은 키토산은 다양한 생리활성 효과로 근래에 기능성 식품소재로 각광받고 있다.

• 전분(녹말, Starch)

전분은 포도당으로부터 만들어진 다당류로서 식물의 뿌리와 줄기, 씨앗 등에 저장되며 곡류의 25~85%가 전분이다. 우리 몸의 신진대사에 주된 에너지원이 되는 열량원으로 대부분의 전분은 80%의 아밀로펙틴(amylopectin)과 20%의 아밀로오스(amylose)로 되어 있으나 찹쌀이나 옥수수 등의 전분은 100% 아밀로펙틴으로 구성되어 있다. 특히 곡류, 감자류 등에 다량 함유되어 있으며 식품을 조리할 때는 농후제로 많이 사용된다.

전분의 호화(α화)

전분(쌀)을 물과 함께 가열하면 전분립이 물을 흡수하여 팽창하고 점성이 높은 반투명의 콜로이드 상태가 되는 현상을 '호화'라고 한다. 이는 쌀이 밥이 되는 현상에 비유할 수 있다. 전분의 호화는 높은 가열온도, 작은 전분입자, 낮은 전분농도, 그리고 pH가 알칼리성일 때 빨리 진행된다.

전분의 노화(β화)

호화의 상대적 개념으로 호화가 진행된 α전분을 실온이나 냉장 온도에 보관하면 소화가 잘 되지 않는 β전분(딱딱하게 굳어짐)으로 다시 돌아가는 현상을 말한다. 호화되었던 전분입자가 노화되어 결정영역이 다시 생긴다고 해서 노화된 전분이 호화 이전의 원래 구조로 돌아가는 것은 불가능하다. 노화는 아밀로오스의 함량이 높을수록 빠르게 진행되며 산성이고 2~4℃의 온도에서 노화가 촉진된다(60℃ 이상이거나 0℃ 이하에서는 노화가 일어나지 않는다).

전분의 겔화(Gelation)

냉수에 전분을 넣고 가열하여 호화가 일어난 후 그 풀이 식어서 흐르지 않는 상태를 '겔화(gelation)'라고 한다. 즉, 콜로이드 입자가 유동성을 잃고 엉겨서 굳어지는 현상으로 호화된 용액이 식으면 아밀로오스 분자들은 서로 재결합하거나 전분입자의 외곽에 있는 아밀로펙틴 분자의 가지에 결합하게 됨으로써 호화된 용액이 식어서 굳어지는 현상을 의미한다. 겔화를 감소시키기 위해서 산이나 설탕을 첨가하면 겔화를 억제시킬 수 있다.

❋ 전분의 호정화(덱스트린화)

전분에 물을 가하지 않고 160~180℃ 이상으로 가열하면 가용성 전분을 거쳐 다양한 길이의 덱스트린으로 분해되는 현상을 '호정화(Dextrinization)'라 한다. 호정화는 황갈색을 나타내고 용해성이 증가하며 점성은 약해지지만 단맛이 증가하는 특징이 있다. 곡류를 볶거나 식빵을 구울 때 일어나는 변화가 호정화의 예이며 누룽지, 미숫가루, 팝콘이나 밀가루로 만든 루(Roux)를 만들 때 사용한다.

❋ 당화(Saccharification)

전분에 묽은 산을 넣고 가열하거나 효소 또는 효소가 들어 있는 엿기름 같은 물질을 넣고 효소의 최적 온도로 맞춰주면 전분이 서서히 가수분해되어 단맛을 생성하게 되는 현상을 전분의 '당화'라 한다. 전분을 당화시켜 만든 음식에는 식혜, 엿, 콘시럽, 조청 등이 있다.

❋ 캐러멜화(Caramelization)

보통 고온(160~200℃)에서 당류 또는 고농도의 당류 수용액을 가열하면 검은 갈색의 고분자 색소를 생성하게 되는데 이를 '캐러멜화'라 부르며 이에 생성된 물질을 캐러멜(caramel)이라 한다. 대개 벌꿀과 같이 과당(Fructose)이 들어 있는 경우 캐러멜화되기 쉽다.

조리에 관계되는 당의 성질

- **수용성** : 분자량이 크지도 않고 분자 내 친수성기(Hydroxyl기)가 있어 물에 잘 녹는다.
- **단맛** : 자당의 단맛은 미량의 소금을 첨가하면 맛의 대비효과에 의거 단맛이 강해진다.
- **삼투압 상승** : 콩조림을 할 때 설탕을 넣으면 주름이 생기는 현상도 삼투압 현상이다.
- **단백질의 열 응고 온도의 변화** : 설탕을 가하면 단백질 열 응고 온도가 올라가고 설탕의 첨가량이 많으면 응고가 되지 않는다.

3) 지질(Lipid)

지방(Fat : 고체)이나 오일(Oil : 액체)은 동·식물성 식품에 널리 분포되어 있는 유기화합물로서 탄소(C), 산소(O), 수소(H)로 구성되어 있으나 탄소와 수소에 비해 산소의 양이 극히 제한되어 있으며 지질은 농축된 에너지 공급원으로 탄수화물·단백질(1g당 4kcal)보다 더 많은 1g당 9kcal의 열량을 내며 필수 지방산과 지용성 비타민을 공급한다. 또한 피하지방으로 복강 안에 있는 주요 장기를 보호하고 열 부도체로서 일정한 체온을 유지시켜 주는 역할을 하며 체내 산화 시 탄수화물보다 비타민 B_1의 필요량이 적기 때문에 비타민 B_1의 절약작용을 한다. 특히 지방은 소화 시간이 오래 걸리며 오랫동안 만복감을 지니도록 하므로 움직임의 강도가 낮고 오랜 시간을 요구하는 에너지 대사에 쓰인다. 구성성분과 화학구조에 따라 중성지방, 인지질, 스테로이드 등으로 구분한다.

🌊 중성지방(中性脂肪, Neutral Fat)

일반적으로 지방이라 부르며 체내 지방조직에서 분비되어 에너지원으로 사용된다. 음식물에 함유된 지질의 약 95%를 차지하며 근육이나 혈액 등 피하에 저장되어 체온 유지에 아주 중요한 역할을 한다. 저장에너지원으로 이용되며 포화지방과 불포화지방으로 구분된다.

🌊 포화 지방산(飽和脂肪酸)

탄소가 단일 결합으로 연결된 지방산으로, 버터나 돼지기름처럼 상온에서 고체상태인 동물성 지방에 많다. 음식의 풍미를 살려주는 데 매우 좋으나 과다 섭취 시 혈액 내 콜레스테롤 농도가 높아져 건강을 해칠 수 있다. 버터, 돼지기름, 소기름, 코코넛오일, 팜유 등이 있다.

🌊 불포화 지방산(不飽和脂肪酸)

탄소가 한 개 이상의 이중 결합으로 연결된 지방산으로, 올리브유, 들기름처럼 상온에서 액체상태인 식물성 지방과 생선 기름에 많다. 음식물 섭취 시 포화 지방산보다는 불포화 지방산을 섭취하는 것이 혈관 건강이나 심장질환에 좋다. 주로 식물성기름으로 카놀라유, 참기름 등이 이에 속한다.

◎ 인지질(Phospholipid, 燐脂質)

동물의 세포막을 구성하는 주요 성분으로 글리세롤과 두 개의 지방산으로 되어 있으며 머리 부분은 인산성질로 친수성이고 꼬리부분은 물과 친하지 않은 소수성을 띤다. 단백질과 함께 세포막, 핵막, 미토콘드리아막 등 생체막의 주성분이다.

◎ 스테로이드(Steroid)

고리구조로 이루어진 유기화합물의 총칭으로 체내에서 세포를 구성하고 세포막을 유지하며 생식과정에서 호르몬의 역할을 수행하는 등 다양한 생물학적 기능을 수행한다. 콜레스테롤, 성호르몬, 부신피질호르몬, 쓸개즙 등의 구성성분으로 스테로이드의 한 종류인 콜레스테롤은 세포막의 구성성분이며, 동맥경화의 원인이 된다.

◎ 필수 지방산

체내에서 합성되지 않아 반드시 식품으로 섭취해야 한다.

- **리놀레산(Linoleic acid)** : 다불포화 오메가-6 지방산으로 물에 거의 녹지 않는다. 동맥경화에 효과가 있다.
- **리놀렌산(Linolenic acid)** : 오메가-3 지방산으로 α-리놀렌산은 아마씨, 호두 등 많은 식물성 기름을 포함한 씨앗과 기름에서 발견된다.
- **아라키돈산(Arachidonic acid)** : 이중결합이 4개인 탄소 수 20의 지방산으로 혈중에서 단백질을 운반하기도 한다.

지방질의 체내기능

- 체내에 흡수된 지방은 산화 연소되어 에너지를 생성한다(열량소 역할).
- 주요 장기를 보호하고 자신을 태워 발생시킨 열로써 체온을 유지하고 보호한다(체온 유지).
- 지방의 한 종류인 인지질의 경우 세포막의 중요한 구성성분으로 사용한다(세포막의 구성성분).
- 지방질은 조리 시 다른 식품과 조화되어 맛을 증진시켜 준다(음식에 맛을 부여).

- 체내에서 합성되지 않는 필수 지방산인 리놀레산과 리놀렌산을 공급함으로써 필수 지방산의 공급과 지용성 비타민의 체내 흡수를 지원한다.

조리에 관계되는 지방질의 성질

- **융점**(融點) : 유지의 융점은 유지를 구성하는 지방산의 종류에 따라 달라진다. 포화 지방산이 많을수록, 고급지방산이 많을수록 융점은 높아진다.
- **유화**(乳化) : 유지는 glycerol의 −OH 및 지방산의 −COOH와 같은 친수성기들이 모두 결합하여 결국 소수성기만 남아 있으므로 물에 녹지 않는다. 그러나 여기에 단백질인 lecithin, sterol 등과 같이 한 분자 내에 친수기와 소수기를 함께 가진 화합물을 넣고 교반하면 이들이 유지와 물 사이에서 교량 역할을 하여 유지가 물에 분산한다. 이를 유화라 한다.
- **발연점** : 유지를 가열하여 온도가 상승하면 지방이 분해되기 시작한다. 이때의 온도를 발연점이라 한다.
- **연화**(軟化) : 밀가루 반죽 시 글루텐 표면을 둘러싸서 글루텐이 길고 복잡하게 연결되는 것을 방해하여 음식이 부드럽고 연해지는데 이것을 연화(쇼트닝화)라고 한다.
- **산패**(酸敗) : 식용 유지나 지방질 식품을 오랫동안 보관하면 공기 중의 산소, 빛, 미생물, 효소 등의 작용으로 맛이 저하됨은 물론 나쁜 냄새가 나게 되는데 이와 같은 현상을 유지의 산패(rancidity)라 한다. 산패는 그 원인에 따라 가수분해에 의한 산패, 산화에 의한 산패 및 외부의 나쁜 냄새를 흡수함으로써 일어나는 산패(변향) 등으로 나눌 수 있다.

  – 가수분해에 의한 산패

  식품을 기름에 튀길 경우 유지의 구성성분인 트리글리세라이드(triglyceride)가 물과 접촉하는 동안 화학적으로 가수분해되는 현상

  – 산화에 의한 산패

  유지의 산화는 실온의 공기 중 산소에 의해서 일어나는 자동 산화와 조리 시 가열(튀김)된 유지에서 일어나는 산화로 구분

• 산패 방지

공기(산소)나 빛을 차단하고 어둡고 서늘한 곳에 저장하며, 사용한 것은 새것과 섞지 않도록 한다. 특히 사용한 유지를 재사용할 경우 이물질을 깨끗이 제거하여 보관하도록 한다.

4) 단백질(Protein)

단백질은 희랍어 "proteios(제1요소)"라는 말에서 유래된 바와 같이 생물체의 생명 유지에 가장 중요한 성분으로 아미노산이라고 하는 비교적 단순한 분자들이 펩티드 결합하여 생긴 고분자 화합물이다. 탄소(C) · 산소(O) · 수소(H) · 질소(N) 등의 원소를 함유하고 있으며 세포의 원형질을 이루는 주요 성분으로 단백질의 영양학적 가치는 아미노산의 종류와 양에 따라 달라진다. 단백질은 체내에서 성장에 필요한 구성 물질을 제공하고 손상된 조직을 보수하며 생리기능 및 면역체계를 구성하는 중요한 성분이다. 또한 체내 삼투압을 유지하고 수분균형을 조절한다.

단백질의 종류

- **단순단백질** : 아미노산만으로 구성된 단백질(알부민, 글로불린, 글루텔린, 프로타민)로서 가수분해시키면 각종 아미노산의 혼합물만을 생성하는 단백질이다.
- **복합단백질** : 단순단백질에 당질, 핵산, 인(P), 탄수화물, 지방, 색소 등 비단백질성 물질이 결합된 단백질(핵단백, 인단백, 당단백, 지단백, 색소단백)
- **유도단백질** : 천연에 존재하는 단백질(단순/복합 단백질)이 가열, 자외선, 교반 등 물리적 작용이나 산, 알칼리 등의 화학적 작용으로 성질이 변화된 단백질(젤라틴, 프로테인, 메타프로테인, 응고단백질)을 의미한다.

🌾 아미노산(Amino Acid)

아미노산(Amino Acid)은 단백질이 산이나 알칼리 또는 효소 등에 의한 가수분해로 얻을 수 있는 최종 분해산물로서 분자 내에 1개 또는 그 이상의 아미노기($-NH_2^-$)와 카르복실기($-COOH$)를 동시에 가지고 있으며, 그 수에 따라 산성, 염기성, 중성 아미노산 등으로 분류된다. 필수아미노산과 불필수아미노산의 차이점은 체내에서의 합성 여부로 나누는데 필수아미노산은 반드시 음식으로 섭취해야 하며, 불필수아미노산은 체내에서 합성되므로 음식으로 섭취하지 않아도 된다.

필수아미노산	불필수아미노산
발린, 류신, 이소류신, 트레오닌, 페닐알라닌, 트립토판, 메티오닌, 리신, 히스티딘, 아르기닌	글리신, 알라닌, 세린, 시스테인, 시스틴, 아스파르트산, 아스파라긴산, 글루탐산, 글루타민, 오르니틴, 티로신, 프롤린

조리에 관계되는 단백질의 성질

• 응고(Coagulation)
식품 내의 단백질이 열, 산, 알칼리에 의하여 원래의 단백질 분자가 풀어지거나 재배열되어 침전이나 겔을 형성하기 위하여 덩어리가 형성되는 것을 말한다.

• 갈색화 반응(Browning Reaction)
단백질과 당질은 고온에서 상호작용에 의해 갈색반응(maillard)을 일으킨다. 이 반응에서 특유의 향미와 색, 냄새 등을 생성한다.

• 수화(Hydration)
단백질은 수소결합에 의해 물을 흡착하는 성질이 있는데 이를 수화라 한다. 모든 생물체는 단백질의 수화에 의해 존재하므로 수화현상은 매우 중요한 의미가 있다.

• 가수분해(Hydrolysis)
단백질의 가수분해는 물을 첨가함으로써 단백질보다 작은 분자로 분해되는 것을 말한다. 가수분해됨으로써 단백질의 용해도는 증가하고 농후제로서의 힘은 약해진다.

5) 비타민(Vitamin)과 무기질(Minerals)

비타민(Vitamin)

비타민은 탄수화물, 지질, 단백질과 달리 에너지를 생성하는 열량소도 아니고 우리

몸을 구성하는 구성성분도 아니지만, 인체 내에서 매우 중요한 물질대사 및 생리작용을 하므로 건강을 유지하기 위해서 미량으로나마 반드시 섭취해야 하는 영양소이다. 비타민이 결핍되거나 과다복용하면 각종 질병을 초래할 수 있다.

🌊 비타민의 기능

체내에 극히 미량 함유되어 있으나 생리기능을 조절하고 조효소 역할을 하며 항산화제 작용은 물론 세포분화와 성장 촉진작용에 관여한다.

비타민의 종류 및 급원식품	
지용성 비타민 (기름과 유기용매에 용해되며 체내 저장이 가능하고 체외로 거의 방출되지 않는다)	**수용성 비타민** (물에 용해되고 체내에 저장되지 않으므로 매일 필요량을 섭취해야 한다)
비타민 A, D, E, K 간, 난황, 버터, 크림, 녹황색 채소, 과일, 옥수수, 김, 시금치, 양배추, 토마토, 해조류	**비타민B복합체** (비타민 B_1, 비타민 B_2, 비타민 B_6, 비타민 B_{12}, 니아신, 판토닉산, 엽산, 비타민 C) 돼지고기, 난황, 햄, 우유, 어패류, 콩류, 육류, 효모, 녹색채소, 신선한 과일 및 채소

무기질(Minerals)

무기질은 식품에 함유되어 있는 원소 중에서 당질, 단백질, 지질(C, H, O, N) 이외에 칼륨(K), 칼슘(Ca), 인(P), 나트륨(Na), 황(S), 염소(Cl), 철(Fe), 구리(Cu), 망간(Mn), 코발트(Co), 아연(Zn), 마그네슘(Mg) 등의 여러 가지 무기원소들이 함유되어 있는 성분으로, 미네랄 혹은 회분(ash) 또는 무기성분이라 부른다. 이러한 무기성분은 인체를 구성하는 주요 성분으로 혈액 속 완충작용(buffer action)은 물론 생체 내의 pH와 삼투압을 조절하며 효소의 구성성분이 되거나 효소반응을 촉매하는 효소 활성제(activator)로 작용한다. 또한 신체를 조절하는 성분으로 발육촉진, 체액 조성 및 생리적 기능을 하며 체내에서 매일 배출되므로 지속적인 섭취가 요구된다. 식품 중에는 체내에서 알칼리나 산을 만드는 무기질 원소들이 함께 있으며 식품 섭취 후 알칼리 생성 원소와 산 생성 원소의 함량에 따라 산성식품과 알칼리식품으로 나뉜다.

알칼리식품	산성식품
채소류, 과일류, 해조류, 감자류, 당근 (Na, K, Ca, Mg)	육류, 어류, 곡류, 달걀, 콩류 (당질, 단백질, 지질을 많이 함유하고 있는 식품은 불완전 연소 시 식초산, 피루브산, 젖산 등 산성물질을 생성한다.)

무기질의 종류 및 기능			
종류	작용	결핍증	함유식품
마그네슘(Mg)	신경자극 & 근육긴장 이완 골격 및 치아구성	신경 & 근육경련	곡류, 대두류, 견과류, 채소류
철분(Fe)	헤모글로빈 산화 & 산소이동 및 저장	빈혈, 피로, 허약	육류, 어패류, 난황, 녹황색 채소
요오드(I)	갑상선호르몬 성분	태아 성장발육 부진	미역, 다시마, 김, 시금치, 무
아연(Zn)	단백질대사 상처회복 & 면역기능	면역기능 저하, 상처 회복 지연	동물성 식품, 굴, 게, 새우, 콩류
칼륨(K)	체액 삼투압 유지 수분평형 유지	어지러움 & 식욕부진	육류, 우유, 감자 등
칼슘(Ca), 인(P)	골격 & 치아 구성	골다공증 & 성장 저해	어육류, 콩, 두부, 해조류 등

6) 식품의 효소(Enzyme)와 색, 맛, 냄새

식품의 효소(Enzyme)

인간의 신체는 식품을 통해 영양소를 섭취하면 소화 및 흡수(합성), 배설 등의 끊임없는 신진대사를 하게 된다. 효소는 이러한 체내의 신진대사를 촉진하고 매개체로 활용하는 고분자 단백질로서 식품 중에 미량으로 존재한다. 효소는 기질적 특성이라 하여 단백질에서만 활동하거나 지질, 탄수화물에서만 활동하는 특이성 기질도 가지고 있다. 특히 모든 생물은 효소를 가지고 있으며 식품의 조리, 가공, 발효, 부패 등 일련의 과정에서 매우 중요한 역할을 한다.

가수분해효소(hydrolase)

1. 탄수화물 분해효소

amylase(starch → dextrin + maltose) 소화액, 발아종자, 곰팡이

2. 지방 분해효소

lipase(지방 → glycerin + 지방산) 소화액, 종자, 세균

3. 단백질 분해효소

pepsin(protein → albumose, peptone) 위액, 세균, 곰팡이

4. 핵산 분해효소

nuclease(nucleic acid → nucleotide) 장액, 내장, 곰팡이, 세균

산화 환원효소(oxidoreductase)

1. 산화효소

phenolase(phenol류 → quinone) 동식물의 체내

2. 탈수소 산화효소

succinate(succinic acid → fumaric acid + 2H) 동식물체

전달효소(transferase)

phosphotransferase(인산기를 전달) 근육, 기타 조직

이성화 효소

phosphoglucomutase(glucose-1-phosphate ⇌ glucose-6-phosphate) 근육

응고효소

rennin(casein → paracasein) 유아, 송아지 위액, 세균

약선식료(藥膳食療)에서의 효소

동물, 식물, 미생물의 생활 세포에 의해 생성되는 물질이며, 생체 내에서 진행되는 합성, 분해 등의 모든 반응을 촉진하는 촉매제 물질로 세포조직에서 분리해도 그 작용을 상실하지 않는 고분자 유기화합물이다. 모든 생명현상의 화학반응의 촉매 역할을 하며 단백질 부분의 주효소와 비타민B군, 미네랄, 미량원소의 조효소로 만들어지는 복합영양소이다. 특히 미네랄은 효소를 일할 수 있게 역할을 분담해 주며, 효소의 생리작용으로는 소화 흡수작용, 분해·배출작용, 항균·항염작용, 혈액 정화작용, 세포 부활작용 등을 한다. 이 중에서도 병에 걸리거나 노화되어 쓸모 없는 조직과 세포를 분해시키며, 하급물질인 죽은 세포, 좋지 못한 축적물, 지방, 노폐물 등을 소화시키는 작용이야말로 효소요법의 큰 특징이라 할 수 있다.

살아 있는 미생물-효모(Yeast)	효소의 기능을 가진 살아 있는 생명체 증식을 할 수 있음
생체활동의 핵심-효소(Enzyme)	단백질로 이루어진 물질 신진대사를 도와주는 촉매제

조리원리를 풀어 쓴 **조리과학 & 관능평가**

🌀 효소의 특성

효소는 온도의 영향을 많이 받는다. 보통 35~45℃가 효소 활성의 최적 온도이며, 효소에 따라 특정한 성질에만 관여하는 기질적 특이성을 가지고 있으며, 효소마다 적정 pH가 다르다.

🌀 효소의 추출

현대사회에서 인체의 장(腸) 건강을 해치는 요소를 일본의 의학박사인 쓰루미 다카후미는 그의 저서 『효소가 생명을 좌우한다』에서 다음의 기호식품이나 식품은 건강을 해친다고 말한다.

① 담배
② 흰설탕
③ 악성유지(산화기름, 트랜스지방)
④ 동물성 지방과 가공식품
⑤ 알코올과 커피
⑥ 가열조리식의 식사

그러나 자세히 살펴보면 인간이 살아가기 위해 어쩔 수 없이 섭취해야 하는 식품에서 기인함을 알 수 있다. 부가적으로 생체조직을 공격하고 세포를 손상시키는 활성산소라는 것이 있다. 호흡과정에서 몸속으로 들어가 산화과정에 이용되면서 대사과정 중에 생성되는 활성산소는 대부분 음식물을 섭취해 에너지로 바꾸는 신진대사 과정에서 생긴다. 이러한 활성산소는 인체의 질병 중 80% 이상에 기인한다는 설이 있는데, 활성산소를 해가 없는 물질로 바꿔주는 항산화효소는 활성산소의 증가를 막아주는 역할을 한다.

몸속에서 자체적으로 생기는 항산화효소 외에 외부에서도 항산화물질을 얻을 수 있다. 대표적으로 비타민 C(감귤류, 사과), 비타민 E(견과류), 베타카로틴(당근, 토마토) 등이 있으며, 특히 이러한 효소는 인체의 성수기에는 체내에서 활발한 활동을 하지만 신체가 쇠약해질수록 체내 합성이 어려우므로 노년기에는 인위적인 효소 섭취를 통해 건강을 보호해야 한다.

우리나라의 대표적 효소식품으로는 전통적으로 청국장과 김치가 있으며 산야초 효소 발효액을 들 수 있다.

산야초 효소 발효액 제조

산야초 효소 발효액은 인간이 식용할 수 있는 식물의 뿌리, 잎, 열매 등을 이용하여 설탕, 꿀 등을 배합해 효모, 미생물을 증식하고 발효시킨 엑기스를 말한다.

사용되는 재료에는 약용식물(복분자, 배, 민들레, 차전자 등)과 생수, 설탕이 있다.

또한 약용식물에서 수분이 많은 재료(과일, 채소류)와 수분이 많지 않은 재료(뿌리, 산야초의 줄기), 수분이 없는 재료(건조재료)로 나뉘는데, 일반적으로 수분이 많은 재료는 100일 발효, 200일 숙성의 과정을 거치고, 수분이 많지 않은 재료는 200일 발효, 100일 숙성의 과정을 거친다. 발효/숙성은 6~12개월 동안 그늘지고 서늘한 곳에서 하는 것이 좋다.

설탕이 완전발효되면 몸에 이로운 과당과 포도당으로 변한다.

재료는 가능한 작게 소분하고, 재료와 설탕은 동량의 비율이 기본이지만 재료에 따라 비율이 달라진다.

> 발효액 제조 비율 = 수분이 많은 재료의 경우 [재료(1) : 설탕(1.2 ~1.5)]

약초 & 푸성귀 효소 제조(수분이 많은 경우)

1. 동량의 재료와 설탕을 준비한다.
2. 재료와 설탕의 1/2을 우선 골고루 버무린 후 남은 설탕으로 재료를 덮고 한지 또는 면천을 이용해 입구를 씌운 뒤 뚜껑을 덮고 발효시킨다.
3. 중간중간 내용물을 섞어주고 약 100일 정도 발효시킨 뒤 걸러낸다.
4. 거른 내용물을 항아리에서 200일 정도 더 숙성시킨다.
5. 완성된 효소를 취향에 맞게 생수와 혼합해 [생수량 : 효소의 5~10배가 적당함] 음용한다. 이때 효소는 절대 열을 가하지 않도록 한다.

= 수분이 많은 재료는 굳이 보충액을 넣을 필요가 없다.
= 씨가 있는 재료는 100일에 꼭 걸러준다.

수분이 없는 재료(뿌리 & 건조식품)는 시럽을 이용해서 만든다.

1. 시럽 만들기 : 수돗물은 끓여서 60~70℃로 식혀서 준비한다.
2. 물 1L에 설탕 2kg을 혼합하면 2L 정도의 시럽을 만들 수 있다.
3. 시럽을 만들 때는 물을 끓인 후 설탕을 넣는다.
4. 생수는 그대로 사용한다.
5. 건재료와 시럽의 비율은 재료의 건조상태에 따라 다르다. 일반적으로 건조상태가 심한 경우 재료의 7~8배 정도의 시럽을 넣는다.

식품의 색

식품에는 효소나 호르몬처럼 체내에서 신진대사를 정상적으로 유지하는 데 필수적인 성분이 들어 있는가 하면 동 · 식물 자체(식품)의 개체를 보호하기 위해 독특한 성분(독성 · 향)을 가지기도 한다. 이들은 체내에 반응하는 직접적인 영양소로서의 기능을 가진 것은 아니지만 흡수된 영양소를 이용하기 위한 기능이라든가 식욕을 증진시키고 소화 및 흡수를 용이하게 한다.

⬜ 색소

식품의 색소는 식품이 가지고 있는 특유한 색의 변화에 따라 신선도와 숙성 정도를 판단하고 식품의 품질을 육안으로 식별할 수 있는 척도가 되며 기호성에 많은 영향을 미친다. 식품의 색소는 식품 속에 원래 존재하는 자연색소와 착색을 목적으로 하는 인공색소로 나뉘며 자연색소는 분포에 따라 동물성 색소와 식물성 색소로 분류된다.

◈ 식품의 색소 및 조리별 특성

분류		색소명	소재 및 조리별 특성
식물성	지용성	chlorophyll (클로로필)	채소에서 클로로필은 엽록체에 존재하며 푸른 채소를 데칠 때는 색의 변화와 비타민 C 등의 수용성 영양성분의 손실이 생길 수 있다. 따라서 채소를 데칠 때 넉넉한 물을 붓고 100℃ 이상 가열하여 물이 끓을 때 뚜껑을 열고 소금을 넣어 단시간에 데친 뒤 찬물에 냉각하면 푸른색의 변색은 물론 수용성 영양성분의 손실을 어느 정도 방지할 수 있다.
		carotenoid (카로티노이드)	카로티노이드는 자연계에서 가장 많이 존재하는 색소로 채소와 과일의 황색, 주황색을 내는 색소이다. 고구마, 당근, 고추, 늙은호박 등에 들어 있으며 토마토의 적색도 카로티노이드계의 색소인 라이코펜이다. 카로티노이드 색소는 지용성이기 때문에 기름을 이용한 조리를 했을 때 소화, 흡수율 면에서 유리하다. 카로티노이드는 천연색소 중 비교적 열에 안정하여 음식 조리 시 색이나 영양가에 거의 영향을 받지 않는다. 또한 카로티노이드 색소들은 항산화성을 가져 지질의 과산화를 억제하며 노화 방지는 물론 암, 동맥경화 등을 억제하는 기능을 한다.
	수용성	Catechin (카테킨)	식물에서 발견되는 유기화합물인 폴리페놀의 하나로 차의 쓴맛과 떫은맛을 내며 화학구조상 플라보노이드(Flavonoid)류에 속한다. 플라보노이드는 안토시아닌과 안토크산틴을 포함하는 노란색 계열의 색소이며 식물의 잎이나 뿌리, 꽃, 줄기 등에 풍부하다. 특히 카테킨은 녹차에 많이 들어 있으며 쉽게 산화된다.
		Flavone(플라본)	황색 식물 색소의 기본 물질이며 귤 껍질, 고사리, 양파에 들어 있다. 산에 안정적이고 알칼리에서는 황색을 띤다.
		Tannin (탄닌, 타닌)	주로 섬유 염색, 잉크 제조 및 여러 의학적 용도로 사용된다. 타닌이 물에 녹으면 철의 염과 결합해 진한 청색이나 진한 녹색을 띠게 된다. 커피, 우엉, 감, 연근 등에 들어 있으며 가열에 의해 촉진된다.
		Anthocyanin (안토시아닌)	안토시아닌은 수용성 색소로 자색 양배추, 가지, 자색감자, 빨간 무, 자두, 사과, 래디시 등의 적자색 색소로 철(Fe) 등의 금속과 반응하면 청색이나 보라색으로 변한다. 특히 안토시아닌 색소는 매우 불안정한 색소로, pH에 의하여 색이 변한다. 산성용액(pH 4 이하)에서는 붉은색을 띠다가, pH가 높아짐에 따라(pH 4~6) 색이 흐려지고, pH 6 이상에서는 청색으로 변한다(안토크산틴 = 양파나 마늘 등의 색을 형성하는 옅은 황색의 색소).
		Chlorogenic Acid (클로로겐산)	폴리페놀화합물로서 커피에 많이 들어 있다. 무색에 가까우나 알칼리용액에서 자동 산화되어 녹색이 된다.
동물성		Myoglobin (미오글로빈)	동물의 미오글로빈이 산화되면 적색에서 갈색으로 변하며 새우와 게는 60℃ 이상에서 변화하는데 암청색에서 적색으로 변한다.
백색 채소와 과일의 갈변			조리 시 감자, 사과, 양배추, 우엉, 연근, 고구마, 배와 같은 백색 채소나 과일은 껍질을 벗겨 산소와 접촉하거나 상처를 입으면 갈색으로 변하는데 이러한 갈변현상은 효소적 갈변에 의한 현상이다. 이때 1%의 식염수, 산용액(식초, 레몬즙, 설탕물, 비타민 C)에 담가두면 효소는 불활성시키고 공기와 차단되므로 변색을 막을 수 있다.

파이토케미컬(Phytochemical)

파이토케미컬은 '식물'을 의미하는 파이토(Phyto)와 '화학'을 의미하는 케미컬(Chemical)의 합성어로 식물이 자외선이나 외부요인(미생물, 해충)으로부터 자신을 보호하기 위해 식물 자체에서 자연적으로 생성하는 천연화학물질로서 식물의 뿌리나 잎에서 만들어지는 모든 화학물질을 통틀어 일컫는 개념이다. 파이토케미컬(Phytochemical)은 근래 들어 기존의 탄수화물, 단백질, 지질, 비타민, 무기질, 물에 이어 제7대 영양소라 불릴 정도로 매우 중요한 영양소로서 21세기 신 영양소라 불리고 있기도 하며, 폴리페놀, 안토시아닌, 라이코펜, 루테인 등이 이에 속한다. 특히 인간이 섭취하는 과일이나 채소에서 색이 짙고 화려한 색소에 많이 들어 있다. 색깔로 분류해 보면 붉은색, 주황색, 노란색, 녹색, 보라색이 대표적이며 이외에도 흰색, 검은색이 있다. 또한 파이토케미컬(Phytochemical)에는 비타민과 무기염류가 풍부함은 물론 항암효과, 항산화작용, 혈중 콜레스테롤 저하, 염증 감소 등의 효과는 물론 장내 미생물 환경을 최적화시켜 장 건강에 도움을 주는 것으로 밝혀지면서 미국을 비롯한 캐나다, 유럽 등은 의약품이나 식품 원료로 개발하기 위한 연구가 활발히 진행 중이다.

◈ 식품의 다섯 가지 기초식품군

파이토케미컬 색소별 약리작용	
종류	특징
Yellow 색소	베타카로틴, 카로티노이드 등의 성분이 많아 암과 피부 건강에 좋은 작용을 한다(단호박, 당근).
Red 색소	라이코펜(리코펜)이라는 성분이 콜레스테롤을 억제해 혈액순환을 개선하고 성인병 예방에 도움을 준다(토마토, 석류, 딸기, 자몽).
Violet 색소	산소의 산화를 억제하는 항산화작용이 우수해 세포의 손상을 줄이고 눈의 피로를 억제시켜 준다(가지, 푸른 미역).
White 색소	대표적으로 마늘에 들어 있는 알리신 성분은 파이토케미컬의 성분 중에서 가장 강력한 항균물질로 알려져 있다(마늘, 무, 양배추).
Green 색소	간세포의 재생과 콜레스테롤 산화를 방지하며 항암효과가 있다(시금치, 케일, 양상추).
Black 색소	안토시아닌과 폴리페놀 성분이 들어 있어 항산화 효과가 탁월한 것으로 알려져 있다(검은콩, 흑마늘, 검은깨). * 폴리페놀 : 광합성에 의해 생성된 식물의 색소와 쓴맛 성분으로 DNA 보호, 세포구성 단백질 보호, 심장질환을 예방해 준다.

④ 조리방법과 조리기구

1) 조리방법

현대의 조리과학적 측면에서 조리방법을 정리하면 다음과 같다.

(1) 오일(Oil)을 매개로 한 조리법

• Saute(소테) : 프랑스 조리법

'소테'란 건식 조리법의 하나로 센 불에서 소량의 기름을 사용하여 빠른 시간 안에 조리하는 조리법을 말한다. 재료를 단시간에 골고루 익히기 위해서는 각각의 재료가 갖고 있는 질감과 형태, 크기에 유의해야 하며 오래 익는 재료와 빨리 익는 재료를 파악하여 순차적으로 넣는 것이 중요하다. 소테는 단시간에 익혀 재료의 맛이 그대로 살아있도록 하는 것이 주요 포인트이므로 두꺼운 프라이팬이나 철판을 이용한다. 특히 이방법은 육질을 연화시킬 수 없으므로 육질이 부드럽고 작은 형태의 육류나 해물류, 야채류 조리에 적합하다.

• Stir frying(볶기)

'Stir frying' 역시 소테의 또 다른 건식 조리법의 하나로 굽기와 튀기기의 중간 방법이다. 볶기는 중국요리의 특징처럼 불에 달군 프라이팬에 소량의 기름을 두르고 식품을 넣어서 익히는 조리법으로 독특한 향기(불맛)와 고소한 맛이 생기며, 지용성 비타민이 들어 있는 식품을 조리할 때 체내 흡수력이 좋아지며 볶아낸 식품은 시간이 지날수록 수분이 생기므로 가능하면 먹기 직전에 볶는 것이 좋다.

• Pan frying(팬 프라잉)

여러 종류의 반죽옷(breading, batter, egg wash)을 입힌 재료를 오일(Oil)에 1/2 정도 잠긴 상태로 조리하는 방법으로 풍미가 매우 좋다.

• Deep frying(튀김)

여러 종류의 반죽옷(breading, batter, egg wash)을 입힌 재료를 오일(Oil)에 완전히 잠기게 하여 조리하는 방법으로 반죽옷(튀김옷 : 밀가루, 녹말, 빵가루)의 종류에 따라 맛이 새로워진다.

(2) 물을 매개로 한 조리법

• Poaching(데치기)

'Poaching'은 서양조리법에서는 60~85°C 정도의 산(와인, 레몬주스)이나 향신료 성분이 포함된 물에 식재료를 담가 은근히 조리하는 방법이며, 섈로 포칭(Shallow poaching)이라 하여 식재료가 물에 반 정도 잠기게 해서 스팀과 물이 동시에 식재료를 익힐 수 있는 방법이다. 조리 후 남은 물을 이용하여 소스를 만들기도 한다.

• Simmering(끓이기)

주재료를 포칭(poaching)의 온도보다 높은 온도(85~95°C)에서 힘줄이 많은 질긴 부위를 연화시킬 때 사용하는 조리법이다.

• Boiling(보일링)

100°C의 물로 가열하는 조리법으로 가열 중에 재료를 연하게 하고 맛이 스며들게 하는 조리법으로 한식 조리에 비유하면 삶기 정도가 될 듯하다.

• Steaming(찌기)

재료가 물과 직접 닿지 않도록 도구(찜솥)를 이용하여 증기만으로 조리되도록 하는 조리법으로 재료의 향미나 성분의 손실을 최소화할 수 있는 조리법이며 찌는 조리법 준비 시에는 사용할 물을 넉넉히 준비해야 재료와 도구의 손실을 막을 수 있다. 일본조리에서는 재료에 다량의 술을 뿌리는 술찜 조리법을 많이 이용한다.

• Braising(브레이징)

'브레이징'은 건열조리와 습열조리를 혼합한 방식으로 육질이 질긴 식재료의 겉면을 가열하여 색을 낸 후 미르푸아(Mirepoix : 양파, 당근, 셀러리)와 향신료를 넣은 물에 식재료가 1/2~1/3 정도 잠긴 상태로 시머링(Simmering)하는 조리법이다.

• Stewing(스튜잉)

거의 모든 면에서 브레이징(Braising) 조리법과 비슷하나 스튜잉(Stewing)은 식재료의 크기가 작고 수분이 재료를 완전히 덮을 수 있도록 하며 사용한 수분을 걸러내지 않고 그대로 졸여서 소스를 만들어 사용하기도 한다.

(3) 건열 조리법

• Grilling & Broiling(굽기)

두 가지 방법 모두 건조한 열로 고온에서 빠르게 조리하는 방법이다. 개인 분량으로 준비된 육류, 해산물류 혹은 야채류를 그릴(grill)이나 브로일러(broiler) 위에 올려 각각 150~250℃, 280~300℃의 온도에서 조리하며 이때 재료의 풍미를 더하기 위해 소금, 와인, 허브, 향신료를 이용하여 마리네이드(marinade) 조리하기도 한다. 이러한 두 가지 조리법의 차이점은 조리도구에서 찾을 수 있다. 그릴(Grill)의 열원(gas, electric, charcoal, hardwood)은 아래쪽에 있어 조리 중 떨어진 육즙으로 인해 강한 향미를 느낄 수 있으며, 브로일러(broiler)는 열원(gas, electric)이 위쪽에 있어 복사에너지에 의한 방법으로 식재료를 익히게 된다. 한식 조리에서는 석쇠를 이용한 직화구이 정도로 부르는 것이 어울린다.

• Roasting(로스팅)

오븐을 이용한 밀폐된 공간에서 식재료를 지방으로 베이스팅(basting)하면서 건조한 대류열을 이용해서 조리하는 방법으로 덩어리가 큰 재료를 조리할 때 사용한다. 로스팅 후 흘러나온 육즙을 이용하여 소스를 만들기도 한다. 열이 재료의 모든 면에 골고루 닿도록 주의해야 한다.

　※ 베이스팅(basting)이란 Roasting(로스팅) 조리를 할 때 버터를 중탕으로 녹인 후 재료에 끼얹거나 양념을 뿌려주는 기법을 의미한다.

(4) 기타 조리법

• Blanching(블랜칭)

끓는 물이나 기름에 순간적으로 넣었다가 건져 재빨리 찬물에 식히는 조리법으로 한식 조리에서 데치기로 표현할 수 있다. 100℃의 넉넉한 물에 약간의 소금을 넣고 나물류나 해물류를 넣어 숨을 죽이거나 살짝 익혀내는 것이다. 이러한 방법은 재료의 나쁜 냄새와 불순물을 제거하거나 효소작용의 억제, 채소의 색을 선명하게 해준다.

- **Baking(베이킹)**

고온 건조한 공기의 대류현상을 이용한 오븐구이 조리법으로 로스팅과 비슷한 개념이나 우리나라에서는 대개 제과제빵에서 사용하는 용어이다.

- **Whipping(휘핑)**

생크림이나 달걀 등을 거품기를 사용하여 한쪽 방향으로 휘젓는 조리법이다.

- **Glazing(글레이징)**

얼음을 뜻하는 불어의 "glace"에서 나온 용어로 얼음처럼 윤기가 나도록 한다는 뜻이 있으며 익힌 음식에 설탕, 버터, 육즙을 이용하여 윤기를 내주는 방법으로 주요리의 곁들임(Garnish : Hot Vegetable)으로 많이 이용한다.

- **Creaming(크리밍)**

음식의 질감을 부드럽게 만들 때 사용하는 조리용어로 기름과 설탕 또는 버터나 마가린을 부드럽게 젓는 것을 뜻한다.

2) 조리기구의 재질

조리에 사용되는 기구는 다양한 재질로 만들어지며 각각의 특성이 모두 다르다. 하지만 조리기구의 공통적인 목적은 음식물의 맛을 변화시키지 않아야 하고 섭취하는 데 불편함이 없도록 만들 수 있어야 한다. 그 때문에 열점이 생겨 내용물을 발달시킨다거나 태우지 않도록 기구 표면에 열을 효율적으로 고루 전달할 수 있는 표면이 화학적으로 안정된 상태여야 한다. 하지만 어떠한 재질의 조리기구도 이 모든 성질을 갖춘 단일 재질은 존재하지 않는다.

고체에서 열전도가 일어나는 현상은 열에너지를 가진 전자가 이동하거나 결정구조 안에서 진동이 일어남에 따라 열이 전도되는 것이다. 전자의 이동성이 좋아 열을 잘 전달하는 물질일수록 전자를 다른 원자에도 쉽게 전달하는 특징이 있다. 즉, 열전도율이 높은 금속은 대부분 화학적인 반응성도 높다는 뜻이다. 따라서 화학 반응성이 낮은 물질은 열전도율이 낮다고 해석할 수 있다.

그렇다면 조리기구들은 재질에 따라 어떤 특성이 있는지 알아보자.

(1) 세라믹

세라믹 냄비는 마그네슘과 산화알루미늄, 이산화규소로 이루어진 화합물이며 탁월한 화학적 안정성을 지니고 있다. 특히 잘 부식되지 않고 음식의 풍미나 성질에 어떤 영향도 미치지 않는다는 장점을 갖고 있다. 세라믹 냄비로 조리하면 몇 가지 특징적인 현상이 나타난다. 우선 세라믹 냄비는 느리고 조리과정이 균일하다. 때문에 오븐의 베이킹용 또는 브레이징용으로 주로 사용된다. 본래 세라믹을 구성하는 안정된 전자들은 열에너지를 골고루 분배하지 못하기 때문에 찬 부분은 차고 뜨거운 부분만 뜨겁게 팽창하게 된다. 이렇게 열에너지가 한쪽에 몰리다 보면 결국 조리기구는 금이 가거나 깨지게 된다. 그 때문에 조리기구로의 사용이 적합하지 않지만, 붕소 산화물을 첨가함으로써 열팽창 효과를 1/3로 감소시켜 열에 의한 충격을 덜 받게 하였다. 세라믹을 이용한 조리기구의 가장 큰 장점은 낮은 열 전도성과 높은 열 보전율이다. 이는 음식물을 뜨거운 상태로 유지하고자 할 때 장점으로 나타난다.

(2) 알루미늄

지구상에서 가장 풍부한 금속이지만 조리기구로 사용된 역사는 얼마 되지 않았다. 알루미늄은 자연에서 순수한 상태로 존재하지 않는다. 특히 조리기구로 사용되는 알루미늄은 소량의 망간과 합금해서 사용하기도 하고 구리를 소량 포함해서 사용하기도 한다. 알루미늄의 가장 큰 장점은 저렴한 가격에 있다. 구리 다음으로 열전도율이 좋고 다루기 쉬우며 가볍고 밀도가 낮다. 흔히 볼 수 있는 음료의 캔으로 많이 이용되며 조리기구로 사용하기 위해서는 코팅을 입히거나 산화 피막을 입혀 양극처리를 해줘야 한다. 양극처리가 되지 않으면 알루미늄은 산화층이 얇아서 산이나 알칼리성 또는 황화수소 등 반응성 음식물 분자가 금속의 표면을 뚫고 들어가 음식물을 변하게 만든다. 반응성 음식물 분자는 알루미늄 속의 여러 산화알루미늄과 함께 수산화물 복합체를 만들게 되는데 이 중 일부는 거무튀튀한 빛을 내서 밝은색 음식을 망치기도 한다. 대표적인 예로 마요네즈나 홀랜다이즈 소스를 만들 때 알루미늄 그릇을 사용할 경우 먼저 넣은 식초의 산화로 인해 달걀노른자 색이 나야 하는 소스의 색에서 회색빛이 나는 경우가 생길 수 있다.

(3) 구리

구리의 최대 장점은 어떤 금속보다 빠른 열전도율에 있다. 또한 구리는 자연에서 있는 그대로 발견되기 때문에 흔히 구할 수도 있다. 특히 구리로 만들어진 그릇은 구리이온을 발생시키는데 이 구리이온은 달걀 흰자의 거품을 안정시키는 데 도움을 주고 익힌 채소가 더욱 짙은 초록빛을 띨 수 있도록 한다는 점에서 큰 장점을 가지고 있다. 그런데 주위에서 구리로 된 조리기구를 흔하게 볼 수는 없다. 우선 구리의 주 사용처가 수백만 킬로미터를 연결하는 전선의 주재료가 되면서 가격이 매우 비싸졌다. 또한 구리는 산화와 황에 빠르게 반응하기 때문에, 공기에 노출되면 녹색의 막이 생겨서 관리 또한 까다롭다. 더 큰 문제는 구리가 인체에 유해할 수 있다는 것이다. 산화구리로 이루어진 코팅면은 다공성이고 가루와 같아서 음식이나 국물로 쉽게 용출될 수 있다. 구리를 섭취하면 우리 신체는 구리를 쉽게 배출할 수 없다. 신체가 배출할 수 있는 구리의 양은 한정적이며, 과다 섭취하면 위장장애나 간 손상 등이 발생할 수 있다. 이런 문제의 해결책으로 구리로 만든 조리기구의 내부를 스테인리스 스틸 또는 주석으로 한번 코팅하기도 하는데 이는 완벽한 해결책이라고 볼 수는 없다.

(4) 철과 강철

주방에서 많이 사용되는 기구 중 하나가 무쇠와 탄소강으로 만들어진 조리기구다. 무쇠와 탄소강은 안정성이 높으면서도 저렴한 가격이 특징이다. 구리와는 다르게 철은 과잉섭취되더라도 인체에서 배출이 용이하다. 이 조리기구를 사용하기 위해서는 '길들이기' 작업이 꼭 필요하다. 무쇠와 탄소강 팬에 인위적인 보호막을 형성시키는 방법으로 코팅시키면 팬의 표면이 부식되는 것을 방지하고 음식물이 눌어붙는 것을 예방한다. 보호막으로 사용되는 조리용 기름은 금속에 있는 작은 구멍이나 틈으로 파고들어 봉인하는 동시에 물과 공기가 부식시키기 위해 공격하는 것을 예방한다. 또한 금속과 열, 공기의 조합을 통해 단단하고 건조한 기름층을 형성시킨다. 한번 코팅시킨 팬은 기름층이 사라지지 않도록 세척할 때 세제와 수세미 대신 순한 비누를 쓰거나 소금과 같이 잘 용해되는 연마제를 이용하는 것이 좋다.

(5) 스테인리스 스틸

일반적으로 금속의 표면에는 보호막이 형성되는 반면 철에는 보호막이 형성되지 않는다. 따라서 공기와 습기가 있으면 녹이 나게 된다. 철은 보호해 주지 않으면 녹이 나고 부식되기 때문에 이것을 방지하기 위해 19세기에 개발된 것이 바로 스테인리스 스틸이다. 스테인리스 스틸은 철과 탄소의 합금으로 18%의 크롬, 8~10%의 니켈이 포함된다. 이 합금에 포함된 크롬은 산소가 철과 만나기 전 먼저 반응해 철이 녹이 나지 못하도록 예방해 주는 역할을 한다. 단, 화학적 안정성을 위한 합금으로 인해 스테인리스 스틸은 무쇠나 탄소강보다 비싸졌으며 열전도율이 낮아졌다. 물론 열전도율을 높일 방법도 있다. 스테인리스 팬과 다른 열전도율이 높은 구리 또는 알루미늄을 조합하는 것인데 이 또한 가격이 높아지는 것은 막을 수 없다. 하지만 이러한 단점에도 불구하고 스테인리스 조리기구는 화학적으로는 불활성인 동시에 열역학적 반응이 가장 뛰어난 이상적 조리기구로 꼽히고 있다.

(6) 주석

주석은 주로 구리로 만든 조리기구의 내부를 처리하기 위해 사용된다. 이는 주석이 가진 특성 때문이다. 주석은 230°C의 낮은 녹는점을 가지고 있다. 따라서 조리과정 중 녹는점에 빨리 도달할 위험이 있다. 또한 주석 자체가 많이 무르기 때문에 쉽게 닳아버리게 된다. 이런 이유로 구리가 가진 독성과 화학 반응성을 제재하기 위한 물질로 조리기구에서 널리 사용되고 있다.

3) 조리 예비조작

(1) 부피 재기

· 계량컵

액체의 부피를 가늠하기 위해 사용하며 1Cup은 200cc이다.

· 계량스푼

1 Table Spoon은 1큰술 = 1TS로 표기하며 물을 기준으로 할 때 15cc이다.

1 tea spoon은 1작은술 = 1ts로 표기하며 물을 기준으로 5cc이다.

• 무게 측정

식품의 무게를 계측할 때 사용하며 전자저울을 사용하는 것이 오차가 적다.

◈ 계량단위기준표

CUP	FLUID OZ	MILLILITER
1	8	237
3/4	6	178
2/3	5	158
1/2	4	118
1/3	3	80
1/4	2	60
1/8	1	30
1/16	0.5	15

1 pint = 16oz = 500ml / 1 quart = 32oz = 1 liter / 1/2gal = 64oz = 2 liter

Weights	=	Grams		Weights	=	Grams
0.035 ounce	=	1 gram		1 pound	=	454 gram
1 ounce	=	28 gram		2.2 pound	=	1 kilo

1 kilo = 1000 gram
1근 = 육류 : 600g, 채소류 375g / 1되 = 1.8L = 1.8kg(물 기준)
5말 = 1가마 / 10되 = 1말

• 식품의 목(目)측량

목(目)측량을 다른 말로 표현하면 '어림치' 혹은 '눈대중'이라는 말로 표현할 수 있으며 목측량을 표로 제시하면 다음과 같다.

◈ 양념류의 목측량

구 분	재 료	단 위	무게	비 고
양념류 목(目)측량	간 장	1C	200~210g	1Tsp = 8g
	고추장	1C	230~250g	1Tsp = 15g
	된 장	1C	240~250g	1Tsp = 18g
	소금(꽃소금)	1C	125~135g	1Tsp = 8g
	꿀	1C	245~255g	1Tsp = 16g
	설 탕	1C	150~160g	1Tsp = 10g
	물 엿	1C	250~260g	1Tsp = 14g
	청 주	1C	170~180g	1Tsp = 8g
	식 초	1C	170~180g	1Tsp = 11g
	식용유	1C	160~170g	1Tsp = 7g
	참기름	1C	150~160g	1Tsp = 5g
	통 깨	1C	150~160g	1Tsp = 5g
	후춧가루	1C	120~130g	1Tsp = 6g
	고춧가루	1C	90~100g	1Tsp = 5g
	다진 마늘	1C	120~130g	1Tsp = 10g
	다진 생강	1C	120~130g	1Tsp = 10g
	다진 파	1C	110~130g	1Tsp = 8g
	멸치액젓	1C	200~210g	1Tsp = 13g
	새우젓	1C	240~250g	1Tsp = 20g

(2) 전처리

◈ 세정

식품의 이물질 제거(세정제 또는 어패류는 엷은 농도의 식염수 사용)

◈ 불리기

　건조된 식품의 수분함량을 증가시키며 조직을 연화시키고 열전도율을 좋게 하고 불
미성분을 제거하며 변색 방지 등의 목적으로 조리 전에 식품을 잠시 물에 담가두는 조

작을 말한다.

◎ 썰기(성형, 절단, 갈기, 빻기)

본격적인 음식을 만들기 전 주재료 혹은 부재료로 이용되는 식품들을 일정한 모양이나 형태로 썰기(성형)를 해야 한다. 이것은 음식을 만드는 과정에서 음식을 익히기 위한 열의 전달은 물론 음식의 모양과 형태를 결정하는 중요한 요소로서 어떤 문화권에서든지 조리법 혹은 섭취방법에 따라 자연스럽게 형성된 것이라 할 수 있다. 예를 들어 질긴 성질을 가진 재료를 조리하는 경우 식품을 오래도록 가열해야 하는 조리법의 특성상 재료의 형태 또한 덩어리지거나 크기가 커질 수밖에 없으며 조리원리적인 측면에서 오이를 돌려 깎기한다는 의미는 모양을 보기 좋게 하는 목적과 더불어 오이 내부의 씨가 함유하고 있는 수분을 제거하고 겉껍질을 사용하기 위함이다. 수분을 제거함으로써 모양은 물론 메뉴의 저장성을 높이기 위한 행위인 것이다. 따라서 음식을 만드는 사람들은 메뉴 혹은 조리법에 따른 재료의 썰기를 통해 모양이나 크기 등의 형태를 효과적으로 결정해야 한다.

국가별 음식의 특징에 따라 식품의 전처리방법과 명칭 또한 상이하다. 대표적으로 한식과 서양 조리의 기초썰기 방식을 살펴보면 아래의 표와 같다.

◎ 한국 조리에서 기초썰기

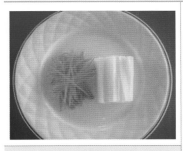

채 썰기	국수류 혹은 나물류의 부재료로 사용하는 썰기 법으로 채칼보다는 조리용 칼로 써는 것이 풍미를 살릴 수 있다.

다져 썰기

양념에 넣어 사용하거나 다진 생선류 혹은 다진 육류에 부재료로 사용한다. 근래 대용량 조리 시 기계를 이용하는 경우가 많은데 작업에 부담이 될 수는 있으나 칼로 다지면 즙액의 풍미를 더욱 느낄 수 있다.

어슷썰기

생선찌개나 나물류를 무치는 데 사용하는 썰기이다.

둥글게 썰기

무침류나 볶음용으로 많이 이용한다.

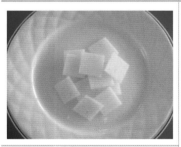

나박썰기

살짝 볶아서 무치거나 나박김치용으로 음식을 만들 때 사용한다.

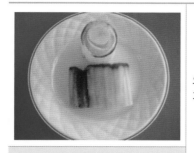

돌려 깎기

오이나 당근의 씨나 심을 제거할 때, 또는 채 썰어 사용할 때 이용하는 썰기이다.

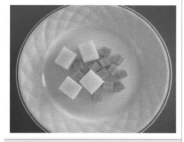

네모 썰기

크기에 따라 용도를 달리하나 볶거나 오래도록 끓이는 요리에 사용한다.

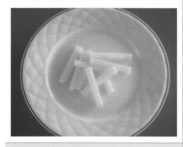

막대 썰기

부재료로서 무침용으로 사용하거나 말려서 사용할 때 이용하는 썰기이다.

얄팍썰기

얇게 썰어 무치거나 볶음용, 전골용으로 사용한다.

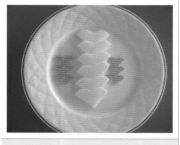

은행잎모양 썰기

찜류나 조림류 등에 모양내어 익힌 후 고명 등으로 사용한다.

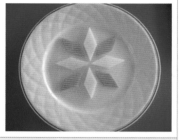

마름모 썰기

얇게 썰어 고명으로 많이 사용한다.

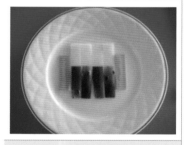

골패 썰기

무침용이나 볶음용 전골류 등에 많이 이용한다.

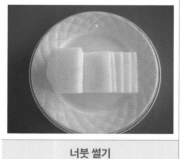

너붓 썰기

얇게 썰어 전골용 조림류에 많이 사용한다.

조리원리를 풀어 쓴 **조리과학 & 관능평가**

 **눈썹 썰기**	씨를 제거한 후 볶음용이나 무침류에 많이 사용한다.
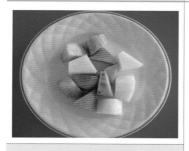 **마구 썰기**	찜류나 튀김류에 부재료로 많이 이용한다.
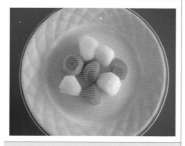 **밤톨 썰기**	찜류나 조림류 등 오래도록 열을 가하는 조리에 사용한다. 조리 시 각진 부분이 부서질 염려가 있으므로 모서리를 다듬어준다.

◈ 서양조리에서 기초썰기

 **쥘리엔(Julienne)**	식품 재료를 막대형으로 자르는 방법으로 가는 쥘리엔(Fine Julienne), 중간 쥘리엔(Julienne or allumette), 굵은 쥘리엔(Large Julienne)이 있다.

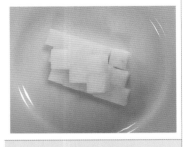 **다이스(Dice)**	식품 재료를 주사위 모양으로 자르는 것을 의미하며 Large, Medium, Small, Brunoise, Fine brunoise가 있다.
 **페이장(Paysanne)**	1.2×1.2×0.3cm 크기의 납작한 직육면체의 네모 형태로 자르는 것을 말한다.
 **시포나드(Chiffonade)**	채소를 둥글게 말아 얇게 자르는 것을 말한다.
 **콩카세(Concasse)**	길게 자른 토마토를 0.5cm 크기로 자르는 것을 말하며 각종 요리의 Garnish 혹은 Sauce에 이용한다.

조리원리를 풀어 쓴 **조리과학 & 관능평가**

샤토(Chateau)

채소(당근)를 5cm 정도의 길이로 양끝이 각이 지고 가운데가 통통하게 성형하는 것을 말한다.

에망세(Emence)

채소를 얇게 저미는 것을 말하며 영어로는 Slice, 한국 조리에서는 편 썰기와 유사하다.

아셰(Hacher)

채소를 곱게 다지는 것을 말하며 영어로는 Chop, 한국 조리에서는 다지기와 유사하다.

마세두안(Macedoine)

채소나 과일을 가로세로 1.2cm의 주사위 모양으로 써는 것을 말한다.

올리베트(Olivette)

샤토(Chateau)와 비슷한 형태지만 올리베트(Olivette)는 양쪽이 뾰족한 형태를 띤다.

투르네(Tourner)

사과나 감자, 배 등의 둥근 과일을 둥글게 깎아내는 것을 뜻한다.

파리지엔(Parisienne)

파리지엔 나이프를 이용해서 과일이나 채소를 구슬모양으로 파내는 것을 말한다.

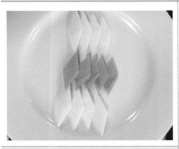

프랭타니에(Printanier)

1×1.2×0.4cm 크기의 다이아몬드형으로 써는 것을 말한다.

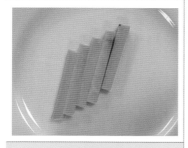

뤼스(Russe)

0.5×0.5×3cm 크기의 막대기형으로 자르는 것을 말한다.

캐럿비시(Carrot Vichy)

0.7cm 두께로 둥글게 자른 채소의 가장자리를 둥글게 도려내어 모양 만드는 것을 말한다.

론델(Rondell)

둥글게 생긴 채소를 0.4~1cm 크기로 자르는 것을 말한다.

민스(Mince)

채소나 고기를 잘게 다지거나 으깰 때 사용하는 용어이다.

조리원리의 이해

Chapter **2**

조리원리의 이해

① 곡류

지구상에 존재하는 볏과 식물의 종류는 약 8,000종에 육박하는데 모든 식물을 섭취할 수 있는 것은 아니며 이 중 단 몇 종류의 식물만이 식재료로 활용된다. 식재료로 활용될 수 있는 곡류는 쌀(미곡)과 맥류, 잡곡으로 분류된다. 쌀은 전 세계의 절반가량이 주식으로 삼고 있으며 인도의 열대와 아열대 지역, 중국 남부, 동남아시아 등 다양한 국가에서 생산과 소비가 이뤄지는 대표적인 곡식이다. 맥류는 보리, 밀, 귀리, 호밀 등이 있으며 과거 유라시아 지역의 온대 고원지대에서 광범위하게 자생하던 식물이 해당된다. 그중에서도 밀과 보리는 수확과 이용이 편리해서 가장 많이 사용하였으며 중앙아시아와 유럽, 북아프리카까지 범위를 넓히게 되었다. 잡곡은 조피, 수수, 기장, 옥수수, 메밀 등이 있으며 조피와 수수, 기장 등은 열대 및 아열대 건조지대에서 주로 사용되고 옥수수는 라틴아메리카에서 다양하게 가공되어 섭취하고 있다. 러시아와 중부유럽의 국가에서는 호밀을 주로 가공해서 섭취하기도 한다.

1) 쌀

(1) 쌀의 종류와 특성

쌀은 아시아에서 페르시아를 통해 유럽까지 전파되었으며 8세기 들어 스페인 무어인들에 의해 대량으로 재배를 시작하게 된 작물이다. 이후 15세기에 리소토가 탄생된 이탈리아에서도 재배가 시작되면

서 쌀을 이용한 다양한 음식이 만들어졌고 널리 퍼지게 되었다.

현재는 전 세계적으로 다양하게 이용되는 쌀의 품종이 10만 가지가 넘지만, 전통적인 분류법에 따라 크게 두 가지 품종인 자포니카(일본형 : Japonica type)와 인디카(인도형 : Indica type)로 분류하고 있다.

자포니카는 우리나라와 일본, 이탈리아, 캘리포니아와 같은 온대기후 지역에서 잘 자라며 쌀알의 길이가 짧고 둥글며 익혔을 때 찰기가 많은 특징이 있다. 반면 인디카는 자포니카에 비해 아밀로스(아밀로오스) 전분이 많고 쌀알의 길이가 가늘고 길며 익혔을 때 찰기가 적은 것이 특징이다. 쌀의 찰기가 많고 적음을 결정짓는 요소로 쌀의 세포막 두께가 큰 영향을 미친다. 쌀의 세포막이 두꺼운 인디카는 쌀을 열에 익혀도 파괴되지 않기 때문에 쌀 속에 있는 전분이 밖으로 나오지 않지만 세포막이 얇은 자포니카는 열에 익는 과정에 세포막이 파괴되면서 전분이 밖으로 흘러나와 찰기가 생기게 된다.

또한 쌀을 경도에 따라 경질미와 연질미로 구분하는데 경질미의 경우 소립종/중립종으로 분류하며 단단하고 수분함량이 적은 특징이 있다. 또한 변질될 우려가 적어 저장성이 좋지만 연질미에 비해 맛은 떨어지는 단점이 있다. 반면 연질미는 맛이 경질미에 비해 좋지만 수분함량이 많아 변질될 수 있기에 장기간 저장이 어렵다는 단점이 있다.

아밀로스(amylose)와 아밀로펙틴(amylopectin) 함량의 차이에 의해서도 쌀의 종류를 멥쌀과 찹쌀로 구분한다. 두 종류의 쌀 모두 전분을 주성분으로 하고 있으나 멥쌀은 아밀로스 20%와 아밀로펙틴 80% 비율로 구성되어 있고, 찹쌀의 경우 거의 전부 아밀로펙틴으로 구성되어 있다. 일반적으로 아밀로스 비중이 높은 쌀일수록 전분 알갱이의 구조가 치밀하게 이루어져 있어 쌀을 익히기 위해서는 더욱 많은 물의 양과 열에너지가 소비된다.

(2) 쌀의 범주

① 장립 쌀

쌀의 길이가 너비에 비해 4~5배가량 길쭉하며 아밀로스 비율이 22%로 높은 인디카를 말한다. 아밀로스 함량이 높으므로 쌀을 익히기 위한 물과 열의 소비가 크고 익은 뒤에도 찰기가 거의 없고 식어서 굳으면 더 딱딱하게 변한다. 중국, 인도, 미국에서 생산되는 대부분이 장립 쌀인 인디카에 포함된다.

② 중립 쌀

쌀의 길이가 너비에 비해 2~3배가량 길쭉한 쌀로 아밀로스 비율이 15~17%를 차지한다. 장립 쌀보다 아밀로스 함량이 적어 물과 열의 소비도 그만큼 적게 들며 밥알이 서로 잘 붙고 밥이 연한 특성이 있다. 주로 이탈리아의 리소토, 스페인의 파에야에 많이 사용되는 자포니카 쌀이다.

③ 단립 쌀

쌀의 길이가 너비와 거의 비슷하거나 조금 긴 쌀로 길이의 차이를 제외하면 중립 쌀과 흡사한 형태를 띤다. 중국, 일본, 한국에서 주로 선호하는 쌀로 일본에서는 스시(sushi)에 주로 사용된다.

④ 찹쌀

찹쌀은 단립 쌀의 일종으로 길이가 짧고 너비가 넓으며 쌀을 구성하는 전분의 성분이 거의 아밀로펙틴으로 이루어져 있다. 쌀을 익힐 때 물양(무게를 기준으로 1 : 1, 부피를 기준으로 1 : 0.8 비율)과 열에너지가 가장 적게 들며 익힌 뒤 매우 찰기가 많고 우리나라에서는 떡을 만들 때 많이 사용한다. 라오스와 태국에서 표준이 되는 쌀이다.

⑤ 향기 쌀

말 그대로 향기가 나는 독특한 쌀로 장립 쌀과 중립 쌀의 중간 형태를 띤다. 쌀에 휘발성 화합물이 농축되어 있으며 인도와 파키스탄에서 사용하는 바스마티 쌀이나 태국의 재스민 그리고 미국의 델라가 대표적인 향기 쌀이다.

⑥ 유색 쌀

쌀은 보통 흰색이나 반투명한 형태를 보이는데 유색 쌀은 기울에 안토시아닌 색소가 풍부해서 붉은색 혹은 흑자색을 띠는 쌀을 말한다. 홍미나 흑미가 여기에 해당된다.

⑦ 현미

현미란 쌀의 기울과 배아, 호분층을 제거하지 않고 남겨놓은 상태의 쌀로 품종과 관계없이 현미로 가공한 쌀을 구할 수 있다. 현미의 특징은 같은 품종이어도 현미일 때 조리시간이 2~3배 정도 더 오래 걸리고 쫄깃한 식감과 풍부한 향 그리고 견과류 맛이 나는 것이 특징이다. 정제하지 않았기 때문에 기울과 배아에 기름을 풍부하게 함유하고 있으며 이로 인해 쉽게 퀴퀴한 냄새가 나기도 한다. 따라서 냉장 보관하는 것이 가장 좋다.

⑧ 파보일드 라이스(컨버티드 라이스)

쌀을 현미의 상태에서 물에 끓이거나 찐 다음 말려놓은 쌀로 일명 '찐쌀' 또는 우리나라에서는 '올게쌀'이라고 불리는 쌀이다. 도정하기 전 데쳐서 만드는 파보일드 라이스는 기울과 배아에 있는 비타민이 배아에 스며들게 만들어 영양적 가치가 높아지며 파보일드 라이스로 밥을 만들 경우 표면에 찐득거림이 덜하게 되면서 단단하고 온전한 쌀의 형태를 유지할 수 있게 된다. 특히 독특한 견과 맛이 나게 되고 비타민, 아미노산, 칼슘이 높아지며 벌레가 생기지 않는다는 장점이 있다. 다만 도정한 백미보다 1.5~1.7배가량 조리 시간이 오래 걸리며 질감이 단단해지고 거칠어 보일 수 있다.

⑨ 급속 조리용 쌀(quick cooking rice)

백미나 현미 또는 파보일드 라이스를 익혀 쌀의 세포벽을 무너뜨린 뒤 전분을 겔화시키고 다시 재조리할 때 뜨거운 물이 빨리 침투할 수 있게 만든 쌀이다. 쌀 알곡에 갈라진 틈을 만들어 건조시키는데 건열과 롤링, 냉동건조와 같은 다양한 방법이 활용된다.

(3) 쌀의 구조 및 도정(milling)

대부분의 쌀이 기울과 배아의 대부분을 제거하는 도정 과정을 거치게 되며 호분층과 기름 그리고 효소를 갈아 제거하는 윤내기(polishing) 과정을 거치게 된다. 이 모든 과정을 거친 뒤에야 여러 달 동안 보관해도 변질되지 않는 안정적인 정제미가 된다. 특히 쌀의 품종과 도정 정도에 따라 풍미가 달라지기 때문에 도정은 매우 중요한 과정이다.

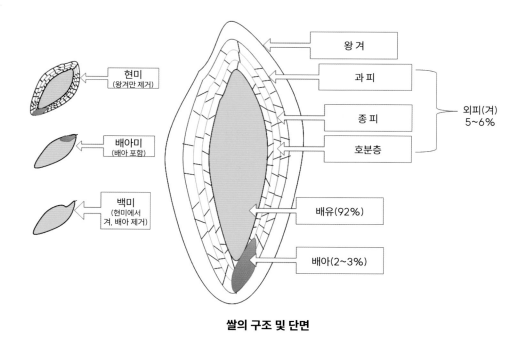

쌀의 구조 및 단면

벼의 껍질인 왕겨를 탈곡해서 벗겨낸 쌀을 현미라고 부르고 현미는 과피(pericarp)와 종피(testa), 호분층(aleuron layer)으로 구성된 외피와 배유(endosperm) 및 배아(embryo)로 구성되어 있다.

배아는 곡류에서 2~3%를 차지하는 부분으로 다량의 단백질과 니아신, 티아민, 철, 리보플라빈 등을 함유하고 있다. 배아세포는 불포화지방산을 다량 함유하고 있기 때문에 산화되기 쉽고 도정 과정에서 쉽게 떨어져 나가는 특징이 있다.

배유는 곡류의 91~92%를 차지하는 부분으로 전분 형태의 탄수화물이 대부분이다. 무기질과 단백질, 지질, 비타민도 일부 포함되어 있으나 그 양이 적은 편이고 전분을 세포막이 둘러싼 형태를 띠고 있다. 세포막의 구성성분은 섬유소와 펙틴, 헤미셀룰로스 등으로 구성되어 있으며 세포막 안에 단백질이 일부 존재한다. 세포막과 단백질은 배유를 차지하는 전분 입자의 호화와 팽윤을 제한하는 역할을 한다.

호분층과 종피, 과피는 곡류의 피부에 포함된 부분이다. 호분층은 단백질과 지방이 풍부하지만 세포막이 두꺼워 소화가 잘 되지 않는 단점이 있다. 종피도 얇은 층으로 존재하며 사람은 소화시키기가 매우 어렵고 수분이 잘 침투되지 않는 특징이 있다. 종피

조리원리를 풀어 쓴 **조리과학 & 관능평가**

와 호분층에 약간의 단백질, 지방 그리고 몇 종류의 무기질, 비타민이 존재는 하지만 조직이 견고하기 때문에 수분을 흡수하지 못해 전분의 호화가 발생되지 못한다. 따라서 소화가 어렵고 질감이 좋지 않아 대개 도정 과정에서 제거한다.

쌀의 도정 정도를 나타내는 법

- 도정 : 벼의 겨층을 제거하고 배유를 얻는 과정
- 도정도(%) : 현미에서 겨층을 제거하는 정도를 %로 나타낸 것으로 백미는 100%, 7분도미는 70%, 5분도미는 50%의 도정도를 보인다.
- 도정률(%): 현미 무게에서 도정되며 나온 쌀의 무게 비율을 나타낸다. 1분도미의 경우 현미 중량의 0.8%가량이 감소된다. 현미가 100일 경우 5분도미는 96%, 7분도미는 94.4%, 백미는 92%의 도정률을 보인다.

---

2) 쌀의 조리

쌀은 조리과정을 통해 주로 밥이나 떡, 죽 또는 제과 원료나 술의 원료로 이용된다. 또한 쌀은 조리되면서 소화흡수율이 높아지고 맛이 향상된다.

쌀은 조리과정에서 쌀이 가진 고유의 풍미를 내뿜게 된다. 하지만 과한 도정은 풍미를 감소시키기 때문에 지양하는 것이 좋다. 일반적으로 백미의 향에서는 버섯향, 오이향, 풀향 그리고 약간의 꽃, 옥수수, 건초, 팝콘과 같은 향을 맡을 수 있다. 향기가 나는 쌀의 경우 특히 팝콘향이 나는 성분인 아세틸피롤린이 풍부하게 포함되어 있다. 다만 팝콘향을 내는 아세틸피롤린의 경우 휘발성이기 때문에 조리과정에서 많은 양이 손실된다. 따라서 향기 쌀은 조리 전 물에 불려서 조리 시간이 단축되게 하는 과정이 꼭 필요하다.

(1) 밥

'밥을 짓다'라는 것은 곧 쌀 알곡 전체에 수분이 고루 들어갈 수 있도록 하여 곡류 속에 있는 전분 알갱이들을 겔화시키고 말랑말랑하게 만들 수 있도록 가열해 주는 과정이라 할 수 있다. 밥을 짓는 방법은 나라별로 차이가 있다.

인도는 쌀에 물을 넉넉히 부어서 끓여준 뒤 쌀이 모두 익으면 물을 따라내서 쌀알이 서로 붙지 않고 모양을 유지하도록 밥을 짓는다. 반면 중국과 일본, 우리나라는 쌀알이 촉촉하게 유지되도록 물양을 잘 맞춘 뒤 뚜껑을 닫아서 완전히 익도록 밥을 짓는다. 이런 방식으로 지어진 밥은 찰기가 유지되어 젓가락을 이용해서도 잘 먹을 수 있다. 중앙아시아와 지중해, 중동의 경우 쌀을 조리할 때 기름, 육수, 버터 등을 넣고 익히거나 익힌 고기, 채소, 말린 과일 등을 넣어서 익히기도 했다.

삼국시대 이전 우리나라는 밥을 지을 때 쌀을 쪄서 만드는 찐 밥을 주로 만들었으나 삼국시대 후기 무렵부터 끓이는 조리법을 이용해 밥을 짓는 것이 일반적인 방법이 되었다. 밥을 짓는 과정은 몇 가지 단계로 나누어 설명할 수 있다.

쌀 씻기와 불리기, 가수량 맞추기, 가열, 뜸들이기의 단계로 나눌 수 있는데 각 단계별 특징을 살펴보면 아래와 같다.

쉬 어 가 기

밥맛에 영향을 주는 쌀의 성분

– 전분에 함유된 아밀로스의 함량이 적을수록 찰기가 좋고 맛이 뛰어나다. 또한 단백질 함량이 높은 쌀은 밥맛이 떨어지기 때문에 최대 6.5%를 넘지 않는 것이 좋다. 일반적으로 '맛이 좋다'는 쌀에는 아스파트산이나 글루탐산 같은 맛이 좋은 아미노산이 다량 함유되어 있다.

① 쌀 씻기와 불리기

쌀을 씻는 이유는 쌀에 붙어 있을 수 있는 여러 불순물을 제거하기 위한 것이다. 하지만 건조한 상태의 쌀은 바로 씻는 경우 표면에 있는 전분도 씻겨 내려가게 되어 찰기가 없어질 수 있다. 특히 일본과 한국의 쌀 품종이나 바스마티 품종은 조리 전 20~30분 정도 물에 담가둔다. 이렇게 물에 담근 쌀은 물을 흡수하게 되고 이후 살살 씻어주면 조리시간도 단축되고 찰기가 없어지는 것도 막을 수 있다.

건조하지 않은 쌀의 경우 처음 씻는 물에는 쌀에 있던 여러 불순물이 많이 들어 있으므로 3~4회 빠르게 저어 물을 버리는 것이 좋다. 처음 씻는 물에 오래 담그면 쌀겨 냄새가 나서 밥이 완성된 후 풍미에 영향을 줄 수 있기 때문이다. 처음 씻어낸 후 3~4회

반복해서 씻는 것이 좋고 너무 과하게 씻어도 수용성 성분의 유실이 많아지기 때문에 좋지 않다.

잘 씻은 쌀이 알곡의 중심부까지 균일하게 호화되기 위해서는 충분히 물을 흡수할 수 있는 과정이 필요하다. 가열 전 최소 20~25%의 수분흡수가 이루어져야 호화가 원활하게 이루어진다. 물에 담근 쌀은 전분 내부의 비결정부로 수분이 흡수되고 전분은 팽윤하면서 12~14%의 수분을 더 흡수하게 된다. 총 20~30%의 수분흡수가 이루어지는데 물의 온도가 높을수록 수분의 흡수 속도 역시 빠르게 일어난다. 쌀을 물에 담그는 적당한 시간은 계절에 따라 차이가 있다. 날이 더운 여름에는 30분 정도만 물에 담가도 충분한 침윤이 일어나는데 추운 겨울에는 2시간 정도는 물에 담가야 충분히 수분을 흡수할 수 있다. 충분한 침윤이 일어난 뒤에도 쌀을 계속 물에 담가두면 수용성 성분이 용출되어 밥의 풍미가 떨어지고 쌀알이 부서지게 되어 밥의 질감도 나쁘게 되기 때문에 과한 침윤은 오히려 밥의 맛을 해치게 된다. 또한 너무 뜨거운 물이나 따뜻한 물에 쌀을 오래 담그는 것 역시 미생물의 번식을 가져올 수 있고 변질될 수 있으니 주의해야 한다.

② 가수량

한국과 중국, 일본은 밥을 지을 때 적정량의 물을 넣고 뚜껑을 닫아 밥을 조리하기 때문에 쌀에 넣는 가수량이 매우 중요하다. 밥을 짓기 위한 적정 가수량은 쌀을 침윤시키는 과정에서 흡수된 수분함량을 합해서 계산해야 한다. 가장 맛있는 밥을 지을 때 적정 수분함유량은 61~65%가, 완성된 밥은 쌀 무게에서 2.2~2.4배가량 증가된 것, 그리고 부피는 쌀 부피의 2.1~2.3배가 되는 것이 좋다. 밥을 짓는 과정에서 가열하면 가지고 있던 수분의 10~15%는 증발하게 된다. 수분의 증발량을 감안하면 가수량은 쌀 무게의 1.4~1.6배가 적당하고 부피는 1.1~1.2배가 좋다.

쌀의 상태가 어떤지에 따라서도 가수량은 변화한다. 햅쌀인지, 묵은쌀인지, 연질미, 경질미인지를 파악해서 해당되는 쌀에 따라 가수량을 조절해야 한다. 가령 햅쌀과 연질미의 경우는 쌀 자체의 수분함유량이 약간 많기에 쌀 부피의 1.0~1.1배가 적당하고, 묵은쌀이나 경질미의 경우 쌀 부피의 1.3~1.4배가 적당하다.

밥에 쌀 이외의 부재료를 첨가하는 경우의 가수량 또한 다르다. 감자, 고구마, 밤 등의 부재료는 자체로 가지고 있는 수분함유량이 호화과정에 사용되기 때문에 고려하지 않아도 되지만 조개류나 엽채류, 무 등 가열과정에서 수분이 빠져나오는 부재료는 가수량을 줄여서 밥을 지어야 한다. 그 밖에 대두, 팥과 같은 건조된 부재료의 경우 별도로 물에 충분히 침윤시킨 뒤에 함께 사용해야 가수량에 영향을 미치지 않는다.

③ 가열

가열시간은 사용되는 화구의 세기나 종류, 밥을 짓는 데 이용하는 밥솥 용기의 종류에 따라 다양하게 적용된다. 하지만 밥 짓기의 가열과정에서 공통적인 것은 쌀을 완전히 호화시키기 위해 충분히 높은 온도로 가열시켜야 한다는 것이다. 그리고 가열과정에서 네 가지 단계로 나뉘어 가열이 진행된다.

- **온도 상승기** : 물이 100°C에 이르러 끓기 시작할 때까지의 시간을 말하며 상승기의 최고치가 될 때까지 가장 센 불로 가열한다. 물이 끓기 시작하면 대류현상이 일어나면서 쌀은 수분흡수로 인해 팽윤되고 열에 의해 쌀의 바깥쪽에서부터 호화되기 시작한다. 쌀의 양에 따라 온도 상승기는 조금씩 다르며 소량의 취사를 진행할 때는 너무 센 불이 아닌 조금 약한 불에서 상승기를 가져가는 것이 좋다. 너무 강한 불로 온도 상승기까지 빠르게 다다르면 수분이 빠르게 증발되어 쌀이 충분히 호화되지 않을 수 있기 때문이다. 또한 반대로 너무 천천히 온도 상승기에 다다르면 밥의 탄력성이 적어진다.
- **비등기** : 비등이 지속되면서 쌀은 꾸준히 수분을 흡수하면서 호화가 진행된다. 이 과정에서 쌀 입자 사이에 있는 틈이 좁아지며 찰기가 생기게 되고 점차 쌀알의 유동성이 없어지게 된다. 남아 있던 수분은 대류현상에 의해 쌀알 사이를 돌아다니다 증발되고 흡수되어 점차 사라지게 된다. 비등기에서는 불의 강도를 중간이나 중약불로 유지하며 쌀이 호화되도록 한다.
- **증자기** : 이 단계까지 진행되면 수분은 거의 없이 호화가 진행되면서 남은 증기에 의해 쌀이 익는 과정이라 보면 된다. 따라서 불의 강도는 약불로 유지하고 가능한 증기가 남아 있도록 뚜껑을 열지 않은 상태에서 조리하는 것이 좋다.

- **뜸들이기** : 쌀에 함유된 전분의 호화는 거의 끝난 상태이며 외부에서 가열은 하지 않고 남은 여열과 뜨거운 증기를 이용해 얼마 남지 않은 호화과정을 진행시키고 수분을 마저 흡수시키는 과정이다. 뜸들이기가 적당히 이루어지면 쌀의 전분은 조금 단단해지면서 식감이 더욱 좋아지고 부서지지 않게 된다. 하지만 너무 오랜 시간 뜸을 들이면 증기가 식어 물방울로 변해서 밥에 떨어지게 되고 물이 떨어진 밥은 풍미가 저하되기 때문에 주의해야 한다.

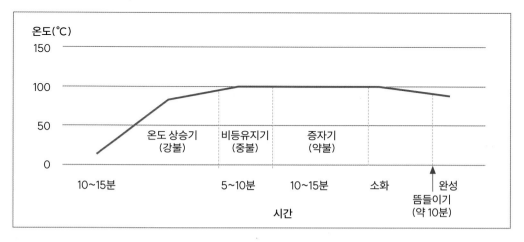

단계별 밥 짓기

(2) 죽

죽은 밥과 다르게 쌀이나 기타 곡식의 5~6배 이상의 물을 붓고 뭉근하게 오랜 시간 끓여 전분을 부드럽고 연해지도록 호화시키는 음식으로 소화가 용이하다는 장점이 있다. 따라서 주로 환자나 보양용, 구황용으로 쓰이거나 때론 별미로 만들기도 한다.

① 죽의 종류

죽은 조리법에 따른 분류와 재료의 배합에 따른 분류로 구분할 수 있다. 조리법에 따라서는 쌀알을 그대로 끓여 만든 옹근죽, 쌀을 부수어서 끓여내는 원미죽 그리고 재료를 곱게 갈아 앙금을 걸러서 끓인 무리죽 등이 있다. 또한 재료의 배합에 따라 쌀만 넣어 끓이거나 기타 곡류를 넣어 끓인 죽, 채소를 넣은 죽, 견과류를 넣은 죽 등으로 다양하다.

조리법에 따른 죽의 종류

- 쌀만 넣고 끓인 죽 : 흰죽, 쌀암죽
- 쌀과 견과류를 넣고 끓인 죽 : 잣죽, 호두죽, 밤죽
- 쌀과 기타 곡류를 넣고 끓인 죽 : 녹두죽, 율무죽, 팥죽
- 쌀과 채소를 넣고 끓인 죽 : 아욱죽, 죽순죽, 근대죽, 부추죽, 콩나물죽, 버섯죽, 호박죽
- 쌀과 수조류를 넣고 끓인 죽 : 닭죽, 양죽, 장국죽
- 쌀과 어패류를 넣고 끓인 죽 : 게살죽, 낙지죽, 전복죽, 홍합죽, 가자미죽, 대구죽
- 쌀과 종실류를 넣고 끓인 죽 : 깨죽, 흑임자죽
- 쌀과 유제품을 넣고 끓인 죽 : 우유죽(타락죽)
- 곡류와 약이성 재료를 넣고 끓인 죽 : 복령죽, 녹각죽, 서여죽(마의 앙금을 녹두분말 또는 갈분과 섞어 끓인 죽)
- 곡류와 기타 재료를 넣고 끓인 죽 : 고구마죽(말린 고구마, 삶은 팥, 콩류를 넣고 끓인 뒤 밀가루를 넣어 끓인 죽), 모과죽(모과가루, 좁쌀이나 찹쌀 간 것을 넣고 끓인 죽), 백합죽(백합의 줄기와 뿌리를 찧어서 꿀과 함께 끓인 죽), 소주원미(쌀가루를 이용해 되직하게 죽을 쑨 뒤 소주 또는 백청을 타서 만든 죽)

---

② 죽 끓이는 법

죽을 끓일 때는 아래의 사항에 주의해서 끓인다.

– 쌀은 물에 충분히 담가 흡수시킨 뒤 끓이도록 한다.

– 고기 또는 어패류를 섞어 끓이는 경우 부재료를 먼저 넣어 충분히 우러나도록 끓인 뒤 쌀을 분량에 맞게 넣어 끓이도록 한다.

– 팥, 녹두의 경우 먼저 부재료를 넣고 완전히 익혀서 가라앉힌 뒤 위에 뜬 물을 이용해 쌀을 끓여준다. 그 후 가라앉은 팥과 녹두를 넣고 끓이면 잘 눌어붙지 않는다.

(3) 떡

떡은 우리나라 전통음식으로 명절, 제사, 선물용 등 다양하게 사용된다. 곡물을 가루로 빻아 만들며 조리법에 따라 치는 떡, 지지는 떡, 찌는 떡, 빚는 떡, 발효떡으로 분류한다. 떡은 일반적으로 약 40~50%의 수분함유량을 지니고 있다. 그리고 질감 좋은 떡을 만들기 위해서는 쌀가루를 손으로 많이 치대어 쌀가루 사이사이에 공기가 혼입되게 해줘야 한다. 떡을 찌는 과정에 소금을 첨가하는 것 또한 떡의 맛을 좋게 만드는 방법이다. 소금의 염소이온(Cl^-)은 전분이 호화되는 것을 도와주기 때문에 떡이 더욱 잘 쪄지도록 만든다.

떡이 익는 것 역시 쌀가루의 전분이 가지고 있는 수분과 열에 의해 호화되는 과정을 통해 이루어진다. 쌀가루가 더욱 잘 빻아지게 하려면 물에 충분히 담가 전분의 미셀입자를 약화시켜 주면 된다. 결합력이 약해진 전분의 조직은 연화되고 부드러워진 쌀을 빻게 되면 쉽게 호화가 이루어진다. 쌀의 종류에 따라 수분 첨가량이 다른데 멥쌀의 수분함유량은 27%이고 찹쌀의 수분함유량은 38%기 때문에 찹쌀은 떡을 만들 때 수분을 추가할 필요가 없지만 멥쌀은 수분을 반드시 보충해 줘야 한다.

다음은 떡의 종류에 따른 조리법이다.

- **치는 떡** : 쌀가루나 떡가루를 시루를 이용해 쪄낸 뒤 절구, 안반을 이용하여 쳐서 만드는 떡으로 대표적으로 인절미, 절편 등이 있다. 인절미는 찹쌀로 만들고 부드러워질 때까지 친 것에 갖가지 고물을 묻혀 만들고, 절편은 멥쌀을 주로 사용하며 쪄낸 떡을 쳐서 가래로 비비고 참기름을 발라 떡살로 문양을 만들어준다.
- **지지는 떡** : 차수수 가루 또는 찹쌀가루 등을 묽게 익반죽(곡류의 가루를 끓는 물로 하는 반죽의 일종)해서 모양을 만들고 기름에 지져서 만든 떡으로 대표적인 예로 화전이 있다. 화전은 계절을 대표할 수 있는 떡으로 3월에는 진달래를, 가을에는 국화꽃이나 국화꽃잎을 얹어 만들어 절식으로 먹는다.

- **찌는 떡** : 쌀이나 찹쌀을 물에 담가 가루로 만든 뒤 시루에 김을 올려 쪄내는 방식으로 찌는 방식에 따라 설기떡과 켜떡(편)으로 나눈다. 설기떡의 경우 멥쌀가루를 한 덩이가 되게 만들어 쪄내는 떡이고, 켜떡은 멥쌀 또는 찹쌀의 가루와 거피한 녹두고물, 흑임자 볶은 것, 팥고물, 대추와 밤과 같은 고물을 얹어가면서 켜켜이 안쳐서 쪄내는 떡이다.
- **빚는 떡** : 삶아서 모양을 빚어 만드는 떡으로 삶은 떡이라고도 한다. 여러 가지 경단, 대추, 은행단자, 석이버섯 등 떡가루를 반죽해 모양을 만들어 익히고 경단의 경우 찹쌀가루를 익반죽한 뒤 동그랗게 빚어서 삶아낸 후 고물을 묻혀 만든다.
- **발효떡** : 효모를 이용해 발효시켜 부풀린 떡으로 전통 떡으로는 증편이 있다. 막걸리의 효모를 사용해 주로 발효시킨 반죽을 모양내어 쪄서 만든다.

3) 쌀 이외의 곡류

(1) 보리

보리는 쌀과 옥수수, 밀 다음으로 가장 많이 재배되는 종류로 쌀보리와 겉보리 두 종류가 있다. 보리의 장점은 생육기간이 짧고 추위에 강하다는 것이다. 이런 장점으로 인해 북극권의 한계선에서 인도북부에 있는 열대 평야에 이르기까지 넓은 지역에서 두루두루 자랄 수 있다. 서구사회에서 보리는 생산  량의 절반가량은 동물의 사료로 활용하고 1/3 정도는 엿기름 형태로 활용된다. 그 밖에 다양한 지역에서 여러 형태의 음식으로 만들어지는데 특히 일본 된장인 '미소'의 주재료로 활용되고 있다. 또한 모로코는 세계 최대 보리소비국으로 수프, 죽, 플랫브레드로 만들어 식용하고 있으며 에티오피아의 경우 흰 보리, 검은 보리, 자주색 보리 등 다양한 보리를 음료로 활용하기도 한다. 서유럽 극동지역의 경우는 물에 생보리나 볶은 보리를 이용해 은근히 끓인 보리차로 마시기도 했다.

보리는 특이하게도 탄수화물이 주성분인데 펜토산과 글루칸이라는 두 가지 탄수화물을 다량 함유하고 있다. 펜토산은 특유의 찐득찐득한 질감을, 글루칸은 콜레스테롤 함량을 저하시키는 효과가 있다.

보리는 섬유소를 많이 함유하고 있기 때문에 정장작용에 효과가 좋지만 소화흡수율은 매우 낮으며 주로 맥주나 맥아, 위스키 제조, 식혜의 엿기름, 보리차, 된장, 고추장 등의 원료로 많이 이용된다.

(2) 옥수수

옥수수는 과거 페루의 잉카문명, 멕시코의 아즈텍문명과 마야문명 그 밖의 준유목 문화권의 민족들이 주식으로 삼고 즐겼었다. 현재도 밀과 쌀 다음으로 가장 많이 소비되는 작물로 아직껏 중남미와 아시아, 아프리카 등에서는 수백만 인구가 옥수수를 주식으로 섭취하고 있다. 또한 가축의 사료로도 많

이 활용되고 있으며, 위스키를 제조하는 원료와 소스의 농후제 그리고 옥수수 시럽을 활용해 요리에 단맛을 주기도 하며 옥수수에서 추출한 기름은 다양하게 이용되고 있다. 뿐만 아니라 다양한 산업제품으로도 활용되어 폭넓게 이용되고 있다.

옥수수는 대표적으로 다섯 종류가 있고 각 품종에 따라 배유의 구성이 다르다. 먼저 팝콘과 플린트 콘의 경우 배유에 많은 양의 단백질이 고(高)아밀로스 전분의 알갱이를 둘러싼 형태로 구성되어 있다. 덴트 콘의 경우는 주로 동물의 사료나 가루로 만든 옥수수 제품(콘 밀, 콘 플라워, 콘 그리트 등)에 사용하기 위해 가장 많이 재배하는 품종이며 저(低)아밀로스 전분을 옥수수 알갱이 윗부분에 비축한 형태로 구성되어 있다. 때문에 옥수수 알갱이를 말리면 윗부분이 움푹 꺼진 모양이 나타난다. 푸른색을 띠는 옥수수 품종인 플라워 콘은 배유가 불연속적인 것이 특징이고 배유에 적은 양의 단백질과 전분, 공기주머니가 서로 뒤엉켜 있는 형태로 구성되어 있다. 따라서 말랑말랑하며 쉽게 갈린다. 마지막으로 스위트 콘은 배유에 전분보다 당을 많이 저장하는 옥수수로 여물지 않은 스위트 콘을 채소로 즐겨 사용한다. 반투명한 알갱이, 주름진 껍질이 특징인 스위트 콘은 다른 옥수수와 다른 외관으로 바싹 말리면 풍미가 더욱 좋아진다.

옥수수는 여느 곡물과 다른 독특한 풍미를 가지고 있는데 고온에서 구운 옥수수 제품에서 나는 풍미는 특히 식욕을 돋우는 자극적인 향을 풍긴다. 대표적인 식품으로 팝콘이 있으며 팝콘이야말로 옥수수를 조리하는 최초의 조리법이었을 것으로 유추된다.

(3) 귀리

귀리는 곡물 중에서도 단백질과 지질, 칼슘, 인, 철분, 무기질 그리고 비타민B군의 함량이 매우 높다. 특히 도정 과정에서 제거되는 배유와 배아가 거의 없고 껍질만 제거되기 때문에 영양소의 손실 또한 거의 없다. 현재는 호밀의 생산량보다 귀리 생산량이 더 높을 정도로 많이 생산되고 있지만 95%가 동물의 사료로 소비되고 있다.

귀리의 소비가 가장 많은 나라는 미국과 영국이며 즉석 그래놀라나 뮤즐리, 조식의 시리얼로 가공된 제품이 주로 소비되고 있으며 증기로 가열한 후 눌러서 만든 오트밀로도 활용된다. 귀리를 이처럼 가공하는 이유는 보리처럼 글루텐 생성을 위한 단백질을 함유하고 있지 않아 부풀린 빵으로 제조가 어렵고 알곡에 겉껍질이 붙어 가공이 힘들기 때문이다. 또한 귀리는 밀에 비해 2~5배가 많은 지방을 함유하고 있다. 특히 배아가 아닌 겨와 배유에 지방이 많이 함유되어 있고 지방을 소화하는 효소 또한 많이 가지고 있기 때문에 산패가 잘 일어난다. 산패가 쉽게 일어나는 귀리는 오랜 기간 저장이 어렵기 때문에 열처리를 통한 가공을 하고 효소의 활성을 억제시켜야 하기 때문에 시리얼이나 오트밀과 같은 형태로 주로 가공해서 섭취한다.

가공과정은 한정되어 있으나 귀리가 지닌 장점은 매우 다양하다. 귀리는 베타글루칸이라는 대사활동이 불가능한 탄수화물을 풍부하게 함유하고 있다. 베타글루칸은 혈중 콜레스테롤 수치를 낮추고 오트밀의 농도를 걸쭉해 보이게 하며 빵과 과자를 연하고 촉촉하게 만들기도 한다.

귀리의 가공법과 가공식품

귀리는 배젖과 배아, 기울이 잘 분리되지 않고 말랑말랑하기 때문에 통곡물 형태로 주로 사용한다. 귀리의 가공법은 다음과 같다.

1. 저온에서 볶기
[열처리를 통해 지방의 분해효소 활성이 억제되고 귀리 특유의 풍미가 이 과정에서 생겨난다.]

2. 다양한 모양으로 가공
[영양적인 면은 똑같으나 사용의 편의성을 위해 다양하게 가공한다.]

● 스틸컷오트(steel-cut oat) : 조리시간을 단축하기 위해 귀리를 2~4조각으로 작게 자른 것
● 롤드오트(rolled oat) : 귀리를 쪄서 말랑말랑한 상태로 만들어 성형하기 쉽게 한 뒤 롤러로 눌러서 조리하거나 물을 빠르게 흡수할 수 있도록 얇게 만든 것

(4) 메밀

메밀은 척박한 환경에서도 재배가 가능하고 성장 기간이 두 달 정도로 짧아서 곡물의 재배가 어려운 지역에서 소중한 식량자원으로 활용되어 왔다. 삼각형 형태의 메밀은 외피는 암갈색을 띠며 외피 속에 배아와 전분질의 배유 그리고 녹황색의 씨껍질로 구성되었다. 메밀은 전분 80%, 단백질 14%가 주성분이고 다른 곡물에 비해 기름의 함유량이 2배가량 높다. 많은 기름을 함유하고 있으므로 메밀과 메밀가루는 장기간 보관이 어렵다.

메밀가루에는 소량의 점액질 성분인 복합탄수화물이 들어 있으며 이 탄수화물은 아밀로펙틴과 비슷한 구조를 띠고 있다. 수분을 흡수하는 성질을 가진 점액질 때문에 반죽을 하면 찰기가 생기며 메밀국수의 형태를 유지시키는 주된 역할을 한다.

메밀을 주로 소비하는 국가는 한국과 러시아, 이탈리아, 네팔 등으로 네팔에서는 납작한 빵 형태의 '칠라르(chillare)'나 과자류를 만들 때 그리고 튀김 비슷한 '파코라(pakora : 고기와 채소를 넣고 튀긴 동남아음식의 일종)'를 만들 때 사용한다. 이탈리아에서는 옥수수가루와 섞어 폴렌타를 만들거나 밀과 혼합해 '피초케리(pizzoccheri)'와 같은 국수를 만들

기도 한다. 러시아에서는 '블리니(blini)'라는 팬케이크를 만들 때 쓰기도 한다. 한국은 주로 묵, 국수, 전병 등을 만드는 데 활용한다.

(5) 조

곡류 중 종실이 가장 적으며 저장성이 높은 곡물이다. 대부분 전분으로 이루어져 있고 단백질 속에 루이신, 트립토판이 많다. 또한 비타민B군 함량이 높고 칼슘이 많이 포함되어 있으므로 소화율이 99% 이상으로 매우 높다. 따라서 소아나 유아들의 이유식이나 치료용 식사에 주재료로 많이 이용된다. 차조와 메조 두 종류가 있으며 차조가 메조에 비해 단백질과 지방 함량이 높고, 밥이나 죽, 엿, 떡, 소주의 재료나 종국의 원료로 사용된다.

(6) 기장

기장은 조에 비해 빠르게 자라고 척박한 환경에서도 재배가 가능한 작물로 메기장과 찰기장 두 종류가 있다. 탄수화물은 주로 전분으로 이루어져 있고, 단백질과 지질, 비타민의 함량도 높아 쌀과 함께 밥을 짓거나 엿, 죽, 빵, 떡, 소주와 맥주의 원료로 사용된다.

(7) 수수

수수는 가뭄과 더위에 강한 곡물로 따뜻한 나라의 경작지대에서 재배가 용이하다. 외피의 색에 따라 흰색과 갈색, 노란색 등의 수수가 있는데 주로 식용하는 수수는 갈색을 띤다. 품종에 따라 메수수, 차수수 두 종류로 나뉘며 단단한 외피를 가지고 있고 탄닌(타닌)을 함유하고 있어 다른 곡물보다 소화흡수율이 낮다. 주로 쌀처럼 끓여 먹기도 하고 납작한 빵, 쿠스쿠스, 맥주의 원료로 활용된다. 메수수에 비해 차수수의 단백질 함량이 높으며 한국에서는 오곡밥을 지을 때 같이 넣어 사용한다. 수수를 사용할 때 주의할 점은 탄닌의 떫은맛을 제거하기 위해 세게 문질러 씻고, 싹이 나지 않도록 하는 것이다.

② 전분

전분은 식물의 광합성 과정을 통해 합성된 포도당으로부터 생성되는 다당류로 쌀, 밀, 보리와 같은 곡류의 주성분이다. 주로 식물의 씨나 뿌리, 줄기 등에 저장되며 곡류나 서류의 식품을 가열해서 음식으로 조리하는 과정에서 중요한 역할을 한다. 특히 음식의 조직감이나 맛, 소스의 농도에 관여해 조리된 식품의 외관에 주로 영향을 미치며, 식품산업에서는 식품의 안정제나 수분보유력을 위한 보조제, 유화제, 농후제 등으로 활용되기도 한다.

1) 전분의 구조

다당류인 전분은 포도당 분자가 긴 사슬형으로 연결된 구조를 띠고 있으며 아밀로스(amylose)와 아밀로펙틴(amylopectin)이 서로 얽힌 형태로 존재한다. 전분의 형태는 식물의 종류에 따라 모양과 크기가 다양하게 나타난다. 일반적으로 감자와 같은 식물은 크고 균일하지 않은 전분입자 형태인 반면, 대다수의 곡류와 같은 식물은 작고 균일한 전분입자를 가지고 있다. 전분을 확대해 보면 세밀하게 결합된 결정부분과 엉성하게 결합된 비결정부분이 서로 규칙적으로 배열된 모양인 미셀(micelle)형태의 구조를 띠고 있다.

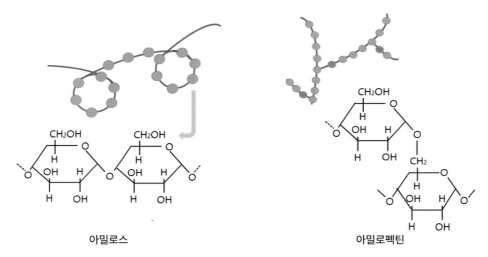

전분의 구조

아밀로스 　　아밀로펙틴

(1) 아밀로스

아밀로스는 약 500~2,000개가량의 포도당이 결합한 직선상의 사슬구조를 띠고 있으며 포도당은 기본구조상 6~8개의 포도당 분자에서 나선형으로 회전하는 나선상의 구조(α-helical form)를 띠고 있다.

(2) 아밀로펙틴

아밀로펙틴은 아밀로스가 가진 직선상 사슬구조인 α-1,4 결합 사이에 중첩된 나뭇가지 형태의 α-1,6 결합구조를 띠고 있다. 중심의 핵에서 뻗어나온 아밀로스 사슬 중간에 잔가지 형상으로 뻗어 있으며 미셀구조로 되어 있다. 또한 전분입자를 전체적으로 보면 동그란 구의 형태를 띠고 있다.

아밀로스(amylose)와 아밀로펙틴(amylopectin)의 성질 비교		
구분	아밀로스	아밀로펙틴
모양	직선형의 분자구조로 나선형	가지가 벌어진 모양
요오드반응	청색	적갈색
수용액에서의 안정도	노화된다.	안정적이다.

용해도	녹기 쉽다.	녹기 어렵다.
호화(노화)반응	쉽다(직선구조).	어렵다(가지구조).

(3) 전분입자의 특성

아밀로스와 아밀로펙틴의 함량은 곡류나 서류의 종류에 따라 그 비율이 각각 다르게 나타난다. 식물이 가진 전분의 종류가 다르기 때문이다. 또한 전분입자는 식물에 입자의 형태로 존재하는데 입자의 모양도 다각형, 원형, 타원형 등 식품의 종류에 따라 다양하게 나타난다. 전분입자의 형태적 특성은 식품의 조리에 많은 영향을 미친다. 전분이 함유된 식품을 조리할 때 호화, 노화, 호정화에 영향을 미치며 겔 형성과 같은 과정을 진행하기도 해서 여러 식품에 다양하게 활용된다.

일반적으로 아밀로스와 아밀로펙틴의 함량 비율은 2 : 8이지만 찹쌀의 경우는 거의 대부분이 아밀로펙틴으로만 구성되어 있다. 식품에 따른 아밀로스의 함량을 살펴보면 다음의 표와 같다.

◈ 식품에 따른 아밀로스 함량

식품명	아밀로스	식품명	아밀로스
멥쌀	20	감자	23
찹쌀	0	타피오카	17
보리	27	고구마	20
옥수수	21	찰옥수수	0

(4) 전분의 분해효소

전분을 분해하는 효소로는 α-아밀라아제와 β-아밀라아제 그리고 글루코아밀라아제(glucoamylase)가 있다.

① α-아밀라아제

전분을 구성하는 결합 중 α-1,4 결합을 가수분해하는 효소이며 소당류와 맥아당, 포도당, 덱스트린을 생성시킨다. 주로 발아 중의 곡류나 타액, 췌장액 등에도 존재한다.

전분으로 인해 농도가 짙은 용액을 맑은 용액상태로 가수분해하기 때문에 액화효소라고도 불린다.

② β-아밀라아제

전분의 α-1,4 결합을 맥아당 단위로 가수분해하는 효소로 감자나 곡류, 두류, 엿기름과 타액 등에 존재한다. 전분은 가수분해되면 맥아당과 포도당의 함량이 증가하고 단맛이 높아지는데 당도를 높이는 효소이기 때문에 당화효소라고도 부르며 아밀로펙틴 중 β-아밀라아제가 분해되지 않고 남은 부분을 β-아밀라아제 한계덱스트린이라고 한다.

③ 글루코아밀라아제

전분을 구성하는 α-1,4 결합, α-1,6을 가수분해하는 효소로 결합부위의 말단에서부터 포도당 단위로 분해한다. 주로 동물의 간조직이나 미생물에 존재하고 있으며 포도당 단위로 가수분해하기 때문에 순도 높은 포도당 결정을 생산하기 위해 많이 이용된다.

2) 전분의 호화

호화란 전분에 물을 넣고 가열하게 되면서 일어나는 현상이다. 우선 전분이 물을 흡수하고 팽윤되는데 이때 열을 가하면 물분자는 열에 의해 운동에너지를 가지게 된다. 물분자가 가지게 된 운동에너지는 전분입자 내부의 수소결합보다 더욱 커지게 되면서 전분입자 내부로 물분자가 침투할 수 있게 된다. 온도가 낮을 때는 전분입자의 비결정 부분으로만 물분자가 침투하게 되는데 차츰 온도가 올라가게 되면서 전분의 결정부분까지 침투가 가능하게 된다. 물분자가 전분의 결정부분까지 침투하게 되면 전분의 팽윤속도와 물 흡수량은 크게 높아지게 되고, 열을 지속적으로 가하면 점차 전분의 수소결합이 파괴되면서 전분을 구성하던 아밀로스가 용출되게 된다. 용출된 아밀로스로 인해 전분의 점도와 투명도는 증가하고 반투명의 교질상태로 변하게 되는데 이렇게 변하는 현상을 전분의 호화라고 한다. 전분의 호화과정을 정리하면 전분의 수화(hydration), 팽윤(swelling), 콜로이드 용액 형성의 세 단계로 볼 수 있다.

(1) 전분의 호화에 영향을 주는 요인

① 전분의 종류

전분입자의 크기와 구조, 아밀로스와 펙틴의 함량 비율에 따라 전분의 호화는 다르게 나타난다. 전분의 입자가 작은 경우 호화를 위한 온도가 높고, 아밀로펙틴의 함유량이 많으면 호화속도가 느리게 나타난다. 감자를 익힐 경우 저온에서 호화가 일어나기 시작해서 결정성이 소실되며 90℃ 정도가 되면 투명해지는 졸(sol)상태가 된다. 하지만 옥수수나 밀 같은 곡류의 경우 전분의 입자가 작고 구조가 치밀하기 때문에 90℃ 이상의 온도에서 장시간 가열하더라도 전분립이 잘 분해되지 않아 투명도와 점도가 낮은 졸의 상태가 된다.

② 수분과 온도

전분이 호화될 때는 전분의 농도가 낮을수록 즉, 수분량이 더 많을수록 전분이 팽윤되기 쉬워지며 호화가 잘 된다. 또한 팽윤된 상태의 전분을 가열하는 온도가 높을수록 호화시간은 짧아지는 특징이 있다. 전분이 호화되기 시작하는 온도는 일반적으로 56~75℃이며 높은 온도로 빠르게 가열한 전분은 낮은 온도에서 천천히 가열해 호화된 전분보다 더 걸쭉한 농도를 지니게 된다.

③ 젓기와 시간

호화가 균일하게 잘 이루어지도록 하기 위해서는 처음에 잘 저어주어야 한다. 하지만 지나치게 저어주면 오히려 전분입자가 팽창되고 파괴되면서 전분의 점도가 낮아질 수 있다. 또한 90℃ 이상의 온도로 가열을 계속하면 점성이 감소할 수 있으며 이후 전분입자는 결합력이 깨지면서 점도가 풀어질 수 있다.

④ 산과 당

전분에 산을 넣고 가열하면 전분은 산에 의해 가수분해되어 호화가 일어나지 않을 수 있다. pH 4 이하의 산성일 경우 전분이 만드는 겔의 점성은 낮아지기 때문에 전분에 산을 넣을 경우 전분을 모두 호화시킨 뒤 산을 섞는 것이 좋다. 또한 설탕 역시 전분의 호화를 지연시킨다. 설탕의 용해성이 커지면서 전분의 물 이용성은 낮아지게 되는

데 이로 인해 농도가 잘 생기지 않을 수 있다. 설탕과 식초, 전분을 모두 사용하는 탕수육 소스를 제조할 경우 전분의 호화가 잘 일어나게 하면서 소스를 제조하려면 설탕을 넣고 끓인 후 전분을 이용해 겔을 형성시키고 전분의 호화가 완성되면 식초를 추가로 넣는 것이 좋다.

⑤ 기타 첨가물

전분을 이용할 때 지방이나 단백질을 사용하면 지방과 단백질이 전분을 둘러싸면서 물의 흡수를 방해해 호화가 지연될 수 있다. 또한 나트륨을 넣으면 전분의 수소결합에 영향을 미쳐 호화를 방해하기도 한다.

(2) 전분의 겔화

전분이 호화가 일어난 뒤에는 졸이 만들어지고 졸이 식어 굳으면 겔이 형성된다. 졸은 전분가루에 물을 넣어 가열한 후 유동성이 있는 상태를 말하며 겔은 졸이 38℃에서 식으면 완성된다. 겔이 될 수 있도록 영향을 주는 주요성분은 아밀로스로 아밀로스가 충분할 때 겔이 형성되며 아밀로펙틴은 겔을 형성하는 데 영향을 주지 못한다. 이유는 아밀로스와 아밀로펙틴의 결합구조 형태에 있다. 아밀로스의 경우 직선형으로 강하게 결합하는 구조를 가진 반면 아밀로펙틴은 잔가지처럼 뻗어나가는 형태의 결합구조를 띠고 있어 결합력이 강하지 못하다. 때문에 아밀로스가 많이 함유되어 있어야 강한 결합력을 가질 수 있고 겔을 형성할 수 있으며 결합구조 속에 수분을 가둬서 부드러운 겔을 형성할 수 있는 것이다. 전분의 겔화와 관계된 대표적인 전통 식재료가 바로 묵과 과편이다.

① 겔의 특성

겔의 특성을 결정짓는 가장 큰 요인은 바로 전분의 종류다. 우리나라에서 사용되는 겔 형성 전분의 종류는 도토리, 녹두, 메밀 등으로 각각 도토리묵, 청포묵, 메밀묵 등에 많이 이용되고 있다. 그중에서도 녹두전분의 경우 독특한 질감을 가지고 있기 때문에 오미자편이나 앵두편, 과편 등에 이용된다.

서양에서는 옥수수전분을 이용해 겔화하면 백색의 불투명하면서 겔화되기가 쉬우므로 많이 이용하고 있다. 옥수수전분을 주로 이용하기 때문에 corn starch pudding에도 활용하고 있으며 일본의 경우 칡 전분을 조리에 이용하거나 겔 또는 과자로 만들어 사용하기도 한다.

② 겔의 강도

겔의 강도 역시 여러 가지 요인에 의해 다르게 나타난다. 첫째, 전분 농도에 따라 겔 강도는 다르게 나타난다. 옥수수와 밀이 같은 종실(種實) 전분이라도 겔의 강도는 다르며 감자, 고구마 등 근경류 전분의 경우는 겔 강도가 더 작게 나타난다. 둘째, 농도가 높은 전분일수록 겔의 강도가 강하게 나타난다. 전분의 농도가 가장 단단해졌을 때 굳히게 되면 겔의 강도는 강해진다. 셋째, 전분입자가 가장 많이 팽윤되었을 때 겔화시키면 역시 겔의 강도는 매우 강해진다. 따라서 오랜 시간 가열하거나 지나치게 교반할 경우 겔의 강도가 낮아지게 된다. 마지막으로 설탕이나 식초, 레몬 등의 첨가물을 넣으면 겔의 강도가 강해지기도 하고 약해지기도 한다. 설탕은 친수성을 띠기 때문에 전분의 실질농도가 높아져 겔의 강도가 강해지게 된다. 반대로 식초 또는 레몬을 첨가하면 산이 전분 일부를 가수분해시켜 점도를 낮추고 겔의 강도를 낮추게 된다.

(3) 전분의 노화

호화되었던 α-전분은 시간이 흐르면서 겔 속에 있던 아밀로스 분자들이 빠져나오기 시작한다. 빠져나온 아밀로스는 본래의 강한 결합력을 보이며 평행으로 재결합되기 시작한다. 전분분자들이 수소결합을 이루면서 다시 단단한 결정구조를 갖는 것을 노화라고 한다. 노화가 시작되면 전분분자 혹은 전분입자들 사이에 끌어당기는 힘이 강해지면서 결정 사이에 존재하던 수분이 밖으로 빠져나오게 되는데 이러한 현상을 이장현상(syneresis)이라고 한다.

노화가 진행된 전분은 맛이 떨어지고 소화흡수율도 저하된다. 노화에 영향을 주는 요인은 수분, 온도, 첨가물 등 여러 가지가 있는데 정리하면 다음의 표와 같다.

요인	작용효과
수분	수분함량 15% 이하, 60% 이상 : 노화가 잘 일어나지 않는다. 30~60% : 노화가 가장 쉽게 일어난다.
전분종류	곡류전분(쌀, 옥수수 등) : 입자가 작은 곡류전분의 노화가 더 쉽게 일어난다. 서류전분(감자, 고구마 등) : 입자가 큰 서류전분의 노화는 잘 일어나지 않는다.
온도	2~4℃ : 노화가 잘 일어남 냉동 & 60℃ 이상 : 고온에서는 전분의 수소결합 형성이 어렵기 때문에 노화가 잘 일어나지 않는다.
pH	-수소이온이 많을수록 노화는 빠르게 촉진된다. 알칼리성: 호화가 촉진되며 노화는 억제됨 산성: 노화가 촉진됨
염류	무기염: 호화가 촉진되고 노화는 억제됨 황산염: 노화가 촉진됨

(4) 전분의 호정화

전분에 물을 넣고 가열하는 과정이 전분의 호화라면 전분에 물을 넣지 않은 상태로 160~170℃로 가열하여 생기는 변화를 호정화라고 한다. 호정화가 되려면 전분은 가용성 전분을 거쳐서 덱스트린(dextrin)으로 분해가 되는데 건열에 의해서 생성되는 덱스트린은 피로덱스트린(pyrodextrin)이라고 한다. 열에 의한 덱스트린 분해과정에서 전분은 용해성이 생기고 점성은 저하되며 갈색으로 변하고 구수한 맛을 내게 된다. 빵을 굽거나 기름에 밀가루를 사용한 튀김 그리고 밀가루를 볶아서 만드는 루(Roux), 팝콘 등이 대표적인 전분의 호정화다.

(5) 전분의 조리

전분은 조리에 많은 영향을 미치는데 소스나 수프를 조리할 때 농후제(thickening agent)로 작용하거나 겔을 형성시키는 겔 형성제(gel forming agent)로 사용하기도 하며 아이스크림을 만들 때 결착시키기 위한 결착제(binding agent)로 이용되기도 한다. 그 밖에 다양한 방식으로 이용되는 전분의 기능을 살펴보면 다음의 표와 같다.

❖ 조리 시 전분의 기능과 식품의 예

기능	식품 활용 예
농후제	소스, 수프 등
겔 형성제	묵, 과편 등
결착제	가공육류, 아이스크림 등
안정제	마요네즈, 시럽, 샐러드 드레싱 등
보습제	케이크 시트
피막제	빵, 과자류 등

감자전분, 고구마전분, 옥수수전분, 칡 전분 등 종류가 다양한데 그 차이점은?				
구분	감자전분	고구마전분	옥수수전분	칡 전분
특징	고급재료	고구마전분 80% 옥수수전분 20% 섞어서 사용	값이 가장 저렴해서 많이 사용	조리 시 맑아지는 특징이 있음 고급재료, 비쌈
용도	튀김, 소스 등 다양하게 사용	튀김에 많이 사용	짜장, 탕수육 소스 등	푸딩, 소스의 농도조절, 서양조리, 일식조리에 사용

③ 당류

당류는 당이 가지고 있는 고유의 분자 수를 기준으로 단당류(monosaccharide)와 소당류(oligosaccharide), 다당류(polysaccharide)로 구분할 수 있다. 단당류의 경우 당질 중에서 가장 단순한 구조로 구성되어 있고 과일이나 채소 등에 많이 함유되어 있다. 한 종류의 당이 연결된 형태로 존재하며 대표적인 단당류는 포도당(glucose)과 과당(fructose) 등으로 과일에 유리 상태로 존재하고 있다. 또한 자연계에 널리 퍼진 당이 바로 단당류다.

소당류의 경우는 두 종류에서 다섯 종류의 분자가 결합한 형태의 당으로 구성하고 있는 당류의 숫자에 따라 다른데 두 종류의 당으로 이뤄진 당을 이당류(disaccharide), 세 종류의 당으로 이뤄진 당을 삼당류(trisaccharide)라고 하며, 설탕인 자당과 맥아당, 우유의 단맛성분인 유당이 이당류에 속하고, 라피노즈(raffinose)가 삼당류에 속한다.

다당류는 가수분해를 통해 많은 단당류를 생성하는 당류를 말하며 단순다당류와 복합다당류로 구분할 수 있다. 단순다당류의 경우 한 종류의 단당류로 구성되는 다당류고 복합다당류는 두 가지 이상의 단당류로 구성된 다당류를 말한다. 대표적인 단순다당류에는 전분(starch), 섬유소(cellulose), 글리코겐(glycogen) 등이 있고, 복합다당류에는 펙틴(pectin), 갈락탄(galactan), 헤미셀룰로오스(hemicellulose) 등이 있다.

이러한 당류들 중 분자량이 작은 당질의 경우 물에 녹으면 단맛을 내게 된다. 그 때문에 당류라고 지칭하며 과당, 전하당, 자당, 포도당, 맥아당 등이 이에 해당한다.

1) 단맛을 내는 식품

단맛을 내기 위한 당류 식품은 매우 다양하다. 설탕, 물엿, 꿀, 시럽, 조청 등이 있고 각 식품의 종류 역시 용도에 따라 다양하게 구분된다. 과거에는 천연 감미료를 많이 사용했지만, 최근에는 기존에 사용되던 감미료를 대체하면서 건강에 도움이 되는 기능성까지 겸비한 기능성 감미료가 개발되어 사용되고 있다.

(1) 설탕

가장 널리 사용되는 감미료로 사탕수수와 사탕무가 주원료로 이용된다. 이는 사탕수수나 사탕무를 가공하고 제조하는 방법과 색, 가공 형태와 정제방법에 따라 분류할 수 있는데 주로 제조방법을 기준으로 분밀당과 함밀당으로 구분한다. 분밀당이란 원료로부터 당액을 얻어 정제과정을 거쳐 농축시키고
이후 결정화시키는 과정에서 즙액과 설탕의 결정을 분리한 것이다. 반면 함밀당은 원료에서 얻은 당액을 정제와 농축하지 않은 채 계속 졸여서 만들기 때문에 결정과 당밀을 분리하지 않고 만든 것을 말한다. 함밀당에는 흑당(黑糖)과 홍당(紅糖)이 있으며 당의 순도가 낮고 색소와 단백질, 회분과 같은 불순물이 포함되어 있어 독특한 풍미가 있다. 분밀당에는 흔히 사용하는 백설탕과 황설탕, 흑설탕이 포함되며 분말 설탕이나 각설탕

등도 분밀당의 정제방식에서 나온다. 분밀당의 정제과정에서 얻은 원당을 다시 물에 넣고 용해한 후 불순물을 제거하고 결정시키는 과정을 반복함으로써 백색 결정의 흰설탕을 얻을 수 있다. 황설탕은 백설탕과는 다르게 특유의 독특한 향과 맛을 지니고 있으며 정제 횟수에 따라 진한 색과 연한 색을 띠는 특징이 있다. 정제 횟수가 많아질수록 설탕의 색은 연한 빛을 띤다. 흑설탕은 인위적으로 당밀을 첨가함으로써 진한 색을 띠도록 만들며 설탕 중에서 유통기한이 있다.

기타 설탕의 형태로 분말 설탕인 슈거파우더(sugar powder)는 과립 설탕을 곱게 분쇄해서 얻는 형태로 분쇄 후 뭉치는 현상을 방지하기 위해 3% 이하의 전분을 혼합해서 만든다. 또한 각설탕은 과립 설탕에 시럽을 첨가하여 촉촉한 상태로 만든 뒤 네모난 틀에 넣어 압력을 가해서 모양을 만든다. 이후 네모난 모양의 설탕을 60℃에서 건조해서 만든다.

감미도가 높아 제과나 제빵에 사용되는 시럽의 일종인 당밀은 설탕을 추출한 후 남은 갈색의 시럽을 말하는데 70~80%가 고형성분으로 구성되어 있다. 그리고 그중 50~75%가 자당과 전화당으로 구성되어 있다.

(2) 조청

과거 선조들이 곡류를 이용해 만들던 감미료로 곡물의 전분을 엿기름으로 당화시켜 장시간 가열하는 방식으로 농축시켜 사용했다. 맥아엿(malt syrup)이라 부르는 조청은 18% 정도의 수분함유량을 갖고 있으며 주로 맥아당과 포도당 성분으로 구성되어 있다. 조청을 만들기 위한 곡물로는 멥쌀, 찹쌀, 조, 수수 등이 있는데 그중 소량의 엿기름을 이용해도 당화가 가능하고 조청의 색과 맛이 좋은 찹쌀이 주로 이용되었다. 또한 조청을 더 졸여서 수분함량 10% 정도로 만들어 강엿이라고 하는 검은색의 고체 형태 엿을 만들어 즐기기도 했다.

(3) 올리고당

올리고당(oligosaccharides)은 만드는 방법에 따라 몇 종류로 나눌 수 있다. 설탕에서 전이효소의 반응을 일으켜 생산할 수 있는 프락토올리고당, 젖당에서 전이효소의 반응을 일으켜 생산하는 갈락토올리고당, 대두에서 추출하는 대두올리고당 그리고 전분에 여러 가지 가수분해효소를 첨가해 반응을 일으켜 생산하는 이소말토올리고당이 있다. 또한 올리고당은 대부분의 당질과 다른 기능을 가지고 있다. 일반적인 당질은 소화효소에 의해 분해되어 단당류의 형태로 흡수되는 반면 올리고당은 소화효소에 의한 분해과정을 견디고 대장까지 도달해 장에서 유용한 균의 일종인 비피더스균이 증식하는 데 도움을 주는 기능을 가지고 있다.

(4) 꿀

꿀은 벌이 채집해서 저장한 당액을 이용해서 만들며 당액에 함유된 꽃가루와 밀랍을 제거하고 정제해서 만든다. 꿀의 품질과 맛을 결정하는 것은 바로 벌이 채집한 꽃의 종류이다. 꽃의 종류에 따라 맛과 색 그리고 향이 다르게 나타난다. 꿀에는 다량의 당류와 20% 정도의 수분 그리고 약간의 단백질과 유

기산, 아미노산, 무기질과 효소 등이 포함되어 있다. 당류를 포함한 감미료 중 매우 풍부한 영양소를 가지고 있는 것이 특징이며 당에는 과당이 40.5%, 포도당이 34.5%를 차지하고 있다. 또한 꿀의 75%는 단당류로 이루어져 있고 그 밖에 자당과 맥아당, 라피노즈와 올리고당이 함유되어 있다. 꿀이 주로 활용되는 곳은 소스 용도로 찍어서 먹거나 흡습성이 강해 빵, 케이크, 쿠키를 만들 때 설탕 대용으로 이용하기도 한다. 설탕보다 흡습성이 강해 오래 두어도 수분을 유지시켜 주고 마르지 않도록 예방하기 때문이

다. 꿀을 이루는 주요 꽃의 종류에 따라 아카시아꿀, 싸리꿀, 잡화꿀, 밤꿀 등으로 구분할 수 있다.

(5) 전분당

전분당으로 만든 대표적인 감미료가 바로 물엿이다. 전분당이란 전분질의 원료나 전분을 효소 또는 산이 촉매가 되어 가수분해 과정을 거쳐 만드는 당류로 주로 옥수수나 고구마, 감자, 밀 등에서 나온 전분을 원료로 사용하며 가장 많이 사용하는 원료는 가격도 저렴하고 가공기술이 발달한 옥수수이다.

전분당의 가수분해 정도는 DE(dextrose equivalent)로 나타내며 가수분해 정도에 따라 물엿의 종류가 구분된다. 일반적인 DE의 범위는 22~88까지며 DE가 높은 물엿은 감미성이 높고 흡습성이 강하지만 점도가 낮은 특징이 있어 감미도를 높이면서 점도나 윤기가 많이 필요 없는 요리에 주로 사용된다. 반면 DE가 낮은 물엿은 덱스트린의 함유량이 많고 점성이 높아 점성이나 윤기가 필요한 요리에 많이 사용된다.

(6) 당알코올

자일리톨(xylitol), 소르비톨(sorbitol) 그리고 만니톨(mannitol)은 대표적인 당알코올로 그중 소르비톨이 가장 많이 이용된다. 설탕의 대체물로 사용되며 청량감이 있으면서 혈당을 높이지 않기 때문에 건강에 이로워 식품에 주로 이용된다. 특히 자일리톨은 충치 예방 효과로 인해 주로 껌과 아이스크림에, 포도당의 환원체인 소르비톨은 흰색의 알갱이와 분말 또는 농축된 액상의 형태로 이용되며 무설탕 음료나 저열량 식품에 이용된다. 또한 만니톨은 혈당을 높이지 않아 당뇨환자들의 식단에 설탕 대신 대체 감미료로 많이 이용된다.

당알코올의 경우 감미도는 설탕보다 낮은 40~70%이고 보습성, 충치 예방 효과가 있으며 장으로 흡수되는 속도가 늦다. 주로 껌이나 음료, 제과와 어육 등에 널리 사용된다.

무설탕 껌 또는 음료의 칼로리는 0kcal?

무설탕 껌이나 무설탕 음료라도 당알코올을 함유한 경우에는 g당 2~3kcal의 열량을 가지고 있다. 때문에 무설탕이라고 해도 칼로리가 없는 것은 아니다.

쉬 어 가 기

당류 이외의 감미료

● **특수감미료**
  - 감초 : 주로 한약에 단맛을 내기 위해 이용되며 감초에 함유된 글리시리진이 단맛을 낸다. 과하게 사용하면 쓴맛이 날 수 있다.
  - 감차 : 감차에 함유된 피로둘신은 설탕보다 400~500배가 높은 단맛을 낼 수 있다.
  - 스테비아 : 스테비아의 잎에서 추출할 수 있는 스테비오사이드의 경우 설탕보다 300배 높은 단맛을 낼 수 있는 감미료이며 주로 탄산음료나 청량음료 또는 무칼로리의 감미료에 사용된다.

● **합성감미료**
  - 합성감미료의 경우 열량은 거의 없으면서 단맛을 낼 수 있지만 식품의 안전성 면에서 확실히 검증되지 않아 논란이 되고 있다.
  - 아스파탐: 아미노산인 페닐알라닌 그리고 아스팔트산을 합성시켜 만든 인공감미료로 설탕보다 150~200배 높은 단맛을 내면서도 열량이 거의 없는 특징이 있다. 주로 캔디나 시리얼, 음료수와 같은 식품에 사용된다. 페닐알라닌이 함유되어 있어 페닐케톤뇨증이 있는 환자는 섭취에 유의해야 한다.
  - 사카린: 역시 열량이 거의 없으며 단맛을 낼 수 있는데 감미도가 설탕보다 200~700배 정도 높다. 김치, 음료, 시리얼 등 식품 재료에 사카린나트륨염으로 이용된다.

2) 당류의 조리 특성

당류를 이용한 조리에 영향을 주는 요인들로는 감미도, 용해도, 설탕의 결정성, 갈변성 등 다양한 특성이 존재한다. 각각의 특성을 알아보면 다음과 같다.

(1) 감미도

단맛을 지닌 재료들은 과일, 시럽, 꿀 등으로 다양하며 이 재료들은 과당과 포도당, 전화당으로 구성된 당으로 각기 독특한 맛을 지니고 있다.

대표적 감미료인 설탕의 경우 단맛에 이성체가 존재하지 않기 때문에 열에 의한 맛의 변화가 없다. 따라서 10%의 설탕 용액이 곧 단맛의 기준이 된다. 감미도의 크기를 보면 과일에 포함된 과당의 단맛이 가장 크고 전화당, 자당(설탕), 포도당, 맥아당, 갈락토오스, 유당(젖당) 순으로 단맛의 크기가 다르다.

쉬 어 가 기

이성체란?

콜라를 따뜻하게 데워 먹는 사람을 본 적이 있는가? 혹은 수박을 따뜻한 온도에 보관해서 먹는 것을 즐기는 사람을 본 적은 없을 것이다. 이유는 간단하다. 시원한 콜라나 수박이 더 달고 맛있게 느껴지기 때문이다. 이를 화학적으로 설명하면 과일에는 글루코스(gluctose)와 프룩토오스(fructose)가 존재하는데 두 물질 모두 단맛을 내는 성분이다. 글로코스는 설탕보다 약한 단맛을, 프룩토오스는 설탕보다 강한 단맛을 지니고 있다. 글루코스의 경우 온도에 따른 단맛의 변화가 거의 없으나 프룩토오스는 온도 변화에 따라 단맛에 차이가 나타난다. 이런 맛의 차이를 느끼게 하는 것이 바로 이성체다. 이성체란 프룩토오스 안에 존재하는 α형과 β형의 구조체를 말한다. 이성체인 α형과 β형은 모두 과일에 녹아 있으며 단맛을 내는 데 β형이 α형에 비해 3배가량 감미도가 높다. 그런데 온도가 올라가면 β형이 α형으로 바뀌고 온도가 낮아지면 α형이 β형의 형태로 구조가 바뀌게 된다. 즉, 차갑게 보관한 수박은 α형이 β형으로 바뀌고 β형이 더욱 증가하며 달아지게 되는 것이다.

감미도 크기 변화
과당 〉 전화당 〉 자당(설탕) 〉 포도당 〉 맥아당 〉 갈락토오스 〉 유당

---

① 과당

과당은 과일이나 꿀에 존재하는 당으로 설탕을 구성하는 구성성분이다. 설탕에 비해 1.5~1.8배 이상 높은 당도를 보이며 천연 당류 중 가장 강한 흡수성을 가지고 있다. 그 때문에 쉽게 결정화되지 않는 특성이 있고 특유의 끈적거림이 있다. 용액에 잘 용해되는 성질이 있고 설탕이나 포도당에 비해 점도가 낮다.

② 전화당

전화당이란 설탕을 물에 넣고 가열해서 녹인 후 전화효소나 주석산을 첨가해 같은 비율의 포도당과 과당으로 가수분해한 것으로 가수분해까지 진행되는 과정을 전화라고 부른다. 전화당은 맑은 액체의 형태로 설탕보다 단맛이 나며 주로 캔디를 제조하는 데 많이 이용된다.

③ 자당(설탕)

자당이 곧 설탕이며 본 교재의 앞에서 설탕에 대한 부분은 언급하였기에 다시 언급하지 않도록 한다.

④ 포도당

자연계에서 가장 널리 존재하는 단당류로서 단맛이 나는 과일에 함유되어 있다. 또한 이당류나 다당류, 올리고당을 구성하는 구성성분이며 식품 제조에 설탕 대신 많이 이용된다. 주로 캔디나 음료, 과일 통조림, 발효음료 또는 제과나 제빵을 제조하는 데 설탕 대신 많이 쓰인다.

⑤ 맥아당

맥아당은 맥아나 기타 곡류의 당이 전화되어 만들어지며 맥주를 제조할 때 갈색과 향, 맛을 내는 데 주로 이용되며, 캔디나 밀크셰이크를 만들 때도 사용된다. 또한 전통 발효음료인 식혜 역시 맥아를 이용해 만들며 맥아가 효소인 아밀라아제(amylase)에 의해 분해되어 단맛을 내게 된다. 맥아(엿기름)는 보리에 수분과 온도, 산소를 이용해서 발아시켜 만든다.

⑥ 갈락토오스

다당류나 글리코사이드의 가수분해를 통해 얻을 수 있는 단당류로 하얀색의 가루 형태를 띤다. 용해성이 높아 물에 잘 녹는 성질을 가지고 있고 주로 포도당과 결합해 유당의 형태로 존재하거나 다당류를 구성하는 구성성분의 하나로 존재하는 경우가 많다.

⑦ 유당(젖당)

이당류로 이루어진 유당은 당류 중 가장 낮은 감미도를 보이며 유장에서 추출할 수 있다. 제빵 과정에서 갈색화를 만들기 위해 이용되며 발효가 안 되기 때문에 발효가 필요한 이스트를 넣은 빵이나 알코올음료 제조에는 이용되지 않는다.

(2) 가수분해

당류는 산에 의한 가수분해, 효소에 의한 가수분해 그리고 가열에 의한 가수분해가 일어나는데 당류를 구성하는 이당류의 경우 묽은 약산으로 인해 가수분해가 일어난다. 특히 설탕의 가수분해가 가장 쉽게 일어나며 젖당과 맥아당은 느린 속도로 가수분해가 일어나는 특성이 있다.

효소에 의한 가수분해로 대표적인 예가 바로 꿀이다. 벌의 침에 있는 효소로 인해 설탕이 가수분해를 일으켜 전화당으로 바뀌게 된다. 이렇게 분해된 전화당은 설탕보다 높은 감미도를 보이게 된다.

마지막으로 가열에 의한 가수분해는 설탕을 가열하는 과정에서 포도당과 과당으로 분해되는 현상을 말하며 가열온도와 젓는 정도 그리고 첨가되는 성분에 따라 가수분해의 정도는 차이를 보인다.

(3) 용해도

설탕은 과당과 포도당이 결합해 만들어진 당이며 일반적으로 물에 잘 녹는 성질을 가지고 있다. 특히 설탕을 녹이는 물의 온도가 높을수록 용해도 또한 높아지는데 0℃의 100mL 물에서는 179g의 설탕이 용해되지만, 100℃의 100mL 물에서는 487g까지 용해가 가능하다.

이처럼 설탕이 용액에 용해된 용액을 당 용액이라 하며 당 용액은 용해된 당의 양에 따라 불포화용액, 포화용액 그리고 과포화용액으로 구분할 수 있다. 특히 과포화용액은 녹일 수 있는 설탕의 양이 많기 때문에 젓기 또는 외부 충격으로 인해 결정화되기

가 쉽다. 과포화로 인해 고농도가 된 용액을 가열한 뒤 냉각시키면 용해도가 낮아지며 과포화된 부분으로부터 핵이 형성되기 시작한다. 이후 핵을 중심으로 결정이 형성되는 것이 바로 결정화다. 즉, 물에 녹아든 설탕 분자들이 서로 집합체를 형성하고 자유수가 적어지면서 농도가 짙어지게 된다. 또한 온도는 낮아지며 설탕이 결정화되는 것이다.

이런 당의 결정화를 이용해 만드는 식품이 바로 캔디다. 캔디를 만들 때 중요한 것이 당의 결정형성이다. 당의 결정형성을 높이거나 억제하는 방법에 따라 캔디의 품질에 큰 영향을 준다. 또한 당의 결정형성 여부에 따라 결정형 캔디(crystalline candy), 비결정형 캔디(noncrystalline candy)로 나눌 수 있으며 당의 결정화에 영향을 미치는 요인을 살펴보면 아래와 같다.

① 용질

용액에 이용된 용질이 어떤 종류의 물질인지에 따라 결정이 형성될 때의 영향이 다르다. 만일 포도당이 용질이라면 결정이 형성되는 시간이 느리게 진행되는 반면 설탕이 용질로 사용되면 결정형성이 매우 빠르게 진행된다.

② 용액

용액의 농도에 따라서도 결정형성에 영향을 주는데 설탕 용액의 농도가 높을수록 결정을 이루는 핵이 많이 생기게 되고 결정의 크기는 작아지며 결정의 개수 역시 더욱 많아지게 된다.

③ 온도

용액의 온도가 높을 경우와 낮을 경우 설탕 용액의 결정 크기가 다르게 나타난다. 설탕의 결정화를 쉽게 만들려면 설탕을 녹이는 과정에서는 온도를 서서히 높이며 가열하는 게 좋고, 설탕이 모두 녹은 뒤에는 빠르게 가열하는 것이 좋다. 또한 많은 양의 설탕을 넣고 가열하면 결정화가 어렵지만 가열하는 온도가 높으면 설탕이 용액에 과포화되며 시럽이 불안정한 상태로 만들어지게 되고 이후 결정화가 쉽게 일어난다.

④ 융해점

설탕을 가열하면 설탕 결정이 녹아서 액체 상태로 변하는 순간이 있다. 이 순간을 융해점이라고 하며 설탕의 융해점은 160℃에서 나타난다.

⑤ 젓기

설탕이 과포화된 상태의 용액은 일정한 온도까지 식혀준 후 빠르게 저어주어야 한다. 만일 높은 온도에서 젓기 시작하면 결정의 크기는 커지고 거칠어지게 된다. 따라서 미세한 결정을 얻기 위해서는 온도를 내린 뒤 빠르게 저어주는 것이 좋다. 이처럼 젓기는 과포화용액의 결정화에 많은 영향을 주는데 우선 과포화용액을 젓기 시작하면 핵이 쉽게 형성되며 결정화가 일어난다. 그 때문에 퐁당과 같은 결정형 캔디를 얻기 위해서는 계속 저어서 결정이 미세하게 만들어지도록 해야 한다. 그리고 설탕의 시럽을 얻으려면 결정화되는 것을 방지해야 하므로 젓지 않고 가만히 둬야만 시럽을 얻을 수 있다.

⑥ 결정을 형성하는 데 방해가 되는 요인

과포화용액에 설탕 이외의 물질이 있으면 결정은 얻기가 어려워진다. 이물질은 설탕의 핵 주위를 감싸서 결정이 생기지 않게 만든다. 그리고 이물질이 설탕의 핵에 흡착하는 성질이 강하거나 많은 양의 이물질이 설탕 용액에 포함되어 있으면 설탕의 과포화가 높은 상태라도 결정의 형성을 방해해 작은 크기의 결정만이 만들어지게 된다.

◈ **설탕의 용해도**

온도(℃)	0	20	40	60	80	100
설탕(g)	179	204	238	287	362	487

(4) 당류 조리를 통한 식품

① 시럽(syrup)

고농도 설탕 용액을 뜻하며 실온이나 냉장고에 보관하더라도 설탕이 녹아 있는 액체의 상태로 보존되어야 한다. 설탕 용액이 냉장고에 보관되더라도 액상의 상태를 유지하려면 설탕 용액의 설탕 농도는 65% 이하여야 한다. 또한 약 60%의 설탕 용액을 얻기 위해서는 103℃의 온도까지 가열해야 하며 이 온도까지 가열한 용액은 접시에 한 방울 떨어뜨렸을 경우 흐르는 상태를 보이고 물에 떨어뜨리면 금방 녹게 된다.

시럽은 일반적으로 강한 점성을 보이기 때문에, 식품에 끼얹어 섭취하면 부드러운 촉감을 느끼게 도와준다.

② 결정형 캔디(crystalline candy)

캔디는 고농도 설탕 용액을 일정한 온도로 식혀 과포화 상태를 만든 뒤 저어서 시럽 속에 미세한 설탕 결정이 섞이게 만든 것을 말한다. 그중 결정형 캔디는 과포화용액을 식혀서 저어줄 때의 온도와 저어주는 속도가 품질에 영향을 미치는데 높은 온도에서 저으면 결정이 커지게 되고 40℃의 온도까지 식혀서 저으면 미세하고 고운 결정이 형성된다. 또한 빠르게 끊임없이 저어주면 미세한 결정이 형성되고 천천히 저어주면 큰 입자의 결정이 형성된다. 결정형 캔디의 종류로는 퍼지(fudge), 퐁당(fondant), 디비니티(divinity) 등이 있다.

③ 비결정형 캔디(noncrystalline candy)

고농도의 설탕 용액 안에 설탕의 결정이 없는 상태에서 고체화된 캔디를 비결정형 캔디라고 한다. 설탕 용액의 결정이 생기지 않도록 설탕 용액을 고온에서 가열한 뒤 농축하거나 시럽, 버터, 우유와 같은 결정화에 방해가 되는 물질을 다량 첨가해서 만든다.

고온에서 가열한 설탕 용액은 농도가 높아지면 설탕 용액의 점성이 지나치게 높아지게 되고 결정이 형성되기 어려워진다. 이 상태를 무정형(amorphous, glasslike)상태라고 한다. 설탕 결정화를 방해하는 물질을 처음부터 많이 넣고 가열해도 결정은 형성되지 않는다. 비결정화 캔디의 종류로는 누가(nougat), 태피(taffy), 브리틀(brittle), 알사탕, 캐러멜(caramel) 등이 있다.

(5) 당류의 갈변

설탕을 가열해서 얻을 수 있는 갈변반응에는 캐러멜 반응(caramelization)과 메일라드 반응(maillard reaction)이 있다. 이 두 종류에 의해 갈변이 일어난다.

① 캐러멜 반응

캐러멜화란 설탕을 170℃ 이상의 고온으로 가열해서 얻을 수 있는 현상으로 설탕의 가열을 통해 특유의 향미와 색을 형성시키는 비효소적인 갈변현상이다. 아이스크림의 토핑이나 푸딩, 디저트의 소스, 캐러멜, 약식 및 춘장과 같은 식품에 나타나는 색들이 모두 캐러멜화 반응에 의해 나타나는 색이다.

② 메일라드 반응

메일라드 반응 역시 비효소적 갈변의 일종으로 설탕이나 단백질을 가열하거나 일정 기간 저장하게 되면 아민과 환원당이 만나서 갈색의 물질인 멜라노이딘(melanoidin)을 형성시키게 된다. 홍차나 된장, 간장, 커피 등의 색과 향을 형성하는 데 도움을 주는 현상이다.

(6) 당류의 부재료 활용

설탕은 주재료가 되어 다양하게 변화되기도 하지만 다른 주재료의 부수적인 재료로서의 역할을 하기도 한다. 설탕의 특성 중 전분의 노화를 억제하는 기능이나 설탕이 지닌 방부성으로 인해 설탕 농도가 50% 이상인 설탕 용액은 세균의 번식이나 효모를 억제하여 저장성을 높여주기도 한다. 또한 산화방지 효과가 있어 산화로 인한 갈변현상이 일어나는 과일을 설탕 용액에 넣어 효소 갈변을 방지하기도 한다. 그 밖에 빵 반죽의 발효에 필요한 이스트의 발효를 도와주기도 해서 반죽을 부풀어오르게 하기도 한다. 이처럼 다양한 부재료로서의 설탕의 특성을 살펴보면 다음의 표와 같다.

◈ 부재료로서의 설탕의 특성

조리 특성	용도
젤의 형성과 강도 증가	젤리나 잼, 마멀레이드에 사용되며 한천 젤의 강도와 투명도를 높인다.
전분의 노화지연	카스텔라, 떡, 케이크 등에 사용되며 설탕의 분자구조 특성으로 전분에 탈수효과를 주어 노화를 방지한다.
단백질의 응고 억제	커스터드, 푸딩 등에 사용되며 설탕을 첨가한 달걀 단백질은 열의 응고온도가 높아져 단단해지거나 질겨지는 것을 방지한다.
당장효과	잼, 연유, 편강 등에 사용되며 설탕이 가진 친수성으로 인해 삼투압이 높아져 미생물의 증식을 억제시켜 보관기간을 증가시킨다.
이스트 발효 촉진	빵 제조 시에 사용되며 이스트의 영양원이 되어서 발효를 촉진시킨다.
난백거품 안정화	머랭에 사용되며 흰자의 거품에 설탕을 첨가하면 기포의 안정성이 증가해 수분의 분리가 잘 일어나지 않는다.

④ 밀가루

밀은 약 20여 종이 있으며 90% 이상이 일반적인 밀이고 5~7% 정도가 듀럼밀이다. 밀은 파종시기에 따라 구분하기도 하고 경도에 따라 구분하기도 하는데 파종시기의 경우 봄밀과 겨울밀로, 밀알의 경도에 따라서는 연질소맥과 경질소맥으로 구분한다. 그 밖에 색상에 따라 흰색 밀과 붉은색 밀로 구분하기  도 한다. 밀의 품종 중 듀럼밀은 단백질 함량이 높고 주로 스파게티와 같은 파스타 제조에 이용되며, 보통 밀은 우리가 아는 일반적인 밀가루로 이용된다.

밀의 내부를 살펴보면 조직구조는 쌀과 비슷하게 생겼으며 과피는 질긴 데 반해 배유가 쉽게 가루가 된다. 또한 과피와 배유의 분리가 쉬워서 다른 곡류들과는 다르게 제분이 용이하고 국수, 빵의 재료가 되는 밀가루로 주로 이용된다. 밀입자의 중심부는 대부분 전분으로 이루어져 있으며 단백질 함량이 낮다. 하지만 외부로 나갈수록 전분 함량은 낮아지고 단백질 함량이 높아지며 밀가루의 질이 단단해지는 특성이 있다.

밀의 단면과 구조

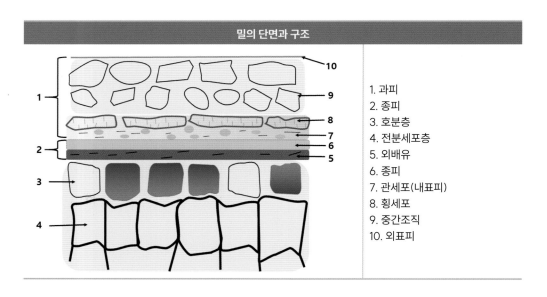

1. 과피
2. 종피
3. 호분층
4. 전분세포층
5. 외배유
6. 종피
7. 관세포(내표피)
8. 횡세포
9. 중간조직
10. 외표피

1) 밀가루의 종류

(1) 제분율에 의한 분류

밀을 제분하기 위해서는 브레이크 롤(break roll)과 리덕션 롤(reduction roll)이 필요하다. 브레이크 롤은 표면이 거칠어 밀알이 들어가면 배아가 떨어지게 되고 나머지 밀알은 작은 조각으로 부서지게 만든다. 반면에 리덕션 롤은 표면이 매끄럽기 때문에 작은 조각이 된 배유를 고운 가루로 부수는 데 쓰인다. 브레이크 롤에 의해 작은 덩어리로 잘린 배유를 미들링(middling)이라 하고 미들링이 리덕션 롤을 통과하게 되면서 고운 가루가 된다.

이렇게 제분할 때의 밀의 무게에 대한 밀가루의 무게 비율을 제분율이라 하며 밀기울을 포함하느냐 포함하지 않느냐에 따라 정제한 가루와 정제하지 않은 가루로 구분할 수 있다.

① 정제하지 않은 가루

- **전밀가루(whole wheat flour)** : 밀가루의 제분과정에 생겨난 가루들을 모두 섞어서 만들며 껍질과 배아가 섞여 있기 때문에 밀의 영양소를 그대로 가지고 있다.
- **98% 정제 밀가루** : 껍질만 제분한 밀가루로 전밀가루와 흡사한 영양성분을 지니고 있다.
- **85% 정제 밀가루** : 밀알만 가진 배유가 85%이기 때문에 배유로만 구성되어 있다고 봐도 되는 가루로 소량의 껍질은 섞여 있지만 무기질과 비타민의 함량은 매우 적다.

② 정제한 가루

정제한 밀가루의 경우 제분과정에서 처음 생기는 밀가루부터 72%까지를 섞은 것으로 제분율에 따라 여러 종류의 밀가루를 구분할 수 있다. 정제한 가루의 함유량 및 내용은 다음의 표와 같다.

◈ 제분에 따른 밀가루의 종류

전 밀알(whole wheat)		
밀의 72%(=100% straight flour)		밀의 28% = 사료
extra short or fancy patent flour	40~60% Mix	껍질 및 배아
short or first patent flour	70% Mix	
short patent flour	80% Mix	
medium patent flour	90% Mix	
long patent flour	95% Mix	
straight flour	100% Mix	

(2) 단백질 함량에 따른 분류

단백질 함량에 따라 밀가루는 강력, 중력, 박력분으로 나눌 수 있으며 단백질 함량에 따라 밀가루의 특성은 다르게 나타난다. 단백질 함량에 따라 밀가루를 분류하는데 이를 살펴보면 다음과 같다.

◈ 단백질 함량에 따른 밀가루의 분류

분류	강력분	중력분	박력분
원료 밀의 종류	경질밀	연질초자질밀	연질밀
글루텐 함량	11% 이상	9~11%	9% 미만
특성	• 탄성과 점성이 강함 • 수분흡수율 높음 • 물의 흡착력이 강함	• 강력과 박력의 중간 • 범용으로 활용	• 글루텐의 탄력과 점성이 약함 • 물의 흡착력이 약함
습부율	35% 이상	25~35% 미만	25% 미만
이용	식빵, 하드롤	우동, 수제비, 면류	케이크, 튀김옷, 쿠키

밀가루를 구성하는 밀 단백질은 글루텐 단백질과 비글루텐 단백질로 구분되고 비글루텐 단백질로는 알부민, 글로불린, 펩티드, 아미노산이 있다. 반면 밀가루의 글루텐을 구성하는 단백질에는 글리아딘과 글루테닌이 있고 물과 함께 섞어 반죽하면 3차원의 망상구조를 이루는 글루텐을 형성하게 된다. 밀가루 단백질의 분류와 글루텐 형성과정을 살펴보면 다음의 그림과 같다.

조리원리를 풀어 쓴 **조리과학 & 관능평가**

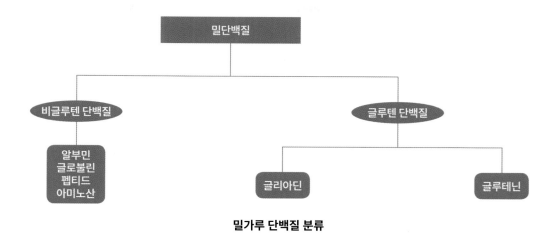

밀가루 단백질 분류

2) 밀가루의 성분

밀가루의 주요 구성성분은 탄수화물이지만 단백질, 지질, 무기질, 비타민 등의 영양소도 함유되어 있고 밀가루를 이용한 조리에 영향을 주는 아밀라아제, 프로테아제, 리폭시게나아제와 같은 효소도 함께 함유하고 있다.

(1) 단백질

밀가루는 주로 탄수화물로 구성되어 있지만 밀가루에 가장 큰 영향을 주는 영양소는 바로 단백질이라 할 수 있다. 단백질 함량에 따라 밀가루를 구분하거나 밀가루의 글루텐에 많은 영향을 미치는 성분이 바로 단백질이다.

(2) 탄수화물

밀가루에 함유된 성분 중 가장 많은 비중을 차지하는 탄수화물은 75~80%의 전분과 셀룰로오스, 헤미셀룰로오스, 덱스트린과 펜토산, 당 등이다. 이때 전분 함량이 높으면 단백질 함량은 낮고 반대로 전분 함량이 낮으면 단백질 함량은 높은 특성을 보인다. 탄수화물에 함유된 성분 중 전분은 호화되면서 점성, 부착성이 높아지게 되고 반대로 냉각시키면 겔화가 된다. 밀가루를 반죽하는 과정에 전분은 수분을 흡수해 팽윤하고 글루텐에 의해 생긴 망상구조 사이를 막아주는데 이때 공기 방울 사이에 벽을 만들어주는 역할도 한다. 이렇게 만들어진 벽은 전분이 호화되면서 더욱 단단하게 고정시켜 준다. 간혹 빵을 굽는 과정에서 모양이 망가지거나 무너질 수 있는데 이런 현상은 벽을 구성하는 전분이 부족해서 생길 수 있다.

(3) 지질

밀에 함유된 지질의 양은 2%가량이며 주로 배아에 8~15%, 배유에 1~2%, 밀기울에 5% 정도가 함유되어 있다. 배아와 밀기울에 함유된 지질은 인지질로, 배유에 함유된 지질은 당지질로 구성되어 있어 각기 다른 종류의 지질을 함유하고 있다. 당지질과 인지질의 차이는 빵을 만드는 과정에서 다른 역할을 하는데 당지질의 경우 빵의 부피 증가를, 인지질의 경우 밀의 단백질과 결합해 빵을 부풀려 단백질 작용을 도와주는 역할을 한다. 지질의 함유량은 밀을 제분하는 제분율에 따라 크게 달라질 수 있다.

(4) 무기질

무기질은 밀에 2% 정도 함유되어 있으며 주로 배아와 외피에 존재한다. 무기질의 대부분은 인으로 구성되어 있고 극히 적은 양의 칼륨과 칼슘이 존재한다. 밀가루를 구분할 때 회분의 함량, 색상에 따라 등급을 나누기도 하며 이는 다음의 표와 같다.

◈ **밀가루의 등급별 분류**

등급	회분	색	사용용도
특등급	0.3~0.4	아주 좋음	가정용
1등급	0.4~0.45	좋음	
2등급	0.46~0.6	보통	식품가공용
3등급	0.7~1.0	나쁨	사료, 합판, 제지, 공업용 원료, 막걸리 양조에 이용
최하등급	1.2~2.0	매우 나쁨	

(5) 비타민

밀가루에 함유된 비타민은 비타민 B_1, B_2, E, 니아신, 판토텐산 등이고 밀가루 제분율이 높을수록 밀기울이 많이 포함되어서 비타민의 함유량도 많아진다. 반면 비타민 A

와 D는 밀가루에 함유되어 있지 않다.

(6) 효소

밀가루에 함유된 효소의 양은 매우 적지만 화학적 변화의 촉매 역할을 하여 밀가루의 특성을 변하게 하는 매우 큰 영향을 미친다. 효소 중 α-아밀라아제는 전분을 분해하는 역할을 하며 밀이 발아하는 과정에서 많이 생겨난다. 발아된 밀로 제분한 밀가루의 경우 호화점도가 떨어지는 품질 저하가 일어날 수 있으므로 주의해야 한다.

밀가루의 산패에 영향을 미치는 리파아제(lipase)는 저장 중 지질에 작용해 유리지방산을 만들며, 프로테아제(protease)와 펩티다아제(peptidase)는 단백질 가수분해효소로 밀가루를 반죽할 때 효소 활성제인 글루타티온과 시스테인에 의해 활성화된다. 단백질 가수분해효소와 활성제는 밀가루에 많이 함유되어 있을 경우 글루텐을 가수분해해 강도를 약화시킬 수 있으며, 적게 함유되어 있을 경우는 반죽이 단단해져 잘 부풀어오르지 않을 수 있다. 따라서 두 종류의 물질을 잘 조절해야 좋은 빵 반죽을 만들 수 있다.

3) 글루텐

(1) 글루텐의 형성

밀가루는 다른 곡류들과는 다르게 물과 함께 반죽하면 단백질이 수화되면서 3차원의 망상구조를 가진 글루텐을 형성하게 된다. 글루텐은 빵을 제조할 때 조직과 구조, 향미에 영향을 준다. 밀가루 단백질에 존재하는 글리아딘과 글루테닌이 물과 결합하고 공기와 이산화탄소를 생성시켜서 형성하게 되는데 글리아딘은 짧고 둥근 형태로, 글루테닌은 긴 실과 같은 형태로 존재하다가 물과 섞이면서 그물망 형태의 구조로 바뀌게 된다. 그물구조에서 글리아딘은 반죽에 부드러우면서 달라붙는 점성을, 글루테닌은 잡아당겨도 잘 끊어지지 않는 탄성을 만들어준다.

글리아딘과 글루테닌에 의해 생긴 망상구조의 벽 사이사이에는 공기 방울과 팽창제에 의해 생겨난 가스가 자리하게 되며 기체들을 보유한 상태에서 응고될 때까지 늘어난다.

글루텐이 형성되는 정도는 반죽 시간과 반죽의 종류, 반죽이 발전되는 시간에 따라 다르며 팽화율의 경우 글루텐 함량이 높을수록 크게 나타난다. 이런 이유로 조리에 사용되는 밀가루의 종류에 차이를 두는 것이다. 가령 튀김은 글루텐 함량이 적은 박력분을 가볍게 섞어서 바삭해지게 만드는 게 좋다. 또한 빵에는 강력분과 이스트를 이용해 가능하면 강한 글루텐 망을 형성하게 해야 좋은 빵을 만들 수 있다.

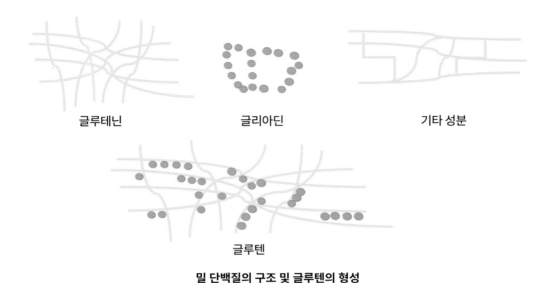

밀 단백질의 구조 및 글루텐의 형성

(2) 밀가루 제품에 사용되는 부재료의 종류 및 역할

빵, 과자 등 밀가루를 이용한 제품은 매우 다양하고 각자 작용하는 역할이 크다. 밀가루 제품을 만들기 위해 이용되는 부재료의 종류와 역할을 살펴보면 다음과 같다.

① 액체

밀가루 반죽을 위해 사용되는 액체로는 물이나 우유, 과즙 등이 있으며 반죽을 익히는 데 중요한 영향을 미친다. 설탕과 소금, 베이킹파우더가 잘 용해될 수 있도록 하며, 글루텐의 형성과 전분의 호화에 큰 영향을 미치고 탄산나트륨, 베이킹파우더와 반응해서 탄산가스(CO_2)의 생성을 촉진시켜 준다. 또한 가열하면서 증기를 형성시켜 반죽을 팽창시키는 역할도 한다. 다만, 반죽에 이용하는 물의 양은 반죽의 상태, 경도와 관계가 있기에 목적에 맞는 수분량을 조절해야 한다.

물의 양을 밀가루 무게의 50~60%만 사용해 반죽할 수 있을 정도의 경도를 지닌 반죽을 도우(dough), 충분한 액체를 사용해 주걱 또는 숟가락을 이용해 쉽게 저을 수 있는 상태의 무른 반죽을 배터(batter)라고 한다. 적정 수분 사용량에서 1%를 더 사용하거나 덜 사용할 경우 반죽의 경도에 미치는 영향은 5~15%까지 높아지기 때문에 수분을 사용하는 데 있어 주의가 필요하고 조금씩 나눠서 사용하는 것이 바람직하다. 밀가루에 사용하는 물의 양에 따라 반죽의 상태, 조리에 적합한 용도를 구분하는데 이를 살펴보면 표와 같다.

◈ **밀가루 반죽의 상태 및 조리용도**

밀가루와 물의 무게비		반죽 상태	조리 용도
1 : 0.5	Dough	손으로 둥글게 뭉쳐지는 정도의 반죽 (hard dough)	만두피, 국수 등
1 : 0.6~1		숟가락으로 뜨면 덩어리지며 떨어지지만 손으로 반죽하기는 어려운 상태(soft dough)	찐빵
1 : 1.5~2	Batter	숟가락으로 뜨면 잘 떨어지고 떨어진 반죽이 천천히 퍼지는 상태(drop batter)	와플, 튀김용 반죽옷, pan cake
1 : 2~2.5		숟가락으로 뜨면 줄줄 흘러내릴 정도의 반죽상태 (pour batter)	일본식 튀김반죽, 스펀지케이크

물이 아닌 우유를 반죽에 사용하면 반죽의 끈적거림이 줄고 성형하기 적합하게 되며 발효가 일어나는 중에 가스의 생성을 도와 더욱 잘 부풀어오르도록 해준다. 이것은 우유의 성분 중 유지방과 레시틴이 반응하면서 일어나는 현상이고, 유당 역시 빵의 껍질에 일어나는 갈색의 메일라드 반응에 관여해서 갈색화가 골고루 잘 일어나게 만들어준다.

② 지방

밀가루 반죽에서 지방은 부피를 증가시키고 부드러운 질감을 만들며 파이의 결(flakiness)을 만드는 등 반죽의 향미, 색을 좋게 하며, 반죽이 쉽게 상하지 않게 방지하는 역할도 한다.

– 연화작용(shortening or tenderizing effect)

반죽에 지방이 첨가되면 밀 단백질의 수화가 어려워지고 글루텐이 망상구조 형성하는 것을 억제해 반죽이 부드럽게 유지될 수 있게 한다. 이는 유지방이 글루텐의 표면을 둘러싸며 생기는 현상으로 많은 양의 유지를 첨가할 경우 글루텐의 접착을 방지해 파이와 같은 층을 만들어 바삭한 질감을 만들 수 있다.

– 팽화작용(leavening effect)

고체지방을 크리밍하는 과정에 공기를 유입시켜 제품의 부피가 커지도록 만드는 동시에 조직의 질감을 좋게 만들어준다. 일반적으로 케이크를 만들 때 일어나는 작용이다.

③ 달걀

달걀이 들어간 반죽은 가열되면서 달걀 단백질이 응고되어 글루텐과 함께 제품의 구조가 형태를 잘 유지하도록 만들며 팽창제를 돕는다. 또한 색과 향미가 좋아지게 하고 맛을 좋게 만든다. 그뿐 아니라 영양적 측면에서 지용성 비타민과 단백질, 콜레스테롤과 지질을 보충하는 역할을 하며 달걀의 유화성을 통해 반죽에 사용된 지방을 고루 분산시켜 준다. 하지만 달걀을 너무 많이 사용한 밀가루 제품은 질겨질 수 있으므로 사용 시 주의해야 한다.

④ 설탕

설탕은 제품에 단맛을 주는 동시에 쉽게 갈변되기 때문에 완성된 음식의 표면을 먹기 좋아 보이는 갈색으로 만들고 반죽의 팽창에 필요한 이스트의 성장을 촉진시키는 역할을 한다. 또한 적정량의 설탕은 글루텐을 연화시키고 연화된 반죽은 발효가스에 의해 더욱 쉽게 팽창되어 제품의 부피가 커지게 만든다. 반죽에 사용된 달걀과 섞이면서 열 응고성을 높여 단백질을 연하게 만들며 수분이 적은 제품의 경우에는 설탕으로 인해 바삭한 질감이 생기도록 한다. 하지만 적정량을 넘어서 설탕을 반죽에 첨가할 경우 반죽의 수분을 설탕이 흡수하여 글루텐의 형성을 방해할 수 있다. 따라서 설탕이 들어 있는 반죽은 글루텐을 형성하기 위해 더 오랜 시간 반죽을 해야 하고 다량의 설탕을 첨가한 반죽은 가열과정에서 표면이 갈라질 수 있다.

⑤ 소금

소금을 적정량 사용한 반죽은 맛을 증진시키고 글루텐의 강도를 높이며 부피를 크게 하고 조직이 개선되는 효과를 볼 수 있다. 또한 이스트를 이용한 반죽의 경우 소금을 넣지 않은 반죽은 발효가 빠르게 이루어져 반죽이 끈적거릴 수 있고, 소금을 많이 사용한 반죽은 이스트의 생성을 억제시켜 부피가 줄어들 수 있다. 이처럼 소금은 반죽의 발효작용을 조절하는 역할을 한다. 밀가루에 소금을 첨가할 때는 직접 넣는 것보다 액체와 혼합해서 반죽하는 것이 글루텐 형성에 도움이 된다.

(3) 밀가루 반죽에 사용되는 팽화제의 종류 및 역할

① 물리적 팽창제

- 공기

공기를 반죽에 주입하는 방법으로는 밀가루를 체에 내리거나 지방과 설탕의 크림화, 기타 건조물질들의 혼합과정과 흰자의 머랭을 혼합하는 과정을 통한 것이 있다. 이처럼 반죽을 혼합하는 과정에 주입된 공기는 반죽에 머물다가 가열하는 과정에서 팽창하면서 부피를 증가시키고 제품 내부에 다공질이 일어나도록 만든다.

반죽에 주입되는 공기의 양과 부피의 증가는 반죽을 젓는 횟수나 반죽의 점성, 첨가물, 굽기 전 시간과 같은 여러 가지 요인에 영향을 받으며 공기를 주입해 주는 팽창제들의 상태에 따라서도 다르게 나타난다.

- 증기

오븐에서는 열로 반죽의 수분과 다른 액체들을 증기로 전환하는 동시에 제품이 팽창되도록 한다. 증기를 이용하는 경우 팽창효과가 크기 때문에 1,600배 이상으로 증가하며 음식을 부풀게 만들 수 있다. 단 증기를 이용한 팽창에서는 물의 비율이 상대적으로 높아야 하며 빠른 시간에 고온이 유지되어야 잘 팽창할 수 있다. 증편, 슈크림과 같은 반죽의 경우 증기에 의해 팽창되며 이때 공기도 함께 작용해서 부피가 증가하도록 만든다.

② 화학적 팽창제

밀가루 반죽에 탄산가스를 발생시킬 수 있는 물질을 섞고 가열 중 화학적 변화로 인해 탄산가스가 발생하게 하는 것이다. 화학적 팽창제 종류로는 중탄산나트륨, 중탄산암모늄, 탄산암모늄, 염화암모늄, 베이킹파우더 등이 있는데 가장 많이 사용되는 팽창제는 베이킹파우더다. 이스트에 비해 팽창력이 약한 편이며 박력분과 함께 많이 이용하고 반죽을 가볍게 만들어 사용한다.

– 중탄산나트륨($NaHCO_3$)

식소다, 중조라 불리는 중탄산나트륨은 강알칼리성으로 개별적으로 사용할 경우 탄산가스를 생성해 밀가루 반죽을 부풀게 하지만 탄산소다가 남아 쓴맛이 나며 밀가루의 안토잔틴 색소가 황색으로 변해 황갈색의 반점이 나타나게 만든다. 또한 80℃ 이상이 되면 가스를 많이 발생시켜 제품에 금이 가거나 표면을 거칠게 만들 수 있다. 따라서 단독으로 사용하는 것은 바람직하지 않고 반죽할 때 당밀이나 꿀, 레몬주스, 황설탕, 사과주스, 사워크림, 버터밀크, 코코아, 초콜릿, 요구르트, 주석산과 같은 산 물질을 함께 첨가해 중화해서 사용하는 것이 좋다.

산을 첨가한 중탄산나트륨 반응

가열

$2NaHCO_3 \rightarrow CO_2 \uparrow + NaCO_3 + H_2O$

물　　(알칼리성)

↓

안토잔틴 색소 → 황색으로 변색

산을 첨가하지 않은 중탄산나트륨 반응

CHOH·COOH　　　　CHOH·COONa

｜　　가열　　｜

$2NaHCO_3 + CHOH·COOH \rightarrow 2CO_2 \uparrow + CHOH·COONa + 2H_2O$

중탄산나트륨　　주석산　　　물 탄산가스　　주석산나트륨　　　　　물

(가스발생제)　(산성제)　　　　　　　　　(중성염)

– 베이킹파우더(baking powder, B.P)

베이킹파우더는 중탄산나트륨의 결점을 보완하여 산을 형성할 수 있는 재료와 전분을 혼합해 만든 것이다. 단일반응과 이중반응 베이킹파우더로 나눌 수 있으며 제품의 색이나 맛에 좋지 않은 영향을 적게 미친다. 베이킹파우더의 작용과 종류를 살펴보면 표와 같다.

베이킹파우더	작용	종류
단일반응 베이킹파우더	물에 닿는 즉시 탄산가스를 발생시킴	• 주석산염 베이킹파우더 • 인산염 베이킹파우더 • 황산염 베이킹파우더
이중반응 베이킹파우더	물에 닿을 경우 1차 소량의 탄산가스가 발생한 뒤 가열할 경우 탄산가스가 본격적으로 발생됨	• 황산염-인산염 베이킹파우더

③ 생물학적 팽창제

– 이스트

반죽을 팽창시키기 위해서는 발효에 의해 분해되고 탄산가스가 형성되어야 가능하다. 반죽에 함유된 당을 분해해서 이산화탄소와 에탄올을 생성해 가스 만드는 역할을 하는 것이 바로 이스트(yeast, 효모)이다. 발효는 27~38℃에서 가장 활발하게 일어나는데 60℃를 초과하면 이스트는 사멸된다. 그리고 발효는 이스트가 사멸되기 전까지 계속 일어난다. 가장 많이 사용되는 효모는 사카로마이세스 세레비지애(saccharomyces cerevisiae)이며 설탕과 같은 당을 영양분으로 삼는다. 발효에 적합한 pH는 4.5~5.5이고 설탕을 과하게 사용할 경우 삼투압작용에 의해 이스트는 건조해져서 죽게 되므로 발효가 늦어진다. 적정 설탕 사용량은 밀가루의 무게당 1.5%이다.

이스트의 발효

$C_6H_{12}O_6$단당류 → $2C_2H_5OH$알코올 + $2CO_2$ ↑탄산가스

– 이스트의 종류

• 생이스트(fresh yeast)

생이스트는 압착이스트(compressed yeast)라고도 하며 옥수수전분과 효모를 혼합해 압착한 것이다. 65~75%가량의 수분을 함유하고 있으며 냉장 보관 기준 5주가량 보관이 가능하다. 생이스트를 사용하기 위해서는 반죽에 넣기 전 35℃ 정도의 온수에 분산시켜 사용해야 하며 사용은 편하지만 빨리 변질되는 단점이 있으므로 시장성이 낮다.

• 활성건조이스트

효모를 고운 입자로 만든 것으로 수분함량이 8% 정도로 적다. 건조한 상태로 보관하기 때문에 실온에 밀봉해서 최소 6개월, 냉동에서는 2년 동안 저장이 가능하다.

활성건조이스트를 사용하려면 재수화시켜야 하는데 이때 물은 40~46℃가 적당하다. 만일 밀가루에 활성건조이스트를 바로 섞어서 사용하면 다른 첨가물에 의해 온도가 떨어지므로 49~55℃의 온수를 이용해야 한다.

• 속성-팽창 건조이스트(rapid-rise dry yeast)

효모를 신속하게 탈수하고 건조한 이스트로, 별도로 액체에 녹일 필요 없이 바로 가루와 함께 혼합해 사용할 수 있다. 속성-팽창 건조이스트는 반죽에서 이산화탄소를 빠르게 생성시키기 때문에 발효시간이 매우 단축되지만 공기 중에서는 불안정하기 때문에 반드시 밀봉 또는 냉장 보관해서 사용해야 한다.

• 액체이스트(liquid yeast)

감자, 물, 설탕 등을 혼합해 만든 액체이스트는 가정에서 빵을 구울 때 사용되는 이스트로 반드시 냉장 보관이 필요하다. 특히 오래된 액체이스트의 경우 활성도가 저하되므로 신선한 이스트를 사용해야 한다.

4) 밀가루의 조리와 이용

(1) 발효빵

일반적으로 발효과정을 거쳐 만들어지는 빵으로 이스트를 이용해 팽화시키는 대부분의 빵을 말한다. 빵을 반죽하는 방법에는 대표적으로 직접 반죽법, 스펀지법의 두 가지가 있다. 직접 반죽법의 경우 재료 전부를 한번에 넣어 발효시키는 것을 말한다. 시간이 오래 걸리지 않고 발효시키기 위한 노력이 적게 들어 쉽게 할 수 있고 제품의 향기가 좋은 특징이 있다. 또한 발효 중 감량 정도가 적은 장점이 있다.

스펀지법은 밀가루의 절반과 이스트를 넣고 2~4시간 발효시킨 후 나머지 재료를 넣고 반죽하는 방법이다. 시간과 노력이 많이 들며 발효과정에 감량 정도가 크지만 이스트가 적게 들고 조직감이 좋은 빵을 만들 수 있는 장점이 있다.

(2) 비발효빵

이스트가 아닌 다른 팽창제를 이용해 부풀리는 빵을 총칭하며 케이크, 쿠키, 파이크 러스트, 팬케이크, 크림퍼프 등이 있다.

– 스펀지케이크

흰자를 이용해 만든 머랭의 기포성으로 팽창시키며 반죽에 함유된 기포의 열팽창과 기포를 핵으로 팽화시킨다.

– 팬케이크, 쿠키

화학팽창제를 이용해 가열과정에서 발생하는 이산화탄소로 팽화시키며 팬케이크, 쿠키, 비스킷, 마들렌 등의 제품이 여기에 해당된다. 특히 케이크 도넛의 경우 반죽한 뒤 도넛 모양으로 만들고 170~180°C의 기름에 튀겨 부풀어오르게 한 뒤에 설탕을 입혀서 만든다.

– 파이크러스트

밀가루와 소금, 냉수, 고체 지방을 이용해서 만들며 팽화제를 넣지 않고 부풀어오르게 만든다. 고온 가열에 의해 수직으로 팽창하는 원리를 이용하는데 도우와 고체지방이 얇은 여러 개의 층을 이루고 있어 가열 중 지방이 도우에 흡수되면서 지방이 있던 자리는 수증기와 공기로 채워지며 층이 만들어져 바삭한 식감을 낸다.

– 크림퍼프

슈크림이라고 부르는 크림퍼프는 밀가루와 물, 달걀, 고체지방으로 만들며 가열하면서 발생하는 수증기압을 이용해 팽화시켜 만든다. 물과 유지를 이용하는 방법과 밀가루와 유지를 이용하는 두 가지 방법이 있는데 주로 물과 유지를 이용해서 만드는 방법이 많이 이용된다.

(3) 면류

우리나라의 경우 면류는 밀가루나 메밀가루 등을 이용해 만든 분식의 일종으로 문헌에 따르면 고려시대 이후 조선시대에도 국수를 만들어 파는 가게가 있었다고 한다. 또한 만두에 사용하는 피나 수제비와 같은 밀가루 반죽을 이용해 만드는 제품 또한 즐겨 찾는 식품이다.

이탈리아에도 밀을 이용해 만든 파스타 중 스파게티, 탈리아텔레 등 면류와 다양한 형태의 파스타가 존재하며 사용하는 밀의 종류는 다르지만 모두 밀가루 반죽을 이용해 제조한다. 만드는 제품과 재료에 따라 반죽의 점성과 탄력성은 다르게 나타나는데 밀가루의 제면성에 가장 많은 영향을 미치는 요인은 단백질 함량과 전분의 특성에 있다. 단백질 함량이 높은 면발은 명도와 백색도가 낮아지고 조직감과 탄력이 떨어지는 특징이 있다. 밀가루 제면에 적합한 단백질 함량은 밀가루의 9~10% 정도이며 짜장면 등 황색을 띠는 면의 경우 10~12%의 단백질 함량을 가진 밀가루를 이용한다.

(4) 튀김반죽

튀김은 밀가루 전분이 가진 흡수성과 호화성을 이용한 조리방법으로 반죽에 있는 전분이 가열되면서 반죽과 재료에서 물을 흡수해 호화하고 튀김옷을 단단하게 만드는 역할을 한다. 이 과정에서 고온의 열로 인해 튀김반죽이 가진 수분은 급격히 증발하는 동시에 기름이 튀김반죽에 흡착하게 된다. 튀김반죽에 중탄산나트륨이나 베이킹파우더를 이용해 더욱 바삭하게 만들기도 한다.

(5) 농후제[루(Roux)]

밀가루와 버터를 은근한 불에서 볶아 만든 것을 루라고 하는데 서양조리에서 소스나 수프를 만들 때 주로 농후제로 이용한다. 루는 가열을 통해 색이 나도록 만들며 색에 따라 종류를 나눌 수 있다.

루의 종류
• 화이트 루(white roux) 버터와 밀가루를 은근한 불에서 색이 나지 않도록 볶아서 만듦 : 120~130°C
• 블론드 루(blond roux) 화이트 루를 계속 볶으면서 담황색이 되도록 볶아서 만듦 : 140~150°C
• 브라운 루(brown roux) 블론드 루를 지나 계속 가열해 갈색이 되도록 볶아서 만듦 : 170~180°C

루를 이용하는 이유는 버터에 밀가루를 볶음으로써 생밀가루 특유의 냄새는 사라지고 고소한 향이 생겨나기 때문이다. 가열에 의해 볶아진 루를 이용하는 밀가루는 글루

텐 함량이 적은 박력분이 적당한데 박력분이 전분량은 많고 점도가 커서 농후제로 알맞기 때문이다. 물론 중력분이나 강력분 역시 루의 역할을 하지 못하는 것은 아니지만 박력분이 가장 적합하며 유지와 밀가루의 비율은 1 : 1이 가장 많이 이용된다.

　루를 이용해 농도를 만들 때는 전분의 호화온도 이하에서 액체를 첨가하는 것이 좋다. 또한 소량의 액체를 나눠 넣어서 루를 융해시켜야 골고루 잘 풀어 사용할 수 있다.

⑤ 서류와 두류

1) 서류

　식물의 뿌리 또는 줄기의 일부인 서류는 주로 다량의 전분과 다당류를 저장하고 있으며 감자나 고구마, 돼지감자, 토란, 마, 카사바 등을 말한다. 단위면적당 생산성이 곡류보다 높아 구황작물로 이용되기도 했으며 비타민, 단백질, 지질의 함량은 적으나 다량의 칼슘과 칼륨을 함유하고 있다. 감자에는 비타민 C가 함유되어 있고 열에 의한 손실률도 적은 편이며 안정적인 특징이 있다.

　서류에 함유된 다당류로 포도당과 자당, 맥아당 등이 있으며 섬유소와 펙틴질, 헤미셀룰로오스도 풍부하다.

　다만 서류는 수분함량이 70~80%로 냉해를 쉽게 입을 수 있고 발아가 잘 되어 오랜기간 보관하거나 운송하기 어려운 단점이 있다.

　서류의 영양소와 성분을 살펴보면 다음의 표와 같다.

식품명	일반성분 Proximates								무기질 Minerals						비타민 Vitamins		
	에너지	수분	단백질	지방	회분	탄수화물	당류	총식이섬유	칼슘	철	마그네슘	인	칼륨	나트륨	베타카로틴	니아신	비타민 C
	kcal	g	g	g	g	g	g	g	mg	mg	mg	mg	mg	mg	μg	mg	mg
감자	67	81.9	2.01	0.04	0.97	15.0	0	2.7	9	0.58	25	33	412	1	0	0.31	10.5
고구마	147	62.2	1.09	0.15	1.02	35.5	9.8	2.4	18	0.48	25	52	375	8	464	0.67	10.8
돼지감자	35	81.4	2.18	0.09	1.41	14.9	6.3	1.8	17	0.53	14	100	561	2	0	0.47	1.3
마	63	83.1	1.84	0.12	0.89	14.0	1.0	2.4	9	0.44	17	52	417	4	0	0.67	3.8
칡	137	63.7	2.48	0.10	1.67	32.0	3.5	4.4	383	2.00	242	61	243	2	18	1.32	4.6
토란	71	80.8	2.08	0.14	1.21	15.7	0	2.8	11	0.59	18	55	520	2	10	0.63	1.2

주 : 가식부 100g당(per 100g Edible Portion)

(1) 감자

남미의 안데스산맥 고지대가 원산지인 감자는 멕시코, 칠레의 남부로 전파되었다가 16세기 스페인으로부터 유럽으로 퍼져나가기 시작했다. 전 세계적으로 사랑받는 감자는 조선시대 후기 우리나라에 유입되었고 지금까지 다양한 방법으로 음식에 이용되고 있다.

① 감자의 성분

칼륨이 많아 알칼리성 식품으로 분류되는 감자는 비타민 C와 니아신 함량이 매우 높다. 또한 인과 단백질 함량이 많은데 인은 근채류 중 가장 많은 양을 함유하고 있다.

감자의 단백질은 글로불린의 일종인 투베린(tuberin)이 대부분을 차지하는데 감자의 속살이 노란색을 많이 띨수록 단백질의 함량 역시 높고 전분은 적은 특징이 있다.

감자는 무해하나 감자가 가진 성분 중 알칼로이드(alkaloid) 배당체의 일종인 솔라닌

(solanine)은 유독성분으로 섭취 시 유의해야 한다. 솔라닌은 감자의 싹이 있는 부위와 껍질이 녹색으로 변한 부위에 많이 있으며 다른 부위에는 매우 적은 양이 함유되어 있다. 감자의 품종에 따라 함량은 조금씩 차이가 있으며 생감자 100g 기준으로 2~13mg 정도 들어 있고 껍질을 제거하면 그중 70% 이상이 제거된다. 만일 솔라닌을 다량 섭취하면 중독현상으로 위장 장애와 복통, 현기증과 같은 증상이 나타나며 중추신경계에 손상이 올 수 있으니 싹이 있는 부분과 푸른색으로 변한 부분은 제거하고 섭취해야 한다.

② 감자의 갈변

감자는 껍질을 벗겨 놓으면 공기와 접촉해 갈변현상이 생기게 된다. 이는 감자 조직 내에 함유된 티로신(tyrosine)에 티로시나아제(tyrosinase)가 작용하면서 멜라노이딘(melanoidine)이라고 하는 갈색 물질을 형성시켜 생기는 현상이다. 감자의 껍질을 제거한 뒤 물에 담가두면 갈변을 일으키는 티로시나아제가 물에 용해되면서 갈변을 막을 수 있다. 또한 가열하면 효소가 불활성화되어 갈변을 막을 수 있고, 비타민 C 용액에 담갔다가 건져도 갈변을 예방할 수 있다.

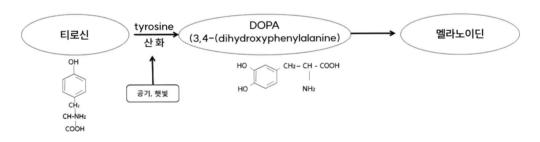

감자의 효소적 갈변반응

③ 감자의 종류

감자는 가열한 후 섭취했을 때 텍스처가 다른 점질감자(waxy potato)와 분질감자(mealy potato)로 나눌 수 있다. 감자의 종류를 구분하는 것은 전분의 구조로 세포 간 결합력과 전분의 충실도 및 단백질 함량 등이 있으며 감자의 비중을 통해 점질감자인지 분질감자인지 예측할 수 있다. 물 11컵에 소금 1컵을 넣고 용해한 뒤 감자를 껍질째 담그면 점질감자는 비중이 낮아 위로 뜨는 반면 분질감자는 비중이 높아 아래로 가라앉게 된다. 이를 통해 가열조리 후 감자의 텍스처가 윤이 안 나고 보슬보슬하며 파삭파삭한 식감의 분질감자인지 반투명하면서 *끈끈한* 느낌의 점질감자인지를 구분할 수 있다.

◈ **분질감자와 점질감자의 비교**

분류	분질감자	점질감자
종류	한국감자(품종 : 수미, 남작, 자주)	한국감자(품종 : 대지마)
비중	높음 : 1.11~1.12	낮음 : 1.07~1.08
특징	가열해서 익으면 껍질이 터지며 가루분이 생겨남	가열해서 익어도 모양 변화 없음
전분함량	많음	적음
수분함량	적음	많음
당 함량	적음	많음
텍스처	가열 후 윤이 안 나고 보슬보슬하며 파삭한 식감	가열 후 반투명하고 촉촉한 식감
조리법	찌기, 굽기, 튀기기, mashed potato	볶기, 끓이기, 조림, 삶기, 샐러드

쉬 어 가 기

감자의 저장 및 당 함량
감자는 실온에 저장하면 호흡이 활발히 진행되어 당의 소모가 많아진다. 따라서 함유된 당의 함량이 낮아진다. 반면 저온에서 저장한 감자는 호흡이 느려지며 효소작용에 의해 전분의 분해가 계속 이루어지기 때문에 당이 축적되어 당 함량이 높아지게 된다. 당 함량이 높아진 감자는 튀김에 이용하면 쉽게 갈색으로 변하고 질감도 나빠질 수 있다. 따라서 튀김으로 이용하기 위한 감자는 실온에서 보관한 감자가 적절하다.

(2) 고구마

남미가 원산지인 고구마는 18세기경 조선시대에 국내로 보급되었다.

① 고구마의 성분

주성분은 당질로 대부분 전분으로 구성되어 있다.

전분 외에 덱스트린과 자당, 포도당, 맥아당이 함유되어 있어서 단맛을 내며 피층에 타닌(탄닌)이 함유되어 있어 공기와 접촉하면 갈변이 일어난다. 껍질을 벗겨둔 고구마에 갈변이 생기는 것은 내부에 함유되어 있던 산화효소인 폴리페놀옥시다아제(polyphenol oxidase)가 클로로겐산(chlorogenic acid)을 산화시켜 발생하며 껍질을 제거한 뒤 물에 담가 공기와의 접촉을 차단하거나 가열하면 예방할 수 있다.

고구마는 일반적으로 저장해서 단맛을 증가시킨 뒤에 섭취한다. 이는 저장 중 고구마에 함유된 전분이 가수분해되면서 당분이 증가하기 때문이다. 또한 조리과정 중 가열온도를 서서히 증가시킬수록 고구마의 단맛은 증가한다. 이는 아밀라아제(β-amylase)가 55~65℃ 환경에서 가장 활발히 작용하기 때문으로 단시간에 가열해서 익히면 효소가 가수분해할 시간 여유가 없어서 생기는 현상이다.

고구마에 함유된 단백질은 글로불린의 일종인 이포마인(ipomain)이며 육질이 노란 고구마는 카로틴을 함유하고 있다.

고구마에는 칼륨, 칼슘과 같은 무기질이 많아 변비와 콜레스테롤 감소에 효과적이다. 다만 미생물에 의해 장내에서 가스를 쉽게 발생시킨다.

◈ 조리법에 따른 고구마의 호화도 및 맥아당 생성량 비교

조리법	가열시간	호화도(%)	맥아당(mg/g)
Baking	0분	-	67
	30분	40~45	135
	60분	99~102	245
	90분	100~102	255
Microwave	0초	-	10
	20초	6.6	20
	40초	63	92
	60초	88.5	102

② 고구마의 종류와 저장

고구마는 수분이 적은 분질고구마와 수분이 많은 점질고구마가 있다. 분질고구마는 전분이 많으며 맛이 좋고 밤과 같은 질감을 갖고 있어 식용으로 많이 이용된다. 반면 점질고구마는 단맛이 강하지만 전분이 적고 수분이 많기에 식용보다는 다양한 재료의 원료로 주로 이용된다.

고구마는 요리에 쓰이기도 하지만 전분과 물엿의 제조, 제과, 알코올, 위스키와 소주를 만드는 주정이나 당면을 만들기 위한 가공원료로도 많이 이용된다.

고구마에는 다양한 종류가 있다. 노란색의 육질을 가진 호박고구마는 '꿀고구마', '당근고구마'라 불리며 짙은 노란색을 띠고 단맛이 강하다. 물고구마의 경우 호박과 교접해 육성한 고구마로서 생미, 안미, 주황미 등의 품종이 있다. 다른 고구마에 비해서 크기는 작지만 수분과 당분이 많고 소화도 잘되기 때문에 생식으로도 많이 이용된다.

고구마는 저장성이 좋지 않은 근채류다. 연부병이나 흑반병 등 병해를 입을 확률도 높고 저온에서 냉해를 입기도 한다. 또한 상처가 생기면 쉽게 부패할 수 있다. 18℃ 이상의 온도에서 발아를 시작하기 때문에 보관 온도 또한 13℃, 습도는 85~90%를 유지해야만 장기간 보관이 가능하다.

(3) 토란(taro, *Colocasia esculenta*)

인도가 원산지인 토란은 동남아시아에서 주식으로 많이 이용한다. 땅속의 달걀이라 부르는 토란은 수분함량이 많고 열량이 낮다. 탄수화물인 전분과 펜토산 등이 주성분이며 이외에 단백질과 비타민도 소량 함유하고 있다.

토란에는 미끈미끈한 점질물이 함유되어 있다. 이 물질은 갈락탄(galactan)이라 부르는 물질로 갈락토오스와 단백질의 결합체인 수용성 당단백질이다. 토란을 가열하면 끓으면서 거품이 많이 생기는데 토란에 함유된 갈락탄이 수용성이기 때문에 용출되면서 일어나는 현상이다. 또한 열의 전도 및 조미료의 침투를 방해하기도 하기 때문에 토란을 한번 끓여서 용출시킨 뒤 제거한 다음에 양념해야 토란 고유의 맛을 낼 수 있다.

토란은 호모겐티스산(homogentisic acid)이 함유되어 있어 아린 맛을 내는데 소금물로 가열하면 제거할 수 있다. 또한 토란의 껍질에 함유된 수산칼륨은 피부의 가려움증을 유발하기도 하는데 가열하거나 식초를 이용하면 비활성화되며 손은 소금물로 씻으면 금방 가라앉는다.

(4) 산마

마는 다년생 덩굴식물의 덩이줄기로 전분과 점질물이 주성분이다. 점액 물질의 성분은 뮤신(mucin)으로 만나와 단백질이 결합해서 생겨난 당단백질이다. 이 물질은 가열하면 단백질이 변성하면서 점성이 저하된다. 마는 α-아밀라아제와 각종 효소가 함유되어 있어 생식으로 이용하거나 가열해서 섭취하기도 하며 조림, 전, 튀김 등에 다양하게 이용된다.

(5) 돼지감자(*Jerusalem artichoke*)

북아메리카가 원산지인 돼지감자는 '뚱딴지'라고도 불리는 국화과 다년생초본의 덩이뿌리로 번식력이 매우 뛰어나며 전국에 야생하고 있다. 맛이 떨어져 돼지의 사료로 이용되었기 때문에 '뚱딴지'라는 별칭이 붙었으며 15~20%의 탄수화물을 함유하고 있다. 감자라고 불리지만 전분은 거의 없으며 과당의 다당류인 이눌린(inulin)으로 구성되어 있는데 사람은 이눌린을 분해하는 효소가 없어 체내에서 소화가 불가능하다. 주로 과당의 원료, 물엿, 주정의 제조 등에 이용된다.

(6) 카사바(cassava, *Manihot esculenta*)

남아메리카가 원산지인 카사바는 덩이뿌리로 주로 아열대, 열대지역에서 생산된다. 마니오크(manioc), 만디오카(mandioca)라고도 불리는 카사바는 생육이 빠르고 생산성이 매우 뛰어나다. 하지만 식용으로 이용하기 위해 독성분을 제거하는 제독 처리가 필요하고 제독 처리를 위해 껍질과 심을 제거한 뒤 바로 가공하지 않으면 썩어버릴 수 있는 제약이 있는 식물이기도 하다. 카사바에는 전분 20~25%, 단백질은 1% 정도 함유되어 있고 칼슘과 비타민 C가 풍부해 우수한 전분 공급원이며 열대지방에서는 중요한 식량자원이다.

카사바는 고미종과 감미종으로 나눌 수 있고 고미종에 비해 독성이 적은 감미종은 껍질에 있는 청산배당체 리나마린(linamarin)을 제거하고 삶아서 섭취하는데 그 맛이 고구마와 비슷하다. 고미종은 가열, 수침, 효소분해 등의 방법을 이용해 제독 처리를 한 후 전분, 주정의 제조나 사료로 이용한다.

카사바에서 분리 추출한 식용 전분인 타피오카(tapioca)는 빵, 과자의 제조에 이용한다. 또한 최근 타피오카로 만든 타피오카 펄(tapioca pearl)을 디저트나 음료에 이용하면서 인기를 얻고 있다.

(7) 구약감자(*Amorphophallus konjac*)

인도차이나반도가 원산지인 구약감자는 토란과에 속하는 다년생 초본의 구근으로 곤약(konjak)을 만드는 재료로 이용된다. 한국, 일본, 중국, 미얀마 등에서 식용으로 이용하며 특히 일본에서 주로 많이 사용한다.

구약감자의 주성분은 글루코만난으로 수용성 식이섬유인데 체내에는 소화효소가 없어 소화가 어렵다. 하지만 장내 세균에 의해 분해되면서 정장작용을 하고 콜레스테롤을 저하시켜 주는 등 건강 기능성을 지니고 있다.

글루코만난은 물을 잘 흡수하고 팽윤하면서 점도 높은 교질용액으로 변하는데 여기에 알칼리를 첨가해 탄력 있는 곤약을 만든다. 곤약은 97%가 수분으로 이루어져 있어 칼로리가 거의 없기에 다이어트 용도로 많이 이용된다.

(8) 야콘(Yacon)

남미의 안데스 지역이 원산지이며 '땅속의 배'라고 불린다. 국화과 식물로 국내에는 1985년에 들어와 현재 강화, 상주, 괴산 등지에서 재배되는 작물이다.

야콘은 주로 식용으로 이용되며, 식용하는 부위는 덩이뿌리를 조림이나 볶음, 지짐과 같은 가열조리를 통해 먹거나 날것을 얇게 저며 샐러드에 넣어 먹는다. 또한 잎은 샐러드로, 수확기에 다다른 잎은 차로 만들어 이용한다.

야콘에는 전분이 거의 없으며 프락토올리고당(fructo oligosaccharide), 이눌린(inulin), 폴리페놀(polypheonl) 등이 다량 함유되어 있다. 또한 잎에도 클로로겐산, 카페산, 페룰산 등이 함유되어 있어 건강 기능성 식품으로 주목받고 있다.

2) 두류

(1) 두류의 종류

두류는 단백질과 지질을 공급하는 중요한 식량자원으로 콩, 팥, 완두콩, 강낭콩, 녹두와 같은 완숙 종자와 풋콩, 껍질콩과 같은 미숙종자 그리고 콩, 녹두를 발아시켜 식용으로 이용한 콩나물, 숙주나물과 같은 채소로 구분할 수 있다.

콩을 구성하는 성분을 살펴보면 종피와 자엽, 배아로 구성되어 있고 그중 90%가량을 차지하는 자엽을 주로 식용으로 이용한다.

콩에 함유된 영양소 중 40%는 단백질이며 용도에 따라 메주콩, 두부콩, 콩나물콩 등으로 나누거나 색에 따라 검은콩, 노란콩으로 구분하기도 한다. 그중 강낭콩과 완두콩은 특히 전분 함량이 60%에 가깝기 때문에 두류보다 곡류에 가깝다고 할 수 있다.

두류의 종류에 따른 특성을 분류하면 다음의 표와 같다.

◈ **두류의 종류에 따른 특성**

종류	특성
콩(대두)	• 생콩의 경우 트립신 저해물질(trypsin inhibitor)이 함유되어 있어 소화율 낮음 • 가공해서 두부, 콩밥, 된장과 간장 등으로 섭취할 경우 소화율을 높일 수 있음 • 단백질, 지질을 많이 함유하고 있고 생리활성 물질인 이소플라본, 사포닌을 함유하고 있음 • 콩기름을 만들거나 발아시켜 채소인 콩나물로도 이용 가능
서리태	• 겉은 짙은 검은색이지만 껍질 내부는 녹색을 띠고 있음 • 서리를 맞은 뒤 수확한다 하여 서리태라는 명칭이 붙음 • 항산화 성분인 안토시아닌을 다량 함유하고 있음 • 밥에 넣거나 청국장, 두유, 콩국수 등에 이용
팥	• 티아민을 많이 함유하고 있어 탄수화물 대사에 도움이 되고 각기병 예방에 좋음 • 떡, 죽, 과자를 만들 때 소로 이용하기도 하며 밥에 넣어 이용하기도 함

완두콩	• 떡, 과자를 만들 때 소로 이용하기도 하고 밥에 넣어 조리하기도 함 • 다 자라기 전 푸른색을 띠는 콩은 통조림을 만들고 자라기 전 꼬투리는 채소로 이용
강낭콩	• 당질, 단백질이 많음 • 밥에 넣거나 양갱, 샐러드로 이용
녹두	• 전분이 많이 함유되어 있어 점성이 높음 • 청포묵과 당면의 재료로 이용되거나 빈대떡, 떡, 빵에 이용됨 • 발아시켜 채소인 숙주나물로 이용
렌틸콩	• 단맛이 거의 없고 고소한 맛을 내며 렌즈처럼 생겨 렌즈콩이라고도 불림 • 삶아서 수프처럼 만들어 이용하기도 하고 커리, 샐러드, 볶음요리나 제빵에도 이용
동부	• 크기는 팥과 비슷하고 밥이나 떡에 넣기도 하며 묵을 만들어 사용함
병아리콩	• 식이섬유가 풍부하고 레시틴, 이소플라본, 사포닌이 다량 함유되어 있음 • 콜레스테롤을 낮추고 갱년기 증상 완화에 좋음 • 콩의 뾰족하게 튀어나온 부분이 병아리 부리와 닮았다 해서 병아리콩이라 부름
쥐눈이콩	• 검은콩 중 크기가 가장 작은 콩으로 마치 쥐의 눈과 비슷해서 쥐눈이콩이라 부름 • 해독작용이 있어 약콩이라고도 불리며 일반적인 콩들에 비해 이소플라본이 5배 이상 많이 함유되어 있음

(2) 두류의 성분

콩의 영양성분을 살펴보면 단백질이 35~40%, 탄수화물이 30% 그리고 지질이 15~20%를 차지한다. 농작물 중에서 가장 양질의 단백질을 공급하는 영양식품으로 그 밖에 비타민과 무기질, 식이섬유도 함유하고 있다. 콩은 단백질 함량이 많고 탄수화물 함량이 적어 전분이 적은 것과 달리 팥은 단백질에 비해 탄수화물이 60% 이상을 차지하며 단백질 20%, 지질은 1% 정도만 함유하고 있다. 탄수화물의 전분함량 차이로 인해 다른 두류와 콩의 용도가 다른데 콩은 전통 가공식품으로, 그 밖에 두류는 삶아서 이용하거나 고물로 이용된다.

두류의 종류에 따른 영양성분을 살펴보면 다음의 표와 같다.

◈ 두류의 영양성분

식품명	일반성분 Proximates					무기질 Minerals			비타민 Vitamins & 아미노산/불포화지방산			
	에너지	단백질	지방	탄수화물	총 식이섬유	칼슘	인	칼륨	비타민 A	비타민 E	총 아미노산	불포화지방산
	kcal	g	g	g	g	mg	mg	mg	µg	mg	mg	g
강낭콩	172	8.80	0.86	32.38	14.1	49	281	730	4	0.18	8,364	0.60
녹두	352	24.51	1.52	60.15	22.4	100	441	1,420	20	0.92	21,913	0.90
서리태	413	38.68	15.86	30.45	20.8	199	653	1,848	5	3.95	35,041	12.97
동부	166	9.51	1.02	29.34	10.2	27	242	573	1	0.21	7,932	0.49
렌즈콩 (렌틸콩)	359	21.01	1.43	65.42	10.2	72	384	943	2	0.32	19,392	1.10
병아리콩	373	17.27	5.66	63.14	7.9	153	367	1,085	2	0.83	17,165	4.38
완두	114	7.92	0.44	19.51	8.5	36	174	356	32	0.08	6,836	0.27
잠두	341	26.12	1.53	58.29	25.0	103	421	1,062	3	0.05	24,388	0.930
쥐눈이콩	403	37.32	14.61	30.59	22.2	212	743	1,888	7	0.29	33,872	11.81
팥	330	20.63	0.96	58.72	15.8	72	394	1,181	0	0.45	15,102	0.52

주 : 가식부 100g당(per 100g Edible Portion)

① 단백질

단백질은 콩의 주요 영양성분으로 두류 대부분에 20~35% 이상 함유되어 있다. 이처럼 높은 단백질 함량으로 인해 육류나 수산물의 대체 단백질 공급원으로 각광받고 있으며, 특히 콩 단백질에는 글리시닌(glycinin)과 콘글리시닌(conglycinin)이 70% 넘게 들어 있고 알부민에 속한 레구멜린(legumelin) 등도 함유되어 있다.

두류에 함유된 단백질은 곡류에 함유된 단백질과는 조성이 다르고 영양적으로 우수한 아미노산의 조성을 이루고 있다. 리신, 류신, 이소류신 등 필수아미노산이 다양하게 함유된 반면에 메티오닌이나 시스테인과 같은 황아미노산의 함량은 부족한 단점을 갖고 있다.

콩 단백질에 함유된 필수아미노산인 리신과 트립토판은 곡류에는 부족하기 때문에 곡류에 콩을 섞어 만든 콩밥을 섭취하면 곡류에 부족한 단백가를 보충할 수 있어 매우 효과적이다.

② 지질

일반적인 두류는 지질함량이 매우 낮은 반면 콩에는 지질 함유량이 15% 정도로 높아 식용유의 원료로 이용되기도 한다. 일반적으로 조리에 널리 이용되는 콩기름의 지방산은 올레산과 리놀레산이며 이 지방산은 대부분 불포화지방산으로 구성되어 있어 건강을 해치지 않는다. 그 밖에 레시틴 등의 인지질도 함유하고 있어 인체에 필요한 필수지방산의 주요 급원이 된다.

③ 탄수화물

두류에는 대부분 탄수화물이 적게 함유되어 있고 소량의 탄수화물 역시 소화 흡수가 어려운 올리고당과 다당류로 구성되어 있다. 그중 탄수화물의 함량이 많은 두류는 팥, 녹두, 강낭콩, 완두콩 등으로 약 50%가 넘는 탄수화물을 함유하고 있다. 탄수화물의 성분은 대부분 전분으로 주로 떡, 과자의 고명과 소로 이용된다. 녹두는 특히 점성이 강해 묵의 원료로도 이용된다.

④ 비타민과 무기질 및 기타 성분

두류에는 비타민은 많이 함유되어 있지 않지만 콩이나 녹두를 발아시킨 콩나물, 숙주에는 비타민 C군이 합성되어 있기 때문에 발아시킨 채소를 섭취하면 부족한 비타민군의 섭취가 가능하다.

무기질로는 칼륨, 인이 많이 함유되어 있으며 콩이 가지고 있는 색소에 따라 노란색과 황색의 플라보노이드계, 카로티노이드계 영양소와 검은색의 안토시아닌계 그리고 녹두와 완두콩에 함유된 푸른색의 클로로필계 영양소도 섭취할 수 있다.

최근 두류에 함유된 사포닌이 주목받고 있는데 콩과 팥에 0.3~0.5%가 함유되어 있으며 기포성을 갖고 있으므로 삶는 과정에 거품을 일으키고 장을 자극하기도 해서 설사의 원인이 되기도 한다. 하지만 사포닌이 가진 항암효과가 밝혀지면서 주목받아 연구되고 있다.

(3) 두류의 조리

① 두류의 흡습성

일반적으로 콩은 조리하기 전 물에 장시간 불려서 이용한다. 콩을 물에 불리는 이유는 두류에 함유된 사포닌, 탄닌(타닌) 등의 불순물을 제거하는 동시에 가열시간을 줄일 수 있고 균등하게 익혀낼 수 있는 등의 여러 이유 때문이다.

콩을 물에 불리는 시간은 콩의 보관상태나 환경, 수온과 침지에 사용된 용액의 종류와 양에 따라 다르지만 전분 함량이 많은 팥, 녹두 등을 제외한 대다수의 콩을 기준으로 살펴보면 침지용액의 수온은 19~25℃에서 침지 후 5~7시간까지 수분흡수가 매우 빠르게 진행된다. 5~7시간이 지난 후 콩의 수분흡수 속도는 느려지고 20시간이 흐르면 포화흡수에 도달하게 된다. 이때 침지된 수분함량은 콩 무게의 90% 이상을 흡수하게 된다. 콩의 침지 속도를 빠르게 하려면 수온을 높여주면 되지만 60℃ 이상의 온도에서는 연화가 어려워지는 반면 90℃에서는 연화시간이 빨라지게 된다. 또한 첨가물을 통해 침지속도를 빠르게 할 수도 있다. 침지액에 0.3%의 중조를 넣거나 0.2%의 탄산칼륨 또는 탄산나트륨을 넣으면 흡수 속도는 빨라진다. 소금물에서도 콩은 쉽게 연화되는데 콩 단백질의 구성성분인 글리시닌이 소금과 같이 중성염 용액에서 쉽게 녹는 성질을 갖고 있기 때문이다.

팥은 콩과 흡수구조가 달라 처음에는 흡수 속도가 느리다가 20시간 이후 최대 흡수량이 된다. 이는 콩보다 팥의 표피가 단단하기 때문에 일어나는 현상으로 침수시간이 오래 걸리기 때문에 팥은 침수하지 않고 바로 가열해서 이용할 때가 많다.

또한 녹두는 껍질이 두껍기 때문에 반을 잘라서 물에 담근 후 불려서 껍질을 제거하고 이용한다.

② 두류의 가열

콩은 가열하면 소화성이 높아지고 소화흡수를 방해하는 트립신 저해물질이 소멸한다. 이는 가열하는 과정에 콩 단백질이 가지는 펩티드 결합이 풀리면서 생기는 현상으로 가열된 콩 단백질의 단백질 이용률은 높아지게 된다.

콩을 가열 조리할 때 가식부위인 자엽에 주름지는 현상이 생길 수 있다. 예를 들어

콩을 삶으면 껍질은 물을 흡수해서 팽윤되는 데 반해 자엽은 침수되지 않아 주름이 생길 수 있다. 또한 콩자반을 조리할 때 설탕을 이용하면 삼투압으로 인해 자엽에 주름이 생기며 딱딱해질 수 있는데 설탕을 나눠서 이용하면 이런 현상을 예방할 수 있다.

두부를 만들기 위해 콩을 갈아 걸러서 가열하면 거품이 생기는 것을 볼 수 있다. 이 것은 콩에 함유된 사포닌이 가진 기포성 때문이며 넘치는 것을 방지하기 위해 소포제나 식용유를 넣기도 한다.

또한 팥을 삶아서 처음 끓인 물은 버리고 다시 물을 넣은 뒤 끓여서 이용한다. 이때 처음 팥을 끓인 물은 거품이 과다하게 발생하고 그 속에는 과다한 칼륨이 함유되어 있다. 또한 설사를 유발시키는 사포닌이 함유되어 있으므로 첫 번째 삶은 물은 버린 뒤 다시 은근한 불에 끓여서 이용하는 것이다.

③ 응고성

두류의 응고성을 이용한 대표적인 제품이 바로 두부다. 두부는 콩을 불려 갈아서 거른 뒤 끓여 만든 두유에 칼슘염 또는 마그네슘염을 넣어 단백질이 응고되는 현상을 이용한다. 콩을 갈아서 추출한 두유에는 글리시닌과 레구멜린이 함유되어 있으며 단백질을 응고해서 생기는 것을 염석(salting out)이라 부른다.

(4) 두류를 이용한 식품

콩을 이용한 식품은 매우 다양한데 크게 식용과 비식용으로 나눌 수 있다. 두류를 이용한 식품을 살펴보면 다음의 표와 같다.

◈ **두류의 이용**

콩의 이용		
두류	식용	콩 자체 : 콩자반, 콩밥 등
		발효식품 : 된장, 간장, 고추장, 청국장 등
		성분 추출식품 : 두부, 두유, 콩기름, 콩고기 등
		발아채소 : 콩나물, 숙주나물
		분쇄 : 콩가루 등
	비식용	공업용 원료 : 화장품, 비누, 접착제 등
		사료용 원료 : 탈지대두박, 두유부산물 등

① 발효식품

– 된장/간장

콩을 이용해 만든 전통 발효식품인 된장과 간장은 콩을 삶아 만든 메주에 소금물을 첨가하는 방법을 이용한다. 메주에 넣어 발효한 여액이 간장이며 간장을 거른 뒤 남은 장을 된장으로 사용한다.

된장의 염도는 10~15% 정도로 구수하고 깊은 맛을 내는 것이 특징이다. 또한 된장은 비린내와 누린내를 잡아주는 효과가 있어 고기를 익히거나 양념으로 재워두면 음식의 맛이 좋아진다. 된장의 주원료는 쌀, 콩, 밀, 보리 등이며 메주를 이용해 간장의 여액을 분리해서 만든

재래된장과 원료에 누룩균을 배양하고 식염을 혼합해 만든 개량된장이 있다. 재래된장을 조리할 때는 은근히 오랜 시간 끓여야 진하고 부드러운 맛이 우러나는 반면 개량된장은 짧게 끓여야 맛이 좋다.

간장의 염도는 18~20% 정도로 특유의 색을 띠면서 감칠맛이 뛰어나다. 담근 지 1년에서 2년 된 장을 청장 또는 국간장이라 부르며, 청장은 국, 찌개, 나물의 간을 맞추는 데 좋다. 간장은 담근 지 오래될수록 맛과 향이 깊어지는데 이를 진간장이라 부르며 조림이나 볶음, 구이, 절임 등에 이용한다.

> (쉬 어 가 기)
>
> **산분해 간장이란?**
>
> 탈지대두를 염산으로 가수분해시켜 만든 간장으로 제조과정에서 단백질이 산분해되면서 암 유발 의심 물질, 내분비계 장애의심 물질이 생성된다는 연구 결과가 발표되었다. 산분해 간장의 확인 여부는 간장의 제조 성분표를 통해 확인할 수 있다.

콩 → 불리기 → 삶기 → 찧기 → 성형(메주틀) → 메주 말리기(발효) → 메주 띄우기(짚) → 2~3개월 건조 → 메주 완성

재래된장과 간장 제조공정

메주 + 소금물 → 발효(숙성) → 거르기(분리) → 건더기 + 소금 → 숙성 → **된장(막된장)**

거르기(분리) → 생간장 → 달이기 → 간장

- 고추장

간장, 된장과 함께 우리나라를 대표하는 전통 발효식품으로 지역에 따라 멥쌀, 찹쌀, 보리, 밀 등의 재료를 이용해서 만든다. 일반적으로 찹쌀을 많이 사용하며 찹쌀의 가수분해를 통해 생성되는 당류의 단맛과 단백질 분해과정에서 생기는 아미노산의 감칠맛, 고추의 매콤한 맛과 소금의 짭짤한 맛이 조화를 이루는 식품이다.

고추장을 만들기 위해서는 사용되는 곡류에 엿기름을 넣고 고춧가루와 소금을 넣은 뒤 발효시키는 과정이 필요하다. 이렇게 만들어진 고추장은 누린내와 비린내를 제거하는 효과가 있으며 나물이나 구이, 볶음, 탕, 찌개 등 다양한 요리에 이용된다.

전통 발효식품이지만 우리나라가 고추를 이용하기 시작한 시기가 임진왜란 이후 일본을 통해 유입되었기 때문에 역사가 그리 길지는 않다.

찹쌀 → 불리기 → 분쇄 → 찌기 → 엿기름 → 거르기 → 가열 → 냉각 → 담금 ← 고춧가루 / 메줏가루 / 소금/간장 → 담금 → 숙성

고추장 제조공정

- 청국장

콩과 고초균(Bacillus subtilis)을 이용해 만드는 장으로 청국장 특유의 독특한 향과 감칠맛에 호불호가 갈리는 식품이다. 가을에서 이듬해 봄까지 만드는 장으로 중독성 있는 감칠맛이 특징이다.

② 비발효식품

- 두유

두유란 콩을 마쇄하여 만든 식품으로 예로부터 두유 자체에 소금이나 설탕을 넣어 음료처럼 마시거나 콩국수를 만들어 별미로 애용해 왔다. 두유는 우유에 비해 단백질 함량이 높으며 고소한 맛이 특징인데 두유를 만드는 과정에 콩을 잘못 삶거나 너무

오래 삶으면 비린내가 날 수도, 메주 냄새가 날 수도 있으니 주의해서 만들어야 한다.

특히 두유는 우유 대용으로도 널리 이용되는데 우유를 섭취하면 배가 아픈 질환인 유당불내증을 가진 사람들에게 많이 이용된다.

두유를 이용한 식품으로는 두부, 두부피 등이 있다.

（쉬 어 가 기）

유당불내증이란?
우유에 함유된 유당을 분해하는 효소가 없어 가수분해되지 않은 당을 흡수하지 못해 생기는 질환

- 두부

콩을 침수시킨 후 마쇄하고 거른 뒤 끓여 응고제로 응고시켜 만드는 식품이다. 제조과정에서 불용성 단백질과 탄수화물, 지질이 여과과정에 비지와 함께 제거되고 남은 지질과 당이 두부에 남게 된다.

두부 제조과정에서 응고된 두유를 굳히기 전 두부를 순두부, 순두부와 일반 두부의 중간 경도의 두부를 연두부라 부른다. 또한 두부를 더욱 단단하게 만든 뒤 얇게 썰어 갈색으로 튀긴 것을 유부라고 한다.

두부는 80℃ 이상의 조리온도에서 단단해지기 시작하며 90℃에서 30분 가열하면 구멍이 생긴다. 이때 소금을 첨가하거나 간이 된 국물에서 조리하면 두부가 딱딱해지는 것을 방지할 수 있다.

완성된 두부에는 85~90%의 수분이 함유되어 있으므로 쉽게 변질될 수 있다. 진공으로 포장된 두부를 개봉하거나 진공상태가 아닌 두부의 경우 연한 소금물에 두부가 완전히 잠기도록 해서 냉장 보관하면 2~3일간 변질을 예방할 수 있으며 이후 물을 교체해서 계속 보관해도 두부의 보관기간을 늘릴 수 있다. 하지만 두부의 영양성분과 맛이 떨어질 수 있으니 가능한 한 빨리 섭취하는 것이 좋다.

두부를 만들기 위한 응고제로는 염화칼슘, 황산칼슘, 염화마그네슘, 글로코노델타락톤 등이 있으며 각 응고제에 따라 특성이 다르게 나타난다. 두부를 응고시키기 위한 응고제를 살펴보면 다음의 표와 같다.

◈ 두부 제조용 응고제

응고제	첨가온도	용해성	장점	단점
염화칼슘	75~80℃	수용성	• 빠른 응고 • 뛰어난 보존성 • 압착 시 물이 잘 빠짐	• 낮은 수율 • 식감이 거칠고 단단함
염화마그네슘	75~80℃	수용성	• 응고제로 많이 사용 • 맛이 뛰어남	• 쓴맛이 강함 • 압착 시 물이 잘 안 빠짐 • 응고가 빨라 고도의 기술이 필요함
황산칼슘	80~85℃	난용성	• 두부의 색이 좋고 탄력 있음 • 조직이 부드럽고 연함 • 수율이 높음	• 난용성이라 더운물에 20배 희석해서 사용 • 겨울철 사용이 어려움
글루코노 델타락톤	85~90℃	수용성	• 사용이 쉽고 응고력 우수 • 수율이 높음 • 연/순두용으로 사용	• 약간 신맛이 남

콩 → 불리기 → 분쇄 → 끓이기 → 여과 (두유/비지 분리) → 응고 (응고제 투입) → 압착 → 두부 완성

두부 제조공정

– 콩 단백질 식품

콩을 이용해 고기의 식감을 낼 수 있는 제품이 다양하게 개발되는 가운데 콩 단백질은 여러 식품 분야에서 활용되고 있다. 콩 단백질 식품은 단백질 함량에 따라 콩가루와 콩 농축단백분 그리고 콩 분리단백분의 3종류로 나눌 수 있다. 콩 단백질 식품들은 응집성이 강하고 겔 형성 능력이 뛰어나며 유화력, 결합력, 수분과 기름 흡수력이 높아 소시지나 육가공품, 빵 제품 등에 이용된다. 제품에 이용되는 콩 단백질 식품은 단백가를 높이는 동시에 식품 원가를 낮추고 물리적, 화학적 특성에 변화를 준다.

또한 콩 조직 단백분은 기존 콩 단백질에 사출기나 스팀을 이용해 수소결합을 파괴한 뒤 냉각시켜 단백질의 분자결합 구조를 바꿔 육류와 비슷한 질감을 갖도록 만든다. 이렇게 만들어진 콩 조직 단백분은 고기를 섭취할 수 없는 비건들에게 고기와 비슷한 질감과 영양분을 제공할 수 있다.

⑥ 채소와 과일

채소는 평균적으로 90%의 수분을 함유하고 있고 단백질 1~3%와 2~10%의 탄수화물 그리고 0.1~0.5%의 지질로 구성되어 있으며 채소의 종류에 따라 탄수화물의 함량은 각기 다르다. 대부분 수분으로 이루어져 있기에 에너지원으로 이용되기는 어렵지만 비타민과 무기질을 풍부하게 함유하고 있어 필수 영양소의 공급원이기도 하다.

채소와 과일을 명확히 구분하기는 어렵지만 일반적으로 주식이나 부식으로 섭취하는 것을 채소라고 하고 주로 후식으로 이용하는 것을 과일이라고 할 수 있다. 채소와

과일 모두 독특한 맛과 질감을 가지고 있으며 성숙한 씨방과 씨방을 둘러싸고 있는 열매를 식용하는 것이 과일, 줄기와 잎, 뿌리를 식용하는 것이 채소라고 구분할 수도 있다. 하지만 절대적인 기준은 아니며 열매임에도 호박이나 가지, 고추와 같이 채소로 이용하는 경우도 있다.

1) 채소의 종류

채소는 섭취하는 부위에 따라 엽채류, 근채류, 경채류, 과채류, 화채류 등으로 구분할 수 있다.

◈ **채소의 분류**

구 분	종 류
엽채류	• 배추, 양배추, 시금치, 근대, 상추, 아욱, 쑥갓, 청경채, 미나리, 케일 등
근채류	• 당근, 무, 연근, 우엉, 더덕, 도라지, 토란, 고구마, 생강 등
경채류 및 인경채류	• 셀러리, 아스파라거스, 죽순, 두릅, 마늘, 파, 양파, 부추 등
과채류	• 가지, 고추, 오이, 호박, 애호박, 토마토, 피망, 파프리카, 여주 등
화채류	• 브로콜리, 콜리플라워, 양하 등

(1) 엽채류

채소의 잎을 섭취하는 채소류를 말하며 90% 이상이 수분이다. 당질과 단백질, 지질의 함량은 매우 적지만 풍부한 무기질, 비타민, 카로틴, 리보플라빈을 함유하고 있으며 식이섬유도 다량 함유하고 있다.

(2) 근채류

식물의 뿌리를 식용하는 채소로 다른 채소들에 비해 당질의 함량이 많으며 수분함량이 적은 것이 특징이다.

(3) 경채류 및 인경채류

줄기를 식용하는 채소를 경채류, 비늘줄기를 식용하는 채소를 인경채류라고 한다.

인경채류의 종류에는 양파, 마늘 등이 있으며, 경채류는 엽채류와 마찬가지로 수분함량이 많으면서 당질이 적게 함유되어 있다.

(4) 과채류

열매를 식용하는 채소로 대다수의 과채류는 당질의 함량이 적으면서 수분함량이 많은 것이 특징이다. 또한 비타민 C를 많이 함유하고 있으며 단호박과 늙은 호박처럼 단맛을 많이 함유하기도 한다.

(5) 화채류

꽃을 식용하는 채소로 콜리플라워, 브로콜리, 아티초크와 같은 채소가 해당된다. 콜리플라워에는 비타민 C가 레몬의 두 배로 많이 함유되어 있으며, 비타민 A도 풍부하게 함유되어 있다. 또한 티아민, 리보플라빈, 칼륨과 칼슘도 풍부하며 항암효과를 지닌 설포라판 역시 함유되어 있어 영양적 가치가 매우 높다.

2) 채소의 성분과 색

(1) 채소의 성분

채소에는 당분, 무기염류, 유기산, 탄닌류와 휘발성 황화합물 등의 향미성분이 함유되어 있다. 이 중 유기산으로는 비휘발성 산인 구연산(citric acid), 옥살산(oxalic acid), 숙신산(succinic acid), 사과산(malic acid) 등이 있다. 이 유기산들은 휘발성 황화합물과 향미성분이 되며 특히 함황화합물은 채소의 향과 맛에 큰 영향을 미친다.

채소의 성분은 가식부위의 종류에 따라 다른데 전반적으로 지질함량과 열량은 낮은 특징을 갖고 있다. 반면 수분과 칼슘, 비타민 A, C, 철, 엽산을 다량 함유하고 있으며 녹색이 진한 채소일수록 비타민 A의 함량이 높다.

경채류는 칼슘과 칼륨, 철의 함량이 많으며 비타민 A가 풍부하고, 근채류는 전분과 단백질의 함량은 높으나 단백질 생물가는 낮다. 과채류는 비타민 A의 전구체인 β-카로틴을 함유하고 있는데 토마토, 적피망, 늙은 호박 등에 특히 많고, 화채류에는 수분과 비타민 A, 니아신의 함량은 많지만, 당질은 적게 함유하고 있다.

| 식품명 | 에너지 | 일반성분 | | | | | | | 무기질 | | | | | 베타카로틴 | 비타민 | |
| | | 수분 | 단백질 | 지방 | 회분 | 탄수화물 | 당류 | 식이섬유 | 칼슘 | 철 | 인 | 칼륨 | 나트륨 | | 나이신 | 비타민 C |
	kcal	g	g	g	g	g	g	g	mg	mg	mg	mg	mg	µg	mg	mg
가지	19	93.9	1.13	0.03	0.58	4.36	2.32	2.7	16	0.26	35	232	0	52	0.366	0
홍고추	85	77.4	3.12	2.73	1.41	15.34	5.48	10.2	14	0.75	81	575	1	3,537	2.539	122.74
풋고추	29	91.1	1.71	0.19	0.58	6.42	1.80	4.4	15	0.50	38	270	1	458	0.558	43.95
근대	18	93.0	1.78	0.20	1.74	3.28	0	2.7	49	0.53	34	562	173	3,046	0.839	4.80
당근	31	91.1	1.02	0.13	0.72	7.03	6.23	3.1	24	0.28	42	299	23	5,516	0.882	3.02
당귀	89	75.7	1.91	0.13	0.74	21.52	5.01	8.1	29	0.93	76	237	1	3	0.014	5.31
더덕	56	84.5	1.70	0.11	0.61	13.08	1.15	4.2	40	0.32	67	231	3	6	0.571	5.06
도라지	25	91.4	2.40	0.22	1.19	4.79	0.81	4.4	80	8.00	67	456	2	534	0.354	9.83
두릅	47	84.3	4.46	0.50	1.85	8.89	0	5.7	296	1.91	83	421	1	7,565	0.300	2.73
깻잎	128	64.8	7.45	0.16	1.21	26.42	0.23	3.8	12	0.78	156	531	3	0	0.498	8.45
마늘	20	94.3	0.67	0.12	0.55	4.34	1.79	1.1	23	0.16	34	261	9	2	0.211	8.65
무	21	92.8	2.2	0.2	1.0	3.8	-	-	55	2.0	50	382	18	1,320	0.6	15
미나리	15	94.8	1.25	0.04	0.66	3.20	1.75	1.4	53	0.36	40	258	9	145	0.416	15.16
배추	46	86.1	1.2	0.1	0.7	11.9	-	-	107	3.1	45	251	2	78	0.3	12
부추	32	89.4	3.08	0.20	1.00	6.32	0.79	3.1	39	0.80	68	365	3	264	1.024	29.17
브로콜리	20	92.9	1.88	0.36	1.38	3.48	1.22	2.4	95	3.41	50	591	17	2,872	0.612	0.24
상추	17	93.9	1.04	0.07	1.04	3.95	0	2.2	88	0.28	36	343	70	683	0.805	10.60
셀러리	29	89.6	3.35	0.39	1.79	4.86	0.40	3.1	66	2.49	75	691	23	5,164	0.707	51.12
시금치	15	94.6	1.93	0.17	0.95	2.35	0	2.4	91	0.79	36	239	145	2,472	0.155	10.40
쑥갓	17	94.5	2.02	0.34	0.61	2.53	1.35	1.7	11	0.47	55	293	3	207	0.083	14.00
아스파라거스	37	87.4	3.08	0.31	1.57	7.64	0	4.5	267	0.57	76	426	37	3,900	0.632	41.21
아욱	29	92.0	0.95	0.04	0.33	6.67	5.74	1.7	15	0.20	27	145	3	2	0.099	5.88
양파	75	80.0	1.63	0.07	1.02	17.28	1.81	3.3	28	0.80	75	478	21	0	0.136	28.35
연근	14	95.2	1.22	0.02	0.51	3.05	1.38	0.7	18	0.20	39	196	3	61	0.091	11.25
오이	69	81.0	2.61	0.06	1.04	15.29	2.87	4.6	46	0.80	87	406	6	0	0.108	0.61
우엉	26	89.9	3.11	0.24	2.14	4.61	0	3.2	328	0.81	61	594	47	3,145	0.353	-
케일	19	93.9	1.03	0.18	0.63	4.26	2.37	2.6	9	0.19	29	250	2	380	0.311	14.16
대파	29	91.4	1.2	0.2	0.5	6.7	-	-	25	1.0	26	239	17	8	0.3	11
파프리카	24	92.7	0.77	0.12	0.46	5.95	2.79	1.3	7	0.30	26	209	0	147	0.961	110.60
애호박	22	93.1	1.07	0.09	0.60	5.14	2.43	2.2	15	0.23	38	224	0	270	0.348	3.11

주: 가식부 100g당(per 100g Edible Portion)

자료: 농촌진흥청(2023), 국가표준식품성분 DB 10.0

채소는 식이섬유를 공급하는 중요한 급원으로 섬유소와 펙틴질, 헤미셀룰로오스 등의 성분이 세포벽에 많이 분포되어 있다. 채소의 세포벽을 구성하는 주성분은 섬유소(cellulose)로 포도당의 중합체로 이루어져 있다. 또한 혼합 다당류인 헤미셀룰로오스(hemicellulose)와 갈락투론산(galacturonic acid)의 중합체가 기본구조인 펙틴 역시 세포벽을 구성하는 요소다. 이런 요소들은 인체에 소화, 흡수가 되지는 않지만, 생리적으로 매우 중요한 역할을 하며 그중에서도 펙틴은 세포와 세포 사이에 존재하면서 세포끼리 결합하도록 만드는 접착역할을 한다.

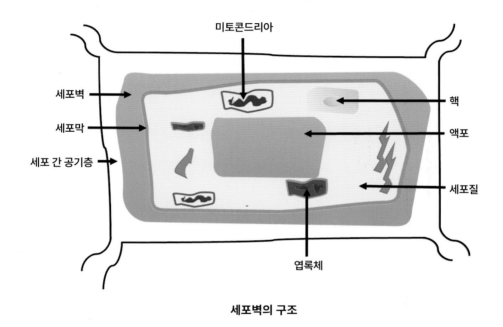

세포벽의 구조

(2) 채소의 색

채소에는 다양한 색을 내는 색소가 함유되어 있다. 녹색, 황색, 적색, 자주색, 흰색 등 여러 가지 색을 띠며 음식을 화려하고 보기 좋게 만드는데 채소의 색은 단순히 색을 띠는 것 이외에 다양한 영양소도 함유하고 있다. 채소가 가진 색은 색소의 종류에 따라 나뉘는데 녹색 색소인 클로로필(chlorophyll), 황색 색소인 카로티노이드(carotenoid)와 플라보노이드(flavonoid), 자주색의 안토시아닌(anthocyanin)과 안토크산틴(anthoxanthine)이 있으며 채소가 가진 색소의 종류와 색, 함유한 식품을 살펴보면 다음의 표와 같다.

◈ 채소의 색소

색소의 종류		색소명	색	함유식품
클로로필(Chlorophyll)		클로로필a(Chlorophyll a)	청록색	브로콜리, 양배추, 케일, 상추, 시금치 등
카로티노이드 (Carotenoid)	카로틴 (carotene)	클로로필b(Chlorophyll b)	황록색	
		알파 카로틴(α-carotene)	귤색	당근, 밤, 차잎 등
		베타 카로틴(β-carotene)	–	당근, 고추, 과피 등
		감마 카로틴(γ-carotene)	–	당근, 살구 등
		리코펜(lycopene)	다홍색	토마토, 수박, 감 등
	잔토필 (xanthophyll)	루테인	주황색	오렌지, 호박
		제아잔틴		옥수수, 오렌지
		크립토잔틴		감, 옥수수, 오렌지
플라보노이드 (Flavonoid)		안토시아닌(anthocyanin)	적색, 자주색	당근, 비트, 자색 양배추, 가지 등
		안토크산틴(anthoxanthine)	흰색, 크림색	콜리플라워, 양파, 무 등

3) 조리에 따른 색의 변화

(1) 클로로필(녹색 채소)

채소에 함유된 클로로필은 식물의 엽록소이며 세포 내에 존재하면서 광합성을 하는데 있어 매우 중요한 작용을 한다. 클로로필은 지용성 색소로 물에 녹지 않는 성질을 갖고 있다. 하지만 산 또는 알칼리 성분이나 가열에 의해 변색 또는 수용성화될 수 있다.

클로로필에는 a와 b가 있고 a는 녹색, b는 황록색을 띤다. 식물의 종류에 따라 클로로필a와 b의 함유량은 다르며 일반적으로 a와 b가 3 : 1의 비율로 존재한다.

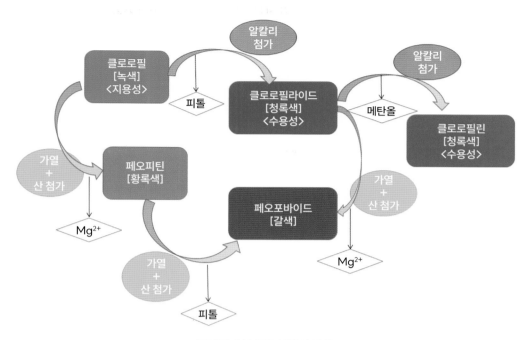

조리과정 중 클로로필의 변화

① 산성

클로로필은 평소 마그네슘이온(Mg²⁺)과 결합된 형태로 존재하는데 산성용액과 만나면 마그네슘이온과의 결합이 끊어지고 수소이온(H⁺)이 그 자리로 대체되면서 갈색을 띠는 페오피틴(pheophytin)으로 변하게 된다. 갈색으로 변한 페오피틴에 산성용액을 계속 추가해 줄 경우 클로로필에 존재하던 피톨(phytol)이 모두 제거되면서 갈색의 페오포비드(pheophobide)가 생기게 된다. 클로로필과 페오피틴은 색은 다르지만 지용성 색소이면서 페오포비드는 수용성으로 산성용액과 만나 지용성 색소가 수용성화되는 것을 확인할 수 있다.

따라서 녹색 채소를 데치기 위해 끓는 물에 넣고 뚜껑을 열어두면 휘발성 유기산이 휘발되면서 색이 변하는 것을 방지할 수 있으며 녹색이 더욱 진해지게 만들 수 있다.

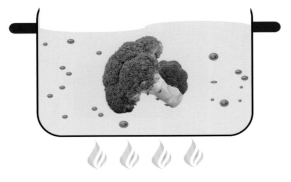

채소 데치기

> 🅣🅘🅟 **채소를 데칠 때 물에 소금을 넣는 이유는?**
>
> 1. 채소를 데칠 때 소금을 끓는 물에 넣는데 소금의 양은 물양의 1~2%가 적당하다. 이 정도의 소금이 들어가면 물의 농도가 채소의 세포액 농도와 같아지게 되며 농도가 같은 물에서는 채소가 가진 수용성 성분의 용출이 줄어들 수 있다.
> 2. 소금물에 데치면 녹색이 더욱 선명해질 수 있는데, 이는 소금이 채소에 함유된 클로로필의 용출을 적게 하면서 클로로필이 안정화되도록 만들기 때문이다.

② 알칼리성

채소의 엽록소는 알칼리성의 환경에서 안정화된다. 조리수가 약한 알칼리성을 띠면 지용성 색소인 클로로필에 붙어 있던 피톨이 떨어져 나가면서 청록색의 수용성 물질인 클로로필라이드(chlorophyllide)를 형성하기 때문이다. 이런 이유로 녹색 채소를 가열해 조리할 때 식소다 또는 베이킹소다를 소량 넣고 조리하면 색이 더욱 선명해지는 효과를 볼 수 있다. 단, 과한 알칼리성은 채소의 질감을 나쁘게 하거나 비타민을 파괴해서 영양소가 손실될 수 있기 때문에 사용할 때 주의해야 한다.

③ 물

엽록소에는 피톨이 결합되어 있어 물에서 용해되지 않는다. 하지만 녹색 채소의 세포에는 액포가 존재하며 액포에는 다양한 유기산들이 있는데 채소를 가열하는 과정에서 엽록체와 액포의 막이 파괴되고 유기산과 클로로필이 만나게 된다. 유기산과 클로로필이 만나면서 클로로필은 황록색의 페오피틴(pheophytin)으로 변하게 되는 것이다. 이때 조리수는 푸른색으로 물들게 되는데 수용성으로 변한 클로로필라이드가 용출되어 생기는 현상이다.

끓는 물에 데친 녹색 채소가 더욱 진한 녹색으로 변하는 현상을 볼 수 있는데 이는 채소의 세포에 있던 공기가 끓는 물에 들어가면서 외부로 빠져나가고 공기가 빠진 공간에 수분이 들어가 채우면서 클로로필 색소가 표면에 나타나서 생기는 것이다.

④ 가열

녹색 채소는 가열시간을 최소로 하는 것이 좋다. 그 때문에 끓는 물에 데친 녹색 채소를 얼음물에 담가 빠르게 열을 식히고 바로 사용하지 않을 경우는 냉동 상태로 보관한다. 또한 엽록소의 파괴를 최소화하기 위해 데치는 시간을 최대한 빠르게 하거나 소량의 설탕을 이용하고, 뚜껑을 열고 데쳐 유기산을 날려 보낸다. 만일 조리시간이 길어지거나 온도 유지를 위해 장시간 따뜻한 곳에 익힌 채소를 놔둘 경우 녹색에서 녹황색으로 변할 수 있으니 주의해야 한다.

⑤ 금속이온

클로로필은 금속이온 중 구리와 아연 등의 금속과 함께 가열할 경우 선명한 녹색을 띠게 된다. 이는 클로로필의 마그네슘이온이 금속이온들과 치환되면서 안정되어 생기는 현상이며 금속이온으로 인해 선명한 녹색을 가진 구리-클로로필, 아연-클로로필이 만들어진다.

(2) 카로티노이드(황색 채소)

카로티노이드는 자연계에 가장 많이 존재하며 오렌지색, 황색, 황적색을 띠는 색소를 말한다. 이 색소는 물에는 녹지 않으며 기름과 만나면 녹는 지용성으로 주로 당근, 고구마, 옥수수 등에 많이 함유되어 있다. 카로티노이드는 유채색에 존재하기도 하고 녹색 채소에 클로로필과 함께 존재하기도 하는데 녹색 채소에 있는 카로티노이드는 진한 녹색에 가려져 황색이 보이지 않는 경우도 있다.

카로티노이드가 가진 구조는 이소프렌 구조에 공액 이중결합체가 연속으로 연결된 모양을 띠고 있고 분자 내 이중결합 수가 많을수록 붉은색이 짙어지고 이중결합 수가 감소할수록 황색이 짙어지게 된다.

카로티노이드는 탄소와 수소의 결합만으로 구성된 카로틴과 산소를 추가로 가진 잔토필로 구분할 수 있다. 또한 카로틴은 다시 α-카로틴, β-카로틴 그리고 ɤ-카로틴과 리코펜으로, 잔토필은 루테인과 제아잔틴, 크립토잔틴으로 구분된다.

카로티노이드의 색소 중 당근, 고구마, 오렌지, 호박에 많이 함유된 성분은 β-카로틴이며 리코펜은 수박, 토마토, 자몽에 많이 함유된 성분이고 β-카로틴에 비해 더욱 강한 붉은색을 띤다.

카로티노이드 색소는 열에 안정적이며 산·알칼리성의 영향을 받지 않기 때문에 조리과정에 안정된 색소라 할 수 있다. 하지만 공기 중의 산소와 접촉하면 색소는 산화되고 퇴화할 수 있다. 당근을 잘라서 공기와 접촉하게 두면 시간이 지나면서 어두운 색으로 변하는 것을 볼 수 있는데 이 현상이 공기 중 산소와 접촉해 퇴색되는 것이다.

> **Tip 카로티노이드 흡수율을 높이는 방법은?**
>
> 카로티노이드 색소는 지용성이기 때문에 기름을 이용해 조리해서 섭취해야 좋다. 당근을 기름에 볶는 과정에 주황색의 색소가 나오는 것 또한 이런 이유에 있다. 녹황색 채소를 튀기거나 볶아서 섭취하고, 토마토에 함유된 리코펜 역시 지용성 성질을 갖고 있기 때문에 토마토와 올리브유를 함께 섭취하거나 기름을 이용해 가열해서 섭취하면 카로티노이드의 흡수율을 높일 수 있다.

(3) 플라보노이드

플라보노이드 색소는 안토시아닌과 안토크산틴계의 색소로 나눌 수 있으며 안토시아닌계 색소는 적색을, 안토크산틴계 색소는 백색을 띤다.

① 안토시아닌

당근, 비트, 가지 등 자색이나 적색을 띠는 채소에 함유된 안토시아닌은 수용성으로 물에 녹고 산성에는 안정적이어서 색을 선명하게 유지할 수 있다.

• 물

수용성인 안토시아닌 색소는 물에 잘 녹으며 가지를 이용해 밥을 하면 밥의 색이 자주색으로 변하게 된다. 또한 고춧가루를 거르면서 물에 풀어 고춧물을 내는 것 또한 수용성 성질을 이용한 것이다.

• pH

안토시아닌은 산성에는 강하지만 중성과 알칼리성에는 반응하며 색이 변한다. 중성 상태인 pH 8.5 부근에서는 자색을, pH 11보다 알칼리성일 경우에는 녹색이나 청색으로 변하는데 가역적인 반응상태여서 식초 또는 유기산이 많은 식품으로 처리할 경우 다시 적색으로 돌아오는 성질을 지닌다. 이처럼 산에 의한 색의 반응을 조리에 적용하기도 하는데 생강초절임의 색이 분홍색인 경우나 자색 양배추를 식초에 절여 적색이 되도록 만들어 선명하게 만드는 등의 방법이 있다.

• 금속이온

안토시아닌 색소는 금속이온과 반응해 결합하면 안정화된다. 금속이온인 알루미늄이온(Al^{3+})이나 철이온(Fe^{2+})을 만나면 안정되기 때문에 가지를 조리하는 과정에 쇠못을 넣은 과거 사례도 찾아볼 수 있다.

• 가열

안토시아닌 색소는 열에 불안정하기 때문에 가열과정에 색소가 분해되고 중합되어 색이 변하게 된다. 그 때문에 가지를 열에 익히면 생가지의 보랏빛이 유지되지 못하고 변하게 된다.

② 안토크산틴

안토크산틴은 흰색의 색소로 무, 배추와 같이 전체적으로 흰색을 띠거나 자색 양배추, 자색 양파, 가지와 같이 겉은 자줏빛을 띠지만 속은 흰색의 형태를 보이기도 한다.

• pH

안토크산틴계 색소는 수용성 색소로 산에는 안정되며 선명한 백색을 유지하지만, 알칼리성이 되면 불안정화되면서 황색으로 변하게 된다. 그 때문에 조리를 위해서는 조리수에 약간의 산성용액을 넣어야 흰색을 유지할 수 있다. 무생채를 만들 때 식초를 넣으면 무가 더 흰색을 띠거나 콜리플라워, 양파를 익힐 때 황색으로 변하지 않도록 하기 위해 식초나 레몬주스를 첨가한다.

• 금속이온

안토크산틴 색소는 분자에 여러 개의 페놀성 수산기(-OH)를 가지고 있다. 때문에 금속이온과 반응하면 착화합물을 만들게 된다. 따라서 배추나 양파를 알칼리성 조리수에 조리하면 색이 노랗게 착색되거나 양파를 쇠로 만든 칼로 잘게 썰어 방치하면 적갈색으로 변하는 현상이 생긴다.

4) 조리 시 향기의 변화

채소는 종류에 따라 각기 고유한 향을 가지고 있는데 채소에 함유된 휘발성 지방(volatile oils), 유기산, 알데히드(알데하이드), 알코올, 무기염, 당질 등이 복합적으로 영향을 미쳐 발생하게 된다. 하지만 마늘, 양파, 배추, 파, 고추, 무 등 칼로 썰거나 조직이 파괴되면서 효소의 작용으로 황화합물이 강한 휘발성 저분자 화합물로 분해되어 냄새가 발생하기도 한다.

(1) 마늘

향이 강한 마늘에는 냄새를 내는 물질인 알리인(alliin: S-allyl-L-cysteine sulfoxide)이 들어 있다. 또한 마늘의 조직 세포 내부에는 알리인을 분해하는 효소인 알리나아제(allinase)가 있는데 마늘의 강한 향기는 칼로 다지거나, 씹는 등 조직이 파괴되는 과정에 알리인과 알리나아제가 접촉되면서 생기는 알리신(allicin) 때문이다. 알리신은 매우 불안정한 화합물로 불쾌한 강한 냄새를 내는 디알릴디설파이드(diallyl disulfide)를 형성하기 때문에 양념으로 마늘을 쓰려면 다져서 사용하는 것이 좋다. 다진 마늘이 가진 향미성분은 가열할 경우 빠르게 없어지기 때문에 맛과 향을 높이려면 가능한 한 조리과정 마지막에 사용하는 것이 좋다.

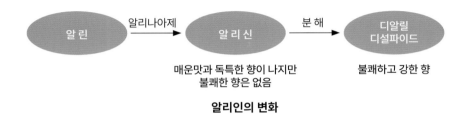

알리인의 변화

(2) 양파

양파를 칼로 썰면 매운 성분으로 인해 눈물이 나는 것을 느낄 수 있다. 이는 양파에 함유된 S프로페닐 시스테인 설폭사이드(S-propenyl-L-cysteine sulfoxide)가 알리나아제에 의해 티오프로파날-S-옥사이드(thiopropanal-S-oxide)로 변하면서 생기는 현상이다. 이 물질은 휘발성이 강해 눈을 맵게 하지만 물에 잘 녹고 가열하면 냄새가 날아가는 특성이 있다.

양파의 최루성분 생성 및 변화

(3) 겨잣과 채소

겨잣과 채소로는 무, 배추, 양배추, 갓, 케일과 브로콜리, 콜리플라워 등이 있으며 겨자, 와사비 등에도 황화합물이 함유되어 있다.

배추에 함유된 황화합물은 시니그린이라는 알릴이소티오시아네이트(allylisothiocyanate)의 배당체인데 이 상태에서는 매운맛을 내지 않는다. 하지만 배추를 칼로 썰어 세포에 상처를 내면 배추에서 미로시나아제(myrosinase)가 나오게 되고 미로시나아제가 당과의 결합을 끊으면서 배추에 독특한 향과 매운맛을 내는 겨자유가 생성된다. 생성된 겨자유는 가열하면 분해되면서 디메틸디설파이드(dimethyldisulfide)와 황화수소(H_2S) 등을 생성하는데 휘발성이 강하여 배추를 삶을 때 나는 불쾌한 냄새의 주된 원인이 된다. 따라서 냄새를 방지하려면 배추는 단시간에 가열조리하는 것이 좋다.

겨잣가루는 갓의 씨를 말려 가루를 내어 만든 것으로, 이 겨잣가루를 이용해 새콤달콤한 겨자소스를 만들어 사용한다. 겨자의 종류에는 흑겨자와 백겨자가 있다. 흑겨자에도 시니그린이 들어 있으며 흑겨자 자체에서는 향미가 나지 않지만 물을 넣고 일정한 온도에서 보관하면 미로시나아제가 작용하며 알릴이소티오시아네이트가 생성된다. 이 알릴이소티오시아네이트가 매운맛과 특유의 향을 내는 물질이다. 백겨자의 매운맛은 시날빈(sinalbin)이 미로시나아제에 의해 가수분해되면서 생성되는 파라하이드록시벤질 이소티오시아네이트(p-hydroxybenzyl isothiocyanate) 때문이다. 흑겨자와 백겨자 모두 미로시나아제의 가수분해에 의해 매운맛과 향이 발생하는데 미로시나아제가 활동하기 가장 좋은 온도가 30~40℃이다. 그 때문에 겨잣가루의 매운맛을 강하게 하기 위해서는 반드시 따뜻한 물에 개어줘야 한다.

와사비 역시 겨자와 같이 알릴이소티오시아네이트로 인해 매운맛과 향이 나며 뿌리를 갈아서 주로 이용한다. 분말이나 냉동 형태로도 유통되며 생선회나 초밥에 주로 이용된다.

5) 조리 시 맛의 변화

채소는 종류에 따라 알칼리성 물질이나 옥살산, 알칼로이드 화합물과 탄닌 등을 함유하고 있으므로 쓴맛, 아린 맛, 떫은맛, 매운맛 등을 가지고 있다. 식용하기 위해서는 채소가 가진 좋은 향미는 높이고 식욕을 떨어뜨릴 수 있는 맛은 제거해 주어야 한다.

채소의 향미를 높이기 위해서는 물에 삶더라도 일반적으로 단시간에 익히는 것이 맛과 향의 용출을 막을 수 있다. 호박, 가지의 경우 물에 익히는 것보다 증기에 찌고 오븐에 구워 조리하면 향미를 잃지 않고 보존할 수 있다.

조리원리를 풀어 쓴 **조리과학 & 관능평가**

오이와 가지의 쓴맛은 껍질을 벗겨 제거해야 없앨 수 있고 껍질 아래 남은 쓴맛은 소금을 뿌려두면 물방울이 생기면서 쓴맛이 함께 빠져나와 없앨 수 있다.

배추나 시금치, 양배추, 쑥갓과 같은 채소는 끓는 물에 빠르게 데친 뒤 냉수로 헹구면 떫은맛을 없앨 수 있고 도라지, 더덕과 같은 근채류의 쓴맛은 소금을 넣고 비벼 물에 우려내는 방법으로 줄일 수 있다. 쓴맛이 나면서 질긴 식감을 가진 씀바귀나 물쑥은 물에 데쳐 조직을 연하게 만든 뒤 물에 담가두면 쓴맛을 제거할 수 있다.

죽순과 우엉, 토란, 고사리는 특유의 아린 맛을 가지고 있는데 아린 맛의 성분은 호모겐티신산(homogentisic acid)에 의한 것이며 이 성분에는 수산화칼륨[Ca(OH)$_2$]이 많기 때문에 아린 맛이 강하게 나는 것이다. 생죽순의 아린 맛은 죽순을 삶을 때 쌀뜨물을 이용하면 된다. 쌀뜨물에 있는 전분성분이 아린 맛을 내는 성분을 흡착해 제거하는 효과가 있기 때문이다.

◈ **식품의 맛 성분**

맛	식품	성분
매운맛	마늘	알리신(allicin)
	고추	캡사이신(capsaicin)
	양파	프로필 알릴디설파이드(propylallyldisulfide)
쓴맛	오이(꼭지)	쿠쿠르비타신(cucurbitacin)
	양파(껍질)	케르세틴(quercetin)
	쑥	투존(thujone)
떫은맛	가지	클로로겐산(chlorogenic acid)
아린 맛	죽순, 토란, 우엉, 고사리	호모겐티신산(homogentisic acid)

양파의 가열에 의한 단맛 생성과정

6) 조리 시 질감의 변화

조리과정에서 채소는 질감에 변화가 나타나게 되며 특히 수분이 많은 채소에 조미액을 넣을 경우 삼투압으로 인해 채소가 가진 아삭함이 줄어들고 시들게 된다. 또한 가열과정에서 채소는 세포의 막이 파괴되면서 세포 내부에 있던 물질이 조리수로 용출된다. 세포 내에 함유된 물질들이 빠져나오면서 부피가 줄어들게 되고 식감 역시 질겨지게 된다. 이런 이유로 채소를 익히고 간을 할 때 빠르게 익히고 간은 약하게 하는 것이 좋다.

조리과정 중 조리수에 중조(중탄산소다)를 넣으면 섬유소를 분해해 질감을 부드럽게 하기도 하고 산을 넣으면 질감을 단단하게 만들기도 한다. 또한 연근을 익힐 때 식초를 넣고 익히면 아삭해지지만 오랜 시간 가열하면 질겨지는 듯한 식감이 느껴질 수 있다.

조리수에 칼슘이나 마그네슘이온이 들어 있을 경우 채소에 함유된 펙틴과 복합체를 형성하면서 조직을 단단하게 만들기도 한다. 토마토를 이용한 통조림을 만들 때 이런 현상을 이용하기 때문에 토마토가 더욱 단단한 상태로 장기간 보관이 가능한 것이다.

7) 침채류의 조리

(1) 침채류의 종류

예부터 우리나라는 사계절의 특성이 뚜렷해 겨울 동안 식량을 보존해야 했으며 이를 위해 채소를 장기간 보존해서 섭취할 수 있는 침채류가 발달하였다. 처음에는 무를 이용해 담근 무김치로 시작했고 배추가 유입된 이후 배추를 이용한 김치를 담가 먹기 시작했다. 이후 김치의 종류는 더욱 다양해져 배추와 무뿐만 아니라 다양한 채소를 이용해 김치를 담그기 시작했다.

침채류는 지역의 기후와 환경, 재배농작물에 따라 그 종류가 매우 다양하다. 배추를 통으로 담그는 배추김치부터 보쌈김치, 막김치, 무를 이용한 섞박지와 깍두기, 열무를 이용한 열무김치와 갓을 이용한 갓김치, 그 밖에 파김치, 무채김치, 나박김치, 가지김치, 오이지, 무짠지 등이 있다.

침채류는 채소를 썬 뒤 살짝 절여서 만들거나 절이지 않고 그냥 버무리는 방법으로 나눌 수 있다. 소금에 절여 씻어서 만들면 영양성분의 손실이 있을 수 있지만 그냥 버무리는 방법을 이용하면 영양소의 손실을 줄일 수 있다.

대표적인 침채류인 배추김치는 배추를 절여서 만든다. 배추는 절이는 소금 용액의 농도와 시간에 따라 배추의 맛이 변할 수 있다. 배추에 함유된 유리당과 유리아미노산 그리고 함황물질의 손실량에 따라 맛의 변화가 생기고 소금 용액의 농도가 높을수록 성분의 용출이 많아져 맛이 떨어지고 저장기간이 길어질수록 역시 맛의 손실이 높아진다.

일반적으로 배추는 15~20%의 소금 용액을 이용해 3~6시간가량 절이는 것이 가장 적당하다.

(2) 숙성

배추김치는 양념을 버무려 공기가 차단될 수 있게 눌러 담아 뚜껑을 덮은 뒤 저장하면 김치 특유의 향과 맛이 살아난다. 김치를 만들 때 사용된 무와 다양한 재료들로부터 유기산, 이산화탄소, 알코올류가 생성되고 양념에 존재하던 탄수화물, 단백질이 효소에 의해 분해되면서 당과 아미노산, 펩타이드가 생겨나 깊은 감칠맛이 난다.

김치의 숙성과정에서 생기는 유기산은 유산균을 비롯해 신맛을 내는 다양한 균들이 생성되는데 여기에는 김치에 가장 많은 젖산과 숙신산, 타타르산, 푸마르산, 말론산, 클리콜산, 초산 등이 있다. 유기산의 생성으로 김치의 pH는 감소하게 되며 pH 4.3 정도에서 김치의 맛이 가장 좋게 느껴진다. 일반적으로 김치의 염도가 낮고 숙성온도가 낮을수록 유기산의 함량은 많아지게 된다.

(3) 숙성 중 영양성분의 변화 및 잘못된 숙성

김치에 함유된 성분 중 가장 중요한 것이 비타민 C이다. 김치의 발효가 시작되면 초기에는 비타민 C가 감소하다가 이후 증가하며 김치의 맛을 높여준다. 이후 최대치의 비타민 C가 생성되었을 때 김치맛이 가장 좋고 이후에는 점차 감소하게 된다. 비타민 C의 증가는 배추에 함유된 포도당과 갈락투론산(galacturonic acid)의 합성 때문에 생겨난다.

숙성과정에 맛이 좋아질 수도 있지만 잘못 숙성되거나 맛이 변질될 수도 있다.

① 산패현상

김치는 공기와 접촉하면서 유기산이 생성된다. 이후 점차 pH가 낮아지면서 과숙성 되는데 이때 산패가 일어날 수 있다. 따라서 김치의 산패를 막기 위해 최대한 공기와 접촉하지 않도록 해야 한다. 이를 위해 완성된 김치를 눌러서 담은 뒤 뚜껑을 덮어 숙성시키는 것이다.

② 연부현상

김치를 만들 때 사용하는 배추와 무에는 조직을 구성하는 펙틴질이 긴 사슬형태로 존재한다. 이 사슬형태의 펙틴질이 폴리갈락투로나제(polygalacturonase)에 의해 분해되면서 연부현상이 생기는데 배추와 무의 조직이 무르게 되는 것을 말한다. 폴리갈락투로나제는 호기성 미생물의 번식에 의해 활성화된다. 산패와 연부현상 모두 김치가 공기와 접촉하게 되면서 생기기 때문에 밀봉을 잘해야 예방할 수 있다.

③ 국물이 걸쭉해지는 현상

김치를 담글 때 설탕을 이용하면 생길 수 있는 현상으로 김치에 있는 미생물에 의해서 설탕이 가수분해되어 생기는 현상이다. 걸쭉해진 국물은 덱스트란(dextran)이라는 검 물질로 미생물의 합성에 의해 생기며, 김치를 만드는 과정에 다량의 설탕을 사용하거나 지나치게 많이 버무리면 생길 수 있다.

8) 채소의 저장

채소는 완전히 성숙한 뒤에 수확하는 것보다 미성숙한 상태에서 수확해 숙성시켜 적기에 사용하는 것이 좋다. 일반적인 채소는 다 자라난 상태일수록 수분함량이 적어지고 섬유질이 많아져 질겨지기 때문이다.

또한 상처가 없는 제철 채소를 씻지 않은 상태에서 공기구멍을 뚫어 보관하는 것이 좋다. 엽채류와 화채류의 경우 수분의 증발을 예방할 수 있도록 젖은 종이로 싸서 보관하는 것이 좋고, 근채류와 경채류는 물기를 피해 종이에 싸서 서늘한 곳에 보관하는 것이 좋다.

또한 냉장고에 보관할 때 0~5℃의 온도는 당근이나 무, 아스파라거스, 배추, 양상추, 셀러리, 브로콜리, 콜리플라워나 부추, 시금치가 보관하기 좋은 온도이며, 오이나 호박, 피망, 가지, 토마토, 생강 등은 5℃ 이상의 온도에서 보관하는 것이 적당하다.

⑦ 과일

1) 과일의 구조

과일은 식물세포와 비슷한 구조로 되어 있으며 크게 네 종류의 세포로 구성되어 있다. 표면에서 수분 증발과 이물질의 침입을 막는 보호세포(protective cells), 긴 관처럼 생겨서 물과 영양분, 전해질을 조직으로 운반하는 역할의 유도 세포(vascular cells), 조직을 유지하는 역할의 지지세포(supporting cells)와 영양소의 합성과 저장에 관여하는 유세포(parenchyma cells)가 있다.

세포벽이 둘러싼 형태로 내부에는 세포막이 존재하고 있다. 세포막 내부는 세포질로 채워져 있으며 세포질 안에는 핵, 액포, 세포체 등의 소기관이 존재한다.

식물의 세포막은 세포벽을 단단하게 지지하는 역할을 하며 셀룰로오스로 이루어져 있어서 질기면서 부드러운 질감을 가지고 있다. 세포벽과 셀룰로오스 사이에는 펙틴질이 섬유와 세포벽 사이사이를 연결하는 역할을 하고 있고 그 내부는 세포질이 젤리같이 말랑말랑한 교질 형태로 존재한다. 세포질을 구성하는 성분으로는 액포와 미토콘드리아, 핵, 엽록체 등이 있으며 이 성분들은 세포질 내에서 자유롭게 이동한다.

액포는 식물 세포 대부분을 차지하는 물질로 세포액이라는 용액으로 가득 차 있다. 대부분 수분으로 이루어진 세포액은 당과 수용성 색소, 유기산 등이 용해되어 있어서 해당 식물의 향미와 밀접한 연관이 있다.

세포액의 내부에 있는 액포가 관여하는 중요한 요인 중 하나는 식물의 식감이다. 세포액 내부의 액포가 가지는 수분함량은 상태나 종류에 따라 다르며 수분함량이 알맞게 유지될수록 아삭한 질감을 유지하게 된다.

식물과 과일의 종류에 따라 각기 다른 색소체를 갖고 있으며 고유의 색소체에 따라서 과일의 색 또한 다르게 나타난다.

식물의 세포 사이사이에는 펙틴질 이외에 공기층도 존재한다. 식물의 사이에 존재하는 공기층은 식물의 부피를 증가시키는 동시에 아삭한 질감을 유지해 준다.

2) 과일의 성분

과일을 구성하는 성분 중 가장 많은 양을 차지하는 것은 바로 수분이다. 종류에 따라 차이는 있으나 대체로 과일의 80~90%는 수분이 차지하고 있으며 비타민과 무기질이 풍부한 편이다. 특히 딸기, 귤 등의 과일에는 비타민 C가 많고 살구나 바나나 등에는 비타민 A의 급원인 카로틴이 풍부하게 들어 있다. 또한 칼륨과 칼슘도 다량 함유되어 있고 펙틴, 셀룰로오스와 같은 식이섬유도 풍부해 장에도 매우 좋은 효과를 미친다.

과일의 맛에 직접적인 영향을 미치는 성분으로 당과 유기산이 있다. 특히 과일이 가지고 있는 당은 과당으로 존재하는 단맛 성분 중 가장 강한 단맛을 보인다. 신맛은 과일의 유기산에 의해 나타나며 과일에 따라 신맛의 성분에 차이가 있다. 사과의 신맛은 사과산, 포도의 신맛은 주석산 그리고 감귤의 신맛은 구연산과 같이 각기 다른 성분에 의해 신맛이 나타난다. 과일의 신맛으로 인해 pH는 평균 2.0~4.0으로 나타나며 신맛이 적은 과일인 수박과 바나나의 경우 pH는 6.0과 4.6으로 나타난다.

과일의 성분 중 효소적 갈변에 관여하는 성분으로 폴리페놀옥시다아제(polyphenoloxidase)가 있다. 과일의 효소적 갈변을 예방하기 위해서는 다음과 같은 방법을 시행할 수 있다.

(1) pH 변화

폴리페놀옥시다아제는 pH 5.7~6.8일 경우 활발하게 반응한다. 따라서 이 범위에서 멀어지게 하면 갈변을 예방할 수 있다. 과일을 레몬이나 오렌지즙에 담그거나 레몬, 구연산, 식초와 같은 용액으로 코팅해 주면 된다.

(2) 온도 변화

갈변 효소는 40°C에서 가장 활발히 반응하기 때문에 냉장 보관 또는 얼음물에 담가 갈변을 예방할 수 있다. 또한 가열해서 갈변 효소를 불활성화시킬 수 있다.

(3) 금속 저해제

갈변 효소는 구리이온(Cu^{2+})과 철이온(Fe^{2+})에 반응해 활성화되고 염소이온(Cl^-)에 의해 활성이 억제된다. 따라서 과일을 자를 때 철을 피하는 것이 좋고 염소이온이 있는 희석된 소금물을 이용해 과일을 담그면 갈변 효소의 활성화를 억제할 수 있다.

(4) 산소 제거

껍질을 제거한 과일은 산소와 만나면 갈변이 일어난다. 진공포장 또는 설탕물에 담그는 방법으로 산소와의 접촉을 피한다.

(5) 항산화제

아스코르브산(ascorbic acid)은 강력한 항산화제로 산소를 없앰으로써 갈변을 예방할 수 있다.

(6) 천연 갈변 억제제 사용

꿀, 파인애플주스, 천연과즙 등 다양한 당류의 비효소적 갈변 생성물을 이용하면 화학적 갈변 억제제를 사용하지 않아도 갈변을 예방할 수 있다. 건강에 영향을 줄 수 있는 화학적 갈변 억제제 대신 천연 갈변 억제제의 사용이 선호되고 있다.

과일에는 단백질 분해효소가 들어 있다. 키위에는 액티니딘, 파인애플에는 브로멜라인이 있는데 이 효소들의 특징을 이용해 질긴 질감을 가진 고기를 연육할 때 활용하기도 한다. 단, 너무 과하게 사용하면 단백질이 모두 분해되어 익혔을 때 고기의 식감이 나빠질 수 있으니 주의해야 한다.

3) 과일의 분류

과일은 형태에 따라 핵과류, 인과류, 장과류, 과채류, 견과류, 열대과일류로 구분할 수 있다. 과일의 분류를 살펴보면 다음의 표와 같다.

과일류의 영양소 성분

식품명	에너지	수분	단백질	지방	당류	과당	칼슘	철	인	칼륨	나트륨	비타민 A	베타카로틴	니아신	비타민 C	폐기율
	kcal	g	g	g	g	g	mg	mg	mg	mg	mg	µg	µg	mg	mg	%
감	51	85.6	0.41	0.04	10.52	5.13	6	0.15	15	132	0	7	81	0.305	13.95	15
귤	43	87.8	1.0	0.1	-	-	9	0.6	18	120	15	0	-	0.7	48	-
딸기	36	89.7	0.8	0.2	-	-	7	0.4	30	167	13	0	-	0.5	71	-
망고	61	82.9	0.72	0.10	13.66	4.68	7	0.18	17	142	0	116	1,392	0.299	14.85	32
매실	41	89.4	1.1	1.1	-	-	28	3.7	24	301	3	1	14	0.5	11	-
바나나	77	78.0	1.11	0.20	14.40	5.17	6	0.25	23	355	0	2	21	0.299	6.60	48
배	45	86.9	0.29	0.04	8.30	4.84	2	0.06	13	124	0	0	0	0.139	2.65	15
복숭아	48	87.0	1.8	0.7	-	-	8	0.6	42	217	3	-	-	1.2	9	-
사과	57	84.8	0.20	0.66	10.93	6.00	3	0.11	10	111	0	1	10	0.353	1.32	-
살구	30	90.9	1.20	0.05	7.39	2.12	15	0.45	22	249	1	190	2,280	0.157	-	7
수박	31	91.1	0.79	0.05	5.06	2.16	6	0.18	12	109	0	71	853	0.285	-	28
아보카도	160	73.23	2.00	14.66	0.66	0.12	12	0.55	52	485	7	5	62	1.738	10.0	26
앵두	61	82.9	1.1	0.3	-	-	23	0.5	30	268	10	0	4	0.7	17	-
오렌지	47	86.8	0.92	0.16	9.21	2.58	36	0.14	20	138	2	1	12	0.365	50.51	25
자두	26	93.2	0.5	0.6	-	-	3	0.2	12	164	1	-	-	0.3	5	-
참외	45	86.5	1.33	0.04	9.81	1.66	4	0.22	29	456	3	0	1	0.168	21.00	24
키위	66	81.6	0.93	0.63	6.73	4.25	30	0.32	33	284	2	7	84	-	86.51	10
파인애플	53	84.9	0.46	0.04	10.26	1.44	16	0.09	5	97	0	5	62	0.137	45.43	46
포도	57	83.9	0.50	0.10	11.90	6.29	3	0.11	17	180	1	2	29	0.274	2.42	30

일반성분 Proximates / 무기질 Minerals / 비타민 Vitamins

주: 가식부 100g당(per 100g Edible Portion)

자료 : 농촌진흥청(2023), 국가표준식품성분 DB 10.0

◈ **과일의 분류**

분류	특징	종류
핵과류	과일의 중간에 딱딱한 핵층이 있음	매실, 복숭아, 살구, 자두, 앵두 등
인과류	꽃받침이 성장해 열리는 과일로 꼭지와 배꼽이 반대에 존재함	사과, 배, 감, 귤, 오렌지 등
장과류	중과피, 내과피로 이루어져 있고 과즙이 많음	딸기, 바나나, 망고, 키위, 포도, 파인애플 등
과채류	1년생 채소의 씨방이 성장해 열매가 됨	참외, 수박, 토마토 등
견과류	단단한 껍질로 싸인 과육을 가지고 있음	아몬드, 땅콩, 호두, 밤 등
열대과일류	열대 또는 아열대 기후에서 자라는 과일	아보카도, 바나나, 파인애플 등

4) 과일의 조리

과일을 조리에 이용할 때는 영양소의 손실을 최소화하고 색이 유지되도록 하는 것이 가장 중요하다.

(1) 습열 조리

① 졸이기

과일을 졸여서 만든 잼은 급속한 온도에 가열해서 조리하면 색이 변할 수 있다. 특히 딸기의 경우 급히 가열하면 딸기의 조직에 남아 있던 산소가 색소와 반응하면서 어두운 색으로 변할 수 있다. 따라서 은근히 가열 조리하여 산소를 완전히 소비시켜야 딸기의 색을 유지한 딸기잼을 만들 수 있다.

② 끓이기

과일은 물에 넣고 가열하면 섬유소가 연화되고 세포막은 투과성을 잃게 된다. 가열하는 과정에서 세포 내에 있던 용질은 조리수로 용출되고 투명해지는 현상을 볼 수 있다.

가열로 인해 조직이 부드러워지는 것을 예방하려면 가열하는 조리수로 진한 설탕물을 이용하면 조직의 연화를 지연시킬 수 있다. 설탕이 펙틴이 용해되는 것을 저해시켜주기 때문이다. 반대로 과일을 부드럽게 하려면 과일을 조리한 후 설탕을 첨가해야 한다. 또한 과일은 오랜 시간 가열하면 과일이 가진 유기산이 휘발되면서 향미를 잃을 수 있으니 유의해야 한다.

③ 데치기

과일을 데치면 섬유조직을 연하게 하면서 향미가 많이 없어지는 것을 막을 수 있다. 또한 가열로 인해 갈변 효소가 비활성화되면서 갈변도 예방할 수 있다. 끓이기 위한 조리수보다 적은 양을 이용하며 온도 역시 끓는 점 이하에서 가볍게 데치는 것이 좋다.

④ 시머링

건조한 과일을 부드럽게 만들기 위해 이용되며 은근히 끓여 과일을 수화시킬 수 있다. 시머링하는 시간은 건조한 과일을 물에 침지해 주는 시간이나 과일의 크기 등에 따라 다르다.

⑤ 오븐구이

파이나 빵, 케이크에 사용되는 호두를 조리하기 위해 이용되며 호두는 표면에 안토시아닌을 함유하고 있어 170℃에서 10분가량 구워서 이용하는 것이 좋다.

쉬어가기

과편이란?

과일을 삶은 뒤 즙을 걸러 전분과 설탕 또는 꿀을 넣고 조려서 만든다. 설탕이나 꿀에 엉긴 과즙을 식혀서 굳힌 뒤 썰어서 만들고 재료에 따라 맛과 색이 다르다. 앵두, 모과, 오미자, 살구, 복분자 등의 과일을 이용해 만든다.

잼과 젤리 제조

필수요건 3가지
- 잼, 젤리를 만들기 위해서는 3가지 조건이 필요하다. 펙틴, 설탕, 산이 각각 1%, 당 65% 그리고 pH 3~3.3의 조건에서 반고체의 잼과 젤리의 형성이 잘 이루어진다.

펙틴
- 불용성인 프로토펙틴(protopectin)과 수용성인 펙틴산(pectinic acid), 펙틴(pectinic), 펙트산(pectic acid)으로 구성된 펙틴질로 과일의 껍질, 조직에 존재한다. 특히 세포벽 사이에 존재하면서 세포를 결착시키는 접착제와 같은 역할을 한다.

조리원리를 풀어 쓴 **조리과학 & 관능평가**

펙틴의 종류
- 프로토펙틴: 익지 않은 과일과 과피의 상태로 성숙해 가며 프로토펙티나제(protopectinase)에 의해 가수분해되어 펙틴과 펙틴산으로 변한다.
- 펙틴, 펙틴산: 성숙한 과일에 수용성으로 존재하며 겔을 형성하기 용이하다.
- 펙트산: 과숙한 과일에 존재하며 펙틴이 펙티나제(pectinase)에 의해 분해되어 생긴다. 겔 형성능력이 저하되어 젤리화에 적합하지 않다.

젤리점이란?
잼, 젤리를 만들 때 펙틴겔이 적절하게 형성되었는지 확인해 졸이는 과정을 끝내는 점을 젤리점이라 부른다. 젤리점을 확인하기 위한 방법으로 스푼법, 컵법, 온도계법, 당도계법 등이 있다.

스푼법/ 컵법/ 온도계법 / 당도계법

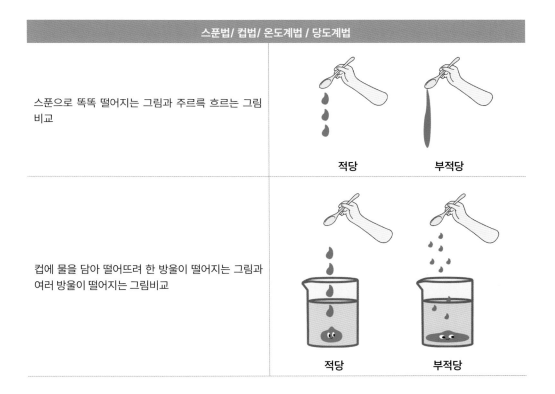

스푼으로 똑똑 떨어지는 그림과 주르륵 흐르는 그림 비교	적당 / 부적당
컵에 물을 담아 떨어뜨려 한 방울이 떨어지는 그림과 여러 방울이 떨어지는 그림비교	적당 / 부적당

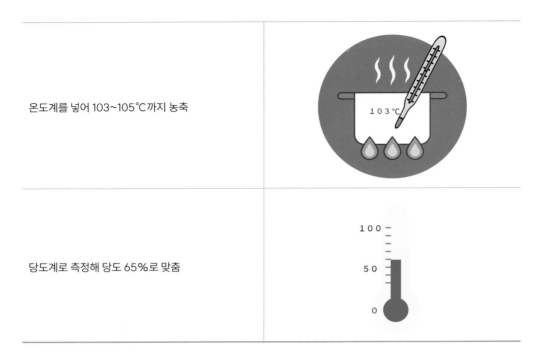

온도계를 넣어 103~105℃까지 농축	
당도계로 측정해 당도 65%로 맞춤	

젤리점 판정법

5) 과일의 저장

과일이 익으면 전분이 분해되면서 포도당과 과당으로 변하게 된다. 이때 단맛이 증가하고 과육을 이루는 조직도 프로토펙틴이 펙틴으로 전환되면서 부드러운 질감을 갖게 된다. 향미 또한 유기산이 소모되고 에스테르로 전환되어 과일이 가진 고유의 향기가 증가하고 산도는 낮아진다.

과일 중 후숙을 통해 맛이 좋아지는 과일도 있다. 토마토, 키위, 바나나 등은 수확한 뒤 일정 온도에서 후숙 과정을 거치며 맛이 좋아지기 때문에 호흡속도를 높이기 위해 에틸렌 가스로 숙성을 촉진하기도 한다.

사과와 후숙 과일을 함께 두면 숙성이 빨라지는데 사과가 에틸렌 가스를 방출하기 때문이다. 따라서 함께 보관해 둔 후숙 과일은 그 에틸렌 가스로 인해 숙성이 빨라지게 된다.

숙성한 과일은 절정의 시기를 지나면 과숙되어 오히려 맛과 향이 떨어지게 된다. 수분이 증발하고 무게가 줄어들면서 색의 변화가 생긴다. 그 때문에 숙성된 과일은 이후 호흡을 떨어뜨리기 위해 냉장고에서 보관해 과숙되는 시기를 늦춰야 한다.

열대과일의 경우 냉장이 아닌 실온에서 보관해야 하며 냉장 보관할 경우 변색되어 품질이 떨어질 수 있으니 보관에 유의해야 한다.

◈ 완숙과일과 후숙과일

호흡여부	특 징	과일 종류
완숙과일 (비호흡기 과일)	• 수확한 뒤 호흡률 떨어짐 • 숙성된 후 수확	포도, 수박, 딸기, 오렌지, 귤 등
후숙과일 (호흡기 과일)	• 수확한 뒤 호흡률 증가함 • 비숙성된 후 수확	바나나, 키위, 망고, 아보카도, 살구, 자두, 감 등

⑧ 유지류

유지란 제품의 향과 색, 식감을 높여주고 풍미를 증진시키기 위한 재료로 상온에서는 액체 상태의 기름(oil), 고체 또는 반고체 상태로 존재하는 지방(fat)을 지칭한다. 상온에서 액체인 기름은 주로 식물에서 얻는 지방을 말하고 고체나 반고체 상태의 지방은 동물에서 대부분 얻을 수 있다. 지방은 탄수화물, 단백질과 함께 필요한 필수 에너지원으로 유지류는 세포막의 구성과 필수지방산의 공급원 그리고 지용성 비타민의 흡수를 돕는 용매로서 작용한다.

액체와 고체의 유지를 구분할 때 식물성과 동물성으로 구분할 수도 있지만 코코넛이나 팜유, 야자유의 경우는 식물임에도 상온에서 고체 형태로 존재할 수 있기에 절대적인 기준이 되지는 않는다.

유지의 구분은 식물성, 동물성 그리고 가공유지로 구분할 수 있고 가시지방과 비가시지방으로 구분하기도 한다. 비가시지방의 경우 눈에 쉽게 보이지 않는 지방으로 고기의 근섬유에 퍼져 있는 마블링에 있고, 가시지방은 삼겹살의 바깥에 있는 흰색 지방이나 식물성 유지, 마가린, 버터, 쇼트닝 등이 대표적이다. 특히 유지는 식품의 조리법 중 인기가 많은 튀김 조리를 위한 열의 매개체로 다양하게 사용된다.

1) 유지의 구조 및 종류

(1) 유지의 구성

유지는 물에 잘 녹지 않고 석유나 아세톤, 벤젠 등 유기용매에 의해 녹아 지용성을 나타내는 물질을 칭하며 지질(liquid)에 속한다. 지질을 구성하는 성분은 탄소와 수소, 산소이며 지방산(fatty acids) 세 개와 글리세롤(glycerol) 하나의 결합으로 이루어져 있다. 결합 형태는 다음 그림과 같은 에스터 결합(triacylglycerol : TAG) 구조를 가지며 중성지질이라고 부른다. 지질에 결합한 지방산의 종류에 따라 종류가 같으면 단순지질(simple triacylglycerol), 종류가 다른 지방산이 결합되어 있으면 복합지질(mixed triacylglycerol)이라고 한다.

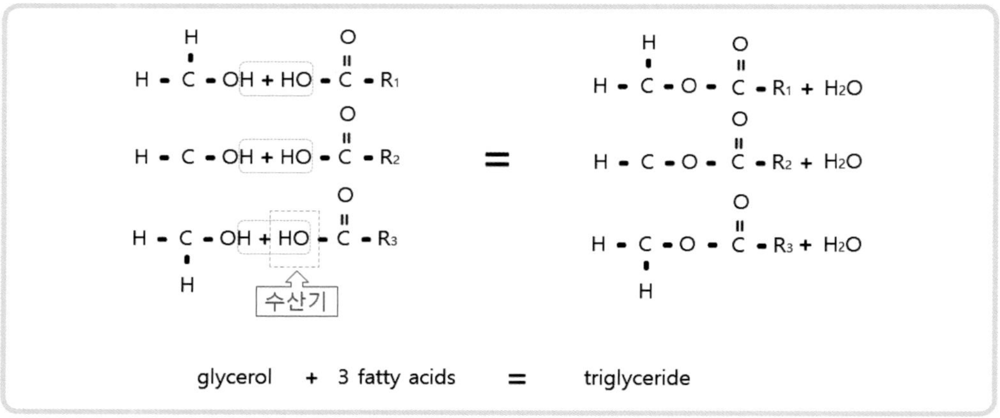

중성지질의 구조

(2) 지방산의 구조

지방이 가진 물리적, 화학적 성질을 결정하는 것은 지방 분자의 90%를 차지하는 지방산의 종류와 비율이다. 지방산은 탄소의 수와 탄소 간 결합에 이중결합의 수에 따라서 포화 정도를 구분한다. 지방산을 이루는 탄소의 수는 보통 4~24개이고 직렬의 사슬 형태를 띠며 탄소와 탄소 사이의 결합에 2개의 수소가 연결된 이중결합이 없는 결합구조를 가지는 지방산을 포화지방산(saturated fatty acid), 탄소 사슬 사이에 2개의 수소가 없고 이중결합으로 연결된 지방산을 불포화지방산(unsaturated fatty acid)이라고 한다. 불포화지방산에도 이중결합의 수에 따라 두 종류의 지방산으로 구분되는데 이중결합이 하나만 존재하는 불포화지방산을 단일불포화지방산(monounsaturated fatty acid), 이중결합이 두 개 이상 존재하는 불포화지방산을 다가(다중)불포화지방산(polyunsaturated fatty acid)이라고 한다. 또한 다가불포화지방산이 가지는 불포화 정도에 따라서 이중불포화지방산(diunsaturated fatty acid)과 삼중불포화지방산(triunsaturated fatty acid)으로 나눌 수 있다. 이중결합으로 이루어진 불포화지방산은 융점이 낮은 특징을 보이는데 다가불포화지방산의 경우 융점이 0℃ 이하의 낮은 온도를 가지기도 한다.

◈ **포화지방산과 불포화지방산**

분류		구조	특성	소재
포화지방산			이중결합 없음	육류, 버터, 우유, 야자유 등
불포화지방산	단일불포화지방산		하나의 이중결합	땅콩버터, 아보카도, 올리브유 등
	다가불포화지방산		두 개 이상의 이중결합	식물성 유지, 생선기름

식품에 함유되어 존재하는 지방은 해당 식품의 상태에 따라서 다양하게 영향을 받는다. 동물성 지방의 경우 지방을 함유한 동물의 환경과 품종, 연령, 성별, 지방이 저장된 부위에 따라 다르고 식물성 지방 또한 식품이 재배된 지역의 위치와 환경, 온도, 계절 등 여러 요인에 의해 다르게 나타난다.

지방산의 구조에 따라 섭취하는 대상의 건강에도 영향을 미친다. 불포화지방산은 포화지방산에 비해 영양학적 측면에서 좋은데 혈액의 응고를 늦추거나 낮은 융점과 점도에 의해 혈액순환에 도움을 준다. 또한 체내에서 생성이 불가능한 필수지방산인 리놀레산과 리놀렌산의 섭취를 위해서도 꼭 필요하다. 하지만 불포화지방산은 포화지방산에 비해 산소와 쉽게 반응을 일으켜 2차 산화물질의 생성이 잘 일어나고 생성된 2차 산화물질로 인해 식품의 색과 향미를 변질시켜 조리 및 저장에 문제를 발생시키기도 한다.

(3) 유지의 특성

① 용해성(solubility)

유지는 물에는 잘 녹지 않으며 에테르, 벤젠, 클로로폼 등과 같은 유기용매에서 녹는다. 특히 구조를 이루고 있는 탄화수소의 길이가 짧은 지방산일수록 용해성이 높고 길이가 긴 지방산일수록 용해성이 낮은 특성이 있다.

② 융점(melting point)

융점은 유지가 고체에서 액체로 변하는 시점의 온도를 말하는데 융점은 지방산의 결합구조와 포함된 지방산의 종류가 다양하기 때문에 융점 역시 다양하게 나타난다. 또한 융점에 영향을 주는 요인들을 살펴보면 아래와 같고 재료별 융점 온도를 살펴보면 다음의 표와 같다.

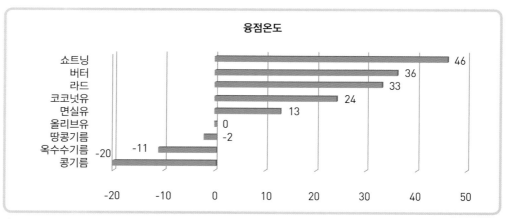

자료: Amy Brown(2008), Understanding food Principle & Preparation(3rd ed.), pp. 427-434. Thomson Wardworth 에서 발췌 후 논자 재구성

유지 종류별 융점

조리원리를 풀어 쓴 **조리과학 & 관능평가**

– 포화 정도

유지의 종류에 따라 다르기는 하지만 일반적으로 식물성 유지는 포화지방산에 비해 불포화지방산을 많이 함유하고 있다. 따라서 상온에서도 주로 액체로 존재하는 것을 알 수 있고 동물성 지방의 경우 포화지방산을 많이 함유한 경우가 많아 상온에서 고체 형태로 존재하게 된다. 즉, 포화지방산의 함유량이 많은 동물성 지방이 녹는점이 높다는 것을 알 수 있다.

– 불포화지방산의 구조(시스지방산·트랜스지방산)

불포화지방산은 트랜스지방산과 시스지방산으로 구분할 수 있는데 트랜스지방산의 경우 44~45℃에서 녹는점이 형성되며 시스지방산은 탄소의 결합에 이중결합이 포함되어 있어 14~16℃에서 녹는점이 형성된다. 따라서 트랜스지방산이 시스지방산에 비해 융점이 높게 나타난다.

– 지방산의 길이

유지를 구성하는 지방산의 길이 역시 융점에 영향을 주며 짧은 탄소의 연결구조를 가진 포화지방산의 경우 융점이 낮게 나타난다. 버터를 예로 살펴보면 함유된 포화지방산이 스테아르산(stearic acid)과 뷰티르산(butyric acid) 중 스테아르산의 탄소원자는 18개, 뷰티르산의 탄소원자는 4개로 스테아르산보다 뷰티르산의 융점이 더 낮다.

– 결정성

유지의 결정성은 중성지방을 구성하는 지방산이 어떻게 재배열되느냐에 따라 융점이 달라지며 3가지 형태로 나타난다. α형, β형, β′형으로 나타나는 결정성은 형태에 따라 결정구조의 형태크기가 다르다. α형의 경우 결정 크기가 5μm로 융점이 낮고 불안정하며 β형은 20~25μm로 가장 큰 결정을 가지면서 융점이 가장 높고 안정적이다. 그리고 β′형은 1μm로 가장 작은 결정 크기를 가지면서 융점과 안정성 모두 중간 정도가 된다. 결정의 크기가 작을수록 안정적이며 융점은 결정 크기가 커질수록 높아지는 특성이 있다.

지방의 결정성에 가장 큰 영향을 받는 식품이 바로 초콜릿이다. 결정성이 크면 클수록 융점이 높아지기 때문에 지방 결정이 큰 초콜릿은 손으로 잡고 있어도 잘 녹지 않게 된다. 특히 지방은 한 가지의 물질로 하나의 결정만을 갖지 않고 여러 가지의 결정형이나 무정형으로 존재하기도 하는데 이런 현상을 동질이상(polymorphism)이라고 한다.

결정성에 따라 β′형 결정은 쇼트닝이나 마가린을 제조할 때 사용할 수 있으며 전반적으로 베이커리 제품을 만드는 데 좋은 조직감을 갖는다. β형 결정은 파이와 같은 제품을 만들기에 적당하다.

③ 비중(specific gravity)

유지의 비중은 물보다 낮아 물과 함께 있으면 뜨는 것을 볼 수 있다. 자연에 존재하는 유지의 비중은 평균 15℃ 온도에서 0.92~0.94의 비중을 가지고 있다.

④ 비열

유지는 비열이 작기에 온도가 빠르게 올라가고 또 빠르게 떨어진다. 유지가 가지는 비열은 0.4~0.47cal/g℃이며 온도가 올라간 기름에 냉동된 재료를 과다하게 넣으면 기름의 온도가 급속히 떨어져 기름을 흡수해 식감이 떨어질 수 있다.

⑤ 가소성(plasticity)

유지방이 가진 가소성이란 형태를 유지하려는 성질이며 지방이 퍼지도록 관여하는 능력을 말한다. 가소성을 가진 지방은 실온상태에서 봤을 때 고체와 같이 보이지만 사실 고체로 이뤄진 결정망 안에서 망상구조를 띠고 있는 액체 오일이다.

⑥ 쇼트닝성(shortening power)

유지가 가소성을 가지고 있으면 밀가루 반죽이 글루텐을 만들 때 글루텐의 표면을 둘러싸면서 글루텐이 가지는 망상구조를 형성하지 못하게 분리시키는 층을 형성시켜 글루텐의 길이가 짧아지도록 만든다. 글루텐 형성을 방해해서 밀가루 반죽을 연하고 부드럽게 만들며 잘 부서지도록 만드는 성질을 바로 쇼트닝성이라 부른다. 같은 밀가루로 만든 제품이지만 빵과 다르게 크래커나 지방이 많이 사용된 케이크가 부드러우면서 보슬보슬한 질감을 나타내도록 만드는 것이 바로 쇼트닝성이다. 주로 패스트리나 쿠키, 파이, 비스킷에 사용되며 한식에서는 약과에도 쇼트닝성이 적용된다. 쇼트닝성에 영향을 주는 유지의 요인들을 살펴보면 다음과 같다.

– 유지의 종류

쇼트닝성의 크고 작음은 유지가 어떤 구조로 이루어진 유지인가에 따라 다르다. 특히 불포화지방산이 많이 함유되어 있고 액체유의 함유량이 높은 유지가 쇼트닝성이 크게 나타나는데 이는 이중결합에 의해 구조를 이루던 탄소사슬이 구부러지게 되면서 표면을 더욱 넓게 덮어줄 수 있기 때문이다. 다만 액체유는 상온에서 유동성이 매우 커서 글루텐 형성을 차단시키기 어렵다는 단점이 있다. 쇼트닝성이 높은 정도를 쇼트닝가라고 하며 쇼트닝가가 높은 유지부터 순서대로 나열하면 라드<쇼트닝<버터<마가린<식물성 유지 순서로 나열할 수 있다.

– 유지 사용량

같은 온도, 같은 종류, 동일한 반죽의 점도를 가지고 있는 경우 사용되는 유지의 양에 따라 쇼트닝가는 다르게 나타나며 유지 사용량이 많을수록 쇼트닝가가 크게 나타난다. 패스트리 반죽의 층층마다 유지를 바르는데 더욱 많이 바를수록 층이 많이 생기며 연해지는 것을 보면 알 수 있다. 하지만 약과나 도넛을 만들 때 유지를 과다하게 사용하면 반죽의 접착력이 너무 약해져 튀기는 과정에서 풀어질 수 있으니 주의해야 한다.

– 유지의 온도

유지의 온도가 높을 때와 낮을 때에 따라 쇼트닝성은 달라지는데 온도가 낮은 고체 지방의 경우 쇼트닝성이 낮고 온도가 높아지면 쇼트닝성이 커지게 된다. 따라서 층을 많이 만들어야 하는 패스트리를 만들 때 지방은 냉장고에 보관했다가 사용하는 것이 좋고 파운드케이크나 쿠키와 같이 부드러운 식감을 주는 반죽을 위해서는 상온에서 녹인 버터를 사용하는 것이 적합하다.

– 반죽의 정도 및 기타 첨가물 사용

글루텐은 반죽을 많이 치댈수록 단단해지는 성질을 갖고 있다. 하지만 지방을 미리 녹인다거나 설탕을 함께 지방에 크리밍해서 이용하면 지방이 반죽 안에서 잘 퍼지게 되어 반죽을 연하게 만들 수 있다.

또한 달걀이나 우유를 첨가해도 쇼트닝성에 영향을 주는데 첨가재료를 반죽에 넣어주면 유지는 유화에 일부 이용되어 쇼트닝성이 작아지게 된다.

⑦ 크리밍성(creaming property)

크리밍성이란 유지의 종류 중 고체나 반고체 상태인 버터, 마가린, 쇼트닝과 같은 지방을 빠른 속도로 저어서 지방 속으로 공기가 주입되도록 만들어 부드러우면서 부피가 증가하게 하는 동시에 하얀색을 띠도록 만드는 과정을 말한다. 이처럼 크리밍성이 잘 일어나는지 나타내는 값을 크리밍가라고 하며 크리밍가에 의해 영향을 많이 받는 제품이 케이크다.

크리밍가는 버터가 가장 크며 마가린, 쇼트닝 순으로 나타난다. 버터를 크리밍한 것이 버터크림, 마가린 또는 쇼트닝은 크리밍해서 케이크를 만들 때 이용한다.

크리밍성에 영향을 주는 다른 요인으로 온도가 있다. 유지 종류에 따라 크리밍성에 적합한 온도는 쇼트닝의 경우 25℃이며 버터는 20℃에서 가장 좋은 크리밍가를 나타낸다.

⑧ 유화성(emulsion)

유지는 물과 섞이지 않는 특징을 갖고 있다. 함께 사용하더라도 쉽게 분리되는 성질이 있는데 이때 유화제(emulsifier)를 이용하면 물과 유지를 혼합시킬 수 있다. 이를 유화성이라 하고 사용되는 유화제의 분자는 친수기와 소수기를 함께 가지고 있어야만 유화가 가능하다.

유화를 이용한 제품 중 물에 기름이 섞인 마요네즈, 우유, 생크림, 크림수프, 케이크 반죽과 같은 수중유적형(oil in water, o/w type)이 있으며 기름에 물이 섞인 형태인 버터, 마가린과 같은 유중수적형(water in oil, w/o type)으로 구분할 수 있다.

– 마요네즈

기름과 식초에 달걀노른자를 유화제로 이용하며 달걀노른자에 포함된 성분인 레시틴의 유화성을 이용한 식품이다. 마요네즈의 유화에 중요한 요인은 재료 온도가 같아야 한다는 것이다. 식초를 사용하기 때문에 상  온 보관이 가능하며 냉장 또는 냉동 보관 시 분리될 수 있으므로 주의해야 한다. 또한 재료가 뜨거운 상태에서 마요네즈를 첨가해도 분리될 수 있는데 이런 현상은 유화제인 달걀노른자가 열에 의해 익어버리면 생길 수 있다.

유화 과정에 마요네즈가 분리될 경우는 잘 유화되어 있는 마요네즈를 더 첨가해서 섞어주거나 달걀노른자를 더 첨가해서 섞어주면 복구가 가능하다.

- 비네그레트 드레싱

샐러드에 이용되는 식초와 기름을 이용한 드레싱으로 유화제가 없이 물리적 힘으로 유화시키키는 방법을 이용한다. 다만 일시적으로 유화된 상태가 되기에 이후에 분리될 수 있으며 사용하기 직전에 흔들어 유화시키는 것이 좋다.

◎ 발연점(smoke point)

유지를 가열해서 일정 온도에 도달하게 되면 유지의 표면에서 엷은 푸른색의 연기가 발생하게 되는데 이를 발연점이라고 한다. 발연점에 연기가 발생하는 주된 요인은 아크롤레인(acrolein)이라는 자극적인 냄새를 가진 성분에 의한 것으로 유지의 글리세롤에서 열에 의해 2분자의 수분이 제거되면서 생기게 된다. 유지를 이용해 가열하는 모든 조리는 발연점 이하의 온도에서 조리해야 하며 발연점은 유지의 종류에 따라 다양하다.

발연점에 영향을 주는 요인으로는 유리지방산의 함량이 많은 유지나 기름을 담고 있는 조리 용기의 표면적이 넓어 열의 전달이 빠른 경우, 기름에 이물질이 함유되거나 기름의 사용횟수 등이 있으며 이런 경우 발연점은 낮아지게 된다. 발연점 이상으로 유지를 가열하면 발화가 일어날 수 있는데 이 온도를 인화점(flash point)이라고 한다. 또한 유지가 인화된 뒤 계속 연소를 지속하는 온도를 연소점(fire point)이라고 부르는데 이 상태의 유지는 산소를 차단하고 있다가 열을 가하지 않아도 산소가 공급되면 다시 발화되기 때문에 매우 위험할 수 있다.

따라서 유지를 사용할 때는 조리목적에 맞게 가열할 수 있는 유지를 이용하는 것이 좋고 조리온도가 높은 튀김과 같은 요리에는 발연점이 높은 콩기름이나 옥수수기름을 이용하는 것이 바람직하다. 유지의 종류에 따른 발연점을 살펴보면 다음의 표와 같다.

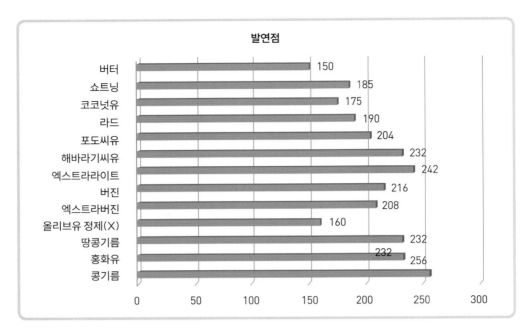

발연점

종류	발연점
버터	150
쇼트닝	185
코코넛유	175
라드	190
포도씨유	204
해바라기씨유	232
엑스트라라이트	242
버진	216
엑스트라버진	208
올리브유 정제(X)	160
땅콩기름	232
홍화유	232
콩기름	256

유지 종류에 따른 발연점

(4) 식품의 지방 분류

식품으로 사용되는 지방은 지방을 구성하고 있는 지방산의 특성이나 지방의 급원과 같은 특성에 따라 분류할 수 있다.

① 식물성 지방

식물의 배아나 종자에서 분리해서 만드는 유지로 탈검 · 탈산 · 탈색 · 탈취 · 동유처리와 같은 처리 과정을 통해 만들며 생산에 이용된 식물의 종류에 따라 다양한 특성을 가진다. 식물성 기름의 용도와 특징은 다음의 표와 같다.

◈ 식물성 기름의 용도 및 특징

식물성 유지	특 징	과일 종류
옥수수유(corn oil)	부침, 튀김, 비네그레트드레싱, 쇼트닝& 마가린 원료	• 옥수수 배아를 분리, 압착해서 추출
올리브유(olive oil)	비네그레트드레싱, 스프레드	• 불포화지방산 다량 함유 • 독특한 향과 색을 띠고 있음 • 엑스트라버진, 버진, 퓨어, 퍼미스로 구분됨
대두유(soybean oil)	부침, 튀김, 비네그레트드레싱, 쇼트닝& 마가린 원료	• 가장 많이 이용되는 기름 • 발연점이 높음
참기름(sesame oil)	나물, 불고기 등 조미용	• 항산화제 작용을 하는 토코페롤, 세사몰을 함유
들기름(perilla oil)	나물, 김 등 조미용	• 리놀렌산이 다량 함유되어 있고 필수지방산의 함량이 많아 영양가가 높음 • 빠르게 섭취해야 산화되지 않고 냉장 보관이 필요함
면실유 (cottenseed oil)	부침, 튀김, 비네그레트드레싱, 참치통조림 충진액, 쇼트닝&마가린 원료	• 목화씨에서 추출 • 항산화 성분이 있지만 고시폴(gossypol)이 있어 가공 중 제거함
팜유(palm oil)	마가린의 원료, 제과용	• 식물성 유지이나 포화지방산이 많아 상온에서 반고체 상태로 존재 • 팜열매의 과육을 쪄서 압착해서 추출 • 동물성 유지와 비슷한 가소성을 가짐
야자유(cocoanut oil)	커피크림, 비스킷크림, 스낵의 튀김, 쇼트닝 원료	• 카카오콩을 볶아 압착해서 추출 • 포화지방산이 많아 실온에서 고체상태 • LDL-콜레스테롤의 혈중 농도를 높임
포도씨유 (grape seed oil)	튀김, 샐러드, 제빵용	• 포도씨를 압착해서 추출 • 팔미트산과 리놀레산을 다량 함유 • LDL-콜레스테롤을 낮추고 HDL-콜레스테롤을 높여 심혈관질환 예방효과가 있음 • 발연점이 높음

> **올리브유 종류**
> - 엑스트라 버진(Extra virgin): 산가 1% 미만이며 최상급 올리브를 처음 짜서 만들기 때문에 향과 색이 좋고 주로 가열하지 않고 이용하는 요리에 사용
> - 파인버진(fine virgin): 산가 2% 미만이며 엑스트라버진을 짜고 남은 올리브를 한번 더 짜 낸 기름으로 가열하는 일반요리에 사용
> - 레귤러버진(regular virgin): 산가 3.3% 이하의 기름으로 맛이 좋음
> - 퓨어올리브오일(pure oliveoil): 엑스트라 올리브오일과 정제한 올리브오일을 섞어 순도가 떨어지며 식용유와 같이 이용

② 육지동물성 유지(land animal fat)

육지에서 활동하는 동물들의 지방으로 주로 에너지를 저장하기 위해 형성되어 있다. 수백 가지의 지방산으로 이루어져 있으며 포화지방산의 비율이 높아서 식물성 지방이나 어(漁)유에 비해 융점이 높은 것이 특징이다. 동물성 지방의 용도와 특징을 살펴보면 다음의 표와 같다.

◈ **육지동물성 유지의 사용 용도와 특징**

육지동물성 유지	용도	특징
버터(butter)	제과용, 제빵용, 서양요리용	• 우유에 함유된 지방인 유지방을 이용해 만듦 • 부티르산 같은 저급 지방산을 함유하고 있음 • 다이아세틸이라는 성분으로 인해 독특한 풍미가 있음 • 발효한 것과 발효하지 않은 종류가 있으며 향을 첨가한 버터도 있음
라드(lard)	제과용, 제빵용, 한식의 찌개나 지짐용	• 돼지의 지방조직에서 추출(복부 기름이 가장 좋음) • 쇼트닝성이 커서 음식을 부드럽게 만듦 • 희고 냄새가 나지 않는 것이 좋음 • 발연점이 높은 라드가 개발되어 튀김용으로도 이용되나 일반적으로 발연점이 낮음 • 크리밍성이 낮아 제과용으로 이용하려면 버터, 마가린, 쇼트닝과 함께 사용함
우지(beef tallow)	마가린, 쇼트닝의 원료, 비스킷과 크래커에 이용	• 소의 신장과 장에서 주로 채취 • 소의 종류 및 나이에 따라 경도가 다르게 나타남

③ 어유(fish oil)

동물성 유지이면서 불포화지방산이 많이 함유되어 있고 DHA와 EPA가 많아 뇌세포 구성에 관여한다. 어유의 용도와 특징을 살펴보면 다음의 표와 같다.

◈ **어유의 용도와 특징**

동물성 유지	용도	특 징
어유(fish oil)	마가린의 원료	• 불포화지방산이 많아 상온에서 액체상태로 존재 • ω-3계열의 다가불포화지방산이 많음 • 산패가 잘 되며 주로 등푸른 생선에 많음

오메가 지방산이란?

오메가지방산(ω-3, 6, 9지방산)이란 지방산의 메틸기로부터 3, 6, 9번째 탄소 위치에서 이중결합형태로 구성된 불포화지방산을 일컫는다.

ω-3=등 푸른 생선에 다량 함유		ω-6=식물성 기름에 다량 함유	ω-9
α-리놀렌산, DHA, EPA		아라키돈산, 리놀레산	올레산
• 들기름 • 고등어 • 청어 • 연어 • 꽁치	• 방어 • 은어 • 삼치 • 참치 • 멸치	• 옥수수유 • 콩기름 • 홍화유	• 올리브유

---

④ 가공유지

식용을 위한 유지는 경화 또는 동유처리 등의 과정을 거쳐 가공하는데 여기서 경화(수소 첨가 : hydrogenation)란 액체 형태로 존재하는 불포화지방산의 이중결합 구조에 니켈(Ni)과 백금(Pt)을 이용해 수소를 첨가해서 고체 형태의 포화지방산으로 만드는 과정을 말한다. 경화 과정을 통해 만들어진 식품으로 마가린과 쇼트닝이 대표적이다. 그중 마가린의 경우 버터 대용으로 많이 사용되고 80%의 지방과 16%의 수분 그리고 4%가량의 우유 고형물로 구성된다. 가격이 저렴한 마가린의 경우 수소화 과정에서 생기는 트랜스지방이 건강을 해친다고 하여 문제가 되고 있다.

샐러드유는 차게 먹는 경우가 대부분인데 옥수수기름이나 콩기름, 카놀라유 등 왁스의 함유량이 많은 기름을 샐러드용으로 이용하려면 동유처리가 필요하다. 동유처리란 기름에 섞인 왁스와 같은 물질을 차게 두어 결정이 생기도록 한 뒤 원심분리나 여과를 통해 제거하는 과정을 말한다. 가공유지의 용도와 특징을 살펴보면 다음의 표와 같다.

◈ **가공유지의 용도와 특징**

가공유지	용도	특징
샐러드유 (salad oil)	일반적 조리용, 샐러드용	• 옥수수유, 콩기름, 면실유, 카놀라유 등을 동유처리과정을 거쳐 만듦
마가린 (margarine)	버터 대용	• 식물성 유지에 유화제를 첨가해 경화시켜 만들며 유중수적형 기름으로 실온에서 고체 형태임
쇼트닝 (shortening)	패스트리, 파이, 튀김, 라드 대용	• 식물성 유지를 경화해서 만들며 발연점이 높은 것이 특징 • 쇼트닝성, 크리밍성, 가소성, 유화성이 있음

(5) 유지의 조리 및 이용

① 향미 증진

유지류는 조리에 사용하면 볶음, 나물, 튀김 등 다양한 음식에 향미를 높여준다. 유지 고유의 향을 가지고 있는 참기름, 들기름, 올리브유, 버터 등의 유지를 통해 독특한 향을 첨가할 수도 있고 예열된 기름에 마늘을 은은하게 볶아 마늘의 향을 뽑아내는 것처럼 재료가 가진 향 화합물을 흡수하기도 한다. 단, 유지를 넣어 향을 내려면 조리 과정의 가장 마지막에 넣어줘야 향미 증진효과를 높일 수 있다.

② 열전도

열전도는 유지의 중요한 기능으로 물보다 빠른 열전달 능력을 지니고 있다. 또한 끓는점은 높고 비열이 낮아 음식이 빠르게 익을 수 있게 만들며 영양소의 손실을 최소화하는 동시에 외관을 좋게 만들어준다. 기름의 양에 따라 조리방법을 바꿀 수도 있는데 적은 기름에 빠르게 볶아내는 볶음과 자작하게 기름을 둘러 지져내듯 익히는 적/전류와 많은 양의 기름을 이용해 튀기는 튀김까지 다양한 요리를 가능하게 해준다.

- 적/전, 볶음

재료의 부드러운 맛과 유지의 향미를 첨가하기 위한 조리법으로 적이나 전의 경우는 유지가 재료를 넉넉히 두르고 있을 정도의 기름양을, 볶음의 경우는 재료를 코팅할 수 있을 정도의 기름양만을 사용해 조리한다.

전을 부칠 때 밀가루를 입히는 이유?
밀가루를 재료의 표면에 묻히면 색이 골고루 나고 재료의 표면이 거칠어지게 되어 마찰력이 생기게 된다. 따라서 달걀옷을 입히면 면이 더 예쁘게 익을 수 있다.

- 튀김

튀김은 유지를 이용해 조리하는 대표적 조리법으로 단시간에 고온으로 조리해 재료의 수분을 증발시키고 기름을 흡수시켜 바삭한 질감을 주는 동시에 영양소와 맛의 손실을 최대한 줄이는 조리방법이다.

★ 튀김 조리의 원리

튀김을 이용한 조리는 조리과정에서 재료에 다양한 변화가 일어난다. 세 단계의 변화로 구분할 수 있는데 첫째로 수분의 변화, 둘째로 껍질의 형성, 마지막으로 내부 조리이다.

• 수분의 변화

기름에 식품을 넣으면 식품의 표면에 있던 수분은 뜨거운 기름에 닿는 순간 수증기로 기화되어 증발하게 되는데 이 과정에서 증발한 수분이 있던 자리로 식품 내부에 존재하던 수분이 표면으로 빠져나오게 된다. 그리고 식품 내부의 수분이 있던 자리에 뜨거운 기름이 침투하게 되면서 재료의 내부를 익혀준다.

• 껍질의 형성

메일라드 반응에 의해 식품의 표면이나 튀김을 위해 입힌 튀김옷이 갈색으로 변하면서 먹음직스러운 껍질을 형성한다. 튀김을 위해 사용하는 재료의 종류와 특성을 살펴보면 다음과 같다.

튀김옷

튀김옷은 꼭 필요하지는 않다. 예를 들어 감자나 고구마칩과 같이 재료 그대로를 튀겨 익히기 위해서는 튀김옷을 입히지 않은 채 조리한다. 하지만 새우튀김처럼 재료의 수분을 유지해야 하는 경우는 튀김옷을 입혀주는 것이 좋다. 올바른 튀김을 위한 재료의 특성은 아래와 같다.

- 밀가루: 튀김에 어울리는 밀가루는 글루텐 형성이 잘 안 되고 탈수가 잘 되는 박력분이 적합하다. 박력분 대체재로 중력분과 전분을 섞어 사용하는 경우도 있으며 재료의 수분 증발을 예방하고 기름을 흡수해 바삭한 식감을 주는 튀김옷에 중요한 역할을 한다.
- 식소다: 밀가루 사용량의 0.01~0.2%가량을 사용하면 탄산가스를 발생시키는 동시에 수분이 증발해 튀김에 습기가 차지 않아 더욱 바삭한 식감을 줄 수 있다.
- 물: 기름과는 어울리지 않지만 단백질의 수화를 늦추고 글루텐 형성을 방지하기 위해 사용한다. 15℃ 이하의 찬물이 좋고 밀가루의 2~2.5배 이상 넣고 살짝만 섞어 튀김옷을 만들면 바삭한 튀김 조리가 가능하다.
- 달걀: 달걀은 글루텐 형성을 돕기 때문에 튀김옷의 경도를 높여줄 수 있다. 다만 튀김이 오래될 경우 눅눅해지는 단점이 있기도 하다.
- 설탕: 튀김옷의 글루텐 형성을 방해하는 물질로 반죽을 연하게 만드는 동시에 튀김의 색이 갈색이 나도록 도와준다.

• 내부조리

뜨거운 기름은 재료를 익히기 위해 내부로 침투하게 되는데 이때 수분을 밖으로 밀어내고 그 자리에 기름이 들어가게 된다. 그 열을 이용해 재료를 완전히 익힐 수 있다.

★ 튀김유의 종류와 가열에 따른 변화

일반적으로 튀김에 적합한 기름은 정제가 잘된 옥수수유나 콩기름, 면실유와 같이 발연점이 높은 식물성 기름이다. 튀김을 할 때 온도가 낮거나 오랜 시간 튀기는 경우, 재료의 표면에 공기구멍이 많고 거친 상태 그리고 당이나 유지, 수분, 레시틴과 같은 유화제가 함유된 재료를 튀길 때는 기름의 흡수가 많아지기 때문에 적합하지 않다.

기름은 가열하면 지방의 가수분해에 따른 산패와 산화에 따른 산패현상이 발생한다. 가수분해에 따른 산패는 튀김을 위한 식품의 상태가 차고 젖어 있는 경우에 발생하며 중성지방이 가수분해되면서 작은 화합물로 변화되는 것을 말한다. 중성지방의 가수분해를 촉진하는 것은 리파아제라는 효소와 열이 주된 원인이다. 산화에 따른 산패란 리폭시다아제에 의해 일어나기도 하지만 대부분 불포화지방에서 무제한으로 일어나는 연쇄반응이다.

산패가 촉진되면 지방의 점도가 증가하고 유리지방산과 이물질의 발생이 높아져 본래 유지가 가진 발연점도 낮아지게 된다. 또한 튀김에 이용된 식품의 내부에 있던 단백질이 분해되면서 아미노산과 당이 생기게 되고 가열로 인해 아미노산과 당이 갈색화되어 기름의 색은 갈색으로 변하며 짙어지게 된다. 기름으로 유출된 수분으로 인해 거품역시 증가하게 된다. 튀김에 이용되는 재료에 따른 조리시간과 온도를 살펴보면 다음과 같다.

◈ 재료에 따른 튀김 조리시간 및 온도

튀김 재료	튀김 조리시간(분)	튀김 온도(°C)
일반적 튀김	2~3	180
도넛	3	160
근채류	2~3	160~180
어패류	1~2	175~185
닭튀김	1차: 8~10	165
	2차: 1~2	190~200
양파 및 채소류, 고로케	40초~1	190~200

③ 유지의 산화도 측정

- 산가(acid value)

산가란 지방의 품질을 지표로 나타내는 중요한 수치로 유지 1g에 함유된 유리지방산을 중화시키기 위해 필요한 KOH를 mg으로 나타낸 것이며 유지의 선도가 떨어질수록 산가는 높게 나타난다.

- 요오드가(iodine value)

요오드가란 유지의 불포화 정도를 알아볼 수 있는 중요 지표로 지방 100g에 흡수되는 요오드의 양을 g수로 나타낸 것이다. 특히 다수의 이중결합으로 이루어진 불포화지방산이 많은 액체 유지의 요오드가가 높게 나타나는데 기름을 공기 중에 장시간 방치할 경우 이중결합을 통해 산소가 결합하게 되어 요오드가는 감소하게 된다. 요오드가의 특성과 종류를 살펴보면 다음의 표와 같다.

◈ 요오드가에 따른 유지의 특성과 종류

유지의 분류	종류	특성
불건성유(요오드가 100 이하)	피마자유, 올리브유	공기 중에서 굳어지지 않음
반건성유(요오드가 100~130)	옥수수기름, 콩기름, 면실유, 참기름 등	건성유 및 반건성유 중간
건성유(요오드가 130 이상)	들기름, 겨자유	공기 중에서 잘 굳어짐

- 과산화물가(peroxide value)

유지가 산화되면 산소와 이중결합하면서 과산화물을 생성시킨다. 이때 유지 1kg에서 생성되는 과산화물의 양을 mg으로 표시한 것으로 과산화물가가 10 이하일 경우 선도가 좋은 유지라고 판단할 수 있다.

- TBA가(thiobarbituric acid value)

유지의 산화도를 측정하기 위한 것으로 산화 과정에서 생성되는 알데하이드(alde-hyde, 알데히드) 등이 TBA시약에 반응을 일으켜 적색으로 나타나게 되고 반응을 통해 산화 정도를 알 수 있다. 가열하는 시간이 길어질수록 TBA가는 높아지게 된다.

④ 유지의 산패 방지

산패된 유지는 수명이 짧아져 사용이 어렵다. 따라서 산패가 더딘 코코넛 또는 팜유가 많이 이용되었는데 최근에는 포화지방산이 많이 함유되어 건강에 좋지 않아 불포화지방산이 많이 함유된 기름을 주로 이용하고 있다. 하지만 불포화지방산은 산패가 잘 일어나기 때문에 산패를 방지하는 것이 매우 중요하다.

- 산소 및 빛 제거

기름의 산패는 빛과 산소를 접촉하면서 생긴다. 그 때문에 산패의 발생 원인인 산소와 빛을 사전에 차단하고 저온 보관하면 어느 정도 산패의 예방이 가능하다.

- 항산화제의 이용

항산화제는 산화 과정이 일어나지 않도록 산소를 빼앗는 역할을 한다. 유리라디칼에 전자를 주면서 연쇄반응을 중단시키는 물질로 산패유도 기간을 연장할 수 있다. 천연성분의 항산화제로 토코페롤(tocopherol, 비타민 E)류나 비타민 C, 세사몰, 플라보노이드 일부가 천연항산화제 역할을 하며 인공항산화제인 BHA(butylated hydroxyanisole)나 BHT(butylated hydroxytoluene), PG(propyl gallate) 등을 사용하기도 한다.

⑨ 육류와 가금류

육류란 식품으로 이용이 가능한 포유동물의 가식부위를 말하며 소, 돼지, 양, 말, 염소 등 가축 또는 닭, 오리, 거위, 칠면조, 꿩과 같은 가금류의 근육으로부터 얻을 수 있다. 육류의 선호도는 국가, 종교, 식습관과 공급의 용이성 등에 따라 다양하며 우리나라는 소고기, 중국은 돼지고기, 이슬람국가는 양고기, 인도는 염소고기를 애용한다. 특히 종교적 금기사항이나 신념에 따라 이슬람에서는 고기를 도축하는 과정에 할랄이라는 과정을 거쳐서 검증된 고기만 사용하고 돼지고기는 엄격히 금기하며 인도의 힌두교에서는 소고기의 섭취를 금기하고 있다. 그뿐 아니라 각 국가의 풍습과 환경에 따라 캥거루, 낙타, 토끼, 악어, 사슴 등의 고기도 섭취한다.

'고기'라는 단어에 포함된 범주는 다른 동물이 먹을 수 있는 살코기 모두를 지칭한다. 수없이 많은 고기가 있지만 우선 이 단락에서는 생선, 조개 등의 고기를 뺀 나머지 식육이 가능한 육고기들을 위주로 다루고자 한다. 또한 고기의 범주에는 먹을 수 있는 다양한 부위로 정의하며 식용이 가능한 근육조직 이외에 내장 기관 역시 포함된다.

육식을 즐기는 인간

인간은 고기와 다양한 부산물을 섭취하기 위해 예부터 야생동물을 길들이고 데리고 다니며 살아왔다. 개, 염소, 양, 돼지, 말, 소 등 다양한 가축을 기르기 시작했고 이 가축들은 인간이 그냥 섭취할 수 없는 들판의 풀이나 음식 찌꺼기 등을 먹고 자랐으며 영양이 풍부한 고기로 탈바꿈될 수 있는 움직이는 식량 저장고였고 비축할 수 있는 영양창고였다.

동물을 길들여 갈 무렵 인간들은 넓은 땅에 식물을 경작하기 시작했고 농경이 시작되자 한곳에서 정착하기 시작했다. 정착하며 쌀, 밀, 보리 등의 먹거리를 생산하기 시작하자 인구는 급격히 증가하게 되었고 경작한 식물을 동물에게 사료로 먹이는 것보다 직접 섭취하는 것이 더 효율적이라고 생각했다. 그 때문에 고기는 희귀성이 높아져 서민들이 쉽게 접하기 어려운 식재료로 변해갔다. 이후 산업혁명 때까지 빵과 곡물을 이용한 음식을 주로 섭취하게 되었고 산업화가 시작됨과 동시에 가축의 재배와 농경지 관리법의 개발, 사료의 발달 등 고기의 효율적인 생산을 위한 기술이 발전되면서 더욱 많은 사람의 고기 섭취가 가능하게 되었다.

하지만 아직도 고기를 생산해서 섭취하는 영양소의 효율성은 식물성 단백질 섭취에 비해 많이 떨어진다. 가축의 생산성이 향상된 현재도 닭고기 1kg을 얻기 위해 필요한 사료의 양은 2kg이고 이 비율은 돼지고기는 1kg을 얻기 위한 사료가 4kg으로, 소고기는 그보다 더욱 많은 1kg을 얻기 위해 8kg에 해당하는 사료가 필요하다.

이렇게 비효율적인 영양공급원임에도 왜 인간들은 고기 섭취하는 것을 식물 섭취하는 것보다 즐기는 걸까?

 인간은 본능적으로 영양적 지혜가 구축되어 있다. 이 속에는 냄새를 수용하는 수용체, 미각을 느끼는 세포도 있으며 특히 살아가는 데 필요한 중요한 영양소를 인식하고 찾기 용이하도록 설계가 되어 있다. 예를 들면 풍부한 에너지를 함유한 설탕이나 생명을 유지하기 위해 꼭 필요한 나트륨 그리고 단백질의 구성요소인 아미노산과 헥산을 인식할 수 있는데 이를 인식하기 위해 필요한 별도의 수용체를 가지고 있다. 이런 수용체와 고기는 어떤 관계를 맺고 있는 걸까? 이는 식물과 동물의 단백질 및 세포 속에 해답이 있다. 식물의 잎과 씨앗, 줄기 등 구성요소에도 단백질과 전분 등 영양소는 함유되어 있다. 하지만 영양소를 포함하고 있는 식물의 세포는 강한 세포벽으로 둘러싸여 보호받고 있고 단백질과 전분 역시 안정된 저장 알갱이 속에 보관되어 있기에 씹는 행위를 통해 내용물이 잘 유출되기가 어렵다. 반면 생고기의 경우 근세포가 쉽게 분해되는 편이며 생화학적으로 활발한 특성을 보인다. 특히 고기를 익히는 과정에서 풍기는 기름진 냄새는 인간의 후각적 요소를 자극하고 영양소 섭취에 대한 본능을 자극하는 생화학적 복합성으로부터 나온다.

1) 고기의 구조와 질

고기는 동물의 종류와 연령, 고기의 부위에 따라 맛과 향, 색이 전부 다른데 그 이유는 고기를 구성하고 있는 성분인 단백질과 지방의 함유량이 다르고 또한 고기의 겉에 지방이 분포하는가, 지방이 고기 내부에 퍼져 있는가와 같이 분포도 또한 다르기 때문이다.

고기 부위 중 기름기가 적고 담백한 고기는 75%의 물과 20%가량의 단백질 그리고 3% 정도의 지방, 이렇게 세 가지 기본물질로 구성되어 있다. 그리고 이 기본물질은 세 종류의 조직으로 구성되어 있는데 근세포 덩어리와 결합조직, 지방세포가 그것이다. 근세포는 근육의 수축과 이완할 때 움직임에 관여하는 기다란 섬유들이고 이 근섬유들을 결합조직이 둘러싸고 있다. 결합조직이란 섬유들이 다발 형태로 존재하면서 근섬유들을 뼈에 고정시키는 살아 있는 접착제라고 할 수 있다. 그리고 마지막 지방세포들은 근섬유와 결체조직 사이에 분포되어 있으며 이 지방조직들이 바로 근섬유의 주 에너지원인 지방을 저장하는 역할을 한다. "고기가 맛있는가? 부드러운가? 색이 보기 좋은가?"처럼 고기의 품질에 영향을 주는 것이 바로 근섬유, 결체조직, 지방조직의 비율과 배율이다.

(1) 근육조직

육류의 근육조직은 동물조직의 약 30~40%를 차지하며 동물이 움직이는 데 중요한 역할을 한다. 근육조직에서도 식용으로 주로 이용되는 부위는 근육의 수축과 이완에 관여하는 골격근이며 주로 근섬유로 이루어져 있다.

근육과 순살로 구성된 고기는 주로 근섬유로 구성되어 있는데 근섬유의 모양은 가늘고 긴 형태를 띠고 있고 지름은 10~100㎛, 길이는 짧게는 수mm에서부터 길게는 수cm까지 다양하다. 근섬유를 구성하는 물질은 수분이 75%로 가장 많고 단백질 18%, 지질 4~10%의 범위를 차지하고 있다. 근육조직의 세부 모양을 살펴보면 다음의 그림과 같은 구조를 띠고 있는데 근육조직을 이루는 가장 작은 단위인 미세섬유(myofilament)가 묶여서 하나의 근육세포 또는 근원섬유(myofibril)를 만든다. 다시 근원섬유들은 모이고 모여 근섬유(muscle fiber)를 형성하고 근섬유들이 다시 모여 큰 근육조직으로 구성된다.

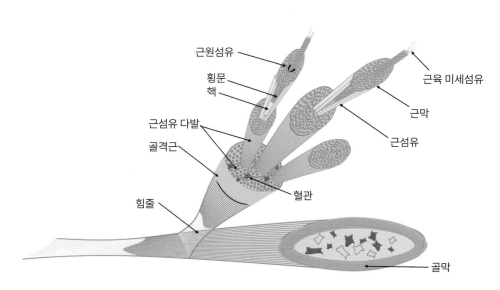

근원섬유

횡문

핵

근섬유 다발

골격근

힘줄

근육 미세섬유

근막

근섬유

혈관

골막

근육조직의 구조

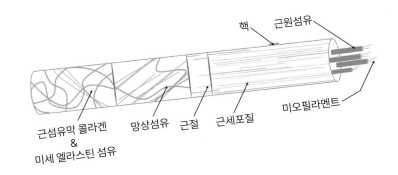

핵

근원섬유

근섬유막 콜라겐
&
미세 엘라스틴 섬유

망상섬유

근절

근세포질

미오필라멘트

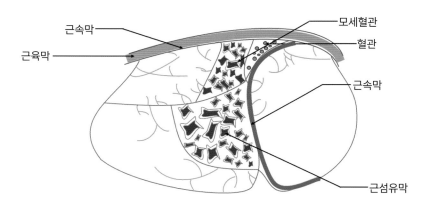

근속막

근육막

모세혈관

혈관

근속막

근섬유막

근섬유와 골격근의 구조

이처럼 근섬유들은 다발로 이루어져 있으며 눈에 잘 보이는 형태로 존재한다. 고기를 푹 삶아 길게 찢어져 분리되는 부분이 바로 근섬유라고 보면 된다. 근섬유는 고기가 가진 기본적인 질감에 영향을 주는데 열을 가해 익히게 되면 근섬유는 더욱 조밀해지고 질겨지며 건조해지는 성질을 갖고 있다. 찢어 분리했을 때 보이는 근섬유의 결은 고기의 '낟알'이라고 이해하면 된다. 고기의 근섬유 다발을 평행으로 자르면 통나무처럼 일렬로 이뤄진 단면이 보인다. 이것이 고기의 결이며 결대로 찢기도 하고 결의 반대로 썰어 씹는 질감을 부드럽게 하기도 한다. 고기는 모두 근섬유를 갖고 있는데 어린 동물이나 운동량이 적은 고기일수록 근육의 사용 정도가 적어서 근섬유가 가늘게 이루어진 특징을 보인다. 동물이 나이를 먹어가면서 그리고 운동량이 많아지면서 근조직의 섬유 다발을 이루고 있는 근섬유 하나하나가 두터워지고 굵어지기 때문에 나이를 먹거나 활동을 많이 한 동물의 고기가 더욱 질겨지게 되는 것이다.

(2) 결합조직(connective tissue)

결합조직은 근육뿐 아니라 신체를 이루는 모든 조직의 물리적인 이음쇠라고 생각하면 된다. 신체를 구성하는 개별 세포와 조직을 결합시키고 움직임을 위해 조직화하면서 조화를 유지할 수 있게 도와주는 역할을 하는 것이 결합조직인 것이다. 결합조직은 막과 같은 형태로 근섬유들을 둘러싸고 있으며 둘러싼 근섬유 다발을 하나로 묶은 뒤 다시 다발 묶음들을 근육이라는 큰 형태로 묶어준다. 근육을 이루는 근섬유들만 둘러싸는 것이 아니라 근육과 뼈를 고정시켜 주는 반투명 형태의 힘줄과 결합조직으로 이뤄지는데 근섬유가 수축할 때 근섬유의 이음쇠인 결합조직을 같이 끌어당기고 결합조직은 뼈를 끌어당기는 형태로 움직임을 보조한다. 근육과 뼈의 전체적 움직임을 조율하기 때문에 근육의 힘이 강해질수록 결합조직 또한 많아지고 단단해지게 된다. 즉, 동물이 성장하게 되고 많이 움직이게 될수록 근섬유가 커져 근육도 커지고 동시에 결합조직도 굵고 튼튼하게 되는 것이다.

결합조직을 이루는 세포는 살아 있는 세포 조금과 세포들이 세포 사이로 배출한 분자들로 주로 구성되며, 이 분자들 중 요리에 중요한 역할을 하는 것이 단백질 필라멘트다. 단백질 필라멘트는 조직의 전반에 걸쳐 있으며 조직을 강화하는 중요한 역할을 한다. 특히 길게 늘어나는 성질 때문에 '탄력소'라고 하기도 하는 이 단백질은 혈관을 이루는 벽, 인대를 이루는 주성분이며 꽹장히 질긴 특징을 갖고 있다. 필라멘트가 교차로 결합된 이 부분은 질긴 정도가 매우 강해서 가열해도 부드러워지지 않는다. 이처럼 필라멘트가 교차로 결합한 상태의 결합조직을 '콜라겐(Collagen)'이라고 부르는데 동물 신체의 단백질 1/3 정도를 차지하고 있고 피부와 힘줄, 뼈에 집중적으로 분포되어 있다. 콜라겐이라는 단어는 그리스어의 '접착제를 만드는'이란 뜻에서 파생된 단어로 콜라겐을 물에서 가열하면 질긴 콜라겐 일부가 물에 용해되어 끈적한 '젤라틴(Gelatin)'으로 변하게 된다. 결합조직의 특성은 가열하면 더 단단하고 질겨지는 근섬유와 반대로 말랑해지고 부드러워지는 데 있다. 동물이 태어나면 처음에는 쉽게 용해되는 콜라겐을 많이 가지고 태어나지만 자라면서 활동량과 운동량이 많아지며 콜라겐의 공급량은 줄어들게 된다. 공급되는 양은 줄어드는 반면 결합조직은 더 강하게 교차하고 단단해지면서 물에서 가열해도 잘 용해되지 않는 단단한 형태로 변하게 된다. 송아지고기를 익히면 연한 젤리 같지만 늙은 소는 질기고 젤리처럼 변하지 않는 것을 보면 이해할 수 있다.

(3) 지방조직(adipose tissue)

결합조직의 특수한 형태인 지방조직은 조직 내부에 있는 세포 일부가 에너지를 저장하는데 지방조직이 신체에 형성되는 형태는 세 부위로 나뉜다. 먼저 피부의 바로 아래에 있는 지방층으로 이곳에 있는 지방조직은 에너지원과 함께 신체의 단열재 역할도 하게 된다. 다음으로 내장의 주위에 쌓이는 형태로 존재하고 마지막으로 근육과 근육의 사이에 있는 결합조직이나 근육 안에 있는 근육 다발 속에 분포하게 된다. 여기서 마지막 근육과 근육 사이에 분포하는 하얀 모양의 지방조직을 '마블링'이라고 하며 마블링의 형태와 모양에 따라 고기의 품질이 좌우된다.

근내 지방도 측정과정

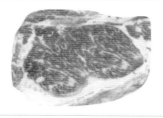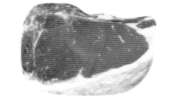

1++ 등급 쇠고기	3등급 쇠고기

자료: 축산물품질평가원

휴대용 에너지인 지방

기계나 사람, 동물 등 모든 움직이는 것들은 가동되기 위해선 에너지원이 필요하다. 이 중에서 가장 효율성 높은 에너지원은 지방으로 같은 무게의 탄수화물에 비해 지방은 2배에 가까운 칼로리를 함유하고 있다. 이동하는 모든 동물은 이런 이유로 지방을 에너지로 많이 저장하려는 특성을 갖고 있다. 특히 지방은 동물이 살아가기 위한 필수영양소로서 매우 중요한 에너지이며 이동하기 위해 지방을 축적하고 또 사용한다. 철새의 경우 몸의 50%를 지방으로 채운 뒤 한번에 3,000km 이상을 날며, 먹이가 적은 추운 겨울을 나기 위한 동물들 역시 풍부한 먹이로 지방을 채우고 난 후 그 지방을 나눠 사용하며 겨울을 버티기도 한다.

(4) 육류의 조직과 질감

"고기가 연하다", "고기가 질기다"라는 것은 근섬유나 근섬유를 둘러싼 결합조직 또는 마블링의 유무에 의해 정해질 수 있다. 이것을 정하는 것은 고기의 부위나 나이 그리고 운동량에 따라서 다양하게 나뉠 수 있다. 고기가 풀을 뜯는 모습을 상상해 보자. 네 발로 풀을 뜯는 고기를 상상하면 목과 어깨, 앞다리와 가슴부위는 단단히 긴장한 상태로 있어야 하며 등은 상대적으로 편한 형태로 존재하게 된다. 즉 가만히 있어도 어깨와 다리 부위는 지속해서 근육의 자극이 커지게 되고 근섬유가 커지게 되어 다른 부위에 비해 질길 수밖에 없게 된다. 반면 안심과 등의 경우 별다른 활동이 없게 되고 뼈와 연결되거나 근육의 수축과 이완이 거의 없고 결합조직도 없는 단일 근육으로 이뤄져 있다. 따라서 이 부위는 연한 질감을 갖게 되는 것이다. 소뿐만 아니라 새 역시 다리가 가슴보다 질기며 닭의 경우 다리에 단백질 중 5~8%가 콜라겐인 데 반해 가슴살은 콜라겐이 2%밖에 되지 않기 때문에 질감이 다르다. 모든 동물 특히 어린 동물일수록 연한 근섬유를 가지고 있어 질감이 부드럽다. 결합조직 또한 나이 먹고 운동량이 많은 동물에 비해 빠르게 젤라틴으로 변할 수 있는 형태를 가지고 있다. 마지막으로 지방은 고기의 부드러움에 결정적인 역할을 하며 세 가지 형태로 질감에 영향을 미친다. 첫 번째로 결합조직의 막과 근섬유 덩어리를 해체하고 약화하는 형태가 있다. 두 번째로 지방은 근섬유나 결합조직과 달리 열을 가하면 녹는 형태를 보인다. 마지막으로 근섬유와 섬유가 분리되는 데 윤활제 역할을 한다. 즉 지방이 풍부한 고기가 부드럽고 육즙이 가득한 것은 이와 같은 세 가지 형태로 고기에 영양을 미치기 때문이다.

2) 육류의 성분과 근섬유의 특성

고기의 성분 중 가장 많은 부분을 차지하는 성분은 바로 수분으로 75%를 차지하고 있으며 그 밖에 단백질과 지질, 무기질로 구성되어 있다. 수분 다음으로 많은 양을 차지하는 단백질은 미오신과 액틴으로 구성된 근원섬유 단백질이 50~60%, 헤모글로빈과 미오글로빈, 효소단백질 같은 근장단백질이 25~30% 그리고 육기질 단백질인 콜라겐이나 엘라스틴 등이 15~20%를 차지하고 있다. 지방은 중성지질이 90%이며 가장 많은 지방을 가진 고기는 돼지고기, 소고기와 닭고기 순으로 많다. 또한 암컷이 수컷에 비해 지방이 많고 연령이 많은 고기가 적은 고기보다 다량의 지방을 함유하고 있다.

단백질과 지방만큼 중요한 무기질 중 식육은 양질의 철분을 공급하는 공급원이다. 육류에 함유된 철분은 채소보다 10배 이상 체내 흡수가 빠르다. 육류의 성분을 살펴보면 다음의 표와 같다.

육류의 성분

식품명		에너지 (kcal)	수분 (g)	단백질 (g)	지방 (g)	회분 (g)	무기질 Minerals 칼슘 (mg)	철 (mg)	인 (mg)	칼륨 (mg)	아연 (mg)	비타민 Vitamins 비타민 A (μg)	비타민 B12 (μg)	비타민 C (mg)	비타민 E (mg)	엽산 토코페롤 (mg)	아미노산 Amino acids 총아미노산 (mg)	콜레스테롤 (mg)	총포화지방산 (g)	총불포화지방산 (g)
꿩고기	수컷	124	70.4	27.5	0.8	1.3	6	1.3	281	469	-	0	-	0	-	-	-	-	-	-
	암컷	120	70.9	27.2	0.6	1.3	6	1.5	269	-	-	0	-	0	-	-	-	-	-	-
닭고기	가슴	106	76.2	22.97	0.97	1.13	4	0.28	251	371	0.61	10	0.26	0	0.16	0.16	22,053	56.11	0.37	0.56
	날개	178	70.8	18.78	10.53	0.78	17	0.56	155	195	1.23	45	0.44	0	0.29	0.28	18,154	94.76	3.17	6.79
	다리	190	69.6	18.59	11.83	0.86	9	0.54	176	251	1.36	41	0.48	0	0.99	0.98	17,481	80.32	3.70	7.50
돼지고기	갈비	236	65.0	17.77	17.06	0.88	9	0.73	185	287	2.14	4	0.69	0.87	0.22	0.22	15,670	76.22	4.52	7.17
	뒷다리	135	72.6	20.88	4.97	1.06	5	0.68	189	339	2.00	2	0.43	1.10	0.22	0.21	19,926	63.18	1.82	2.90
	보섭살	138	71.8	21.13	5.14	1.07	5	0.73	195	344	1.76	2	0.50	1.06	0.26	0.25	20,188	73.61	1.89	3.00
	등심	142	71.1	23.33	4.58	1.10	4	0.43	222	370	1.56	3	0.37	0.75	0.27	0.27	20,838	54.39	1.68	2.62
	목심	227	62.0	17.21	16.36	0.90	8	0.73	183	301	2.46	16	1.15	0	0.36	0.36	15,263	64.99	5.91	8.61
소고기 (한우 1+등급)	갈비	388	51.2	14.69	34.65	0.62	4	2.03	122	196	4.53	15	2.38	1.05	0.43	0.41	14,491	86.01	11.29	17.70
	등심	342	54.6	17.10	28.72	0.73	3	2.13	141	256	4.83	14	2.24	0.87	0.23	0.23	16,380	75.62	9.75	13.62
	목심	227	63.3	20.83	14.75	0.84	4	2.56	176	272	5.98	6	2.60	0.84	0.19	0.19	20,644	74.01	5.75	7.88
	안심	210	67.5	20.69	13.03	0.96	2	2.63	169	294	4.35	7	3.20	0.84	0.21	0.21	20,459	66.16	4.90	6.15
	양지	273	61.4	17.77	21.09	0.80	3	1.96	146	267	4.66	10	1.95	0.86	0.20	0.20	17,298	73.43	6.07	11.03
	우둔	162	69.5	23.00	6.92	0.98	5	2.58	200	335	4.57	3	1.32	0.28	0.19	0.18	21,663	57.09	2.88	3.62
양고기 수입산(미국)	다리	205	65.0	18.8	15.3	0.8	4	2.5	140	230	3.4	7	1.6	1	1.3	1.3	19,770	78	6.88	6.10
오리고기, 삼겹살		117	76.8	21.00	3.07	1.05	11	2.61	212	305	1.96	11	3.41	0.45	0.30	0.29	19,948	97.86	1.17	1.75

주: 가식부 100g당(per 100g Edible Portion)

자료 : 농촌진흥청(2023), 국가표준식품성분 DB 10.0

고기와 건강

고기는 섭취 후 영양소 흡수가 빠른 농축된 단백질원이자 철분이었고 지방이 풍부한 에너지원이다. 과거 수렵과 사냥, 채집을 통해 영양소를 공급받던 선사 수렵인들은 지금보다 강한 골격과 신체를 지녔었다. 그러나 정착 생활을 시작하게 되면서 인간의 활동량과 식단은 많이 축소되면서 과거의 칼슘, 철분이 풍부한 식단에서 전분과 고기, 채소의 영양소를 대신하게 되었다. 산업화가 시작되면서 다양한 농경기술과 축산업의 발달을 통해 고기와 우유의 원활한 섭취가 가능한 환경이 조성되면서 정착생활이 시작되던 시기에 비해 건강이 좋아지기 시작하였다.

20세기에 들면서 영양소의 중요성과 영양분에 대한 이해는 높아졌고 먹거리가 풍성해지며 수명도 과거에 비해 많이 늘어났다. 수명이 길어지고 건강에 대한 관심이 높아지면서 자연스레 질병에 대한 관심도 커지게 되었고 수명을 단축할 수 있는 심장병이나 암 등 중증질환에 대한 연구가 다양하게 이루어지고 있다. 그리고 과한 고기 식단이 심장병, 암과 같은 질환을 유발할 수 있다는 사실이 알려졌다.

고기는 농축된 고열량의 에너지원이었던 만큼 필요 이상의 고기 섭취는 에너지 축적으로 이어지고 이는 비만을 유발하며, 비만은 다시 성인병이나 기타 위험한 질환들을 불러오는 현상을 보였다. 고기가 인간의 입맛을 자극하는 것은 사실이지만 이제 인간은 식욕에 대한 열망을 다스려야 할 때가 왔다. 고기는 인간의 진화와 건강에 밑거름이 될 수도 있으나 인간의 퇴화를 유발할 수도 있다는 점을 상기하고 균형 잡힌 식습관을 만들어야만 한다.

(1) 근섬유의 유형과 고기의 색

고기는 부위에 따라 각각의 고유의 색을 띠거나 다른 맛을 가지고 있다. 닭이 흰색과 붉은색 고기를 모두 가지고 있고 그 부위의 맛이 각각 다른 것이나 송아지 고기는 색이 옅고 연하지만 소고기의 색은 왜 붉고 진한 것인지, 그리고 그 부위와 종류의 맛이 왜 다른가처럼 말이다. 정답은 근섬유에 있다. 근섬유에는 다양한 종류가 있고 종류별로 저마다 하는 일이 다르도록 설계되어 있다. 그 때문에 각각 독특한 색과 맛을 지니게 된 것이다.

① 흰색 섬유와 붉은색 섬유

동물들은 활동하기 위해 움직이는 방식을 크게 두 가지로 구분할 수 있다. 꿩을 예로 들자면 평소 먹이를 먹으며 천천히 돌아다닐 때와 같이 느릿느릿하게 움직이는 방식이다. 간혹 자신의 몸무게를 지탱하기 위해 한쪽 다리를 올리고 서 있거나 꾸준히 먹이활동을 위해 걷는 모습을 상상하면 이해하기 쉽다. 다음으로 먹이활동 중 무언가로 인해 깜짝 놀라 퍼드덕거리고 100m 이상 날아간 뒤 내려앉을 때처럼 급작스럽게 움직이는 방식이다.

이런 두 가지 운동방식에 관여하는 근육을 속근과 지근이라고 부르며 각각의 속근세포와 지근세포는 다른 종류로 각각 맡은 역할이 다르다. 속근세포는 지근세포에 비해 두꺼운 편이며 산소를 저장해 주는 미오글로빈 색소가 적다. 그 때문에 붉은색이 적게 나타난다. 반면 지근세포는 지방을 연소해야 하고 산소를 저장하는 미오글로빈이 많이 필요하기 때문에 강한 붉은색을 가지는 것이 일반적이다. 꿩이나 닭의 뼈를 발라내 보면 가슴살은 흰색 근섬유로 구성되어 있고, 다리는 붉은색 근섬유로 이루어져 있는 것을 볼 수 있다. 조류뿐 아니라 소 역시 다리는 붉은색 근섬유로 구성되어 있다. 두 근섬유는 생화학적으로도 차이를 보이지만 가장 큰 차이점은 바로 각각 움직이는 데 사용되는 에너지의 공급방식이 다르다는 것이다.

[흰색 근섬유]

흰색 근섬유는 순간적으로 빨리 움직여야 할 때 가장 많이 사용되고 특화된 부위로 흰색의 섬유 속에 포함된 글리코겐(glycogen)이라는 저장된 탄수화물 연료를 에너지로 사용한다. 이 글리코겐은 세포 속에 있는 효소에 의해 빠르게 에너지로 전환되며 에너지로 전환될 때 흰색 세포가 산소를 사용하는 것이 일반적이다. 알고 있듯이 산소는 혈액에 의해 공급받게 된다. 그렇지만 급하게 필요한 경우 혈액이 운반하는 산소가 아니더라도 에너지로 글리코겐을 전환시키기도 한다. 단, 이런 경우에는 추가적인 산소의 공급이 이루어질 때까지 노폐물이 생기고 쌓이게 되는데 이 노폐물이 바로 젖산이다. 젖산이 쌓이고 산소의 추가공급이 잘 이루어지지 않게 되면 세포의 지구력이 제한되게 된다. 흰색 근섬유의 세포들이 짧은 시간에 폭발적인 에너지를 쓰고 휴식 기간을 길게 갖는 패턴이 생긴 것도 이런 이유 때문이다. 휴식 기간 동안 젖산은 천천히 제거되고 글리코겐이 다시 보충되는 것이다.

[붉은색 근섬유]

붉은색 근섬유는 흰색 근섬유와는 반대로 지구력이 중요한 근섬유로 오랜 시간 지속적인 운동에 사용된다. 이 근섬유의 에너지원은 세포 속 글리코겐이 아닌 바로 지방을 에너지원으로 사용한다. 지방을 에너지원으로 사용하기 위해서는 반드시 산소의 보충이 있어야만 한다. 지방은 지방산의 형태를 띠고 산소와 함께 공급받아 에너지로 전환되는데 이때 산소와 지방산 모두 혈액으로부터 공급받는다. 붉은색 근섬유는 흰색 근섬유에 비해 상대적으로 가는 구조로 구성되어 있다. 이 근섬유는 혈액으로부터 산소와 지방산을 공급받기 용이하게 설계되어 있는데 근섬유에 있는 에너지 전환 장치가 지방산 방울과 산소를 에너지원으로 전환하는 역할을 한다. 또한 이 에너지 전환 장치는 근섬유의 세포를 붉은색이 띠도록 바꾸는 역할도 하는 데 이 역할을 하는 두 개의 단백질이 헤모글로빈(혈액 속에서 산소를 전달하는 역할을 함)의 사촌 격인 미오글로빈(myoglobin)과 시토크롬(cytochrome)이다. 미오글로빈의 역할은 혈액으로부터 공급받은 산소를 잠시 저장했다가 지방산화 단백질로 전달한다. 그리고 시토크롬은 지방 산화제 역할을 하며 짙은 색을 띠고 있다. 이는 시토크롬이 미오글로빈이나 헤모글로빈과 같이 철을 함유하고 있기 때문이며 이 두 단백질은 산소의 필요성이 높은 근섬유일수록 즉, 더 많은 일을 해야 하는 근섬유일수록 많은 양의 시토크롬과 미오글로빈을 가지고 있게 된다.

예를 들어 송아지의 경우 근육 무게의 0.3%만 미오글로빈이기 때문에 근육의 색이 옅다. 반면 고래를 살펴보면 장시간 잠수를 해야 하며 잠수하는 동안 엄청난 양의 산소를 몸에 저장해야 하므로 25배 이상 되는 미오글로빈을 근섬유가 가지고 있게 된다. 그 때문에 거의 검게 보일 정도의 근육 색을 띠고 있다.

② 섬유비중: 흰색 고기와 붉은색 고기

다양한 동물들은 생활방식과 움직임, 패턴 등에 따라 흰색 또는 붉은색의 근섬유를 갖게 된다. 항상 긴장하고 빠르게 움직이는 개구리나 토끼의 경우 지근에 비해 속근이 발달되어 있기 때문에 대부분 흰색의 근섬유로 구성되어 있다. 반면 꾸준히 되새김질을 하는 소의 경우 느린 운동이 주를 이루기 때문에 대부분 붉은색의 근섬유가 차지하고 있다. 흰색과 붉은색 근섬유를 고루 가지고 있는 경우도 있는데 바로 오리나 꿩, 닭과 같은 조류들이다. 날갯짓을 하는 데 가장 많이 쓰고 급작스럽게 움직이는 가슴의 근섬유는 흰색의 근섬유로 주로 구성됐지만, 다리근육은 흰색 근섬유와 붉은색 근섬유가 서로 뒤섞여 있는 것을 알 수 있다. 이처럼 흰색 근섬유나 붉은색 근섬유의 비중이 다른 것은 이 근육의 유전적 설계과정과 실제 사용되는 근육의 패턴에 따라 다르게 나타나기 때문이다.

③ 근육의 색소

고기의 색을 정하는 가장 주된 색소는 산소를 저장하는 역할을 하는 단백질인 미오글로빈이다. 미오글로빈은 일반적으로 가운데 철 원자가 있고 이 철 원자에 단백질이 결합한 구조를 띠고 있다. 그런데 이 철 원자에 어떤 것이 붙는지에 따라 미오글로빈의 색은 변하게 된다. 예를 들어 철 원자 1개에 산소 분자가 붙어 있으면 미오글로빈은 밝은 붉은색을 띠게 된다. 산소 분자가 붙어 있는 미오글로빈은 돌아다니다가 산소가 필요한 근세포를 만나게 되면 산소 분자를 떼어 공급하게 되는데 이때는 짙은 자주색을 띠게 된다(비슷한 예로 헤모글로빈이 동맥에서는 허파에서 산소를 공급받아 나오기 때문에 붉은색을 띠지만, 정맥에서는 세포에 산소를 내려놓고 나온 상태라서 푸른색을 띠게 된다). 또한 미오글로빈에 붙어 있던 산소 분자가 미오글로빈의 철 원자에서 전자를 받아서 이탈하게 되면 철 원자는 산소 운반능력이 사라지고 물 분자와 결합하게 되는데 이때는 갈색을 띠게 된다.

이처럼 상황에 따라 다른 색을 띠게 되는 미오글로빈은 붉은색의 고기 안에 붉은색, 자주색, 갈색의 모든 형태로 존재하고 있으며, 이 미오글로빈들의 비율은 다양한 요인에 의해 결정된다. 가령 근섬유 속에 함유된 산소의 양이나 산소 소비 효소의 활성도, 갈색 효소들의 활성도 등이 있고 산도나 온도, 염도 또한 미오글로빈의 비율을 결정하는 중요한 요인이다.

고기의 상태로 이해한다면 산소가 풍부하고 고기 내부의 효소 시스템이 활발하다면 붉은색을 띠게 된다. 반면 산소가 고기의 효소에 의해서 이용되는 경우 고기는 자주색을 띠게 되는데 생고기 또는 레어나 미디엄으로 익힌 고기를 잘랐을 때 단면이 처음에는 자주색이었다가 공기에 노출되면 붉은색으로 변하는 현상을 볼 수 있다. 또한 진공포장된 고기의 표면이 자주색인 이유 역시 산소가 결핍된 상태이기 때문에 자주색을 띠지만 진공이 풀리면 이내 붉게 변하는 것을 볼 수 있다. 염장 고기의 색이 분홍색인 이유는 미오글로빈 분자가 다른 형태로 변한 것이기 때문이다.

근섬유, 조직, 고기의 맛

고기의 맛을 결정짓는 가장 큰 두 가지 요소를 꼽으라면 향과 육질이라고 할 수 있다. 고기의 향은 지방조직에 따라 결정되며 육질은 근섬유에 따라 정해지게 된다.

"근섬유가 어떤 구조인가?"라는 것은 곧 "그 부위의 활동량이 어떤가?"라고도 정의할 수 있다.

고기의 맛은 근섬유 속에 있는 에너지 전환 장치와 단백질이 결정짓는데 조리과정을 통해 가열되고 효소에 의해 분해되면 근섬유 속에 있던 에너지 전환 장치들이 작은 조각들로 분해시켜 빠져나오게 된다. 이 조각들에 포함된 일부 성분들에서 혀를 자극하는 단맛과 신맛, 짠맛, 감칠맛이 혀를 자극하게 되는데 주로 단일 아미노산이나 짧은 단일 아미노산 사슬, 당, 뉴클레오티드(헥산), 지방산, 소금이 주요 성분들이다. 이 성분들이 분해되어 나오고 가열되면 서로 반응하여 수백 가지 이상의 방향성 화합물들을 만들어낸다. 사람들은 대부분 흰색 근섬유보다 붉은색 섬유의 비중이 높은 부위를 더 맛있게 느끼는데 닭가슴살과 닭 다리 중 다리 부위를 더 즐겨 찾는 이유가 이 때문이다. 그렇다면 왜 붉은색 근섬유가 더 맛이 있는 것일까? 붉은색 근섬유는 흰색 근섬유에 비해 잠재적인 맛 성분들이 더 많이 분포되어 있다. 특히 지방방울과 함께 시토크롬을 품은 막의 구성성분인 유사 화합물을 더욱 많이 가지고 있고, 미오글로빈 속 철 원자와 시토크롬, 분자들이 함유한 산소와 지방의 에너지 전환 및 세포의 단백질 재순환에 관여하는 효소 등 맛을 좋게 만드는 물질들을 용출시키기 위한 조각으로 분해하는 물질 또한 많이 함유하고 있다.

운동을 위한 근섬유의 경우 흰색과 붉은색 모두 어떤 운동을 하느냐와 운동수행을 위한 부위이기 때문에 동물의 종과는 상관없이 비중의 차이만 존재한다. 하지만 지방세포의 경우 에너지 저장조직이고 지용성 물질의 종착역과 같아서 동물의 종에 따라, 먹이에 따라 그리고 소화를 돕는 미생물의 영향에 따라 각각의 고유한 맛과 향이 다르게 나타나게 된다. 즉, 양고기, 닭고기, 소고기, 돼지고기 등 고기 자체의 고유한 맛을 부여하는 것이 바로 지방조직의 내용물이라 할 수 있다.

지방조직은 열과 산소에 의해 풀잎, 꽃, 과일, 견과류 등 다양한 향으로 변형되어 나타날 수 있고 이 비율은 지방이 지닌 성질에 따라 다르게 나타날 수 있다. 소가 섭취한 풀의 화합물은 소의 '맛'에 영향을 준다고 알려져 있다. 반면 양과 새끼 양의 경우 반추위에 있는 미생물에 의해서 생성된 화합물을 이용하여 특유의 향을 부여할 수 있는 티몰(thymol)이나 기타 여러 분자를 저장하고 있는데 이 분자들로 백리향(thyme)이나 간에서 생성한 측쇄지방산(branched-chain fatty acid)에 양 특유의 향을 부여해 양의 '맛'을 결정하기도 한다. 또한 돼지고기에서 느낄 수 있는 돼지의 '맛'과 오리 또는 기타 야생동물의 고기 맛은 장에 서식하는 미생물과 미생물이 만들어내는 아미노산 대사로부터 오는 지용성 부산물이 맛을 결정한다고 알려져 있다. 돼지고기를 섭취하면 특유의 '달콤한' 냄새를 느낄 수 있는데 이 냄새 화합물이 락톤으로 코코넛이나 복숭아 향에 고유의 향을 부여하는 화합물과 동일한 종류이다.

이처럼 고기의 맛을 결정짓는 지방조직은 섭취하는 먹이에 따라서 향이 달라질 수 있다. 풀 또는 여물을 먹이로 섭취한 고기의 경우 곡물과 사료를 배합해서 먹이로 섭취한 동물보다 더욱 강한 맛을 낸다. 이런 현상이 바로 식물이 가지고 있는 다양한 방향성 물질과 폴리 불포화지방산 그리고 엽록소 때문이다. 반추위를 가진 동물들은 위의 미생물이 엽록소를 테르펜(terpene)으로 전환해 주는데 이 테르펜은 다양한 허브와 향신료에 포함된 향 화합물의 일종이다.

풀을 주식으로 섭취하는 동물들의 고기 맛에 영향을 미치는 또 하나의 요인은 바로 '스카톨(ska-tole)'이다. 스카톨 자체는 거름 냄새를 풍기지만 스카톨로 인해 풀을 먹고 자란 소에게 더욱 깊은 소고기만의 맛이 진하게 나게 된다. 이처럼 지방조직은 고기의 맛에 매우 큰 영향을 끼치는데 나이가 많은 동물들일수록 지방에서 나는 향이 점차 역해진다. 이런 현상은 지방이 에너지의 저장창고이고 다양한 화합물을 저장하는 저장고 역할을 하기 때문이다. 시간이 지날수록 지방세포에는 더욱 많은 화합물이 저장되고 이 화합물들로 인해 향이 점차 강하고 역해지게 된다. 늙은 양에 비해 어린양의 고기가 인기가 많은 것 또한 이런 현상에 따른 것이다.

3) 육류의 조리 특성

(1) 육류의 사후경직

① 사후경직: Rigor mortis

동물들은 죽은 뒤에 근육이 늘어지는 현상이 잠시 생기는데 이 시점에서 고기를 요리하면 매우 연하고 부드러운 육질의 고기를 느낄 수 있게 된다(뭉티기라고 불리며 판매되는 고기가 이 시점에서 제공되는 고기를 말한다). 하지만 이렇게 늘어졌던 근육은 조금 뒤 잔뜩 움츠러들어 단단하게 변하는데 이를 사후경직이라고 한다. 사후경직 상태의 고기를 조리하면 매우 질겨 섭취하기 힘든 상태를 보인다. 근육의 경직 현상이 발생하는 이유는 근섬유가 에너지를 모두 상실한 상태에서 근육을 통제하는 기능이 모두 사라져 단백질로 이뤄진 필라멘트 다발이 급격히 수축되며 서로 단단히 얽혀 움직이지 않게 되면서 일어난다.

사후경직은 계속 일어나지는 않으며 거세 수소의 경우 2시간 30분, 양이나 돼지, 닭의 경우는 1시간 이내로 지속된다. 과도한 사후경직을 막으려면 다리를 묶어 공중에 매달아 두면 된다. 매달려 있기에 중력으로 인해 근육이 늘어나면서 단백질 필라멘트가 많이 수축하거나 겹치지 않게 된다. 사후경직 후 경직의 최종단계에 다다르면 근섬유 속에 분포된 단백질 소화효소들이 액틴하고 미오신, 필라멘트를 고정하는 근육의 틀을 분해하기 시작한다. 하지만 단백질 필라멘트 다발은 여전히 묶여 있기 때문에 근육이 바로 풀어지지는 않는다. 다만 사후경직 이후 근육의 전반적인 구조는 경직 이전보다 약화되면서 서서히 부드러운 질감의 고기로 변하게 된다. 이것이 바로 숙성이며 소의 경우는 하루 정도, 돼지나 닭은 몇 시간 지나면 눈에 보일 정도로 연해지게 된다. 만

약 구입한 고기가 이상하게 질기다면 사후경직 이후 경직을 풀어주기 위한 온도를 잘 못 조절했기 때문일 가능성이 크다.

② 육류의 숙성: Aging

치즈 또는 와인만 숙성시킬수록 맛이 좋아지는 것이 아니다. 고기도 숙성이라는 과 정을 통해 점차 육질이 좋아지고 맛이 풍부해질 수 있다. 19세기에 소고기와 양고기의 관절 부위를 며칠 또는 몇 주간 상온에서 보관하며 숙성시켰다. 숙성이 진행되면서 고 기의 겉면은 표현 그대로 썩어버렸는데 프랑스인들은 이를 '고행'이라 부르며 이 긴 시 간 숙성된 고기를 즐겼다. 유명한 프랑스 셰프인 카렘은 "갈 데까지 가는 고기"라 부르 며 고기를 숙성했는데 이렇게 숙성시켰던 과거와 달리 현대에는 이보다는 약간 덜 숙 성된 고기의 맛을 선호하고 있다. 예를 들어 미국의 경우 포장공장을 거쳐 시장으로 배 송되고 사용자에게 전해지는 동안 며칠의 숙성이 자연스레 이루어진다. 적정 숙성기간 은 고기에 따라 조금씩 차이를 보인다. 닭고기는 하루나 이틀의 숙성이 좋고 돼지고기 나 양고기의 경우 일주일 정도 숙성기간을 거치는 것이 적당하다(돼지 또는 가금류의 고 기는 불포화지방산이 많이 함유되어 빨리 산패하는 편이다). 소고기의 경우 한 달 이상의 숙성 기간이 필요한데 1~3℃의 온도와 70~80%의 습도로 포장하지 않은 상태에서 건조 숙 성할 때 좋은 맛을 낸다. 적절한 습도는 고기의 수분이 점진적으로 유출되도록 도와주 고 서늘한 온도는 미생물의 번식을 억제해 주기 때문에 고기가 더 치밀하게 응축되도 록 도와주는 역할을 한다.

[근육효소 I: 맛을 만들고 육질을 부드럽게 하다.]

숙성이 진행되면서 고기의 맛을 내는 주된 원인은 바로 근육의 내부에 있는 효소다. 근육에 있는 효소는 동물이 살아 있을 때는 통제받으며 활동하다가 도축되어 통제기능 이 사라지면 다른 세포들을 무차별로 공격하기 시작하는데 이 과정에서 맛없고 큰 분 자들이 맛있는 작은 조각들로 바뀌게 된다. 단백질이 아미노산으로 분해하고 글리코겐 을 과당으로 분해하고 근육의 에너지원인 ATP를 IMP(Inosine monophosphate)로 그리고 지방과 지방질 막의 분자들을 좋은 향이 나는 지방산으로 분해하게 된다. 이렇게 분해 된 다양한 물질들이 바로 고기의 향과 맛에 영향을 주게 되며 가열해서 조리하는 동안에 더욱 풍부한 맛과 향을 만드는 데 일조한다.

근육의 효소는 맛과 향을 좋게 할 뿐 아니라 육질을 연하게 하는 작용도 한다. 근육 효소 중 '칼페인(calpain)'은 단백질 필라멘트를 고정하는 단백질을 약하게 만들고 '카텝신(cathepsin)'이라는 효소는 수축에 관여하던 단백질 필라멘트와 지지대 역할을 하던 단백질 그리고 기타 여러 종류의 단백질을 분해하는 역할을 한다. 또한 카텝신은 콜라겐 섬유가 강하게 교차결합된 결합조직도 파괴해서 결합조직 속 콜라겐이 연해지도록 만든다. 근육효소로 인해 조리과정에서 콜라겐은 더욱 잘 용해되고 고기의 맛과 향은 높아진다. 또한 콜라겐이 잘 용해되어 결합조직의 짜는 힘이 약화되면서 수분의 유출이 적어지게 된다.

효소를 활성화하기 위해서 중요한 것이 바로 온도다. 칼페인의 경우 40℃가 임계점이고 카텝신은 50℃가 임계점으로 이 온도에 다다르면 효소들은 활성도가 낮아지기 시작한다. 그렇다면 이 효소들이 가장 활발히 움직이는 온도는 몇 도일까? 바로 임계점에 다다르지 않은 최고의 온도에 다다랐을 때 효소가 가장 활성화된다. 조리하는 과정에서 급속한 숙성현상이 생기도록 할 수도 있다. 고기의 표면에 있는 미생물을 없애기 위해 직화로 그을리거나 끓는 물에 살짝 데쳐낸 뒤 저온의 온도로 로스팅해서 고기 내부 온도를 서서히 올려주면 고기 속에 들어 있는 숙성에 영향을 주는 효소들이 활동을 멈추기 전까지 오랜 시간 동안 아주 활발한 활동을 하게 되기 때문이다. 실제로 50~55℃의 온도에서 10시간가량 천천히 로스팅한 소의 대형 우둔살이 빠르게 익혀낸 우둔살 조각보다 더욱 연한 것을 보면 알 수 있다.

그렇다면 고기 업체들은 숙성하면 고기의 품질이 더 좋아지는데 왜 모두 숙성을 하지 않는 걸까? 이유는 숙성 과정에서 생기는 손실률에 있다. 고기는 숙성 과정에서 고기 무게의 20% 정도가 증발된다. 또한 마르거나 상한 표면 그리고 곰팡이가 핀 겉면을 잘라내야 하는데 이 손실률이 매우 크다. 더욱이 숙성기간 동안 고기를 판매하지 못하고 보관해야 하므로 자산이 묶인다는 단점 또한 존재한다. 이런 이유로 도축된 후 고기는 도축 직후 포장공장으로 보내지며 다시 절단되어 비닐 포장한 뒤 배송이 시작된다. 이 기간이 총 4~10일 정도 걸린다. 이때도 숙성은 진행되는데 밀폐된 비닐 안에서 남은 효소가 활동하며 산소는 차단된 상태로 습도가 유지된다.

숙성의 종류는 일반적으로 두 가지가 있으며 건조한 상태로 숙성하는 드라이 에이징과 습한 상태로 숙성하는 웻 웨이징이 있다. 두 숙성방법 모두 고기의 맛을 좋게 만들고 육질을 부드럽게 하지만 맛의 진한 정도는 드라이 에이징이 더욱 강하다.

도시형 목축

농촌형 목축

● **드라이 에이징(Dry aging)**

고기를 1~2°C의 온도에서 4~6주 동안 바람과 습기에 노출시켜 건식으로 숙성하는 방법으로 통풍이 잘되며 온도와 습도가 일정하게 유지될 수 있는 장소가 필요하다. 드라이 에이징은 주로 등급이 높으면서 지방이 고루 분포된 고기를 숙성하기 적합한데 숙성 과정에서 고기에 함유된 수분이 증발하며 맛과 풍미가 진해진다. 또한 고기 내부의 효소들이 꾸준히 작용해 단백질을 분해시켜 더욱 연해지게 된다.

● **웻 이이징(Wet aging)**

드라이 에이징과 다르게 진공포장한 후 냉장온도에서 3~4주간 습식으로 숙성시키는 방법이다. 고기와 공기의 접촉을 최대한 차단시켜 고기의 손실률이 적으며 마찬가지로 고기 내부의 효소가 단백질을 연화시켜 고기를 부드럽게 만들고 맛과 향을 증가시키는 방법이다.

③ 육류의 연화

고기를 부드럽게 만드는 데는 숙성을 통한 방법도 있고 효소와 기계적인 방법을 이용한 연화법도 있다.

- 연육제

과일이나 식물에서 천연으로 얻을 수 있는 단백질 소화효소들은 고기의 육질을 연하게 만

조리원리를 풀어 쓴 **조리과학 & 관능평가**

들 수 있다. 대표적으로 파인애플, 키위, 파파야, 무화과, 사과, 배 등 과일이나 생강과 같은 식물에도 단백질 소화효소가 들어 있다. 이 소화효소들은 냉장고 또는 상온에서는 매우 느리게 활동하지만 60~70℃가 되면 5배 이상 빠르게 활동하며 고기를 연하게 만든다. 이런 이유로 고기를 연육했을 때는 과다 연육이 되었는지 알 수 없다가 가열을 시작하면 고기가 끊어지며 부서지는 경우를 볼 수 있다. 물론 연육 활동은 조리과정 중 모두 끝이 나며 조리가 끝나면 연육 활동은 멈추게 된다. 단, 이 효소들은 앞서 언급한 마리네이드에 사용되는 산보다 침투속도가 더 늦기 때문에 더욱 오랜 시간이 걸리게 된다.

- 소금물에 재우기

스칸디나비아에서는 전통적인 손질법으로 소금물에 고기를 재워준다. '소금물 재우기'라는 이 방법은 주로 돼지고기나 가금류에 적용하는 방법인데 3~6%가량의 소금물에 고기를 몇 시간 혹은 며칠 동안 담가서 보관한 후 평소와 같이 조리한다.

고기를 담가 두는 시간은 고기의 두께에 따라 다르며 고기를 담갔다가 조리하면 육즙이 평소보다 풍부한 것을 느낄 수 있다. 소금물에 고기를 담금으로써 두 가지 효과를 볼 수 있다.

첫째는 근섬유의 단백질 필라멘트의 구조를 바꿀 수 있다. 소금 30g, 물 1L에 녹여 3%의 소금 용액을 만들어 사용하며 이 소금물이 단백질 구조를 구성하는 성분들을 용해시킨다. 또한 소금 60g을 물 1L에 녹여 대략 5.5%의 소금 용액을 만들어 담가두면 단백질 필라멘트도 부분적으로 용해시키는데 이 현상을 이용한 효과가 나타난다.

두 번째는 단백질에 침투한 소금으로 인해 근세포 속에는 수분을 보유하는 능력이 높아진다. 소금물에 있는 수분을 근세포가 흡수하게 되는데 이 과정에서 수분에 허브나 향신료와 같은 향 분자들도 고기 내부로 흡수될 수 있다. 더불어 고기의 무게 또한 약 10%가량 증가하는 효과를 볼 수 있다. 물론 조리를 시작하면 본래 가지고 있던 수분 무게에서 20% 정도가 빠져나가기는 하지만 유실된 수분의 양은 소금물에서 흡수한 수분으로 인해 충족된다. 특히 소금물로 인해 단백질 필라멘트가 분해됨에 따라 열을 받아도 단백질이 덩어리지지 않게 되어 고기가 더 연하다고 느끼게 된다. 단 이 방법은 소금물에 담그기 때문에 짠맛이 매우 강해 이를 조절하기 어렵다는 단점이 있다.

– 산의 첨가

고기는 산성에 가까워질수록 수화력이 높아져 부드럽게 변한다. 하지만 고기를 산성화하기 위해서는 많은 양의 산을 첨가해야 하며 산성의 과즙, 레몬껍질, 토마토, 레몬 등을 이용해 고기를 pH 4.0~4.5까지 낮추면 고기는 연해질 수 있다.

– 당의 첨가

고기를 조리하는 과정에서 설탕이나 꿀, 과즙, 양파즙 등을 첨가하면 고기가 수분을 보존하려는 성질이 강해지기 때문에 더 부드럽게 느낄 수 있다.

또한 단백질이 열에 의해 응고되는 것을 당 성분이 지연시키기 때문에 식육의 연화에 도움이 된다. 하지만 과도하게 당을 사용하면 오히려 고기가 질겨질 수 있으니, 적정량을 이용해야 한다.

(2) 육류의 조리

고기를 익혀서 먹는 이유는 무엇일까? 네 가지 이유가 있다. 첫째, 박테리아의 위협에서 안전하게 섭취하기 위해서 둘째, 잘 씹기 위해서 셋째, 소화를 잘하기 위해서(익은 고기 즉, 성질이 변한 단백질은 소화효소에 더욱 분해가 잘 된다) 마지막으로 맛있게 먹기 위해서 익히는 과정을 거치는 것이다. 이렇게 익히는 조리과정 중 고기에 생기는 여러 물리적 · 화학적 변화와 이 변화가 맛에 미치는 영향에는 어떤 것이 있을까?

쉬 어 가 기

메일라드: 고기의 갈변반응

고기의 맛을 결정하는 것은 분명 단백질과 지방이 분해되며 생기는 산물이다. 하지만 뜨거운 팬에서 굽거나 튀기는 조리과정에서 생기는 표면의 갈변반응은 메일라드(maillard) 반응이며 이 과정에서 생기는 고기의 향은 산소, 질소, 황이 붙은 탄소 원자로 이루어진 고리에서 발생된다. 이 냄새는 구수한 고기 굽는 냄새 외에도 풀, 꽃, 향신료, 흙 등의 냄새로도 발생된다.

① 고기의 맛 그리고 열

날고기에서는 좋은 향이 나지 않는다. 날고기를 먹는 이유는 맛에 있다. 날고기에는 맛있는 아미노산과 약산, 소금과 같은 성분이 포함되어 있다. 하지만 익힌 고기는 이런 맛이 더욱 강해지고 추가로 향이 생기게 된다. 근섬유에 가하는 물리적 가열로 인해 육즙이 풍부해지고 코와 혀를 자극하는 물질을 더 많이 생성시키는 것이다. 육즙이 가장 강한 익힘 정도는 바로 '레어'다. 고기 내부의 온도가 오르면서 물기가 마르게 되면 물리적인 질감이 좋아지기보다 냄새와 같은 화학적인 변화가 더 크게 일어나게 된다. 고기 세포들이 분해되고 다시 결합하는 과정에서 다양한 향을 내는 분자(케톤, 에스테르, 알데히드)가 형성되게 된다.

고기에 열을 가하면 고기의 표면은 두 가지 방식으로 변형된다. 처음 고기의 형태는 반투명한 모습인데 이때는 고기에 들어 있는 세포들이 물 위에서 떠 있는 모습으로 있으며 단백질들의 그물조직 또한 느슨한 형태를 갖추고 있어서다. 이후 50℃까지 열이 가해지면 가장 먼저 미오신이 변성을 시작해 큰 덩어리로 응고되게 된다. 이 덩어리는 반투명한 상태에서 불투명하고 희미한 색을 띠게 된다. 이 상태는 미오신이 가진 본래 붉은색 색소가 변형된 것은 아니며 고기의 붉은색이 연해지며 분홍빛을 띠게 되는 것이다. 이후 60℃로 열이 올라가면 붉은색을 띠고 있는 미오글로빈이 헤미크롬(hemichrome)이라는 물질로 변하게 된다. 헤미크롬은 햇빛에 그슬린 것과 같은 색을 띠는데 고기는 이때 회갈색으로 변하게 된다.

미오글로빈이 헤미크롬으로 변할 때는 근섬유의 단백질과 함께 변성되기 때문에 색을 보면 고기가 어느 정도 익었는지 판가름할 수 있게 된다.

예를 들면 고기가 천천히 익기 시작하는 과정에서 익지 않은 고기와 고기의 즙은 붉은색을 띠고 있다. 이후 천천히 익어갈 때 고기와 고기의 즙은 분홍색으로 변하게 되고 완전히 익으면 고기는 회갈색을 띠며 고기에서 나온 즙은 맑게 변하는 것을 볼 수 있다(이런 현상은 미오글로빈의 변성으로 일어나는데 붉은색일 때 미오글로빈은 고기즙으로 빠져나오기 때문에 붉은색이나 분홍색을 띠지만 갈색으로 변형된 미오글로빈은 고기즙으로 나오지 못하고 다른 단백질에 붙어 응고되기 때문이다). 그러나 미오글로빈의 색으로만 익힘 정도를 판단하면 안 된다. 미오글로빈이 다른 이유로 변성된다면 다 익지 않은 고기도 웰던으로 익은 것처럼 보일 수 있기 때문이다. 따라서 중심 온도계를 통해 익은 정도를 판단하는 것이 가장 좋다.

② 고기의 질감과 열

음식물이 씹히는 과정에서 느낄 수 있는 질감과 관련이 있는 것이 음식물의 물리적 구조다. 구조가 어떤지에 따라서 촉감과 깨물었을 때 부서지기 쉬운가 또는 어려운가 등이 결정된다. 고기의 경우 75%를 수분이 차지하고 있고 나머지가 수분을 포함하는 단백질과 결합조직으로 구성되어 있는데 이 성분들이 바로 고기 질감의 핵심이 되는 성분들이다.

날고기의 경우 잘 씹히지 않는 질감을 갖고 있다. 또한 미끈거리기도 하는데 수분으로 인해 씹더라도 육즙이 잘 나오지 않는다. 하지만 날고기에 열을 가해 익히기 시작하면 완전히 다른 질감으로 변하게 된다. 우선 열이 가해지기 시작한 순간부터 미끈거리던 고기가 탱글탱글하게 변하고 잘 씹히는 질감으로 변하며 액체가 흘러나와 육즙이 흥건한 상태가 된다. 여기서 계속 열을 가하면 흥건하던 육즙이 다시 마르면서 탱글탱글하던 고기가 건조하고 퍽퍽한 상태로 변한다. 그런데 열을 더 가하면 마냥 쪼그라들 것만 같던 고기가 다시 부드러워지면서 연해지는 마법이 일어난다. 이 모든 과정은 근섬유와 결합조직을 이루는 단백질의 성질이 바뀌며 일어나는 현상들이다.

[-레어(Rare): 섬유가 응고되며 나오는 흥건한 육즙]

미오신은 수축에 관여하는 단백질 필라멘트의 주요한 2개의 축 중 하나로 50℃의 열에서 응고가 시작된다. 미오신이 응고되면서 안에 포함되어 있던 세포들 또한 조금씩 고형화되기 시작하고 고기는 탄탄해지게 된다. 또한 미오신 단백질들은 서로 달라붙게 되는데 이때 속에 있던 물 분자들을 밖으로 짜낸다. 밖으로 나온 물 분자들은 고형화되던 단백질로 모여들게 되면서 결합조직의 피막을 따라 세포의 외부로 흘러나오기 시작한다. 근섬유가 온전한 상태에서 육즙은 근섬유 피막의 얇은 곳을 뚫고 나가게 된다. 고기를 썰면 나타나는 단면으로도 육즙이 빠져나가게 되며 겉면은 익었으나 육즙이 흘러나오는 단계의 익힘이 바로 '레어'다.

[-미디엄 레어(Mideum rare): 육즙은 풍부해지며 콜라겐은 오그라드는 단계]

고기가 60℃까지 온도가 올라가게 되면 세포 속에 있던 단백질들이 더욱 많이 응고된다. 그리고 세포는 응고된 단백질과 단백질을 둘러싼 액체의 관으로 구성된 단단한 핵으로 분리되는 과정을 거치게 된다. 세포가 분리되면서 고기는 더욱 단단하고 촉촉한 상태로 변한다. 여기서 더욱 열을 가해 60℃와 65℃ 사이의 온도까지 가열하면 고기에서 많은 양의 육즙이 나오는 동시에 고기는 급격히 오그라들고 더욱 잘 씹히는 질감을 갖게 된다. 이 현상은 콜라겐이 변성되면서 나타나는 현상으로 세포의 결합조직에 있는 피막 속에 콜라겐이 오그라들면서 속에 갇혀 있던 유액이 압력으로 인해 밖으로 나오기 때문에 생긴다. 다량의 육즙이 빠지면 고기는 본래의 1/6 부피로 작아지면서 근섬유 단백질이 더 오밀조밀하게 엮여 자르기 힘든 상태로 변한다. 이때의 익힘 정도가 바로 '미디엄 레어'다.

[-웰던(Well done): 쉽게 찢어지고 콜라겐은 곧 젤라틴으로 변한다]

'미디엄 레어'의 단계를 지나 계속 익히게 되면 고기는 더욱더 수분이 없어지면서 작고 단단해진다. 이후 70℃까지 온도가 올라가면 결합조직인 콜라겐은 젤라틴으로 용해된다.

또한 결합조직은 젤리와 같이 부드러워지고 결합조직으로 인해 묶여 있던 근섬유 역시 쉽게 분리된다. 이제 근섬유는 단단하고 마른 상태이긴 하지만 덩어리의 형태로 뭉쳐 있지 못하기 때문에 전보다 고기가 조금 연하다고 느끼게 된다. 이런 요리가 바로 스튜와 바비큐이며 이때 고기의 맛과 질감은 낮은 온도나 습열 조리를 이용해 장시간 조리를 했을 경우에 나타난다.

고기의 적절한 질감

고기를 즐기는 사람이라면 마르고 질긴 고기보다 연하면서 육즙이 풍부한 고기를 더 선호한다. 그 때문에 조리과정 중 수분의 손실을 최대한 줄이고 고기의 표면이 마르고 질겨지며 부피가 줄어들지 않게 그리고 고기의 질긴 결합조직의 콜라겐을 부드럽고 연한 젤라틴으로 바꾸기를 원한다. 하지만 두 가지 모두를 잡기란 정말 어려운 일이다. 고기의 근섬유가 연하고 수분이 고기 내부에 머물게 하려면 가열온도가 55~60℃를 넘지 않아야 하며 익히는 시간도 아주 잠시 익혀야만 가능하다.

반면 콜라겐이 젤라틴으로 변하기 위해선 70℃가 넘는 온도에서 오랫동안 가열해야만 가능하다. 따라서 고기를 살피고 고기에 맞는 조리법을 선택하는 것이 가장 좋은 방법이다. 만일 연한 고기라면 육즙이 풍부하게 머물 정도만 빠르게 익혀낼 수 있는 프라이, 석쇠구이와 같은 조리법을 사용하는 게 좋고 질긴 콜라겐을 함유한 고기는 오랫동안 천천히 익힐 수 있는 스튜나 슬로 로스팅 같은 조리법을 사용해야 한다.

③ 고기의 특성

연한 고기일수록 우리가 원하는 정도로 완벽하게 익힌다는 것은 매우 어렵다. 예를 들어 두껍지만 연한 스테이크 고기를 중심이 미디엄 레어(60℃)가 될 때까지 익힐 경우 고기를 올리고 난 뒤 표면은 가열로 인해 말라서 끓는점 이상으로 뜨거울 것이고 표면과 중심 사이는 60~100℃까지 온도가 올라가서 물기가 마른 상태가 될 것이다. 즉, 미디엄 레어로 익히려고 시작했으나 이미 오버쿡(Over-cook)상태가 되며 이 상태에서 1~2분만 넘는다면 이미 미디엄 레어를 넘어 고기는 마르게 될 것이다. 고기의 육즙이 풍부하게 유지되기 위해서는 고기 표면과 중심의 온도가 일반적으로 15℃ 정도 차이나는 것이 적당하다. 하지만 1cm 두께를 가진 고기를 팬이나 오븐에서 굽는다고 가정하면 가열시간이 1분 초과되면 중심 온도는 5℃ 이상 상승하게 되는 것이다.

그렇다면 원하는 고기의 익힘 정도를 맞추기 위해 필요한 것은 무엇일까?

우선 조리사가 조리단계를 2단계로 나눠 진행하는 방법이 있다. 우선 높은 온도로 고기의 표면을 갈변시킨 후 낮은 온도로 익히면서 중심부 온도를 맞추는 방법이 있다. 이렇게 조리하면 고기 중심부와 표면의 온도 격차가 줄어들게 될 것이고 조리하는 동안 익히는 정도를 파악하는 데 여유가 생길 수 있다.

또 다른 방법으로 고기의 표면을 지방이 풍부한 베이컨이나 튀김옷, 패스트리나 밀가루, 소금 반죽 등으로 감싸서 굽는 것이다. 이렇게 표면을 둘러싸면 고기의 표면에 열이 직접 닿는 것을 막기 때문에 열의 침투가 서서히 일어나게 된다.

고기를 미리 상온에 꺼내두어 고기의 전체적인 온도를 높이는 것도 좋은 방법이다. 단, 위생적인 부분에서 위험성은 가지고 있다.

마지막으로 요리의 완성온도에 도달하기 전 조금 먼저 가열을 끝내는 방법이다. 여열조리(carry-over cooking)라는 방법으로 가열 과정을 멈추더라도 기존에 침투했던 열이 빠져나오는 데 걸리는 시간을 이용해 익힘 정도를 조절한다. 여열의 세기는 고기의 모양이나 중심부 온도, 크기, 조리 중 가열온도에 따라 전부 다를 수 있다.

고기를 익히다가 멈추는 시간이 특히 중요하다. 잔열로 인해 많이 익을 수도 있고 가열이 덜 되어 익히는 정도를 못 맞출 수도 있다. 그렇다면 정확한 익힘을 맞추기 위해 언제 조리를 중지해야 할까? 많은 요리책이 파운드나 킬로그램당 몇 분을 익혀야 좋다거나, 두께 얼마에 몇 분 등 다양한 공식을 제시한다. 하지만 어떤 공식도 정확할 수는 없다. 조리법에서 정확한 시간을 제시할 방법은 없다고 봐도 좋다. 그 이유는 다양한 환경과 재료의 특성에 있다. 또한 조리하는 사람의 습관 역시 큰 영향을 준다. 예를 들어 조리를 시작할 때 고기의 온도는 실온이나 환경온도에 따라 전부 다르게 시작된다. 이 온도가 똑같은 상황이라도 팬의 두께나 열전도율, 오븐의 실제온도(온도계의 온도와 실제온도는 조금씩 차이가 난다), 고기를 뒤집는 횟수와 열원의 화력 등 셀 수 없이 많은 물리적, 환경적 변수가 작용하기 때문이다. 고기가 함유한 지방의 비중에도 영향이 있다. 지방이 많은 고기일수록 익는 속도가 지방이 적은 고기에 비해 느리다. 또한 뼈가 있는 고기의 경우도 열전도율이 다른데 뼛속의 세라믹과 같은 미네랄의 경우 열전도율이 높아지도록 2배 이상 빠르게 전달하는 반면 벌집처럼 생긴 그물망 구조의 뼛속에서는 오히려 열전도율을 지연시키게 된다. 간혹 "뼈 주위에 있는 살이 맛도 좋고 연하다."라고 하는 경우가 있는데 이것은 뼈 주위에서 육즙이 살코기에 비해 천천히 빠져나오기 때문에 느끼는 현상일 뿐이다.

고기 표면에 양념이나 기름을 처리하는가에 따라서도 달라진다. 표면에 양념하지 않거나 양념을 한 경우 수분은 모두 증발하게 된다. 이 상태에서는 고기의 온도가 내려가서 천천히 익게 되는 반면, 지방층이 쌓이거나 올리브유와 같은 기름을 바른 고기는 수분의 증발을 차단해 조리 시간을 1/5 정도 줄일 수 있다.

여기까지 살펴보면 "도대체 정확한 고기 요리를 어떻게 하라는 거지?"란 의문이 들 수 있다. 명확한 답을 말하자면 어떤 책도, 어떤 조리 Recipe도 시간을 특정할 수는 없다. 필자는 간혹 이런 말을 학생들에게 해준다. "요리라는 과정은 전체적으로 보면 살아 있는 생명체 같다. 상황에 따라 판단해야 할 변수가 무궁무진하고 그 판단은 오로지 조리사의 경험으로부터 나온다"고 말이다.

고기가 다 익었는지를 판단하는 것은 내부 온도를 탐침으로 된 중심 온도계를 이용하거나 조리사가 판단해야 한다. 개인적으로 조리사의 눈과 손이 가장 정확한 판단법이라고 생각한다. 탐침 온도계의 경우 덩어리 고기의 중심 온도를 체크해서 익힘을 판단하기는 좋은 도구지만 얇거나 작은 고기의 경우는 판단이 어렵다. 왜냐하면 탐침 온도계에서 온도를 측정하는 부분은 표준온도계일 경우 맨 끝이 아닌 탐침 바늘의 1인치 길이에서 감지된 온도를 측정하기 때문이다. 그 때문에 육즙이 흐르는 정도, 색, 눌렀을 때의 탄력 등 조리사의 경험을 통해 파악하는 것이 더 정확하다.

④ 고기의 익힘 그리고 안전성

고기는 영양소가 풍부한 만큼 미생물의 번식이 매우 활발하고 빠르게 일어난다. 이 박테리아를 없애기 위해서는 70℃ 이상의 온도로 가열해야 하는데 이 온도에서는 고기의 질감이 웰던으로 되고 육즙의 손실이 매우 크다. 그렇다면 웰던이 아닌 고기는 위험할까? 박테리아의 번식은 고기의 내부가 아닌 표면에서 일어난다. 따라서 표면의 가열만으로도 충분히 박테리아를 없앨 수 있다. 하지만 분쇄한 고기는 박테리아에 노출되는 단면이 많기 때문에 위험하다. 햄버거의 경우 분쇄육으로 만들기 때문에 덜 익힐 경우 박테리아로 인해 건강에 위협이 될 수 있다. 그 때문에 완전히 익히는 것이 매우 중요하다. 스테이크 타르타르나 카르파치오와 같이 날고기를 이용한 요리라면 마지막에 표면의 손질한 고기를 잘라 박테리아의 감염 위험을 낮춰야만 한다. 햄버거 고기를 레어로 만드는 방법도 있기는 하다. 바로 덩어리 고기의 표면을 끓는 물에서 데쳐 살균한 뒤 갈아서 만드는 것이다. 이런 방법으로 햄버거를 만들면 표면의 박테리아가 사라져 감염의 위험이 낮아지기 때문에 레어나 미디엄으로 햄버거를 즐길 수도 있다.

– 생고기 조리법

지난 세월 고기를 조리하던 주된 조리법은 연한 고기가 아닌 지방이 많으며 나이 먹은, 그래서 오랫동안 조리해도 잘 견딜 수 있는 고기의 조리법 위주로 많이 발달해 왔다. 하지만 이제는 질기고 지방이 많은 고기보다 연하고 적당한 마블링을 가진 고기를 더 선호하는 시대가 되었다. 이런 고기들은 짧은 시간의 조리에 적합하고 오버 쿠킹에 민감하다. 오랜 시간 삶은 스튜와 포트 로스트(pot roast: 그릇에 담아 약불에서 오랫동안 쪄낸 쇠고기 요리)로 조리한 고기는 말라버리거나 스테이크 중심 온도만을 맞춘 고기의 표면은 말라버리게 되었다.

이제는 조리사가 과정 중 실수할 수 있는 범위가 더욱 좁아지게 된 것이다. 다음의 표는 열로 고기를 익히는 과정에서 고기의 단백질에 영향을 주는 요인들을 정리한 것이다.

❖ 열이 고기 단백질과 색, 질감에 미치는 영향

고기 온도	익힘 정도	고기의 성질	섬유 약화 효소	섬유 단백질	결합조직	단백질	미오글로빈 색소
40°C	로	만지면 말랑말랑함 번들거림, 매끈함 반투명, 심홍색	활발	펼쳐지기 시작	콜라겐 온전함	결합수분단백질에서 탈줄, 세포 내 농축	정상
45°C	블뢰						
50°C	레어 49~55°C	탄탄해짐 불투명해짐	매우 활발	미오신 변성 응고시작		탈출과 농축이 가속화	
55°C	미디엄 레어 55~57°C	탄성 덜 번들거림, 질겨짐 자르면 즙 유출 불투명, 연홍색	변성 불활성화 응고	미오신 응고	콜라겐 약화 시작	변성 시작	
60°C	미디엄 57~63°C	오그라들기 시작 탄성 상실 즙 배출 붉은색 → 분홍색		그 밖의 섬유 단백질 변성, 응고	콜라겐 오그라들고 세포 쥐어짬	콜라겐의 세포로부터 배출	변성 시작
65°C	미디엄 웰던 63~68°C	계속 오그라듦 탄성 상실 자유 즙 거의 없음 회갈색					
70°C	웰던 68°C 이상	딱딱함 건조함 회갈색			해체 시작	배출 종료	대부분 변성, 응고됨
75°C							
80°C				액틴 변성응고: 세포내용물 빽빽하게 뭉침			
85°C							
90°C		섬유가 결대로 찢어짐			급속히 해체		

조리원리를 풀어 쓴 **조리과학 & 관능평가**

– 조리 전과 조리 후 고기의 질감 손보기

조리를 시작하기 전 고기의 질감을 연하게 만들고 마르지 않도록 하는 방법으로 고기를 찢거나 자르고 분쇄하는 과정을 통해 근섬유와 질긴 결합조직을 끊어내는 방법이 있다. 가령 에스칼로프(escalope)나 스칼로피니(scallopini: 얇게 썬 송아지고기를 기름에 튀긴 이탈리아식 요리)와 같이 얇게 저민 고기는 수분이 날아갈 시간도 없이 금방 조리가 완료된다. 잘게 분쇄한 고기로 만든 햄버거 또한 부드러우면서도 연한 스테이크와는 다른 부드러운 질감을 제공한다.

– 조리 후 식히고 자르고 담기

고기를 완벽히 조리했다면 이제 식탁까지 가는 과정이 남았다. 이 과정 또한 조리 과정만큼 중요하다. 만일 큰 고깃덩어리를 오븐에 로스팅했다면 꺼낸 뒤 바로 잘라서 담지 말아야 한다. 고기를 자르기 전 30분 정도 가만히 실온에 둔다. 이 과정을 레스팅이라고 하는데 고기가 식는다고 생각할 수 있는 이 시간에 고기 내부에서는 많은 일들이 일어난다. 우선 오븐에서 꺼내고 남은 여열이 고기의 중심부를 천천히 익혀 조리의 마무리를 하게 되며, 중심 온도는 적정온도인 50℃까지 천천히 식는다. 온도가 떨어질수록 고기의 구조는 더 단단해지게 되고 수분을 보관하는 능력과 변형되지 않으려는 저항력이 높아지게 된다. 그 때문에 고기를 잘 자르기 위해 고기를 식히는 것이다.

다 익은 고기를 자를 때는 일반적으로 근섬유의 직각이 되도록 자르는 것이 좋다. 마지막으로 담는 접시 또한 따뜻해야 한다. 고기를 차가운 접시에 담으면 고기가 닿은 부분이 빠르게 식기 때문이다.

– 육류의 재가열

고기를 익힌 뒤 모두 섭취한다면 상관없으나 남았을 때 식히거나 냉장 또는 냉동고에 보관한 뒤 다시 데우는 경우가 있다. 물론 모든 고기가 그렇지는 않지만 대부분 고기를 다시 데울 때 고기에서 불쾌한 특유의 냄새가 나는 경우가 많다. 이런 현상은 데운 맛을 내는 화학적 변화가 고기에서 일어나기 때문이다. 이 냄새의 근원은 바로 산소와 미오글로빈 속에 들어 있는 철 분자로 인해 불포화지방산이 손상을 입어서다. 이런 손상은 냉장고에서는 천천히 그리고 고기를 다시 데우는 동안에 조금 더 빨리 진행된다. 즉, 고기에 불포화지방산이 많이 포함되었을수록 다시 데우면 냄새가 많이 날 수 있다는 것이다. 예를 들어 불포화지방의 비중이 큰 가금류 또는 돼지고기는 데웠을 때 특유의 맛과 향이 많이 나는 반면 소고기나 양고기의 경우는 조금 덜 나게 된다. 염장 처리된 고기는 다시 데운 맛과 향이 훨씬 적다. 이유는 소금에 포함된 아질산염이 고기에 항산화제 역할을 하기 때문이다. 그렇다면 고기를 다시 데울 때 냄새를 없애는 방법은 어떤 것이 있을까?

먼저 허브와 향신료를 이용하는 방법이 있다. 허브와 향신료에는 항산화 성분이 들어 있기 때문에 고기에 넣어 조리한 후 다시 데울 때도 항산화 작용을 해 냄새가 덜하게 만들어준다. 저투과성 랩을 이용해 고기를 꽁꽁 싼 뒤 속에 있는 공기를 빼는 방법도 있다. 즉, 진공포장을 하면 산소와의 접촉이 차단되어 냄새가 덜 나게 된다. 물론 가장 좋은 방법은 조리된 고기는 바로 모두 섭취하고 혹 남더라도 가능한 한 빠르게 섭취하는 것이 이상적인 방법이다.

그렇다면 스튜잉이나 브레이징으로 만든 고기 요리가 남아서 다시 데울 경우는 어떨까? 우선 음식에 촉촉한 윤기가 보여야 맛있어 보일 것이다. 이런 경우 고기를 건져내고 소스만 데운 뒤 고기를 넣어 고기의 표면이 소스의 끓는점에 머무는 시간을 최대한 줄여야 한다. 처음부터 함께 열을 가하게 되면 속까지 다 익을 동안 겉면은 질겨지기 때문이다. 그리고 불을 줄인 뒤 소스를 저어주며 65℃ 정도로 식히고 이 온도로 고기의 내부가 데워지도록 해야 좋다.

마지막으로 다시 데우는 고기는 안전을 위해 재섭취 시 65℃까지 가열시키고 섭취하는 것이 좋다. 혹시라도 이상이 있는 것 같으면 절대 섭취하면 안 된다.

쉬 어 가 기

마리네이드(Marinade)

마리네이드는 과거 식초를 사용해 고기를 부드럽게 만들었으나 최근에는 와인이나 과일, 요구르트, 버터밀크 등 다양한 재료를 사용한다. 며칠간 고기를 재워둠으로써 고기의 맛을 더하고 연한 육질을 가지며 촉촉해지도록 만드는 것이다. 과거 마리네이드의 주목적은 부패 방지와 풍미 향상이었다. 마리네이드를 통해 근조직은 수분의 손실을 줄이며 육질이 연해지지만 산성으로 인해 표면에 신맛이 매우 강해지게 된다. 특히 마리네이드는 근섬유 속까지 스며드는 시간이 길다는 단점이 있기 때문에 주사기를 사용해 근섬유 속으로 마리네이드를 주입하는 방법도 있다.

조리원리를 풀어 쓴 **조리과학 & 관능평가**

4) 육류의 생산과 품질관리

고기의 맛이 풍부하다는 것은 곧 풍부한 삶을 누린 동물이라는 것이다. 다만 고기의 활동량이 많아지고 오래 살게 될수록 근섬유는 두꺼워지고 결합조직의 교차 결합은 높아지게 된다. 즉 풍부한 삶을 산 고기일수록 질기고 향이 강하다는 것과 같다. 이런 고기를 연하게 먹기 위해 주로 오랜 시간 익히는 조리법이 개발되어왔고 최근에는 어리고 연한 고기를 선호하게 되었다. 시간이 흘러가며 선호된 육질의 변화는 사육과 생산에 따른 방법의 변화와도 관련이 있다.

(1) 육류의 생산

① 도시형 목축과 농촌형 목축

동물의 목축은 두 가지 방법으로 나뉘며 두 방법 모두 독특한 육질을 가진 고기의 생산에 알맞게 발전되어 왔다.

먼저 생의 동반자로서 가축을 키우는 방식으로 동물이 가진 고유의 가치를 활용하기 위한 방법이다. 소와 말은 들판에서 부리기 위해 키우거나 닭은 알을 생산하도록 키우고, 암소와 양, 염소는 우유, 털과 같은 부산물을 얻기 위한 것이다. 이런 가축들이 고기로 변하게 될 경우는 한 가지였다. 본래의 가치에 맞는 능력을 잃고 나이를 먹어 능력을 잃어버리면 고기로 활용되었다. 이런 고기일수록 질기다는 단점이 있지만 맛이 풍부하다는 장점도 있다.

도시형 목축

농촌형 목축

다음으로 고기만을 얻기 위한 사육으로 운동량을 적절히 조절하고 풍성하게 잘 먹이며 키운 뒤 나이가 들어 질겨지기 전 연하고 기름진 고기를 얻기 위해 도축하게 된다. 특히 돼지, 수평아리 그리고 낙농 동물 중 새끼를 생산하거나 젖을 만들지 못하는 수컷들이 이에 해당한다. 이제는 고기의 가치에 맞게 사육하고 넓은 목초지에서 키우는 농촌형 목축과 고기의 생산을 위해 우리에 가둬 사육하며 지방을 늘리고 어린 나이에 도축하는 도시형 목축 이 두 가지가 고기를 생산하는 방법이며 각각의 방법에 따라 농촌형 목축으로 사육된 고기는 오랜 시간 익히는 스튜로, 도시형 목축으로 사육된 고기는 기름지고 연하기 때문에 구이용으로 많이 활용되었다. 하지만 산업혁명 이후로 고기에 대한 수요가 급증하고 가축의 용도가 변하게 되면서 농촌형 목축은 서서히 사라지게 되었다. 특히 미국 농무부가 1927년에 도입한 '마블링'을 기준으로 소고기의 등급을 평가하기 시작하면서 지방이 풍부한 고기의 인기가 더욱 높아지며 도시형 목축의 발전과 농촌형 목축의 쇠퇴를 부추겼다.

② 대량생산으로 인한 어린 동물의 도축

이제 우리가 주변에서 접할 수 있는 고기는 대다수가 고기를 얻기 위한 목적으로 사육한 동물들로부터 얻은 고기라고 볼 수 있다. 고기의 수요가 급증하면서 대량생산이 필요하게 되었고 더불어 최소한의 비용으로 대량의 고기를 얻어야 한다는 경제학적 논리가 강해지면서 동물들은 최소한의 공간에서 자라고 성체가 되기 전에 도축을 당하게 되었다. 운동량을 줄인 채 최소한의 공간에서 자란 소는 연한 육질과 화려한 마블링을 가지게 되었으며, 결합조직도 강한 교차결합이 필요 없게 되었다. 또한 성체가 될수록 근육의 강도가 강해져 질겨지면서 근육의 성장 속도는 늦어지게 되어 생산성이 떨어지며, 성장기일수록 고기의 육질을 부드럽게 하는 단백질 분해효소 수치가 높기에, 성장기 과정의 동물을 도축하는 일이 많아지고 있다.

고기의 지방에 대한 선호도는 60년대 초 미국 고기 애호가들이 기름기가 적고 담백한 고기와 가금류를 선호하게 되면서 마블링이 많지 않은 고기가 유행이었다. 특히 기름기가 적은 안심이 매우 인기가 높았는데 이런 현상은 생산업자들에게 반가운 소식이 되었다. 고기의 마블링이 높아지려면 고기의 근육 성장 속도가 둔화하기 시작할 즈음부터 발달하기 때문에 생산 효율성이 떨어지지만, 마블링이 적은 고기는 지방형성을 억제하고 생산 효율성을 높일 수 있었기 때문이다. 최근에는 기름기가 너무 과하지도 않고 너무 적지도 않은 중간 형태의 고기에 대한 선호가 가장 좋아졌으며 이런 스타일의 고기를 생산하기 위한 방법을 적용해 목축을 시행하고 있다.

③ 근육에서 고기로

고기를 얻기 위한 첫 번째 조건은 식용동물의 건강한 사육이다. 그리고 두 번째 조건은 동물을 좋은 고기로 바꾸는 것이다. 즉, 키우는 과정도 중요하고 도축하여 고기를 얻는 과정 또한 매우 중요하다고 할 수 있다. 이를 위해서 도축과 포장의 단계를 잘 살펴보고 좋은 고기를 선별할 능력을 갖추는 것이 필요하다.

[도축]

도축은 잘 키워낸 소를 질 좋은 고기로 바꾸기 위한 첫 번째 단계로 매우 중요한 단계라 할 수 있다. 도축 과정 중 가장 중요한 점은 바로 동물의 스트레스를 최소화해야 한다는 것이다. 동물이 두려움을 느끼고 허기나 이동에 따른 급격한 스트레스를 받게 되면 고기의 품질은 급격히 떨어지게 된  다. 이 사실은 수세기에 걸쳐 널리 알려진 바이기도 하다. 동물이 죽게 된다고 곧 모든 신체활동이 바로 멈추지는 않는다. 근세포는 일정 시간 동안 살아 있으며 에너지(글리코겐)를 소비하게 된다. 에너지가 소비되면서 젖산을 축적하게 되고 이 젖산은 효소의 활성도를 떨어뜨리며 미생물로 인한 부패 속도를 늦춰준다. 또한 약간의 즙을 유출하기도 한다. 도축한 고기가 축축해 보이는 이유가 바로, 이 즙 때문이다. 이 과정이 일어나기 전 도축할 동물이 스트레스를 받게 되면 스트레스로 인해 근육 속으로 공급되던 에너지가 없어지게 된다. 에너지의 감소로 젖산의 축적이 적어지며 이는 곧 고기가 쉽고 빠르게 부패하도록 만든다. 이처럼 스트레스로 부패가 되어 '색이 탁하고 탄탄하며 퍽퍽한 상태'의 고기를 일컬어 '다크커팅(Dark-cutting)'이라고 한다.

도축의 일반적인 공정은 가축이 정신적 스트레스를 받지 않도록 머리를 타격하거나 전기로 충격을 주어 기절시킨 뒤 다리를 묶어 공중에 매단다. 그리고 목의 대정맥을 한 개나 두 개 절단해 의식이 없는 상태로 방혈을 진행한다. 이 과정에서 방혈을 잘해야 부패가 늦어지기 때문에 절반가량의 피를 뽑아내게 된다(간혹 프랑스의 루앙 오리와 같이 고기의 색과 맛을 짙게 만들기 위해 피를 두기도 하지만 대체로 방혈을 실시한다). 방혈이 끝나면 머리를 자르고 가죽을 제거한다. 그리고 사체를 절개해 내부의 장기를 꺼내는 과정을 진행한다. 소가 아닌 돼지의 경우에는 뜨거운 물을 부어준 뒤 털을 깨끗이 긁어내고 난 뒤 머리와 내장을 제거한다. 단 가죽을 벗기지는 않는다(돼지 껍데기는 고기와 같이 또는 따로 사용한다).

닭이나 칠면조와 같은 가금류의 경우에는 뜨거운 물에 통째로 담가 깃털을 느슨하게 만든 뒤 털을 우선 제거한다. 이후 찬물에 담그거나 찬 바람을 쐬도록 해서 식히는 과정이 필요하다. 이후 내장을 제거하고 손질을 진행한다. 이때 찬물에 담가 고기의 수분을 늘릴 수 있는데 미국의 경우 법적으로 닭의 중량에 5~12% 정도를 허용하고 있으며 유럽이나 스칸디나비아 여러 나라에서는 물기를 공랭식으로 상당히 없애서 유통한다. 이 과정에서 피부의 가죽이 갈색으로 변하게 된다.

이슬람과 유대교에서는 짧은 기간 동안 염장을 하도록 요구하는데 이런 방식으로 할 때는 조류를 뜨거운 물에 담가 깃털을 제거하지 않고 껍질을 벗기며 깃털을 제거한 후 사체를 30~60분가량 소금에 절인 후 찬물로 살짝 헹궈낸다. 이렇게 손질하면 수분흡수가 거의 이뤄지지 않는 대신 고기의 지방이 쉽게 산화되고 맛이 떨어지며 보관기간이 아주 짧다는 단점이 있다.

[절단과 포장]

도축장에서 도축된 가축은 4분 도체(고기를 4등분으로 분할한 것)로 절단한 뒤 소매 전문 정육 처리점으로 보내어 다시 조리 용도에 맞게 스테이크, 스튜, 다짐육 등의 형태로 가공해서 판매했다. 이과정에서 포장 과정은 없었으며 소매 정육점에서 신문지로 싼 뒤 비닐에 담아 소비자가 가져가는 방

식으로 판매가 이루어져 왔다. 하지만 이런 판매방식은 유통과정 중 고기가 지속해서 공기에 노출되어 산소의 노출로 인해 고기는 붉은색을 띠다가 표면이 마르고 이후 반점이나 이취가 생김에 따라 표면을 도려냈어야 했다. 그런데 이 과정에서 맛은 더 농축되고 진한 맛이 나기도 했다. 이제는 공장에서 소분해서 포장하는 과정부터 공기로의 노출을 차단하기 위해 비닐로 완전히 포장을 실시하고 배송하며 진공 포장할 경우 돼지고기 또는 양고기는 6~8주, 소고기는 12주까지 보관기간도 길어지게 되었다. 특히 산소와 차단시켜서 배송하면 수분의 증발이나 표면을 다듬게 되면서 생길 수 있는 손실이 생기지 않는다. 잘 포장된 고기는 눌렀을 때 단단하고 탄력이 있으며, 마르지 않고 냄새를 맡았을 때 신선한 육향이 난다.

- 고기의 변질과 보관법

고기는 살아 있을 때는 물리적 · 화학적 변화가 없어서 괜찮지만, 도축된 후부터 생물학적 변화가 시작된다. 고기의 내부에 있던 효소에 의해 맛과 향이 좋아지게 되는 화학적 변화부터 시작해서 미생물과 박테리아의 증식 등 여러 가지 변화가 생기기 때문에 고기의 변질을 예방하고 효과적으로 보관하는 것이 매우 중요하다.

- 고기의 변질

[지방의 산화와 산패]

고기의 변질에 가장 큰 영향을 미치는 것이 바로 산소와 빛이다. 산소와 빛을 만나면서 고기의 표면에는 미생물이 증식하게 되고 색이 변하게 되며 표면이 마르기 시작한

다. 이 과정에서 지방이 화학적 훼손을 입게 되면서 '산패'되는데 이 과정에서 나는 냄새는 바로 산소와 빛에 의해 고기 표면이 미세한 냄새가 나는 파편으로 분해되는 것이다. 산패된 지방을 섭취한다고 탈이 나는 것은 아니지만 매우 불쾌할 수 있고 산패로 인해 고기의 숙성을 방해하기도, 보관기간을 짧게 만들기도 하는 요인이 될 수 있다. 특히 불포화지방산은 산패에 매우 취약한데 가금류나 생선, 야생의 조류와 같은 고기들이 쉽게 상하는 이유도 불포화지방산이 풍부하기 때문이다. 소고기의 경우는 포화도가 매우 높은 편이며 지방이 안정되어 있기 때문에 보관기간이 고기 중 가장 긴 편이다.

고기지방이 산화되는 것을 막을 수는 없으나 조심히 다루며 산화 시기를 늦추는 것은 가능하다. 우선 공기와의 접촉을 차단하기 위해 랩으로 단단히 싸맨 뒤 호일이나 종이 등으로 다시 말아 빛 접촉 역시 차단한다. 이후 냉동실의 차가운 곳에서 보관하는데 가능한 한 빠르게 사용하는 것이 가장 좋다. 그렇다면 갈아서 사용하는 고기는 어떨까? 고기를 갈아두면 산소와 빛에 접촉되는 부분이 많아지게 된다. 그 때문에 가능하면 덩어리로 된 고기를 보관하다가 갈아서 사용하는 것이 좋다. 조리가 끝난 고기도 산패가 된다. 특히 소금으로 양념하면 산화를 촉진하기 때문에 더 빠르게 고기가 산화된다. 고기를 양념할 때 소금을 적게 사용하고 허브를 사용하면 항산화 작용을 해서 고기의 산화를 늦출 수 있다. 특히 로즈마리가 뛰어난 항산화 작용을 하는 것으로 알려져 있다. 향신료가 없으면 뜨겁게 달군 팬에 고기의 표면을 시어링해서 갈변시키는 방법으로도 항산화 분자를 생성시켜 고기의 지방이 산화되는 것을 늦출 수 있다.

빛, 산소와 같이 주위에 있는 환경적 요인에 의해 고기가 변질되기도 하지만 미생물에 의해서도 고기가 변질될 수 있다. 바로 박테리아, 곰팡이와 같은 세균이 그러하다. 건강한 가축의 상태에서는 근육에 미생물이 존재하지 않는다. 곰팡이나 박테리아가 침투할 때는 바로 도축한 이후 가공 과정에서 주로 침범한다. 특히 고기를 가공하는 공정 중 피부를 다루거나 포장 공정에서 주로 감염된다. 또한 위생적이지 않은 설비를 통해서도 많이 침투된다. 박테리아는 불쾌감을 유발한다. 박테리아와 곰팡이로 인해 고기 표면의 세포가 분해되고 단백질, 아미노산을 불쾌한 냄새가 나는 분자들로 변형시킨다. 비린내나 썩은 냄새라고 표현하는 냄새들이 바로 이 분자들 때문에 나는 것이다. 우리가 고기가 썩었다고 냄새로 표현하는 것 또한 박테리아와 곰팡이에 의해 단백질이 역한 냄새가 나는 화합물로 분해되기 때문이다.

(2) 육류의 등급과 축산물 제도

좋은 식재료는 곧 품질이 좋은 재료를 뜻하며 품질의 기준을 알려면 농림축산식품부에서 지정한 축산물 등급제를 알아야 한다. 축산물 등급제란 소고기, 돼지고기의 육량과 육질, 지방분포 등을 기준으로 등급을 정해놓은 것으로 도매와 소매의 유통과정에 중요한 기준점이 된다.

– 국내 축산물 등급제도

축산물 등급제도는 생산과 유통, 소비과정에서 모두 명확한 기준을 통해 양질의 축산물을 거래, 제공하기 위한 구매지표로 대표적으로 소고기, 돼지고기, 닭고기, 달걀의 품질기준이 있다. 축산물품질평가원(www.ekape.or.kr)에서 확인할 수 있으며 우리나라와 외국의 기준 및 등급제도는 다르게 구성되어 있다.

① 소고기

한우의 경우 다음의 표와 같이 근육 내 지방도와 육색, 지방색과 조직감, 성숙도에 따라서 질과 양의 등급을 평가해서 구분하며 자세한 등급 구분은 아래와 같다.

◈ **한우 도체 등급기준**

구분		육질등급					
		1++등급	1+등급	1등급	2등급	3등급	등외(D)
육량등급	A등급	1++A	1+A	1A	2A	3A	
	B등급	1++B	1+B	1B	2B	3B	
	C등급	1++C	1+C	1C	2C	3C	
	등외(D)						

미국의 경우 농무성이 정해놓은 8등급으로 육류의 품질을 구분하며 주로 마블링의 정도에 따라 소고기의 품질을 정한다. 미국산 소고기의 품질등급 기준은 다음의 표와 같다.

등급명	내 용
Prime 등급	• 최상급 품질로 미국에서 생산되는 전체 소고기의 3.3%를 차지함 • 마블링이 많고 육즙이 풍부함
Choice 등급	• 미국에서 생산되는 소고기의 59.7%로 가장 많은 비중을 차지함 • 육즙이 풍부하며 육질이 매우 연함
Select 등급	• 미국에서 생산되는 소고기의 37%로 높은 비중을 차지함 • 지방함량은 조금 떨어지며 수축이 적고 향미도 적은 편임
Standard 등급	• 지방함량과 맛이 떨어짐
Commercial 등급	• 나이가 많은 소로 질긴 편임
Utility 등급	• 가공용으로 이용
Cutter 등급	• 가공용으로 이용
Canner 등급	• 가공 또는 사료용으로 이용

　소고기는 절단하는 방법에 따라 명칭에 차이가 있으며 우리나라와 미국의 부위별 손질방법, 사용되는 조리법 또한 다르다. 특히 우리나라는 더욱 세분화한 소고기 손질법이 발달되어 있어 옛 속담에 "소는 버리는 것이 방귀와 하품밖에 없다." 할 정도로 소고기 요리가 발달해 왔다.

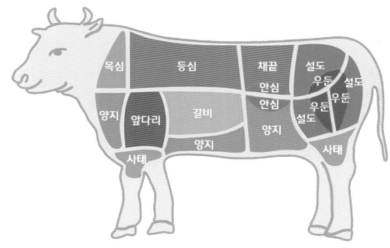

자료: 축산물이력제(http://aunit.mtrace.go.kr/)

소고기의 부위별 명칭

◈ 소고기 부위별 조리방법

부위명	특징	세부명칭	조리법 (한식)	조리법 (양식)
목심 (chuck)	• 어깨 위에 붙은 근육이며 여러 갈래의 근육이 모여 이루어진 부위로 힘줄이 표면에 있어 약간 질김	목심	불고기 장조림	스테이크 구이
등심 (loin)	• 등쪽 척추의 좌우로 동그란 원통형으로 이뤄져 있고 마블링이 잘 발달된 고급 부위 • 육질이 곱고 연하며 지방이 부드러워 맛이 좋음 • 결조직이 그물망 형태로 이루어져 맛이 연하고 좋음	윗등심 꽃등심 아랫등심 살치살	전골 불고기	
안심 (tender-loin)	• 척추뼈 안에 유일하게 위치한 부위로 움직임이 적어 조직이 부드럽고 연함 • 저지방으로 담백하고 육즙이 많은 것이 특징 • 소고기 중 양이 매우 적고 조리과정에 너무 익히지 않아야 질기지 않음		–	
갈비 (rib)	• 육즙과 골즙이 고루 어우러진 부위로 농후한 맛 • 막이 많고 근육이 거칠고 단단하지만 근내지방이 많이 분포되어 맛이 좋음	본갈비 꽃갈비 참갈비 갈빗살 마구리 토시살 안창살 제비추리	갈비구이 갈비찜 갈비탕	
채끝살 (striploin)	• 허리 쪽으로 등심의 뒷부분과 연결되어 있는 부위 • 육질이 연하고 지방이 적당히 섞여 있음 • 등심보다 지방이 적고 살코기가 많음	채끝살	샤부샤부 불고기 국거리 (저등급)	로스구이
우둔 (round)	• 지방이 적고 살코기가 많으며 홍두깨살의 경우 결이 거칠고 육질이 단단함	우둔살 홍두깨살	산적 육포 장조림 육회 불고기	스튜 로스트
설도 (flank steak)	• 엉덩이 아래쪽 넓적다리 살로 바깥 엉덩이 부위 • 결이 거칠고 질긴 편으로 우둔과 비슷하며 부위에 따라 육질의 차이가 큼 • 설깃, 보섭, 도가니살, 삼각살로 구성되어 있으며 각 부위에 따라 조리법이 차이가 있음	보섭살 설깃살 설깃머리 도가니살 삼각살	산적 편육 불고기 육회 전골	스테이크 구이

앞다리 (plate flank)		• 갈비 바깥쪽에 위치하며 내부에 지방과 근막이 많아 연한 부위와 질긴 부위가 뒤섞여 있음 • 운동량이 많아 육색이 짙고 설도, 사태와 비슷함	꾸리살 부채살 앞다리살 갈비덧살 부채덮개	육회 불고기 장조림	카레 몽골요리 구이 스튜
양지 (brisket)		• 앞가슴에서 복부 아래로 걸쳐진 부위로 결합조직이 많아 육질은 질김 • 장시간 익히는 조리에 적합하며 용출되는 국물맛이 좋음 • 양지머리, 차돌박이, 업진살, 치마살 등 다양한 부위가 섞여 있고 지방과 고기가 교차해서 향미가 좋음	양지머리 차돌박이 업진살 업진안살 치마양지 치마살 앞치마살	국거리 장조림 구이	구이 바비큐
사태 (fore shank)		• 앞, 뒷다리 사골을 감싼 부위로 운동량이 많으며 육색이 진하고 근육과 신경이 많아 쫄깃한 맛을 냄 • 오랜 시간 조리할 때 적합하며 기름기가 적어 담백하고 깊은 맛이 남	앞사태 뒷사태 뭉치사태 아롱사태 상박살	장조림 찜 육회 탕	스튜 찜

자료: 한우자조금관리위원회(https://www.hanwooboard.or.kr/) 한우부위별 소개

② 돼지고기

돼지고기의 등급은 1+, 1, 2등급으로 구분하며 등급의 기준은 고기의 품질과 체중, 등 지방의 두께, 외관의 상태를 종합적으로 고려해 구분한다.

돼지고기의 부위와 부위에 따른 조리법은 다음의 표와 같다.

자료: 축산물이력제(http://aunit.mtrace.go.kr/)

돼지고기의 부위별 명칭

◈ **돼지고기의 부위별 조리방법**

부위명		특징	조리방법
목심 (Boston butt)		• 등심에서 목으로 이어지는 부위이며 근육의 사이사이 지방이 분포하고 있어 부드러우며 풍미가 좋음	구이, 수육
등심 (loin)		• 등쪽으로 길게 형성된 단일 근육으로 운동량이 적어 부드러운 것이 특징임 • 고기의 결이 고우며 지방이 적어 다이어트 식품으로 적당함	Cutlet, Steak, 구이, 장조림
뒷다리살 (ham)		• 볼기 부위로 살집이 두꺼우며 지방이 적어 담백한 맛을 냄 • 단백질과 비타민 B₁이 많이 함유되어 있어 피로회복에 좋은 부위	Cutlet, 찌개, 잡채, 제육구이
삼겹살 (pork belly)		• 근육의 지방이 세 겹으로 이루어져 있으며 복부에 있는 근육으로 육질이 부드럽고 풍미가 뛰어나 인기가 좋은 부위	구이, 베이컨
안심 (tenderloin)		• 허리 안쪽에 위치한 부위로 지방이 거의 없는 근육이며 등심보다 더 부드럽고 연함 • 오랜 시간 익히면 퍽퍽한 질감이 나타나기 때문에 너무 과하게 익히지 않도록 주의	탕수육, 구이, Steak
갈비살 (rib)		• 옆구리 갈비의 첫 번째부터 다섯 번째를 이야기하며 육질이 쫄깃하고 풍미가 좋음	찜갈비, 생갈비, 바비큐
앞다리살 (shoulder)		• 어깨부위의 근육으로 지방이 적고 다양한 용도로 이용이 가능함 • 스페인의 하몽, 이태리 파르마햄 등 고급햄의 재료로 이용되는 부위	제육, 수육, 카레

자료: 축산물이력제(http://aunit.mtrace.go.kr/) 돼지고기부위별 소개

③ 닭고기

닭고기는 부위에 따라 다리, 날개, 안심, 가슴살로 나눌 수 있으며 각 부위의 맛과 질감이 다르다. 또한 지방함량과 색이 다르며 전체적으로 닭고기의 근섬유는 가늘고 섬세한 특징을 가지고 있다. 우선 가슴살은 흰색을 띠며 단백질을 많이 함유하고 있다. 지방이 적어 담백하면서도 퍽퍽한 질감을 가진다. 반면 날개는 지방이 많아 부드럽고 풍미가 좋으며 다리는 근육이 많아 쫄깃한 식감을 가지고 있다. 부위에 따라 맛과 식감이 달라 날개와 다리는 주로 튀김용으로 판매되고 허벅지살은 닭갈비 또는 구이로 그

리고 가슴살은 너겟이나 샐러드, 다이어트 식품으로 많이 판매되고 있다.

닭은 부위말고도 중량과 연령에 따라 판매 용도가 다르다. 우리나라의 경우 삼계탕과 튀김, 찜닭, 토종닭 등 다양하게 이용하고 미국 역시 용도가 다양하다. 국내 닭고기의 연령 및 중량에 따른 분류와 조리법을 살펴보면 다음의 표와 같다.

닭고기의 부위별 명칭

◈ 국내 연령 및 중량에 따른 닭의 분류

연령(개월)	중량(kg)	호 수	조리용도
2~3개월	1kg 미만	5~9호	통구이, 백숙(삼계탕)
3~5개월	1~1.5 kg	10~14호	튀김
5~10개월	1.5kg 이상	15~17호	찜, 구이

5) 육류의 가공과 기타 부위

(1) 고기의 내장을 이용한 요리

지금까지 고기가 가진 근섬유로 이뤄진 고기를 위주로 봤다면 이번에는 고기의 내장을 이용한 방법을 찾아보자. 동물은 영양분을 섭취하기 위해 꾸준히 돌아다니며 근육을 사용한다. 그리고 이 근육을 사용하기 위한 에너지는 동물의 몸속에 있는 콩팥, 간, 장과 같은 기관에서 동물이 섭취한 사료나 풀을 이용해 에너지로 만들어 제공하는 역할을 한다.

고기라는 범주는 주로 동물의 골격근을 구성하는 부위를 이야기한다. 하지만 고기는 동물 전체로 보면 절반밖에 되지 않는다. 나머지 절반에 해당하는 위장, 심장, 혀 등 골격근을 제외한 부위도 고기로서 특색있는 맛과 질감을 가지고 있으며 영양적인 면에서도 굉장히 높은 영양분을 포함하고 있다. 특히 이 부위는 근섬유로 이뤄진 고기보다 결합조직의 비중이 더 높고 부위에 따라서는 3배 이상 결합조직이 많은 곳도 있다. 즉, 다량의 콜라겐을 잘 용해해 깊은 맛을 내는 음식의 조리가 가능하다는 것이다.

다만 골격근을 이루는 고기는 대체로 균이 적고 불필요한 부분이 지방이나 근막 외에는 없는 반면 내장에는 불필요하고 손질이 필요한 부분이나 미생물이 많이 들어 있고 또한 표면에서 나는 강한 냄새로 인해 고기에 비해 손이 더 많이 간다는 단점이 있다.

부위별 특성을 알아보면 아래와 같다.

[간]

동물의 몸에서 간은 생화학발전소라고 할 수 있다. 섭취된 모든 음식에서 흡수된 영양분이 모두 간으로 보내진 뒤 저장 또는 다른 기관으로 보내진다. 이때 간은 많은 에너지를 사용하게 되는데 간이 붉은색을 띠는 이유 중 하나가 지방을 태우는 미토콘드리아와 내부에 있는 시토크롬 색소로 인한 것이다. 특히 간은 결합조직이 아주 적은 기관이기 때문에 간을 조리할 때는 매우 단시간에 익혀야 한다. 조금만 오래 익히면 퍽퍽하고 건조해지기 때문이다. 간의 맛에 영향을 주는 성분은 티아졸과 티아졸린이라는 황화합물로 알려져 있으며 이것은 오래 익힐수록 맛이 강해지는 특성이 있다.

간으로 만든 최상의 요리 푸아그라

동물의 내장으로 만든 요리는 무궁무진하다고 해도 과언이 아닐 것이다. 그만큼 많은 종류의 요리가 존재하는데 그중에서 최고의 내장 재료를 꼽으라고 하면 단연 푸아그라를 이야기할 것이다. 푸아그라는 거위 또는 오리에게 강제로 먹이를 먹임으로써 간에 지방이 가득 차도록 만든 '지방간'이다. 푸아그라의 역사는 대단히 오래되었다. 이집트 벽화에 푸아그라를 만드는 모습이 그려진 것을 보면 로마시대 이전부터 사람들은 푸아그라를 즐겼다고 생각할 수 있다. 푸아그라는 억지로 거위에게 먹이를 먹였기 때문에 영양공급이 지나치게 많아지게 되고 본래 크기가 작고 기름기가 적은 붉은색의 간을 10배가 넘는 크기로, 지방비중은 50~65%가 넘게 만들며 지방으로 인해 극한의 부드러움과 향긋함 그리고 농후한 맛이 어우러지게 되었다.

[푸아그라 요리하기]

좋은 푸아그라는 매우 작은 지방 알갱이들이 고루 퍼져 있기 때문에 아주 옅은 색을 띠고 외관상 흠이 없어야 한다. 또한 간은 탄탄하면서 잘 뭉그러지는 적당한 질감을 가지고, 있어야 한다. 상온에서는 매우 부드럽지만 서늘한 온도에서는 반고체 상태를 띠는 특징이 있다. 이때 손으로 눌러보면 눌린 자국이 남으면서 반지르르하게 윤기가 흐른다. 하지만 지방함량이 부족한 푸아그라는 탄성이 크고 물기가 많으며 단단하다. 또한 지방함량이 너무 과다한 간은 물렁물렁하면서 기름을 보는 것처럼 흐늘거린다. 푸아그라의 상태가 가장 좋을 때는 바로 꺼냈을 때이다. 일반적으로 파테에도 사용하지만 다른 방식으로 조리할 때는 두꺼운 편으로 썰어 뜨거운 팬에 표면은 갈변될 정도 그리고 속은 따뜻해질 정도로만 빠르게 익혀낸다. 이때 질이 좋은 푸아그라는 형태도 유지되면서 살살 녹는 풍미를 느낄 수 있지만 좋지 않은 푸아그라는 고열에 의해 지방이 녹아 흐르거나 질감이 축 늘어진다. 또 다른 조리방식은 통째로 간을 익힌 뒤 썰어 차갑게 제공하는 방식이 있다. 이 방식으로 조리할 때는 푸아그라의 품질이 조금 떨어져도 괜찮다. 테린(terrine: 잘게 썬 고기와 생선 등을 그릇에 담은 뒤 단단히 다져 차게 식히고 썰어 담는 전채요리)을 만들 때 이렇게 조리한다. 몰드에 눌러 담은 다음 푸아그라를 중탕 용기에서 익힌 뒤 썰어내는 것이다.

[껍질, 연골]

일반적으로 조리를 할 때 고기에 결합조직이 많다는 것은 고기가 질기고 따라서 오랜 시간 조리해야 한다는 뜻이기 때문에 결합조직을 많이 함유한 고기는 환영받지 못하는 편이다. 하지만 가죽이나 뼈, 연골은 대부분 결합조직으로 구성되어 있기에 조리에 많이 사용된다. 이 부위는 장시간 조리하는 육수나 수프, 스튜 등에 진한 농후함과 농도를 제공한다. 또한 조리 방법에 따라 아삭한 질감이나 바삭한 질감을 주기도 하며 쫄깃한 질감으로 조리할 수도 있다.

[지방]

고기의 지방도 조리에 사용된다. 하지만 지방조직을 직접 조리하지는 않고 저장 세포 속에 있는 지방을 짜내서 조리과정의 매개물로 많이 사용한다. 물론 몇 가지 예외도 있는데 '큰 그물막 지방(caul fat)'이라는 부위는 얇은 지방이 결합조직에 레이스 같은 모양으로 박혀 있다. 돼지와 양에서 추출한 복막 또는 장막으로 복부에 있는 장기를 덮은 부위다. 이 부위는 음식을 조리하는 데 수분을 유지하기 위한 포장지처럼 사용된다. 이때 조리 중간에는 지방이 모두 음식으로 흡수되고 남은 막 역시 부드럽게 변해 함께 섭취해도 좋다.

돼지고기의 지방 중 배와 등 바로 아래의 지방층도 많이 사용된다. 베이컨의 경우 돼지의 복부에 있는 지방조직을 이용해 만들고 소시지의 경우는 등에 있는 지방이 주로 사용된다.

기름기 없는 고기의 안에 지방을 넣어 고기에 인위적으로 지방을 넣기도 하는데 이를 라딩이라고 한다.

[녹인 지방]

지방을 잘게 썰었을 때 또는 은근하게 가열하면 순수한 지방만 용출된다. 이렇게 녹인 지방을 소고기 지방은 '탈로(tallow)', 돼지고기 지방은 '라드(lard)'라고 부른다. 동물별로 지방의 맛과 질감은 모두 다르다. 또한 소나 양고기의 지방은 포화지방이 높고 돼지와 가금류의 지방은 불포화지방이 높다. 요리에 쓰이는 가장 단단한 지방은 콩팥 주변에 있는 지방으로 '수잇(suet)'이라고 불린다. 다음으로 단단한 것이 소고기의 피하지방이며 돼지 콩팥에서 나온 '리프라드(leaf lard)' 그리고 돼지의 등에 있는 지방과 복부지방에서 나오는 라드의 순으로 단단하다. 가금류의 지방은 포화도가 낮아 상온에서 반은 액체인 상태로 존재한다.

(2) 육류 가공 음식

① 소시지

소시지는 라틴어의 소금을 뜻하는 단어에서 파생된 말로 식용으로 이용 가능한 관속에 소금으로 양념한 잘게 썬 고기를 채우는 것을 뜻한다. 소시지의 어원이 소금일 정

도로 소금은 소시지에서 매우 중요한 역할을 한다. 우선 소금은 단백질 필라멘트에 있는 미오신을 용해해 고기의 표면으로 보내주는 역할을 한다. 또 중요한 미생물의 증식을 막아주는 역할을 한다. 주로 동물의 위장이나 내장을 외피로 이용해 왔고 소시지 내부를 채우는 고기의 1/3 이상을 지방으로 채웠다. 현재 동물의 내장보다는 인공외피를 더욱 많이 사용하며 소시지의 지방함유량도 많이 떨어졌다. 소시지는 다양한 방법으로 섭취가 가능하다. 날것을 사서 바로 익히거나 발효하고 또 건조한 뒤 익히거나 훈연하기도 한다.

[생소시지와 익힌 소시지]

생소시지는 생고기의 상태와 비슷해서 쉽사리 상할 수 있다. 그 때문에 가능한 빠른 시간에 조리해서 섭취해야만 한다. 반면 익힌 소시지는 조리과정 중 익혔기 때문에 여러 날 두고 먹을 수 있으며 훈연하거나 건조한 소시지는 더 오래 보관할 수 있는 장점이 있다. 그래도 모두 먹기 전에는 대부분 조리해서 섭취한다. 소시지를 만드는 과정에 고기 이외의 재료를 넣기도 한다. '부댕 블랑(boudin blanc)'이라 부르는 프랑스의 흰색 소시지는 여러 가지 흰 살코기와 함께 우유, 빵, 달걀, 밀가루 등을 넣고 만들며 '부댕 누아르(boudin noir: 검은 소시지)'는 살코기가 아예 없는 돼지비계 1/3, 돼지피 1/3 그리고 양파, 사과, 밤 섞은 것 1/3을 넣어서 만든다. 소시지 제조업자들은 소시지 내부의 점도를 높이고 수분이 유실되는 것을 막기 위해 콩 단백질이나 탈지우유 고형분을 이용하기도 한다.

[유화 소시지]

유화 소시지(emulsified sausage)는 익힌 소시지 중에서도 특수한 종류로 프랑크푸르트 소시지, 비엔나소시지라는 이름으로 많이 알려져 있다. 또한 이탈리아의 모르타델라(볼로냐)도 유화 소시지로 이 소시지들의 공통점은 매우 고운 질감을 갖고 있고 속이 연하며 순한 맛을 가지고 있다는 것이다. 이 소시지는 소고기, 가금류 고기, 돼지고기, 지방과 소금, 아질산염, 향미료, 물을 넣은 뒤 마요네즈와 비슷한 농도의 반죽이 되도록 짓이겨서 만든다. 이렇게 곱게 갈면 지방은 아주 미세하게 갈라져 균일하게 퍼지는데 고기 파편과 소금에 의해 용해된 단백질들이 퍼져 있는 지방들을 둘러싸며 안정시키게 된다. 소시지를 섞을 때의 온도 또한 매우 중요하다. 돼지고기 반죽일 때 16°C, 소고기일 때 21°C보다 온도가 높아지면 유화액은 불안정해지며 지방과 분리된다. 유화액이 안정된 반죽은 외피 속에 채운 뒤 70°C까지 익혀주는데 가열되면서 단백질을 응고시키고 반죽을 응집력 좋은 하나의 덩어리로 만들게 된다. 이 상태가 되면 외피는 벗겨도 좋으며 냉장 보관하는 것이 좋다. 유화 소시지는 수분함량이 50~55%로 매우 높아서 잘 상할 수 있기 때문이다.

[소시지의 재료: 지방 & 외피]

소시지를 만들 때 지방은 주로 돼지 등에 있는 피하지방이 많이 쓰인다. 등 부위 지방은 녹거나 분리되지 않고 고기와 같이 탄탄하다. 소고기나 양고기, 콩팥 지방은 너무 단단해서 쓰기 어렵고 가금류의 지방은 너무 말랑하기 때문에 적합하지 않다.

과거에는 대부분 동물의 소화관을 외피로 사용했으나 오늘날에는 거세 수퇘지 또는 양의 창자에 있는 얇은 결합조직 막에서 근육층을 벗긴 뒤 소금에 묻어뒀다가 사용하거나 동물의 콜라겐, 식물의 셀룰로오스 또는 종이를 사용해서 대량으로 생산한 소시지 외피를 이용한다.

[생소시지 조리]

소시지의 고기는 대체로 부드러워서 자유롭게 소시지를 조리하는 경우가 많지만, 소시지 또한 적절하게 조리해야만 맛을 끌어낼 수 있다. 가령 프랑스식 소시지의 경우 살균을 위해 완전히 익히기는 하지만 70°C 이상의 온도로는 익히지 않는다. 그 때문에 약한 불에서 시간을 두고 익혀야 하며 이렇게 익혀야 외피가 터지는 것을 방지하고 외피가 터짐으로써 발생할 수 있는 수분과 맛의 유출을 막을 수 있다. 또한 모양이 변형되는 것도 예방 가능하다.

② 저장고기

고기를 장기간 안전하게 보관하기 위해 인류는 많은 연구를 해왔다. 가장 먼저 발견한 저장 방법은 바로 미생물이 번식하기 싫어하는 상태로 고기를 화학적·물리적으로 처리하는 것이었다. 미생물 번식에 필요한 수분 제거를 위해 훈연하거나 말리고 소금으로 염장 처리를 해서 수분을 제거했다. 이런 방식에서 파생된 것이 바로 건조 햄과 발효 소시지다.

이후 산업화에 따라 통조림이라는 기법이 생기게 되었고 통조림에 음식물을 넣어 균으로부터의 접촉을 차단했다.

[말린 고기: 육포]

미생물 번식에 수분은 필수요소다. 수분을 제거하기 위한 단순한 방법은 고기를 바람과 햇볕으로 말리는 것이었고 이제는 고기 표면에 소금을 뿌려주고 물기를 제거한 후 오븐에 가열해서 말리는 방법을 사용한다. 가열을 통해 고기 무게의 2/3, 75%가량의 수분을 제거해 준다(수분이 10%가 넘으면 페니실린이나 아스페르길루스 곰팡이 증식의 위험이 있다). 이렇게 말린 고기는 특유의 맛과 질감이 있어서 인기가 좋다. 미국의 '저키(jerky)', 라틴아메리카의 '카르네 세카(carne seca)', 노르웨이의 '페날라(fenalar)', 남아프리카의 '빌통(biltong)', 이탈리아의 '브레사올라(bresaola)', 스위스의 '부엔드네르플라이시(Buendner-fleisch)' 등이 있다. 이 중에서 브레사올라, 부엔드네르플라이시는 소고기에 염장 처리를 한 뒤 와인, 허브로 맛을 내 서늘한 환경에서 천천히 건조한 것으로 품질이 매우 뛰어나다.

[냉동건조]

안데스 지역에서는 '차르키(charqui)'를 만들기 위해 냉동건조를 이용해 왔다. 안데스 지역의 고산지대는 공기가 매우 건조하고 희박하기 때문에 고기에서 수분이 증발하고 얼음결정이 고체에서 기체로 승화된다. 그 결과 차르키는 익히지 않은 벌집 모양의 구조를 가지게 되었으며 조리하는 동안 수분의 흡수가 용이하게 되었다. 공장에서는 진공상태에서 고기를 급속 냉동시킨 뒤 천천히 가열해서 수분을 승화시킨다. 이런 방법을 사용하면 조직을 눌러 압착시키지 않으면서 말릴 수 있기 때문에 두툼한 고기의 상태로 말리고 다시 원상태로 돌릴 수 있다.

조리원리를 풀어 쓴 **조리과학 & 관능평가**

[소금 처리한 고기: 햄, 베이컨, 염장 소고기]

소금을 이용한 염장 처리도 고기의 수분을 없애기 때문에 미생물이나 박테리아의 번식을 차단할 수 있다. 소금 즉, 염화나트륨을 고기에 뿌리면 고기 표면에 있는 미생물들의 나트륨과 염소 이온농도를 높이게 되어 세포 속 수분을 용출시키게 되고 수분 대신 소금이 침투해 세포의 기전을 망가뜨리게 된다. 또한 고기의 세포도 부분적으로 탈수 현상을 겪으며 소금을 빨아들이게 된다. 과거에는 전통적인 방법으로 소금 처리를 위해 소금물을 끼얹거나 마른 소금을 치는 방법을 사용했으며, 이런 방법으로 만들어진 햄이나 베이컨, 염장 소고기는 익히지 않은 상태로도 몇 달간 보관이 가능하다.

질산염과 아질산염

고기의 염장 처리에는 소금의 주성분인 염화나트륨 외에 많은 성분이 다양한 역할을 한다. 소금의 종류에 따라 바닷소금, 암염, 식물 소금 등이 함유한 미네랄 불순물도 고기 염장에 많은 역할을 했다. 그중 질산칼륨(KNO_3)은 처음 중세 시대에 발견되었는데 바위에서 소금 모양의 결정체를 이루고 산다고 하여 '초석(saltpeter)'이란 이름이 붙기도 했다. 이 초석은 고기의 색을 밝아 보이게 만들고 맛과 안정성 그리고 보관기간을 늘려준다는 사실이 밝혀졌다.

또한 독일 화학자들은 1900년경 박테리아 중에서 염분에 특정한 내성이 있는 박테리아들이 소금의 질산염 중에 일부를 아질산염(NO_2)으로 전환시킨다는 사실을 알게 되면서 고기의 염장 처리 과정에 진짜 중요한 성분은 질산염이 아닌 아질산염이라는 것을 발견하게 되었다. 이때부터 생산업자들은 전통 방식으로 건조하고 소금 처리한 햄이나 베이컨의 생산을 제외하고는 모두 질산칼륨을 제외한 아질산염을 대신 사용하게 되었다. 고기의 염장 숙성 과정에서 아질산염은 날카로우면서 톡 쏘는 독특한 맛을 보태고 고기 내부에서 반응해 산화질소(NO)를 생성시킨다. 이렇게 생성된 산화질소는 미오글로빈의 철 원자에 꼭 붙어서 지방이 산화되지 못하게 막는다. 결국 지방의 맛이 변질되는 것을 아질산염이 막아주는 것이다. 또한 철과 결합함으로써 고기의 색이 밝은 연홍빛을 띨 수 있도록 만들며 박테리아의 증식을 억제해 준다. 박테리아 중 주목할 것이 보툴리누스 식중독을 일으키는 박테리아로 인체에 매우 치명적이다. 클로스트리듐 보툴리눔(Clostridium botulinum)은 소금이 골고루 쳐져 있지 않거나 양이 부족하면 소시지에도 생겨날 수 있어서 '소시지병'이라는 이름도 붙었다. 그렇다고 질산염이나 아질산염이 인체에 좋은 것도 아니다. 지금은 사실이 아니라고 밝혀졌는데 질산염과 아질산염은 다른 음식들과 반응해서 발암물질인 니트로사민(nitrosamine)을 형성하는데 이 니트로사민을 과다 섭취하면 암이 생긴다고 알려졌었다. 하지만 그 위험도가 현저히 낮다는 사실이 밝혀졌다. 다만 미국의 경우는 질산염과 아질산염의 잔류 허용치를 0.02% 정도로 제한하고는 있다.

[최고의 햄]

소금 처리 후 여러 달 건조된 햄은 멋진 식재료로 탈바꿈된다. 이탈리아의 프로슈토 디 파르마(Prosciutto di Parma), 스페인의 세라노(Serano), 프랑스의 바욘(Bayonne) 등이 있으며 익혀서 먹기도 하지만 종이처럼 얇게 저며 생으로 먹는 것이 더욱 맛있다. 햄은 소금과 효소에 의해 생돼지고기가 시간을 두고 변화된 정수라고 할 수 있다.

[소금의 효과]

고기에서 햄으로 변하는 순간까지 소금은 햄에 생겨날 수 있는 부패를 차단하며 모양과 질감에도 영향을 미친다. 소금을 이용한 염장 처리로 높아진 염도는 근세포의 단백질 필라멘트를 분해해서 개별 필라멘트로 만든다. 분해되기 전에 뭉쳐 있던 단백질 필라멘트의 상태는 반투명 상태로 존재하기 때문에 불빛에 투과되지 않는데 분해된 후에는 투명해지게 된다. 필라멘트에 일어나는 분해작용은 근섬유에서도 일어나 약해지게 되며 탈수를 발생시켜 근조직은 더욱 밀집도가 높아지고 농축되며 연한 질감을 갖는 햄으로 변환된다.

염장 처리한 근섬유와 필라멘트 단백질은 분해되지만 근육 속에 맛을 내는 성분은 온전히 살아남게 된다. 이 성분 중에는 아무런 맛을 내지 않던 단백질을 펩티드와 아미노산으로 분해해 맛을 좋게 만드는 효소들도 존재한다. 숙성 과정에 들어간 고기 속에서 수개월의 시간 동안, 이 효소들은 고기 단백질의 1/3 이상을 맛이 나는 분자로 변환시켜 고기의 글루탐산 농도를 10~20배로 증가시키고 아미노산 티로신의 대부분이 작은 흰색 결정들로 바뀌게 된다. 또한 고기에 있던 불포화지방이 빠져나와 다양한 화합물로 변하게 되는데 이 과정에서 다양한 향과 맛을 낸다. 멜론 향이나 사과 향, 꽃향기, 유자 향기, 버터 향 등 느끼기에 매우 다양한 향으로 변화되고 견과류나 캐러멜 맛이 나는 화합물로도 일부 바뀌며 햄의 맛을 증가시킨다.

[오늘날의 햄과 베이컨]

이제는 냉장 보관이라는 방법이 일반화되어 과거 염장 처리를 통한 고기의 보관이 필요가 없어졌다. 요즘에 소금 처리는 맛을 늘리기 위함이지 보관기간과는 관계가 없으며 건강에 대한 관심이 높아짐에 따라 점차 염도 처리 정도는 낮아지고 있다. 산업생산 과정에서 베이컨은 돼지고기의 옆구리 살에 소금물(소금 15%, 설탕 10%)을 주입하거나 슬라이스해서 10~15분을 담그는 방법이 대신 이뤄지고 있다. 이제 '숙성'이라는 과정은 몇 개월이 아닌 몇 시간으로 줄었고 당일에 포장되어 판매가 가능하게 되었다. 소금이 잘 밸 수 있도록 회전통에서 굴린 뒤 완전히 익히고 다시 식힌 후에 판매되는 것이 요즘의 햄이다. 특히 과거 다리를 뼈째 숙성시켜 만들었던 햄과는 다르게 뼈가 없이 돼지고기 조각만 이용하고 여기에 소금을 뿌려 근육 속의 미오신을 끌어올린 뒤 끈끈하게 만드는 찐득한 층을 형성시킨다.

이렇게 만들어진 햄이나 베이컨은 과거에 비해 많은 수분을 함유하고 있고 심지어 처음 고기가 가진 수분보다 더 많아지기도 한다. 소금의 사용량도 절반 정도로 줄어들었다. 염장 처리로 햄을 만들 때 사용되는 소금은 5~7%인데 반해 요즘은 3~4%만이 사용된다. 그 때문에 전통방식의 햄과 베이컨은 쉽게 구워지며 무게의 75%가량이 보존되지만, 현대의 햄과 베이컨은 굽는 과정에서 수분이 유출되어 물이 튀기면서 오그라들고 무게의 1/3 정도만 보존이 된다.

③ 훈제 고기

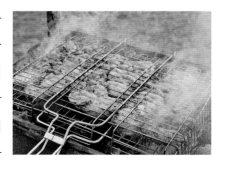

나무의 연기를 이용한 조리 방법은 많은 도움을 주었다. 연기 속에는 수백 가지 이상의 화합물이 포함되어 있으며 이 화합물들은 미생물의 억제나 살균효과, 지방의 산화 방지 그리고 맛의 향상에도 영향을 미친다. 특히 연기는 고기의 표면에 영향을 주기 때문에 과거 소금을 통한 처리와 함께 병용되어 사용해 왔다. 염장 처리한 고기의 경우 산패에 매우 취약한데 연기를 이용하면 이를 방지할 수 있어 더 효과적이었다. 훈제와 소금의 처리를 통해 만든 대표적인 재료가 바로 미국 시골의 햄과 베이컨이다. 다만 과한 연기의 사용은 인체에 해로운 물질도 함유하고 있다고 알려져 현재는 보존제 역할보다는 가벼운 맛을 내기 위해 쓰이는 경우가 더 많아졌다.

[온훈법과 냉훈법]

연기를 이용한 훈연법은 크게 두 가지로 나뉜다. 온훈법과 냉훈법이 그것이다. 온훈법의 경우 고기를 나무 위에 올려두고 나무와 같이 밀봉한 뒤 연기를 쐐서 익히는 방식으로 이 방식으로 훈연하면 훈연 온도는 55~80℃ 정도가 된다. 이 환경에서 고기는 더 탄탄해지며 표면의 질감이 건조해지고 고기 표면 전체가 살균된다. 바비큐 역시 온훈법의 한 조리 방법이라 할 수 있다. 반면 냉훈법은 고기를 열이 전달되지 않는 다른 곳에 가둔 뒤 별도의 공간에서 연기만을 들여보내 훈연하는 방식이다. 그 때문에 조리 온도가 15~20℃ 정도로 낮고 고기 표면 질감에 영향을 준다거나 살균이 되지는 않는다. 대신 연기가 고기에 축적되는 속도는 훈연법보다 7배 이상 빠르고 표면에 축적되는 석탄산 성분의 농도가 더욱 높아지며 맛 또한 섬세해진다. 하지만 연기에 좋은 화학물질만 있는 것이 아니기 때문에 잠재적 발암물질도 많이 축적될 수 있다. 특히 고기 표면에 수분이 많을수록 연기는 잘 흡착되는 성질을 갖고 있기 때문에 단시간에 훈연시킬경우 '습'훈연을 활용한다.

쉬어가기

발효 고기: 보존 처리 소시지

치즈의 경우 젖에서 수분을 제거한 뒤 염장 처리를 통해 무해한 미생물 증식을 촉진하고 산화시키면 오랜 시간 보관이 가능하게 변한다. 소시지에도 이와 유사한 방식을 적용할 수 있는데 발효소시지가 바로 그것이다. 이 소시지는 무미한 단백질과 지방이 박테리아로 인해 맛을 내며 향이 강한 작은 분자로 쪼개지면서 맛이 더욱 좋아진다. 고기의 표면에 소금을 뿌린 후 소시지 속에 섞으면 소금에 내성이 강하며, 산소 없이도 증식할 수 있는 박테리아들만 성장하게 된다. 이 박테리아는 락토바실루스와 레우코노스톡, 미크로코쿠스, 페디오코쿠스, 카르노박테리움 등으로 치즈의 박테리아와 동일한 것으로 알려져 있다. 박테리아가 생산한 젖산과 아세트산은 고기 pH를 6에서 4.5~5까지 낮추게 되어 부패 미생물이 번식하기 어려운 환경을 조성한다. 그리고 시간이 점차 지나며 소시지는 천천히 건조되고 염도, 산도는 강해지면서 부패에 대한 저항이 높은 소시지로 변하게 된다.

[남부형 소시지와 북부형 소시지]

발효소시지는 따뜻하며 건조한 지중해 지역의 환경에 맞게 짜며 향신료가 강하게 사용된 이탈리아의 살라미(salami), 스페인과 포르투갈의 초리조(chorizo)와 같은 남부형 소시지가 있고 서늘하고 습한 기후의 북유럽에 맞게 덜 짜며 훈연하는 독일의 세르벨라트(cervelat)와 같은 북부형 소시지가 있다. 남부형 소시지의 경우 수분함량은 25~35%고 4%가 넘는 소금을 함유하기 때문에 상온에서 보관이 가능한 특징이 있고 북부형 소시지의 경우 수분함량이 40~45%고 3.5%가량의 소금을 함유하고 있어 반드시 냉장 보관이 필요하다는 특징이 있다. 둘 다 익히지 않고 섭취할 수 있다.

[발효소시지 만들기]

소시지를 만들 때 가장 주의할 점이 식중독 발생균인 소시지 식중독균 보툴리누스 박테리아의 억제다. 박테리아 억제를 위해서 고기와 지방, 박테리아 배양액, 향신료 혼합물과 소금 그리고 질산염과 아질산염을 첨가한다. 추가로 설탕을 조금 넣어 박테리아를 젖산으로 만들도록 한다. 온도는 15~38°C로 하며 건조 소시지의 경우에는 이보다 조금 낮은 온도로 환경을 조성한다. 만드는 기간은 소시지의 크기에 따라 18시간부터 3일까지 이뤄지고 산도는 1% 즉, pH 4.5~4가 되면 완성된다.

발효소시지는 고온발효와 저온발효가 모두 가능하다. 고온발효를 이용한 소시지는 날카로운 향을 갖고 있고 휘발성이 강한 산(아세트산, 부탄산)을 많이 생성하는 데 반해, 저온발효를 이용한 소시지는 과일 향이 나는 에스테르와 견과류의 맛을 내는 알데히드가 섞인 복합적인 맛을 생성시킨다. 발효된 소시지는 익히기도 하고 훈연하기도 하는데 최종적으로 2~3주 동안 원하는 수분 비중을 맞추기 위해 건조가 진행된다. 건조 기간 중 유해하지 않은 곰팡이와 효모(페니실륨, 칸디다, 데바리오미세스)가 끼는데 부패 미생물의 증식을 억제하는 역할을 한다.

이렇게 만들어진 발효소시지의 경우 고기 단백질에서 소금에 의해 녹아난 맛과 박테리아가 변형시킨 젖산, 뭉쳐 있는 고기 조각 덩어리의 건조함 때문에 속이 꽉 차며 쫄깃한 식감을 보이게 된다.

④ 콩피

과거 서유럽 지역에서 생활하던 사람들은 고기를 공기가 통하지 않도록 두꺼운 지방 속에 묻어두면 고기를 상하지 않게 보존할 수 있다는 사실을 알아내었고 이런 사실을 바탕으로 만들어진 조리 방법이 오늘날의 콩피라는 조리법이다. 콩피로 가장 유명한 요리는 프랑스의 거위를 이용한 요리와

오리 다리를 이용한 요리다. 혹자는 세계 최고의 식재료 중 하나인 푸아그라가 시골에서 콩피를 만들 지방을 얻기 위해 거위에게 먹이를 억지로 먹이다 우연히 발견된 부산물일 가능성도 있다고 이야기하기도 한다.

콩피가 최초로 만들어진 것은 18세기 프랑스 바욘 지방에서 고기에 염장 처리를 하던 사람들에 의해 알려졌다고 전해진다. 이 콩피는 마을에서 돼지고기를 도축하고 도축한 돼지의 비계에 고기를 묻어 보존하던 가정식에서 파생되었을 확률이 높다.

전통 프랑스 방식의 콩피는 고기를 하루 동안 소금에만 또는 소금과 허브, 향신료와 함께 절여서 말린 후 지방에 묻어두고 오랜 시간에 걸쳐 천천히 가열해서 만들었다. 이렇게 만들어진 콩피는 내부가 분홍색 또는 붉은색을 보이게 된다. 고기에서 물기를 제거하고 살균한 용기 바닥에 소금을 깔아준 후 고기 육즙에서 나온 지방을 걷어 다시 고기에 끼얹어준다. 이렇게 해서 서늘한 곳에 보관하면 여러 달 보관이 가능하고 주기적으로 가열해서 다시 보관하면 기간을 늘릴 수도 있다. 전통적 콩피는 이렇게 오랜 기간 보관하면서 맛이 천천히 좋아진다고 한다. 가열하면서 박테리아는 모두 죽고 고기 내부에서 남은 효소들에 의해 시간이 지날수록 더 좋은 맛으로 변하게 되는 것이다.

오늘날에는 균의 위험에서 안전하게 보관하기 위해 통조림으로 만들거나 냉장 보관을 하고 며칠 안에 모두 섭취하도록 만든다.

⑤ 통조림 고기

통조림 기법은 1800년대 프랑스의 양조업자이자 제빵업자였던 니콜라 아페르(Nicolas Appert)가 음식물을 유리병 속에 밀봉해서 넣고 그 용기를 물에 넣어 가열하면, 음식이 부패하지 않으며 오래 보관이 가능하다는 사실을 발견하면서 알려지게 되었다. 통조림의 원리는 음식물을 공기와 미생물에 의한 오염으로부터 차단하고 미리 내부에 들어왔을 수도 있는 미생물을 가열해서 파괴해 저장하는 한 방법이다. 맛이 조금 떨어지기는 하지만 100년까지도 보관이 가능하다는 점에서 의미가 있다고 할 수 있다.

⑩ 어패류

수산자원이 풍부한 우리나라는 삼면이 바다인 만큼 여러 종류의 수산 식품들을 활용할 수 있다는 장점이 있다. 어류와 패류, 갑각류와 연체류 등 수산물은 다양하게 구분할 수 있으며 예부터 중요한 단백질 급원으로 이용되었다.

1) 어패류의 분류

수산 동물을 분류하는 기준에는 여러 가지가 있는데 척추를 가진 것은 어류, 척추가 없는 무척추동물은 패류로 나뉜다.

(1) 어류

어류는 바다에서 사는 해수어와 민물에서 사는 담수어로 나눌 수 있고, 사는 환경과 물에 따라 고기의 맛이 다른 특징이 있다. 일반적으로 맛이 좋은 생선일수록 수심이 깊고 수온이 차가운 곳에서 서식한다. 또한 민물에서 사는 고기에 비해 바다에서 사는 고기의 맛이 더 뛰어나다. 어류는 생선의 지방함량에 따라서도 분류하는데 지방함량 2% 이하의 생선인 가자미, 넙치, 광어, 농어과의 생선을 저지방 생선으로 분류할 수 있고, 지방함량 5% 이상의 생선인 다랑어와 고등어, 연어, 정어리, 참치 등의 생선을 고지방 생선으로 분류한다. 고지방 생선은 생선의 살에 지방함량이 많지만, 저지방 생선의 경우 대부분의 지방이 생선의 간에 함유되어 있어 간유의 원료로 주로 이용된다. 생선의 지방함량은 곧 생선살의 색을 결정한다. 저지방 생선은 흰색을, 고지방 생선은 붉은색을 띠는 특징이 있으며 계절과 시기에 따라 지방함량이 달라지므로 생선의 맛 또한 철에 따라 다르게 나타난다.

생선은 머리와 몸체, 꼬리의 세 부분으로 구성되는데 이동할 때는 위와 옆에 달린 지느러미를 주로 이용한다. 생선의 몸체를 구성하는 생선 살은 근섬유가 다발로 모여 근육의 형태를 띠며 몸체에서 꼬리까지 이르는 측근이 식용으로 주로 이용된다.

생선의 표면은 피부로 덮여 있으며 피부 위에는 진피가 진화된 비늘이 덮여 있는 형태를 띤다. 하지만 모든 생선에 비늘이 있지는 않고 삼치나 꽁치, 갈치, 고등어 등과 같이 비늘이 없는 생선도 있다.

(2) 연체류와 갑각류

연체류는 몸에 뼈가 없으며 마디가 없이 부드러운 특징이 있다. 오징어(squid)와 낙지(poulp), 문어(octopus), 해삼(sea cucumber), 해파리(jelly fish) 등이 연체류에 해당한다.

갑각류는 딱딱한 껍질을 가진 특징이 있고 외피 속은 연한 근육으로 이루어져 있다. 또한 여러 마디로 구성되어 있는데 바닷가재(lobster)나 게(crab), 왕게(king crab)와 새우(shrimp) 등이 해당된다. 갑각류는 특히 비스크와 같이 진한 맛을 내는 수프를 만들 때 많이 사용되며 구이와 찜으로도 인기가 많다.

(3) 조개류

조개류 역시 딱딱한 외피로 둘러싸여 있고 그 속은 연한 근육조직으로 구성되어 있다. 모시조개(corb shell), 대합(big clam), 바지락(short neck clam), 전복(abalone), 홍합(mussel), 굴(oyster), 소라(top shell), 가리비(scallop) 등 다양한 조개류가 존재하며 그 종류에 따라 맛과 영양성분 역시 다르게 나타난다.

2) 어패류의 구성성분

(1) 성분 및 영양가

모든 어패류의 성분을 이야기할 수는 없으나 식품으로 많이 이용되는 어패류의 성분을 정리하면 다음의 표와 같다. 어패류의 주요 성분으로 단백질이 가장 많은데 생선 살

조리원리를 풀어 쓴 **조리과학 & 관능평가**

의 약 20%가량을 차지한다. 그 밖에 수분이 66~80%를 차지하며 기타 소량의 지질과 당질, 무기질 등으로 구성되어 있다. 어패류를 구성하는 성분은 어패류의 종류에 따라서도 차이가 있지만 어패류의 연령이나 부위, 계절과 산란 시기 등에 따라서도 좌우된다.

◈ **어패류의 구성성분**

(단위: %)

종 류	수분	단백질	지방	탄수화물	회분
가다랑어(bonito)	70.0	25.4	3.0	0.3	1.3
가자미(hailbut)	83.7	15.1	1.8	–	1.6
갯장어(conger eel)	60.7	20.0	12.5	0.3	1.2
큰게(king crab)	72.3	22.0	0.5	1.5	2.0
고등어(mackerel)	76.0	18.0	4.0	0.7	1.3
광어(flatfish)	66.2	19.9	4.1	6.5	3.3
꽁치(mackerel pike)	70.0	20.0	8.4	0.3	1.3
꽃게(red crab)	79.0	16.4	0.5	1.3	2.8
농어(sea bass)	75.1	19.5	12.4	0.9	1.1
낙지(octopus)	83.7	12.1	0.4	–	1.1
대구(cod)	80.3	17.5	0.4	0.3	1.1
참돔(red sea-bream)	77.4	20.2	1.4	–	1.7
멸치(anchovy)	67.6	20.3	9.0	0.2	2.9
명태(alaskan pollack)	77.5	20.3	0.9	–	1.4
민어(croaker)	67.9	21.0	6.5	2.5	2.1
새우-대하(spiny-robster)	80.4	17.8	0.6	–	0.6
숭어(gray mullet)	72.0	22.0	4.0	0.8	1.2
연어(salmon)	72.0	19.8	6.2	0.1	1.3
오징어(squid)	80.6	16.9	0.7	0.5	1.4
전복(abalone)	78.8	12.9	0.5	4.2	0.6
정어리(sardine)	75.0	17.5	6.0	0.3	1.2
조기(yellow toilrunner)	81.7	18.3	0.8	–	1.3
참치(tuna)	71.9	21.2	5.3	0.3	1.3
청어(herring)	63.9	17.4	12.6	–	1.3
갈치(hair tail)	72.0	17.7	8.2	0.7	1.4

굴(oyster)	84.7	7.6	1.6	4.0	1.6
대합(clam)	80.2	7.5	1.3	3.9	2.8
바지락(short neck clam)	84.2	9.1	0.8	4.0	1.9

자료 : 2011 농촌진흥청 국립농업과학원, 식품성분표 제8개정판

① 단백질

어패류는 양질의 단백질을 공급하는 우수한 단백질 급원으로 보통 어류의 경우 17~25%, 연체류는 13~18% 그리고 조개류는 7~15%가량의 단백질을 함유하고 있으며 모든 필수아미노산을 함유하고 있다. 또한 어육류의 단백질은 염 용해성을 띠는데 2~3%의 소금을 생선 살에 넣어 으깰 경우 단백질은 소금에 녹아 굳어 어묵으로 만들어진다. 육류와 동일한 필수아미노산을 함유하고 있으면서도 육류보다 많은 리신(lysine)을 가지고 있다.

② 지방

생선이 가진 지방함량은 맛에 매우 큰 영향을 미친다. 복부나 머리에 가까운 쪽, 피하에 특히 많이 분포되어 있으며 참치의 뱃살과 같은 부위는 20% 이상이나 되는 지방을 함유하고 있어 별미로 꼽힌다. 지방의 함량은 생선의 종류 및 계절에 따라서도 차이가 나며 산란 시기에 따라서도 함량이 달라진다.

생선의 종류로는 광어나 명태, 참치, 빙어 등의 저지방 생선의 지방함량이 2% 이하로 낮으며 갈치나 꽁치, 연어, 고등어, 정어리, 청어 등의 고지방 생선은 지방함량이 5% 이상으로 높게 나타난다. 계절에 따른 제철 생선이나 산란을 위해 에너지를 비축하는 산란기 직전의 생선 역시 높은 지방함량을 보인다. 그 때문에 산란 직전의 생선이 지방함량이 많고 맛이 좋으며 산란이 끝나면 지방함량이 급격하게 낮아지면서 수분함량이 높아져 맛이 떨어지게 된다. 또한 어류의 종류 중 담수어보다 해수어가 높은 지방을 함유하고 있고 흰살생선에 비해 붉은빛을 띠는 생선의 지방함량이 더 높게 나타난다.

생선의 지방은 육류와 다르게 80% 이상이 불포화지방산으로 이루어져 있다. 특히 고도불포화지방산 중에서도 EPA(eicosapentaenoic acid)와 DHA(docosahexaenoic acid), 다중불포화지방산인 PUFA(polyunsaturated fatty acid) 즉, ω-3라고 불리는 지방산을 다량 함

유하고 있어 영양적인 면에서도 좋다. 하지만 불포화지방산이 많아 산화나 산패가 쉽게 일어날 수 있으므로 신선도를 관리하는 데 특히 주의해야 하는 단점도 있다.

EPA(eicosapentaenoic acid)
등 푸른 생선에 많이 함유되어 있으며 혈중 콜레스테롤을 낮추고 항암효과가 있으며 혈압저하, 고지혈증 개선, 면역력 향상 등의 역할을 한다.

DHA(docosahexaenoic acid)
기억력을 높이고 학습 능력을 향상하는 등 뇌 활동에 좋은 영향을 주며 고지혈증이나 항암, 중추신경계를 개선하는 등의 역할을 한다.

③ 당질

어류는 다량의 지방을 함유했지만 패류의 경우는 낮은 지방함량을 가지고 있고 탄수화물이 글리코겐 형태로 함유되어 있다. 특히 전복, 대합, 굴, 홍합 등에는 3~5%의 글리코겐이 들어 있으며 패류를 먹을 때 단맛처럼 나는 것은 바로 글리코겐이 효소에 의해 분해되어 포도당으로 변하기 때문이다. 조개로 만든 육수의 감칠맛이 좋은 것 또한 어패류에 함유된 숙신산(succinic acid, 호박산)에 의한 것으로 주로 조개류에 많이 함유되어 있다.

쉬 어 가 기

굴이 겨울에 더 맛있고 안전하게 섭취가 가능한 이유?
굴은 흔히 바다의 우유라고 부를 만큼 풍부한 영양소를 가지고 있다. 특히 겨울철이 되면 굴이 가진 탄수화물인 글리코겐이 더욱 풍부해지는데 이 시기에 굴의 맛이 뛰어난 이유기도 하다. 서양에서는 1년 중 알파벳 'R'이 들어간 달에만 굴을 섭취하는 것이 맛이 좋고 안전하다고 알려져 있다. 'R'이 들어가지 않는 5월, 6월, 7월, 8월은 굴의 산란 시기여서 식중독의 위험이 있기 때문이다.

④ 무기질과 비타민

어류는 육류에 비해 무기질 함량이 조금 더 많고 패류의 경우 어류보다 2배가량 무기질을 더 함유하고 있다. 또한 굴, 조개, 바닷가재 등은 칼슘과 요오드(I)를 다량 함유하고 있는데 사람들이 해산물에 의존하는 무기질이 바로 요오드이다. 어류에 함유된 비타민은 B₁, B₂가 많으며 니아신은 어류가 연체류나 갑각류, 조개류보다 많이 함유되어 있다. 그리고 비타민 A와 D가 어유와 간유에 많이 함유되어 있어 비타민 A, D를 공급받기 위한 주요 자원이기도 하다. 특히 비타민 A의 경우 고지방 생선에 많이 함유되어 있으며 굴은 티아민과 리보플라빈을 풍부하게 함유하고 있다.

⑤ 어류의 색소

어류에 함유된 색소는 수용성 색소단백질과 지용성 색소단백질로 나눌 수 있다. 그중 수용성 색소단백질은 헤모글로빈(hemoglobin)과 미오글로빈(myoglobin) 그리고 사이토크롬(cytochrome)으로, 지용성 색소단백질은 카로티노이드(carotenoid)로 구성된다. 일반적인 어육에는 미오글로빈이 대부분이며 헤모글로빈은 거의 없다. 송어나 연어와 같은 붉은 살 생선의 경우 붉은색을 띠는 이유는 색소단백질에 의한 것이며 물에 용해되거나 가열해도 변색하지 않는 카로니토이드 색소인 아스타크산틴(astaxantine) 때문이다. 붉은 살 생선과 다르게 게나 새우와 같은 갑각류를 가열하면 붉은색으로 변하게 되는데 이는 갑각류에 함유된 아스타크산틴이 유리 산화되고 그로 인해 붉은색의 아스타신(astacin)으로 분해되기 때문이다.

어패류에 함유된 색소에는 노란색을 띠는 루테인(lutein), 갈치의 껍질에 은색을 띠게하는 구아닌(guanine)과 요산의 합쳐진 침전물, 산오징어 또는 낙지의 표피에 있던 표피색소인 트립토판(tryptophan)에서 나오는 오모크롬(omochrom), 오징어 먹물이 지닌 멜라닌(melanin) 등이 있다.

⑥ 어패류의 냄새성분

어패류는 신선할 때와 신선하지 않을 때, 담수어와 해수어에 따라 냄새의 정도가 다르게 나타난다. 어패류 냄새의 원인은 TMA(trimethylamine)에 의해 발생하며 주로 생선조직에 함유되어 있는 TMAO(trimethylamine oxide)가 세균에 의해 부패하기 시작해

TMA를 생성시키게 된다. 주로 생선의 표피와 아가미, 내장과 같이 세균의 번식이 잘 일어나고 빠르게 변질하는 부분에서 냄새가 많이 나기 시작하며 신선도가 떨어질수록 TMA와 함께 암모니아와 황화수소, 인돌, 스카톨 지방산 등이 생겨나며 악취를 유발하게 된다.

담수어의 경우는 피페리딘(piperidin)에 의해 악취가 나는데 담수어에 함유된 라이신(lysine)에 의해서 생긴다.

⑦ 어패류의 맛 성분

어패류는 여러 화합물에 의해 복합적인 맛이 나는데 전반적으로 붉은색 생선이 흰살 생선보다 지방과 맛을 내는 성분이 많아 깊은 맛이 난다. 이처럼 어패류의 맛을 구성하는 성분으로 유리아미노산, 뉴클레오펩티드(nucleo-peptide), 펩티드(peptide), 유기산 등이 있고 오징어나 새우, 낙지 등의 맛을 내는 타우린(taurine)이나 베타인(betaine) 또한 구수한 맛과 식재료가 가진 단맛을 낸다. 조개류의 호박산(succinic acid)도 감칠맛 나는 국물을 내기에 좋다.

3) 어패류의 선도판별법

육류나 가금류에 비해 어패류는 사후변화가 빠르게 나타나고 선도가 급속하게 저하되는 특징을 갖고 있다. 특히 어패류 자체의 조직이 연하기 때문에 세균의 침투가 잘 일어난다. 따라서 어패류의 선도를 잘 판별하고 좋은 재료를 선택해 알맞은 방법으로 보관하는 것이 매우 중요하다.

(1) 어류의 선도판별

어류의 선도를 판별하기 위한 방법으로는 크게 세 가지 판별법이 있다. 이화학적 선도 판별법, 세균학적 선도 판별법, 관능적 선도 판별법이며 각 판별법을 살펴보면 다음과 같다.

① 이화학적 선도 판별법

이 방법은 실용적인 면에서는 효과가 좋지만, 시간과 비용이 많이 드는 단점이 있고 또한 복잡한 실험 과정을 거쳐야 한다. 화학적인 성분의 함량을 분석하는 방법으로 생선이 선도가 저하되면서 발생하는 암모니아, 휘발성 염기질소, 트릴메틸아민의 양을 측정하거나 휘발성 유기산, 히스타민, 인돌을 정량분석하는 방법이 있다.

② 세균학적 선도 판별법

이름 그대로 어류에 발생한 세균의 수를 측정하고 번식의 정도를 확인해 선도의 저하가 어느 정도 진행되었는지 판별하는 방법이다. 주로 어패류의 오염지표를 확인하기 위해 사용된다.

③ 관능적 선도 판별법

가장 쉽게 구별하는 방법으로 예를 들어 선도가 좋은 어류의 경우 전체적으로 살이 단단하며 몸이 뻣뻣하다. 특히 내장을 감싼 배가 탄력 있고 단단해야 선도가 좋은 재료이며 아가미는 붉은색을 띠어야 한다. 눈은 투명하고 윤기 있는 것이 좋으며 냄새를 맡아도 비린내가 적게 나야 한다. 또한 냉동된 상태의 어류를 고를 때에는 전체적으로 단단하게 언 상태여야 하고 살색은 변색하지 않고 냄새가 나지 않는 것을 골라야 한다. 게 또는 조개의 경우에는 살아 있는 것을 구매해야 하며 조리 직전까지 살아 있을 수 있도록 보관하는 것이 중요하다.

4) 어류의 조리

어류를 조리하기 위한 방법에는 회, 구이, 찜, 튀김 등이 있으며 대체로 짧은 조리 시간을 요한다. 어류를 조리하기 위해 가장 주의할 것은 생선의 비린내를 제거하고 과하게 익혀서 질기거나 퍽퍽해지지 않도록 하는 것이다.

(1) 어류의 조리 방법

① 어류의 전처리

생선을 조리하기 위해 손질하는 방법은 동양과 서양에 차이가 있고 나아가 우리나라와 일본, 중국 역시 나라별 손질 방법이 다르다. 우선 서양의 경우 굽거나 튀기기 위해 포를 뜨기도 하고 뼈와 같이 통째로 잘라서 사용하기도 한다. 반면 우리나라와 일본의 경우는 조림을 위해 통으로 사용하거나 필렛(fillets) 형태의 포 뜨기 방식을 이용한다. 생선을 손질하는 모양과 형태에 따라 통생선, 내장을 제거한 생선, 머리, 꼬리 그리고 비늘과 지느러미를 제거한 생선, 통썰기한 생선, 3장 뜨기로 한 생선, 5장 뜨기로 한 생선 등 다양한 방식으로 전처리한다.

생선의 전처리 과정은 가능한 한 빠르게 진행해 상온에서 방치되는 시간을 최대한 줄여야 한다. 빠른 전처리는 세균번식을 막아줄 수 있으며 전처리가 끝난 생선은 곧바로 냉장실에 보관해서 오염을 방지해야 한다.

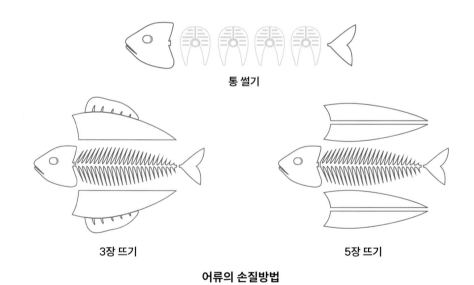

통 썰기

3장 뜨기   5장 뜨기

어류의 손질방법

② 패류의 전처리

패류 중 조개의 경우 해감 과정이 필요하다. 조개류는 바다에 살면서 몸속에 진흙과 모래 등 이물질을 머금고 있어서 바다와 같은 해수의 염도를 맞춰서 해감시키는 과정

이 중요하다. 해감을 위한 소금물의 농도는 2%로 맞추고 1~2시간 담가두면 되며 해감을 용이하게 하려면 주위 환경을 어둡게 만들어주는 것이 좋고 스테인리스 계열의 금속제품을 함께 넣어두면 해감이 더욱 원활하게 일어난다. 하지만 3% 정도의 소금물로 맞출 경우 바닷물보다 짠 염도이기 때문에 삼투압 현상으로 조갯살이 질겨질 수 있으니 주의해야 한다.

③ 어패류의 냄새 제거

어패류의 냄새를 유발하는 물질이 가장 많은 부분은 근육 속 수분 및 혈액이다. 냄새를 유발하는 트리메틸아민이 많이 함유되어 있을수록 비린내가 많이 나는데 트리메틸아민은 수용성이기 때문에 물로 깨끗이 씻으면 불순물과 비린내를 없앨 수 있다. 이후 비늘과 아가미, 내장을 빠르게 제거하고 소금물로 씻어주면 좋다. 그 밖에 산이나 술, 생강, 된장이나 간장과 같은 장의 첨가와 향신료 등을 넣어도 어패류의 비린내와 악취를 제거할 수 있다. 어패류의 조리를 위해 비린내를 제거하는 방법을 살펴보면 다음의 표와 같다.

◈ **어류의 비린내 제거를 위한 첨가물 종류**

냄새 제거를 위한 첨가물	제거 이유
물(세척)	• 냄새의 원인인 트리메틸아민, 암모니아는 수용성으로 물에 씻긴다. • 맛을 위해 자르기 전에 씻는다.
마늘, 파, 양파	• 강한 향미성분 황화알릴류를 이용해 비린내를 줄일 수 있다.
생강	• 생강의 진저론(zingeron), 쇼가올(shogaol)은 미각을 감소시키면서 냄새가 나는 물질을 변성시킨다. • 생강을 넣을 때는 생선의 단백질이 탈취작용을 낮출 수 있기에 생선 단백질이 열에 의해 변성된 후에 넣는 것이 효과적이다. • 생강에 함유된 효소가 트릴메틸아민과 결합해 다른 물질로 변형시켜 냄새를 줄여준다.
술	• 알코올이 날아가면서 비린내의 물질을 같이 휘발시킨다. • 알코올에 들어 있는 호박산이 생선 단백질의 응고를 도와준다.
산	• 트리메틸아민은 알칼리성인데 산과 만나서 반응해 비린내가 제거된다.
겨자류	• 겨자, 고추, 고추냉이, 후추에는 각각 알릴 머스터드 오일(allyl mustard oil), 캡사이신(capsaicin), 이소티오시안산알릴(allyl isothiocyanate), 피페린(piperin)이 함유되어 있으며 매운맛은 혀를 마비시켜 비린내를 잘 못끼도록 한다.

무	• 무에 함유된 메틸메르캅탄(methyl mercaptan), 머스터드 오일(mustard oil)은 생선의 비린내를 억제하는 효과가 있다.
미나리, 쑥갓 등	• 방향, 강한 맛을 지닌 야채들로 비린내를 억제시킨다.
간장, 된장 등	• 재료의 염분이 단백질을 응고시키고 비린내를 용출시키며 향이 강해 어취를 억제하는 효과가 있다.
우유	• 우유 단백질인 카세인(casein)은 강한 흡착성을 가지고 있으며 트리메틸아민을 흡착시켜 비린내를 제거하는 효과가 있다. • 냄새가 많이 나는 생선이나 천엽, 소 간의 조리를 위해 우유에 미리 담가 냄새를 제거하기도 한다.

④ 생식(회)

회는 어육을 생으로 즐기는 조리법으로 생선의 선도가 어떤 조리법에 비해 중요하게 여겨진다. 회에도 종류가 있으며 날로 섭취하는 생 회와 끓는 물에 데쳐서 섭취하는 숙회로 나눌 수 있다.

생으로 섭취하는 어패류의 종류로는 광어, 도미, 우럭, 방어 등의 다양한 생선이 있으며 패류의 종류로는 굴과 조개, 멍게와 해삼 등의 패류가 즐겨 이용된다.

어패류를 생으로 섭취하기 위해서는 선도의 신선함도 중요하지만 오염되지 않도록 손질하는 전처리 과정 또한 매우 중요하다. 생선과 어패류 모두 비늘과 내장을 제거하는 장소와 손질 후 섭취를 위한 가식부위를 손질하는 장소를 구분해서 이용해야 안전한 섭취가 가능하다.

흰살생선과 붉은 살 생선의 섭취를 위한 썰기 방법도 차이가 있다. 일반적으로 붉은 살 생선에 비해 흰살생선의 결합 조직 단백질이 많고 육질 또한 질긴 편이기 때문에 흰살생선은 얇게 포를 뜨고 붉은 살 생선은 두껍게 포를 뜨는 것이 좋다. 살아 있을 때 바로 손질해서 먹는 회도 있지만 손질 후 사후경직을 풀고 감칠맛을 끌어올리기 위해 숙성하는 회도 있다. 활어회와 숙성회의 차이를 살펴보면 다음의 표와 같다.

생선은 섭취를 위해 전처리가 필요한데 이 과정에서 근육의 사후경직이 온다. 육가금류에 비해 근육의 단단함이 덜하기 때문에 사후경직은 쉽게 풀어지는 편이지만 마찬가지로 사후경직이 일어난 후 바로 회로 섭취하면 씹힘성이 다른 것을 느낄 수 있다. 일반적으로 생선은 사후경직으로 인해 손질 후 5~10시간까지 근육이 수축한 상태로 있기 때문에 씹힘 정도가 상승하지만 그 후에는 점차 근육의 수축이 풀어지면서 씹힘성이 줄어들게 된다. 사후경직이 풀어지면서 숙성되는 과정에 생선의 근육에서는 이노신산(inosine monophosphate : IMP)이라고 하는 감칠맛을 높여주는 성분이 증가하게 되는데 이노신산이 증가할수록 생선의 감칠맛은 높아진다. 이노신산은 사후경직이 풀어지는 시점부터 하루가 지나는 시점에 최고로 높아지게 되며 정점에서 3~4일간 유지된 뒤 다시 차츰 감소하게 된다. 숙성회 역시 오랜 시간 보관과정이 필요하기 때문에 오염으로부터 최대한 조심해야만 그 맛을 즐길 수 있다.

숙회는 어패류를 데쳐서 섭취하는 것으로 생선보다는 패류와 연체류에 주로 이용되는 조리 방법이다. 낙지나 오징어, 문어, 새우, 게, 조개 등을 끓는 물에 재빠르게 데쳐 이용하며 필요에 따라 껍질을 제거하거나 야채와 함께 샤부샤부 형태로 섭취하기도 한다.

◈ **회의 분류와 이노신산의 증가**

구 분	방 법	특 징	이노신산 증가량
활어회	살아 있는 생선을 손질해서 바로 섭취	• 단단한 육질 • 씹힘성이 좋음 • 감칠맛은 적음	체내에 있던 기본적 이노신산만 존재
싱싱회	손질 후 5~10시간 냉장 숙성 후 섭취	• 단단한 육질 • 감칠맛 상승	이노신산 증가시기
숙성회	손질 후 저온 보관으로 3~4일 동안 섭취	• 부드러운 육질 • 감칠맛 최대	이노신산 최대치

⑤ **조림**

조림은 생선이 가진 고유의 맛을 용출시키는 동시에 양념의 맛이 생선에 배어들도록 만든 뒤 섭취하는 방법으로 간이 잘 배면서 비린내를 효과적으로 제거하고 모양이 유지되도록 하는 것이 중요한 조리법이다. 조림에 이용되는 양념장은 생선의 15~40% 정도만 이용되기 때문에 지속해서 양념장을 끼얹어주어야 하며 조리 전 식초로 씻어 비린내를 없애거나 양념장에 생강과 같은 향이 강한 야채를 넣어주어야 한다.

흰살생선과 붉은 살 생선의 조림 시간, 방법도 다르다. 흰살생선은 살이 무른 편이며 담백한 맛을 가진 특징이 있다. 그 때문에 오랜 시간 가열하지 않고 단시간 가열해서 생선 자체의 맛을 살리도록 조리해야 한다. 반면 붉은 살 생선은 살이 단단하고 비린내가 강하기 때문에 양념의 맛과 향은 강하게 해주고 오랜 시간 가열해서 양념의 맛이 배어들도록 해주는 것이 좋다.

생선을 조릴 때는 센 불에서 가열하고 처음에 뚜껑을 열어 비린내가 휘발될 수 있도록 한 뒤 뚜껑을 덮고 조려야 어취가 나지 않는 조림을 완성할 수 있다.

쉬 어 가 기

어취 제거를 위한 Tip

● **산초와 초피**
산초와 초피는 마라탕을 만드는 주재료인 화자오와 비슷한 종류로 두 향신료 모두 어취를 없애는 데 도움을 준다. 두 향신료의 특징은 혀를 얼얼하게 만들어 미각을 마비시키는 효과가 있는데 이 때문에 생선의 비린내를 덜 느끼게 된다. 우리나라에서는 주로 민물고기를 이용한 매운탕이나 추어탕에 많이 이용된다.

⑥ 구이

일반적으로 지방의 함량이 높은 생선에 적당한 조리법으로 소금만을 이용한 소금구이나 양념을 함께 첨가하는 양념구이가 있다. 구이 조리법을 이용할 때 주의해야 할 것이 바로 생선의 열 응착성이다.

열 응착성이란 생선을 익히기 위해 가열하는 과정에서 냄비 또는 팬에 생선의 표면이 달라붙는 성질을 말한다. 열 응착성이 발생하는 이유는 생선의 단백질인 미오겐 때문이며 미오겐이 구성하던 펩타이드 결합이 가열하기 전에는 사슬로 연결된 원형의 형태로 존재하다가 열에 의해 펩타이드 결합이 끊어지게 되고 분자 표면에서 노출된 활성기가 냄비 또는 팬의 금속과 반응을 일으켜 달라붙어 생겨난다. 생선의 열 응착성을 방지하려면 냄비나 석쇠, 팬 등에 기름 막을 형성시키면 된다.

생선을 굽기 위한 도구로는 팬이나 석쇠, 오븐 등이 있으며 양념구이할 경우 양념을 태울 수 있으니 유장(참기름 1 : 간장 1)을 발라서 애벌구이한 뒤 양념장을 발라서 구우면 타지 않게 구울 수 있다. 생선 단백질의 경우 50~60℃ 전후에서 익기 시작하니 너무 강한 불에서 굽지 않는 것이 좋다.

⑦ 전과 튀김

생선의 경우 전을 부치기 위한 재료는 흰살생선이 적합하며 생선을 석 장 뜨기로 한 뒤 얇게 저며 편으로 만들어 전을 부친다. 편을 뜬 생선 살에 소금과 후추를 뿌려주는 데 소금은 생선 단백질의 수분을 적절하게 빼면서 단단하게 응고시키고 후추는 어취를 제거하는 역할을 한다. 하지만 소금을 너무 미리 뿌려두면 수분을 과하게 제거하게 되어 퍽퍽해질 수 있으니 조리 전 10~20분 전에 뿌려서 만드는 것이 좋다. 간을 해서 준비한 생선에 밀가루를 입힌 뒤 잘 털어주고 계란을 입혀 기름에 은근히 지져내면 단백질이 적절히 응고되며 형태가 잘 유지된 전을 만들 수 있다.

튀김은 튀김옷을 입히는 방법과 입히지 않고 그냥 튀기는 방법이 있다. 튀김옷을 입히지 않을 때는 작은 생선의 비늘과 내장만 제거하고 머리와 함께 뼈째 튀길 때 주로 이용되며 통째로 튀겨도 머리와 뼈가 연해져서 모두 섭취가 가능하다. 튀김옷을 입혀서 튀기면 수분의 증발을 막고 재료의 맛을 살려서 조리가 가능한데 튀김옷의 종류에는 묽은 반죽을 입혀서 튀겨내는 생선 프리터(fritter) 방식과 밀가루, 계란물, 빵가루를 입혀 튀겨내는 생선 커틀릿(cutlet) 방식이 있다. 프리터 방식은 흰살생선이나 오징어, 새우 등을 튀길 때 주로 이용되며 일본식 튀김과 서양식 튀김에 따라 튀김옷의 농도와 튀김 후 완성된 형태가 다르게 나타난다. 커틀릿 방식으로 튀긴 생선은 부드러운 생선 살 위에 빵가루가 갈색으로 갈변되고 바삭해지게 되어 좋은 향기와 식감이 특징이다. 주로 흰살생선과 새우 등을 많이 이용하며 젖은 빵가루나 마른 빵가루를 바꿔서 사용하기도 한다.

⑧ 탕

생선을 이용한 탕은 주로 락피쉬(rockfish) 계열 생선의 맛이 뛰어난데 그 이유는 머리가 큰 생선일수록 농후한 감칠맛을 가지고 있기 때문이다. 대구나 우럭, 민어 등이 여기에 해당하며 조기나 다른 생선들도 탕으로 조리가 가능하다. 생선뿐 아니라 조개, 낙지, 오징어, 꽃게, 홍합 등 패류 역시 국물을 이용한 탕 요리에 적합하다. 생선을 이용한 탕 요리에는 생선 살을 넣고 너무 오래 끓이지 않는 것이 좋으며 생선 살이 아닌 머리나 뼈의 경우는 오랜 시간 푹 끓여야 생선의 감칠맛을 끌어낼 수 있다.

⑨ 젓갈과 식해

삼면이 바다로 둘러싸인 우리나라는 다양한 해산물과 어패류가 많아 소금을 이용해 부패하지 않도록 절여 만든 젓갈이 다양하게 발달해 왔다. 젓갈에 이용되는 재료는 매우 다양해서 어패류를 통째로 절여 이용하거나 생선 살, 알, 내장 등을 짜게 절여 숙성시켜서 만든다. 젓갈에 사용되는 소금은 고염도 젓갈의 경우 14~20%, 저염도 젓갈의 경우 7~10% 정도를 사용하며 소금을 넣고 숙성되는 과정에서 염분에 의해 부패가 아닌 단백질이 가수분해되면서 유리아미노산, 핵산과 관련된 물질이 생기게 된다. 이 물질들로 인해 구수한 맛과 독특한 향미를 지니게 된 젓갈은 여러 형태로 사용되는데, 젓갈 자체를 양념해서 섭취하기도 하고 다른 요리의 부재료로서 감칠맛과 염도를 높여주기도 한다. 젓갈에 이용되는 재료는 멸치, 새우, 조기, 갈치, 황석어, 굴, 명란, 창난, 오징어, 조개 등 많은 해산물이 이용되며 숙성 후 끓여 액젓의 형태로 사용되는 경우도 많다.

식해 역시 생선을 숙성시켜 만드는데 소금만을 넣는 것이 아니라 소금과 고춧가루, 좁쌀, 무 등을 넣고 삭혀서 만드는 것이 특징이다. 식(食)해(醢)라는 뜻으로 곡식을 이용하고 어육을 사용해 만든 젓갈인 식해는 한국과 일본, 중국에서 주로 이용한다. 식해를 만들기 위한 곡식으로 좁쌀이나 찹쌀이 이용되며 소금과 생선, 고추, 마늘, 파, 무, 생강을 넣고 숙성시켜 만든다. 우리나라에서는 가자미식해, 도루묵식해, 북어식해, 연안식해 등이 유명하며 지역에 따라 다른 식해가 존재한다.

(2) 조리과정 중 어패류의 변화

어류의 단백질은 미오신, 트로포미오신, 액틴 등 근육의 근원섬유 단백질이 단백질 총량의 60~70%를 차지하고 구상 미오겐 등 근장단백질이 20~30% 그리고 육기질 단백질이 1~3% 정도로 구성되어 있다. 또한 어류의 근섬유는 육류나 가금류의 근섬유보다 짧으며 근절이 있고 근절은 다시 근막으로 둘러싸여 있다. 따라서 단백질이 연하고 생육에도 적절하며 물에 넣고 가열하면 생선 살이 쉽게 부서지고 연해지는 특징이 있다.

① 소금에 의한 변화

생선 살에 소금을 뿌리는 것은 간을 맞추는 것만이 아닌 생선 살의 질감을 바꿔준다.

적당량의 소금은 생선의 살을 단단하게 응고시키는 반면 과한 소금은 단백질의 변성과 수분의 손실을 줄 수 있다. 따라서 생선의 용도에 따라 소금의 양을 조절해야 하며 소금을 사용할 때도 소금을 직접 뿌리는 방법과 소금물을 이용하는 방법으로 나눌 수 있다. 소금을 직접 뿌리면 소량의 재료에 이용하기 편하고 소금물을 이용하면 공기의 접촉을 차단해서 산화를 방지할 수 있다.

구이를 위해 소금을 처리할 때 1~3%의 소금이 적당하다. 이는 생선의 간을 돕는 동시에 소금의 성분인 Cl⁻가 비린내와 결합해 용출되어 비린내를 일부 제거하는 효과도 있다.

사용하는 소금에 따라 어육단백질의 용출량은 다르게 나타나며 용출된 단백질 성분이 서로 엉겨붙으며 망상구조를 형성해 젤처럼 굳게 된다. 이러한 현상을 이용한 것이 바로 어묵의 제조다. 어묵은 어육에 3% 정도의 소금을 넣고 미오신과 액틴을 용출시켜서 액토미오신을 인위적으로 형성시킨 후 찌거나 기름에 튀겨서 만들게 된다.

◈ **소금 농도에 따른 어육단백질 변화**

소금 농도	어육단백질 변화
1% 이하(소금물)	단백질에서 미오겐이 용출되어 나온다. 미오겐의 양은 어육단백질의 20~30% 정도 용출된다.
2~6%	미오신과 액틴의 용출이 가장 활발하게 일어난다. 용출된 미오신과 액틴이 결합해 액틴미오신이 형성되며 점도가 증가해 졸이 된 후 방치하면 탄력 있는 젤로 변화된다. 일반적으로 어묵을 만들기 위해 3%의 소금이 이용된다.
15%	과한 소금양으로 인해 액토미오신의 결합이 저해되며 단백질은 소금에 의해 탈수되어 침전이 일어난다.

② 산에 의한 변화

어육단백질은 산에 의해 응고되어 단단해지고 동시에 살균효과도 일어난다. 우리나라에서는 홍어 무침에 식초를 넣거나 회무침에 식초를 넣어 균의 침입을 막고 생선의 식감을 높여준다. 일본에서는 10%가량의 소금에 생선을 절여 수분을 제거한 후 식초를 넣어 초절임하기도 하는데 주로 고등어와 같이 어취가 강하고 살이 쉽게 물러지는 생선을 횟감으로 사용하기 위해 이런 조리 방법을 이용한다. 식초나 산을 첨가한 생선 살은 표면이 하얗게 변성되며 굳어지게 되는데 이 과정에서 질감이 변하게 된다. 소금으로 먼저 절이는 이유는 소금에 절이지 않은 생선이 산에 반응하면 팽윤이 일어나지만, 소금에 절인 생선은 팽윤이 일어나지 않은 채 응고만 되기 때문이다.

③ 가열에 의한 변화

열을 가한 어육단백질은 변성이 일어나면서 근육의 수축, 질감의 변화, 색과 풍미의 변화 그리고 육즙이 용출되는 변화가 일어난다.

생선에는 불용성 단백질인 콜라겐이 존재하는데 주로 껍질과 근섬유를 둘러싼 형태로 존재한다. 이 콜라겐은 물에서 가열하면 처음에는 수축해 있다가 나중에는 수용성인 젤라틴으로 변해 용출된다. 콜라겐이 용출되는 시간이나 온도는 생선의 종류, 자라난 환경 등에 따라서 다양하며 따뜻한 바다에 서식하는 생선은 50~60℃, 차가운 바다에 서식하는 생선은 38~40℃에서 용출된다. 그 때문에 생선의 콜라겐을 용출시키기 위한 온도는 높은 온도가 아니어도 쉽게 용출이 된다.

어육단백질이 가열되면 일어나는 또 다른 변화는 질감이다. 근육단백질은 가열에 의해 수축이 일어나고 수분이 빠져나오면서 단단해지고 중량이 줄어들게 된다. 가열에 의해 수분이 감소되는 정도는 선도가 좋을수록 적으며 평균적으로 생선류는 15~20%, 낙지, 문어, 오징어와 같은 연체류는 35~40%가 일어난다. 일반적으로 흰살생선이 붉은 살 생선보다 근육이 응고된 후 경도가 낮아 더 부드럽게 느껴진다. 가열하는 온도의 변화에 따라 질감의 변화도 커지는데 높은 온도에서 조리할수록 경도는 높아지게 된다. 생선의 가열온도와 근섬유의 경도를 살펴보면 다음의 표와 같다.

◈ **어육단백질의 가열에 따른 경도변화**

온도변화	경도변화
0~30℃	생선을 가열하기 전 부드러운 상태로 중간 정도의 경도를 지니고 있다.
30~50℃	가열을 시작하고 오히려 경도가 낮아지면서 더욱 부드러운 질감으로 변화된다. 생어육보다 더 부드러운 상태로 바뀐다.
50~100℃	다시 경도가 높아지게 되면서 단단해지고 쉽게 부서지는 형태로 변화된다.

④ 어육단백질 수축과 육즙의 용출 관계

가열에 의해 생선 살은 단단해지며 보수성이 낮아지게 된다. 이 과정에서 육즙이 용출되기 시작하는데 45~50℃가 되면 근섬유 단백질이 응고되기 시작하며 응고가 일어나지 않은 근장단백질이 수분과 함께 용출되기 시작된다. 더 가열할수록 어육의 표면에 부착되기도 하고 조리 중인 육수에 용출되며 응고되기도 한다.

열에 의해 어육단백질에서 추출되는 성분은 유리아미노산, 저분자 질소화합물, 뉴클레오타이드 등이며 주로 붉은 살 생선에서 더 많이 용출된다. 흰살생선의 경우 어육단백질 100g당 240~400mg, 붉은 살 생선의 경우 어육단백질 100g당 500~800mg이 용출된다. 참치나 가다랑어의 포를 이용한 육수를 많이 이용하는 이유가 여기에 있다. 어육단백질에서 용출되는 감칠맛의 성분은 히스티딘, 타우린, 아미노산의 일종인 글리신, 알라닌 그리고 라이신 등이 있다. 또한 패류와 연체류, 갑각류에는 어육보다 아미노산과 베타인이 많이 함유되어 있다. 생선의 종류에 따라서 추출물이 다른데 흰살생선에는 타우린이 많고 참치, 가다랑어에는 히스티딘이 많다. 또한 새우는 글리신이 많이 함유되어 있으며 오징어에는 타우린과 프롤린이 다량 함유되어 있다.

국물 요리에 어패류를 이용하는 방법으로 국물을 주로 이용하려면 찬물에 넣고 천천히 용출시켜야 맛이 좋아지지만, 재료의 맛을 살리려면 뜨거운 육수나 양념에 생선을 넣고 단시간에 끓여내야 고유의 맛을 낼 수 있다.

⑤ 연체류의 근육조직

오징어, 갑오징어, 무늬오징어와 같은 오징어류의 근육조직은 근섬유 발달 방향이 가로로 되어 있다. 또한 오징어는 껍질이 붙어 있는 바깥의 표피층과 색소층, 다핵층, 진피층의 4층으로 이루어져 있고 내장과 맞닿아 있는 진피층만이 세로방향의 섬유 결을 갖고 있다.

이런 오징어의 근육 형태로 인해 오징어의 가장 안쪽인 진피층에 칼집을 넣고 자르면 동그랗게 말리는 현상이 나타나는 것이다. 다만 근섬유의 방향을 고려해 자르는 모양과 형태를 조절할 수 있다.

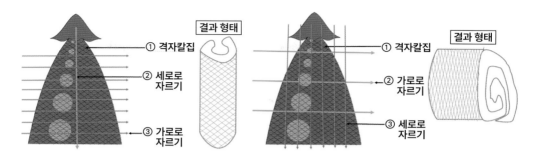

오징어 손질방법

5) 생선의 저장법

(1) 냉장

선도가 좋은 생선은 바로 조리하는 것이 가장 좋지만 바로 조리가 어렵다면 냉장 보관 후 가능한 한 빠르게 조리해서 섭취해야 한다. 1~2일 이상 보관할 경우 냉장이 아닌 냉동으로 보관하는 것이 좋고 냉장 보관 시 해동지 또는 키친타월을 이용해 생선에서 나오는 수분을 흡수시켜 주어야 한다. 해동지로 감산 생선은 가능한 공기와 접촉하지 않고 어취가 다른 재료에 옮겨지지 않도록 랩으로 다시 밀봉해 보관하면 이취를 예방할 수 있으며 진공으로 포장하면 보관기간을 더 늘릴 수 있다.

(2) 냉동

냉동 어류는 구입할 때 단단하게 언 재료를 구입하고 상처가 없는 재료로 구매해야 한다. 냉동상태 온도는 −18°C 이하로 보관하는 것이 좋고 최장 6개월의 보관기간을 넘기지 않도록 한다. 냉동된 생선의 해동은 유수 해동이나 냉장 해동이 가장 좋고 해동시킨 후 수분을 제거하고 조리해야 어취가 많이 발생하지 않는다.

(3) 건조

어패류를 건조시킨 것은 장기간 보관이 가능하고 장거리를 이동할 수 있어 과거 보관시설이 좋지 않을 때부터 발달한 방법이다. 북어, 굴비, 멸치, 오징어, 홍합, 조개, 문어 등 다양한 어패류의 건조가 가능하며 건조하기 전 뜨거운 소금물로 살짝 데쳐 일

광건조를 시킨다. 건조시킨 어패류는 수분이 없어지고 감칠맛이 농축되어 더욱 진한 맛을 느낄 수 있는 장점이 있으며 건조 어패류를 조리하기 전 쌀뜨물에 하루 담가 조리하면 영양성분을 보존하고 맛을 내는 성분의 용출을 막을 수 있어 조리에 용이하다.

(4) 염장

젓갈과 다르게 생선의 염장은 생선에 소금을 쳐서 간이 배어들게 함으로써 부패를 예방하고 장기간 저장이 가능하게 만드는 것이다. 먼저 비늘을 제거하고 내장과 알 등의 부산물을 빼낸 후 소금물로 씻는다. 소금물로 씻으며 살균하고 소금물이 빠지면 먼저 아가미에 소금을 많이 뿌려주고 생선 살에도 넉넉히 소금을 뿌려 항아리에 켜켜이 쌓아 보관한다. 이틀 후 수분이 빠진 생선을 꺼내 마른 항아리에 담아 저장하고 이후 조리할 때 염분의 양에 따라 그냥 조리하거나 물에 세척해서 조리한다. 저장을 위한 기간에 따라 소금의 양은 다르며 이처럼 소금에 염장한 생선을 '자반'이라고 하는데 자반 고등어, 자반갈치, 자반삼치, 자반가자미 등이 있다. 조기를 절였다 말리면 굴비, 민어를 절였다 말리면 암치와 같이 다른 이름으로 부르기도 한다.

생선을 숙성시키다(Fish Dry Aging)

앞장의 육류에서 우리는 고기를 숙성하는 과정에 대해 학습했다. 닭고기와 양고기, 소고기와 돼지고기 등을 숙성함으로써 고기의 불필요한 수분을 제거하고 지방을 고루 분포시켜 고기가 가진 맛과 향을 높이는 방법이 바로 고기의 숙성이다.

그런데 비단 육류와 가금류뿐만 아니라 생선과 해산물 또한 건식숙성과 습식숙성이 가능하다. 사실 예부터 사람들은 생선을 숙성시켜서 섭취해 왔다. 의도한 바는 아니었으나 생선을 오랜 기간 보관해서 오래도록 섭취하고 싶다는 욕구와 먼 거리를 운반하기 위해 가장 손쉽게 이용할 수 있던 방식이 바로 '건조'였다. 그런데 건조 과정 중 잘못 관리하면 변질할 수 있는 생선이 오히려 감칠맛이 뛰어나게 된다는 것을 발견하게 되었고 이를 이용해 삭힌 홍어나 보리굴비와 같은 독특한 식재료가 탄생할 수 있었다.

이러한 원리를 이용해 최근에는 생선을 적정 온도와 습도로 숙성시켜 맛을 끌어올릴 방법을 연구 개발하였고 생선의 종류에 따라 차별화된 온도 습도를 적용해 생선을 숙성하는 방법이 개발되었다.

건식숙성뿐 아니라 습식숙성을 거친 숙성된 회를 3~5일이 지난 뒤에도 맛볼 수 있는 방식도 개발되었다. 습식숙성을 위해서는 먼저 생선의 신경을 끊어내어 선도를 유지하고, 생선의 동맥 혈관에 주사기 형태의 관을 사용하여 강한 수압으로 생선에 남은 피를 모두 제거하는 과정이

필요하다. 이 과정으로 생선에 남은 피를 모두 제거한 후 비늘을 제거해서 진공 팩에 포장해 1~4℃의 온도를 유지하는 찬물에 담가 숙성을 진행해야 한다.

두 가지 숙성법 모두 전처리 과정에서 균에 의한 오염을 가장 조심해야 하며 위생적인 전처리 과정이 지켜져야만 올바르게 생선을 숙성시킬 수 있다. 생선의 종류는 다양하고 크기도 조금씩 다르기 때문에 생선의 크기와 중량에 따라 알맞은 숙성 조건을 만드는 것이 매우 중요하다.

(11) 달걀

달걀의 생물학적 특성

달걀은 노른자, 흰자, 막, 껍데기가 주 구성요소이며 흰자는 노른자와 그 속의 생식세포를 물리적·화학적 요소에서 보호하는 역할과 단백질 공급 및 수분공급을 하며 노른자는 지방, 단백질, 비타민, 미네랄이 매우 풍부하게 구성되어 있다.

1) 달걀이 만들어지는 과정

달걀이 생산되는 과정을 단계적으로 이야기하면 노른자 만들기 → 흰자 만들기 → 막 & 수분 → 껍데기·만들기의 단계로 정의할 수 있다.

(1) 노른자 생성

암탉이 자라게 되면서 생식세포들 또한 커져서 2~3개월이 지나면 세포를 둘러싼 얇은 막 속에 하얀색의 원시 노른자 즉, 백색 난황이 생기게 된다. 이후 4~6개월이 지나고 알을 낳을 시기가 된 암탉의 난세포들은 성숙하게 되며, 완전히 성숙 되기까지 약 10주 정도가 걸린다. 이 10주 동안 생식세포들은 급하게 지방과 단백질로 이뤄진 노른자를 축적하는데 이 단백질과 지방은 닭의 간에서 합성을 통해 만들어진다. 특히 노른자의 생산과정에서 노른자의 색을 결정하는 것은 닭의 모이에 들어 있는 색소로 옥수수나 알팔파가 많이 함유된 모이의 경우 노른자가 짙은 노란색이 나타나게 만든다. 최종적으로 노른자가 병아리로 부화되기 위해 필요한 시간은 21일이며 이때 양분을 포함하고 있어야 하기에 생식세포가 작게 보일 정도로 크게 자라나게 된다.

(2) 흰자 생성

달걀의 노른자가 안전하게 보관될 곳인 나머지 부분은 총 25시간 동안 만들어지게 되는데 난소에서 완성된 노른자를 방출시키는 과정에서부터 시작된다. 노른자는 깔때기처럼 생긴 모양의 난관 입구에 몰려 있는 상태로 있다가 저장되어 있던 정자와 결합하게 된다. 이 과정에서 정자가 결합되면 유정란, 그렇지 못하면 무정란이 되며 결합된 노른자는 2~3시간 정도에 걸쳐 난관 위쪽으로 천천히 이동하게 된다. 노른자가 올라가는 동안 난관의 내벽에서 단백질 분비 세포로 막을 씌워주고 그 위에 흰자가 더해져 노른자를 감싸게 된다. 이 흰자는 '알부민'이라고 불리는데 노른자를 겹겹이 쌓을 때 농도가 짙은 층과 묽은 층이 엇갈리며 쌓이게 된다. 쌓여가는 과정 중 첫 번째로 농도가 짙은 단백질층에서 노른자를 고정시켜 주는 '난대'를 형성한다. 이 난대는 노른자의 양끝에서 껍데기와 고정장치 역할을 하며 노른자가 가운데서 떠 있을 수 있도록 해주는 역할을 한다.

(3) 막 & 수분 생성

노른자를 알부민 단백질이 모두 감싸면 이 난관을 2개의 단단한 단백질 막이 다시에워싼다. 이 단백질막은 항균 단백질막으로 노른자를 에워싸는데 1시간 정도의 시간이 소요된다. 또한 이 단백질막은 한쪽에는 붙어 있고 한쪽에는 껍질과 떨어져 있는데 이 떨어진 곳이 공기주머니가 된다. 이를 '기공'이라고 부르는데 이 기공이 바로 추후 병아리가 태어날 때 가장 처음 마시는 공기가 들어 있는 주머니이다. 여기까지 만들어진 달걀은 '껍데기샘'이라고 불리는 5cm 길이 자궁 속에서 19~20시간 동안 시간을 보낸다. 그중 5시간에 걸쳐 자궁벽 세포들이 소금과 수분을 막 너머의 알부민에 집어넣으며 달걀의 부피를 최대한으로 부풀리게 된다. 부풀려진 막은 팽팽해지고 이때 자궁 내벽으로부터 탄산칼슘과 단백질이 분비되면서 달걀의 껍데기를 형성시킨다. 이 과정이 총 14시간 정도 소요되기 때문에 자궁 속에서 총 19~20시간 동안 머물며 달걀의 마지막이 완성되는 것이다. 껍질은 배아에 산소를 공급하기 위해 구멍이 뚫려 있게 된다. 구멍의 개수는 약 1만 개 정도로 눈에 보이지 않을 정도로 미세하게 뚫려 있으며 이 구멍들은 대부분 뭉툭한 부분에 몰려 있게 된다. 이 때문에 달걀을 보관할 때 뾰족한 부분이 아래로 가게 보관하는 것이 올바른 보관방법이다.

(4) 껍데기 생성

달걀이 만들어지는 최종단계는 단백질로 구성된 얇은 껍데기를 만드는 과정이다. 이 막은 처음에는 수분이 유실되는 것을 방지하고 박테리아의 침투를 억제하기 위해 구멍을 차단시키지만 이후 차츰차츰 산소를 공급시켜 주기 위해 틈을 만들게 된다. 달걀의 껍데기 색이 다양한 이유는 이 과정에서 어미 닭의 유전적 배경이 어떠한가에 의해 결정되기 때문이다. 달걀껍질의 색은 맛이나 영양적 가치와는 관계가 전혀 없고 품종에 의해 영향을 받게 된다. 달걀 껍질의 색까지 완성된 달걀은 난소에서 노른자가 만들어진 뒤 25시간 만에 알의 뭉툭한 부분이 먼저 나오게 되며 닭의 체온(41℃)과 온도가 같던 달걀은 온도가 식으면 부피가 조금 줄어들고 부피가 줄어들면서 뭉툭한 부분 내부의 내막과 외막이 껍데기 속에서 떨어지며 공기주머니가 만들어지게 되는 것이다. 달걀 속 기공의 크기는 달걀의 신선도를 보여주는 지표로도 활용된다.

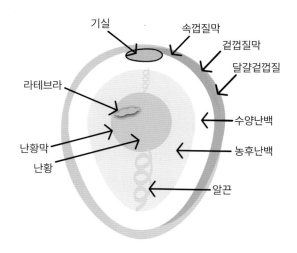

달걀의 구조

2) 달걀의 구조 및 주요 성분

(1) 노른자의 구조와 성분

노른자의 무게는 총 달걀 무게의 1/3을 차지하고 영양소가 가장 풍부한 부분이다. 달걀의 전체 칼로리 중 3/4에 해당하는 영양소가 노른자에 포함되어 있으며 철/티아민/비타민 A의 영양소가 주를 이루고 있다. 특히 노른자의 색을 보이는 색소는 크산토필(Xanthophyll)로 옥수수 사료와 알팔파에서 주로 섭취한다. 일부 달걀 생산업자의 경우 노른자의 색을 진하게 만들기 위해 메리골드(천수국, 국화과 식물) 꽃잎이나 첨가물을 사료에 넣기도 한다.

노른자를 요리에 사용하는 과정에서 노른자의 미세성분으로 인해 요리를 망치게 되는 경우도 있는데 바로 전분의 가수분해효소인 아밀라아제 때문이다. 아밀라아제는 열에 매우 강하고 전분 소화능력이 뛰어난데 이 과정에서 고형화된 크림을 분해해서 부서지게 만들기도 한다.

그렇다면 노른자는 어떤 구조로 이뤄져 있을까? 일반적으로 달걀을 삶아서 익혀내면 노른자는 특유의 퍽퍽한 질감을 나타내며 굳어 있는 것을 볼 수 있다. 이는 노른자 안에 들어 있는 구체들은 하나하나가 유연성이 높은 막으로 둘러싸여 있으며 이 구체들이 개별적으로 굳으면서 퍽퍽한 느낌이 나게 되는 것이다. 즉, 노른자는 공 속에 또 다른 공이 들어 있는 것과 같은 구조를 갖고 있기 때문에 이러한 현상이 나타나는 것이다. 만일 익히기 전에 노른자를 터트리면 구체들이 마음대로 막에서 떨어져 움직이게 되어 온전하게 삶아냈을 때보다 알갱이가 덜 씹히게 된다.

여기서 이 알갱이들 속에 들어 있는 성분이 궁금해지는데 노른자에는 다양한 영양소나 지방이 들어 있다고 생각할 수 있으나 사실은 대부분 물이 차지하고 있으며 이 물속에 또 다른 작은 하위의 구체들이 들어 있다. 이 구체들 속에는 물이 들어 있고 구체의 바깥에는 알을 낳은 암탉의 혈액단백질이, 그리고 안에는 다량의 철분을 가두고 있는 인이 매우 풍부한 단백질이 녹아 들어가 있다. 마지막으로 이 물속에도 작은 하위 구체들이 떠다니는데 이 구체들은 네 종류의 분자로 구성되어 있다. 지방이 가운데 자리 잡고 그 주위에 단백질과 인지질, 콜레스테롤이 둘러싼 형태를 띠고 있다. 여기서 인지질이란 물과 지방 사이에 있는 혼성 매개물로서 달걀에 포함된 레시틴이 바로 그것이다.

이 하위 구체가 바로 LDL이라 부르는 '저밀도 지질단백질'이며, 건강을 측정할 때 콜레스테롤 수치를 확인하는 입자와 같은 성질을 띠고 있다.

정리하자면 달걀노른자는 노른자에 함유된 물과 물에 떠다니는 단백질 그리고 단백질과 지방, 콜레스테롤, 레시틴 덩어리를 함유한 물주머니라고 정리할 수 있다. 이 덩어리들로 인해 노른자는 영양 보강제 역할과 유화제의 역할이 가능한 것이다.

(2) 흰자의 구조와 성분

흰자는 달걀에서 껍데기를 제외한 총무게의 2/3를 차지하고 있으며 약 90%가 물로 구성되어 있다. 물 이외의 나머지는 단백질로 이뤄져 있으며 소량의 미네랄과 지방질, 비타민(날 흰자가 약간의 푸르스름한 빛을 띠는 이유는 리보플라빈 때문이다), 글루코스가 함유되어 있다. 글루코스는 노른자의 배아가 발달하기 위한 중요한 역할을 하는 성분으로 흰자가 피단의 갈색으로 변하게 만들기도 한다.

달걀에서 흰자가 하는 주된 역할 중 하나가 발달 중인 배아로 단백질과 물을 공급하는 것이다. 흰자 단백질은 다양한 종류의 단백질로 구성되는데 이 단백질은 아래의 표와 같이 여러 가지 역할을 한다.

◈ **난백 단백질의 종류**

달걀 흰자의 단백질			
단백질	총 알부민 단백질의 비중	본래의 기능	식품명
오발부민	54	영양공급, 소화효소 차단	80°C까지 가열되면 굳음
오보트란스페린	12	철 결합	60°C까지 가열되면 굳음 거품을 만들면 굳음
오보뮤코이드	11	소화효소 차단	-
글로불린	8	막, 껍데기 틈을 막아줌	거품 형성을 도와줌
리소자임	3.5	박테리아 세포들을 소화하는 효소	75°C까지 가열되면 굳음 거품을 안정화함
오보뮤신	1.5	알부민을 걸쭉하게 만듦, 바이러스 억제	거품을 안정화함
아비딘	0.06	비타민 결합	-
기타	10	비타민 결합 / 소화효소 차단 등…	-

흰자의 다른 역할은 영양분이 풍부한 노른자를 노리는 미생물과 감염으로부터 보호해주는 것이다. 특히, 흰자에 포함된 단백질 중 오발부민, 오보뮤신 그리고 오보트란스페린 단백질의 경우 조리과정에서 매우 중요한 역할을 하기에 꼭 알아둘 필요가 있다.

① 오발부민(난백 알부민)

알부민 단백질 중 가장 많은 비중을 차지하며 정확한 본연의 기능이 어떤 것인지는 알려지지 않았으나 단백질 소화효소를 억제하는 역할을 하는 것으로 알려져 있다. 오발부민은 달걀을 익혔을 때 맛이나 질감, 색에 결정적 역할을 한다.

② 오보트란스페린

철 원자에 달라붙어 박테리아의 침범을 막아주는 역할을 하며 병아리의 몸으로 철을 운반하는 역할을 하기도 한다. 이 단백질은 달걀을 익힐 때 가장 먼저 열에 반응하여 응고되기 때문에 달걀을 익히는 온도를 결정하기도 한다. 달걀을 익히는 과정에서 달걀 흰자만 익힐 때보다 달걀 전체를 익히려면 더욱 높은 열을 가해야 한다. 그 이유는 오보트란스페린이 노른자에 함유된 다량의 철과 결합되어 안정되어 있으므로 열에 잘 응고되지 않는 것이다. 또한 오보트란스페린은 금속에 달라붙을 때 색이 변하는 특성이 있는데 달걀의 흰자를 놋쇠그릇에 넣어 휘핑할 경우 색이 금빛으로 변하게 되는 것 또한 이런 이유 때문이다. 이런 성질을 이용해 달걀 흰자를 이용한 거품을 치는데 철 보충제를 곱게 갈아서 넣으면 분홍색의 거품을 만들 수 있다.

③ 오보뮤신

알부민 단백질의 2%가 채 되지 않지만 달걀의 선도와 요리에 매우 큰 영향을 미치는 단백질이다. 이 단백질은 흰자 중 농도가 짙은 단백질을 더 짙게 만들어(묽은 단백질 농도의 40배 정도 짙게 만듦) 달걀 프라이 또는 수란이나 에그베네딕트를 만들 때 단단하고 예쁘게 하는 역할을 한다. 달걀 흰자를 강한 불에서 익히고 단면을 찢어 확인해 보면 적층구조가 형성되어 있는 것을 알 수 있는데 이 적층구조가 달걀 속 미생물의 침범을 막아주게 된다. 오보뮤신은 시간이 지날수록 흰자 속에서 해체되는데 이렇게 해체된 흰자는 묽어지게 된다. 이렇게 되면 요리에 사용하기에는 적합하지 않게 된다.

쉬어가기

달걀 알러지

달걀의 알러지 반응으로 많은 사람들이 힘들어하는데 알러지의 범인은 바로 단백질 성분인 오발부민 때문이다. 알러지 반응을 보이는 사람들의 경우 이들의 면역체계가 오발부민을 침입한 물질로 해석해 방어활동을 하게 되는데 이때 알러지 반응을 일으키며 심지어 쇼크반응으로 나타나기도 한다. 이런 이유로 달걀 흰자를 만 1세 이하의 아이들에게 먹이지 않도록 권고하고 있고 달걀 노른자의 경우에는 알러지 반응을 적게 일으키기 때문에 먹여도 된다고 알려져 있다.

유정란과 무정란

일부에서는 유정란이 무정란에 비해 영양가가 높고 좋다는 속설이 있는데 이는 사실이 아니다. 실제로 유정란과 무정란의 영양학적 차이는 전혀 없으며 달걀이 부화할 수 있는가와 없는가의 차이만 있다. 그렇다면 중국과 필리핀에서 먹는 2~3주 된 오리알을 먹는 경우를 살펴보면 혐오스러운 형태를 띠고 있지만 정력에 좋다는 속설이 있다. 실제로 정력에 영향이 있지는 않지만 알의 형태에서 가지고 있는 칼슘보다 배아가 발달시킨 알의 칼슘 함량이 더욱 많은 것은 사실이다.

3) 달걀의 품질과 보존

(1) 달걀의 품질

좋은 달걀이란 어떤 것인가? 우선 껍질이 단단하고 오염되지 않은 달걀, 노른자의 경우 밀도가 높으면서 노른자를 감싼 막이 튼튼해야 한다. 또한 흰자는 쉽게 흘러내리지 않는 농도가 높은 것이 신선하고 좋은 품질의 달걀이다. 그렇다면 좋은 달걀을 만들기 위한 조건에는 어떤 것이 있을까? 당연한 이야기일지 모르지만 좋은 암탉이 생산하는 달걀이 품질이 좋다. 암탉의 산란기가 끝날 때가 되어 생산하는 달걀은 껍데기와 흰자의 질이 떨어지게 된다. 이 시기는 먹이를 제한함으로써 조절할 수 있는데, 이때 암탉은 털갈이를 하며 생체시계를 임의로 조절한다. 또한 먹이에서 달걀 맛을 떨어뜨리는 먹이를 제한하고 영양분이 풍부한 먹이를 주며 달걀 수거 후 관리를 잘하는 것 또한 품질에 중요한 요소다. 마지막으로 달걀의 품질은 수거한 뒤 시간이 오래되지 않아야 한다.

◈ **달걀의 등급판정**

달걀의 경우 품질의 차별화를 희망하는 업체의 달걀에 한해 등급판정을 실시함
표보추출된 달걀을 '외관판정', '투광판정', '할란판정'을 통해 1+, 1, 2등급으로 구분함

		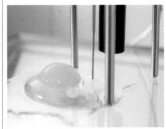
외관판정	투광판정	할란판정

품질상태에 따른 달걀

	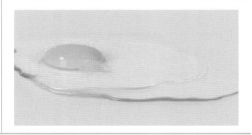

자료: 축산물품질평가원(https://www.ekape.or.kr/)

(2) 달걀의 규격

국내에서는 왕란, 특란, 대란, 중란, 소란의 5개 기준으로 품질을 분류하며 각각의 기준에 따라 8g의 차이를 가진다. 이후 품질 등급을 외관과 투광, 할란 판정을 통해 1^+, 1, 2 세 등급으로 나누지만 유통기한과 최근의 달걀을 고르는 것이 가장 좋다. 달걀 표면에 찍힌 산란 일자를 보고 판단하면 되는데 난각에 찍힌 10자리 숫자와 알파벳 중 앞의 4자리가 바로 산란 일자를 뜻하고 뒤에 연속으로 찍힌 숫자와 알파벳은 생산농장 고유번호, 사육환경번호를 나타낸다. 또한 포장 용기에는 달걀의 품질 등급과 중량규격 그리고 등급판정일, 유통기한 등이 상세하게 표기되어 있으니 참고하면 좋다.

◈ **달걀의 중량규격**

구분	왕란	특란	대란	중란	소란
중량	68g 이상	68~60g 이상	60g 미만~ 52g 이상	52g 미만~ 44g 이상	44g 미만

품질등급	중량규격
1⁺등급	왕란
	특란
	대란
	중란
	소란
등급판정일:	
축산물품질평가원	

자료: 축산물품질평가원(https://www.ekape.or.kr/)

달걀의 등급표시

(3) 달걀의 품질 저하요인

달걀의 품질을 저하시키는 요인들도 있는데 달걀은 동물성 식품 중에서도 서늘한 곳에 보관할 경우 몇 주 동안 먹을 수 있는 상태를 유지할 수 있다. 하지만 암탉에서 나온 뒤 화학적 변화가 일어나기 시작하면서 점차 산성에서 알칼리성으로 변하게 된다. 이런 현상은 달걀이 함유한 이산화탄소로 인해 발생하는데, 처음 흰자와 노른자에 녹아 있던 이산화탄소는 탄산의 형태를 취하고 있다가 점차 기체 형태로 바뀌며 껍데기의 구멍을 통해서 빠져나가기 시작한다. pH 기준으로 노른자의 경우 약산성인 6.0에서 6.6까지 올라가고 알부민의 경우 약알칼리인 7.7에서 강알칼리인 9.2 아니면 그 이상으로 올라가기도 한다. 흰자가 알칼리성으로 변하면 눈으로도 보이는 변화가 있는데 처음 pH 7.7의 상태에서는 빛을 굴절시킬 수 있을 정도의 큰 덩어리로 뭉쳐 있고 탁한 흰색을 보이다가 점차 맑아지면서 농도도 쉽게 흘러내리는 형태를 보이게 된다. 이렇게 되면 알부민의 농도가 짙은 층과 묽은 층의 구분이 약해지면서 처음 6:4 비율에서 5:5 비율로 떨어지게 된다. 노른자 또한 시간이 지날수록 알칼리성이 강해지면서 흰자의 수분이 노른자의 막을 침투해 들어가 묽어지는 현상을 보이게 된다. 이처럼 달걀의 선도는 매우 중요한데 선도를 확인하기 가장 좋은 방법이 바로 물에 띄워 판별하는 것이다. 달걀은 냉장 보관 또는 기름을 발라 보관하더라도 달걀껍데기에 있는 미세한 구멍을 통해 수분의 손실이 일어난다. 이 수분의 유실이 많아질수록 달걀의 비중은 낮아지고 기공은 커지면서 물에 뜨게 된다. 실제 신선한 달걀의 기공은 깊이가 3mm가 채 되지 않지만 수분 유실로 인해 점차 기공이 커지게 된다. 또한 알칼리성으로 변한 알부민 단백질은 침투하는 박테리아와 곰팡이를 예방하기 점차 어려워지게 되며 이는 곧 달걀의 신선도 저하로 연결된다.

(4) 달걀의 보존

달걀이 암탉의 항문에서 나오는 만큼 달걀의 겉에는 수천 마리의 박테리아가 붙어 있을 수밖에 없다. 그런 만큼 달걀이 생산된 이후 위생적인 처리가 필요한데 우선 암탉이 알을 낳은 후 가능한 빠르게 수거하여 온도를 식힌다. 이후 미국의 경우 따뜻한 물과 세제를 이용해 박테리아를 씻어내는 작업을 한다. 장거리 운송을 하는 경우는 이 과정을 거친 뒤 미네랄 오일로 코팅하기도 하지만 오랜 시간 운송하지 않을 경우는 시행되지 않는다.

① 냉장법

달걀을 가정에서 보관하는 가장 좋은 방법은 차게 보관하는 방법이다(실온에서 하루에 일어날 변화가 냉장온도에서는 4일이 지나야 발생됨). 일반적으로 0~5℃, 습도는 80~85%의 환경에서 저장하고 수분의 유실을 줄이기 위해 밀폐용기에 보관하는 것이 좋으며 가능한 빨리 사용할 것을 추천한다. 특히 냉장고에 보관하다가 꺼내면 공기에 있던 습기가 달걀 표면에 응결수로 다시 부착하게 될 가능성이 높고 이 과정에서 수분이 기공을 통해 달걀로 침투할 수 있다. 기공을 통해 들어가는 수분에는 세균이 많이 포함되어 있기 때문에 달걀의 품질을 저하시킬 수 있으므로 가급적 자주 넣었다 빼는 행동을 반복하는 것은 피하는 게 좋다.

② 액체 냉장법

달걀을 액체 상태인 전란이나 난황, 난백에 살균 처리한 뒤 냉장 상태로 유통하는 방법인데 저장 보관기간이 길지 않기 때문에 빨리 소비해야 하는 단점이 있다.

③ 냉동법

달걀을 얼리는 방법도 있다. 달걀을 냉동하기 위해서는 껍데기를 제거해야 한다. 껍데기는 얼어서 터질 수 있기 때문이다. 깬 달걀의 흰자와 노른자를 분리한 뒤 살균처리하고 −20~−30℃ 온도로 급랭시킨다. 밀폐용기에 담고 팽창하면 커질 공간여백을 준 후 냉동상(동결건조에 의한 표면변화)을 입지 않도록 랩으로 표면을 감싸야 한다. 흰자와 노른자는 얼렸을 때 많은 차이를 보인다. 흰자는 얼린 뒤 해동시켜도 거품을 내는 능력이 아주 약간만 떨어진다. 하지만 노른자나 섞어놓은 달걀을 냉동하기 위해서는 별도의 조치가 필요하다. 한번 냉동된 달걀은 해동해도 페이스트 정도의 농도만을 보이게 되고 다른 재료와 잘 어우러지지도 않는다. 따라서 노른자에 소금이나 설탕, 산과 섞어 냉동시키면 노른자의 단백질이 덩어리지는 것을 방지할 수 있고 해동한 뒤에도 다른 재료와 잘 섞일 수 있게 된다. 노른자 1/2리터당 소금 5g, 설탕 15g이나 레몬주스 60ml 정도를 첨가하면 되며 섞은 달걀을 냉동할 경우는 이 양의 절반만 넣으면 된다.

🔵 쉬 어 가 기

살모넬라균

살모넬라균은 날달걀 또는 덜 익힌 달걀로 인해 생기는 식중독균으로 설사와 함께 신체기관의 만성 감염을 유발하기도 하는 위험한 균이며 깨끗해 보이는 A급 달걀에도 많은 수의 살모넬라균이 있음이 확인되었다. 현재는 많은 예방 수단으로 인해 살모넬라균에 오염된 달걀의 유포가 줄어들었으나 아직도 완전히 사라지지 않고 있다. 살모넬라균은 특히 영유아, 노인과 같이 면역력이 저하된 사람들이 조심해야 한다. 살모넬라균을 없애기 위한 방법은 냉장 보관된 달걀의 구입, 구입 후 냉장보관 그리고 살모넬라균을 완전히 살균할 수 있을 만큼 충분히 가열하는 방법이 있다. 최소 60℃에서 5분 이상 또는 70℃에서 1분 이상 익혀주는 것이 좋다. 껍데기 통째로 파스퇴르살균 처리한 달걀이나 액상 달걀, 건조 달걀 흰자는 살모넬라균으로부터 안전할 수 있는 대안이다. 다만 살모넬라균으로부터 안전할 수는 있지만 거품을 만들거나 유화제의 기능을 하는 데 있어 신선한 달걀에 비해 손실이 생길 수밖에 없으며 가열, 건조를 통해 부드러운 달걀 맛이 어느 정도 변하는 것 역시 피할 수 없다.

4) 달걀의 조리 특성

응고성

달걀의 응고 과정은 요리에서 사용되는 마술이라고 할 수 있다. 영양적으로도 매우 우수할 뿐 아니라 조리에 사용되는 가공성까지 뛰어난 식품으로 이용 가치가 매우 높다. 흘러내리던 액체에 열을 가함으로써 굳어 고체가 되는 마술은 달걀에서만 볼 수 있는 능력이다. 이처럼 달걀의 단백질이 열에 의해 응고되는 것은 단백질이 가지고 있는 구조적 특성 때문이다.

(1) 응고성

① 열 = 달걀 단백질의 구조

달걀의 흰자와 노른자는 모두 액상의 유동체다. 이 단백질 덩어리가 유동체인 이유는 달걀에 있는 알부민이 단백질 분자를 감싼 물주머니이며 이 물 분자 수가 단백질보다 1,000배 이상 많기 때문이다. 단백질 분자를 살펴보면 긴 사슬 형태를 띤 수천 개의 원자로 구성되어 있고 사슬 형태로 연결되어 있어 단단한 덩어리 형태를 유지하고 있다. 달걀 흰자의 분자는 대부분 음전하를(-) 띠고 있고 서로 밀어내는 형태를 보이는 반면 노른자는 일부 단백질에서는 밀어내는 형태를, 일부 단백질에서는 지방과 단백질이 서로 끌어당겨 복합체 형태를 띠고 있다. 때문에 알부민 단백질은 조밀한 형태로 떨어져서 물속에 떠다니고 있다. 이 단백질에 열을 가하면 속에 있는 분자들의 움직임이 빨라지게 되고 서로 강하게 충돌하면서 사슬 형태의 결합이 파괴된다. 사슬 구조의 연결 형태가 파괴된 단백질들은 다시 3차원 그물조직으로 결합이 이루어지게 되면서 단단해지는데 이 단백질 안에는 여전히 많은 물이 포함되어 있다. 하지만 단단한 단백질 그물에 갇힌 물은 더이상 흐르지 못하고 물기를 머금은 단백질 고체로 변하게 되는 것이다. 열을 가하는 방법이나 소금, 산을 첨가하는 방법, 저어서 거품을 내는 방법 또한 이 원리와 같다. 특히 산과 열을 함께 사용하거나 다른 방법의 조합을 통해 단백질의 질감을 거친 것 또는 섬세한 것, 건조한 것이나 축축한 것, 퍽퍽한 것이나 쫄깃한 것 등의 다양한 질감과 모양을 만들 수도 있다.

② 첨가물

달걀은 소금, 레몬주스, 설탕, 크림, 우유 등 다양한 재료들과 조합해서 사용하는 경우가 많고 그만큼 조화가 잘 되는 재료다. 다른 액상 재료와 섞인 달걀은 응고되기 시작하는 온도가 높아진다. 달걀 이외의 물 분자가 단백질 분자를 둘러싸기 때문에 단백질 분자가 열에 의해 응고되려고 다른 단백질과 붙으려면 더욱 빠르게 움직여야 하기 때문이다. 이런 이유로 설탕을 첨가한 달걀 역시 응고 온도가 상승하게 되는데 달걀 1개에 설탕 1T를 넣게 되면 단백질 1개에 설탕의 분자 수천 개가 둘러싸게 된다. 또한 설탕 1T와 우유 1C, 달걀 1개를 섞은 커스터드 믹스의 경우 본래 달걀의 응고 온도보다 높은 78~80°C가 되어야 응고가 시작된다. 거기에 단백질이 가진 그물 형태의 조직이 더 큰 부피로 팽창되기 때문에(달걀 1개의 단백질이 액체 3스푼을 감당해야 했다면 섞인 액체로 인해 20스푼의 액체를 감당해야 하기 때문이다.) 섬세함과는 거리가 있고 조금만 오버쿡(over cook)돼도 엉망이 된다.

산과 소금을 달걀과 섞으면 달걀을 더욱 거친 질감으로 만든다는 얘기가 있다. 하지만 이것은 사실과 다르다. 산이나 소금을 달걀과 섞으면 달걀을 더욱 낮은 온도에서 굳도록 만들고 기존보다 연한 질감이 나타나게 만든다. 이런 현상이 가능한 이유는 앞서 알부민 단백질이 음(−)전하를 띠고 있다고 설명한 현상과 관계가 있다. 음전하를 띠고 있는 단백질들은 서로 일정한 거리를 유지하려는 성질을 갖고 있는데 산(주석산이나 레몬주스, 산이 첨가된 과일주스 등)이 첨가되면 달걀의 pH 수치가 낮아지면서 단백질의 음전하들이 서로 밀어내는 현상을 감소시켜 주게 된다. 또한 소금이 달걀에 섞이면 소금 속에 있던 양(+)이온과 음(−)이온이 분리되고 음전하를 띠고 있던 단백질에 서로 달라붙어 음전하의 성질을 상쇄시키게 된다. 두 가지 현상 모두 단백질 분자들이 서로 강하게 밀어내지 못하도록 방해하는 역할을 하여 열을 가한 시점에도 단백질들이 서로 붙기는 하지만 강한 결합은 방해하는 형태를 보인다. 이런 현상으로 달걀이 익어도 부드럽게 유지되는 것이다.

이 현상을 응용한 요리들로 모로코에서는 오랜 시간 익히는 달걀요리에 레몬주스를 넣어 익히는 요리나 달걀에 식초를 넣고 크림처럼 익힌 아랍식 스크램블(시큼한 향이 강할 것 같지만 달걀의 알칼리성이 시큼한 향이 나게 하는 자유 아세트산을 줄이기 때문에 역하지 않음) 등이 있다.

(2) 기포성

달걀을 젓는 과정에서 생기는 놀라운 일들이 있다. 대부분 '젓기'라는 과정을 통하면 기존에 존재하던 물리적인 구조를 파괴하는 일들이 많다. 반면 달걀은 '젓기'를 통해 기존에 없던 구조가 창조된다. 예를 들어 달걀 1개의 흰자를 거품기로 1분 남짓 저어주면 1컵을 가득히 채울 수 있는 하얀 거품을 얻을 수 있게 된다. 앞서  거품에 대해 언급했듯이 이 거품은 다른 재료와 섞거나 열을 가해서 조리하더라도 모양을 유지할 수 있기 때문에 수플레, 사바용, 무스 등에 꼭 필요한 중요한 재료로 여겨진다.

달걀이 거품을 쉽게 만들어낸다는 것은 과거부터 알고 있었고 다양한 방식으로 활용되어 왔고 본격적으로 흰자의 거품이 사용된 것은 17세기 초부터였다. 달걀 거품은 맥주의 거품이나 우유를 이용한 거품과 마찬가지로 액체와 기체의 혼합물로 액체에 기체가 들어 있는 형태다. 특히 달걀 거품의 경우 흰자가 얇은 필름처럼 펼쳐지면서 기포로 구성된 벽을 형성시키는데 이 기포벽의 구성에 따라 거품의 수명이 결정된다.

물에 거품이 생길 경우 표면에 강한 장력을 띠게 되고 분자들이 서로 강하게 끌어당겨서 금방 다시 물로 변해버리게 된다. 하지만 달걀은 속에 함유된 분자가 매우 다양하기 때문에 물의 표면장력을 감소시키고 물의 흐름성을 낮춰 기포가 오래 유지될 수 있게 도와준다. 즉, 달걀의 단백질과 구성성분이 물분자의 표면장력 및 물의 흐름을 저하시키기 때문에 기포가 생긴 거품을 다양한 요리에 활용할 수 있는 것이다.

① 달걀 거품의 안정화

달걀 거품을 만드는 방법은 물리적인 스트레스 즉, 휘핑을 통해 단백질이 풀리는 과정에 서로 결합하려는 현상을 이용한 것이다. 단단하게 결합된 단백질은 기포를 가두는 동시에 기포벽을 튼튼하게 만들게 된다. 거품을 만드는 과정에서 달걀에 가해지는 물리적 성질은 다음과 같다.

첫째, 거품기를 이용해 힘을 가한다. 거품기가 단백질 일부를 끌고 가면서 단백질 분자를 풀어주는 것이다.

둘째, 공기와 물은 다른 물리적인 환경을 갖고 있다. 따라서 흰자 속으로 공기를 끌어들이면 단백질을 불규칙한 모양으로 만드는 힘을 낸다. 이렇게 풀린 단백질 분자는 공기와 물이 만나는 지점에서 모이려는 현상을 보이게 되는데 물에 잘 붙는 속성을 가진 분자는 물속에 잠기고, 물에서 멀어지는 속성을 가진 분자는 공기 속에 붙게 된다. 이런 현상이 반복되고 응집되면서 단백질 그물조직이 기포의 벽으로 들어가게 되어 물과 공기 모두를 묶어두게 되는 것이다.

완성된 달걀 거품은 시간이 지나면 물이 빠져나오면서 기포가 꺼지게 되는데 기포가 꺼지기 전에 요리에 사용하려면 가능한 한 사용하기 직전에 거품을 만드는 것이 일반적이다. 이렇게 거품이 없어지기 전 거품을 강화시킬 수 있는 것이 바로 밀가루, 전분, 초콜릿, 젤라틴 등의 재료를 추가로 넣거나 열을 가해서 강하게 만드는 방법이다. 달걀 단백질의 대부분을 차지하는 성분인 오발부민의 경우 휘핑에 내성이 있어서 거품을 만드는 데 큰 영향을 주지는 않지만 열에 약하기 때문에 열을 가할 경우 응고성이 강하게 나타난다. 즉, 날달걀 거품을 익히면 오발부민에 의해 기포의 벽에 있는 단백질 강화제 성분이 2배로 늘어나게 되는 것이고 속에 있던 물 분자들은 증발하여 고형의 거품을 유지시킬 수 있게 된다.

② 달걀 거품의 불안정성

달걀 거품을 유지하는 성분이 단백질이지만 또 달걀 거품을 파괴하기도 한다. 거품이 만들어질 수 있는 최고상태까지 끌어올렸다가 조금 더 휘핑할 경우 자칫 거품이 거칠어지고 부피가 줄면서 마른 거품과 흘러내리는 액체로 분리되는 경우가 있다. 거품의 오버 휘핑이라고 할 수 있는데 이 현상은 과한 휘핑으로 단백질들이 끌어당기며 수분을 가두는 것을 넘어 너무 강하게 끌어당겨 중간에 갇힌 수분이 새어나가게 되는 경우다. 과학적으로 이야기하면 음전하 분자와 양전하 분자들의 결합, 물에 붙는 성질이 강한 분자들의 결합, 지방에 잘 흡착하는 단백질들의 결합, 황 집단들의 결합이라고 정리할 수 있고 이 현상들을 사전에 예방할 수 있는 방법 또한 존재한다.

첫째, 구리를 이용한 볼로 황 결합 차단하기

프랑스에서는 오랫동안 구리로 만든 볼에 달걀 거품을 만들어 사용해 왔다. 1771년에 실린 프랑스의 백과사전 삽화인 '파티시에르'를 살펴보면 한 소년이 페이스트리 조리과정 중 한쪽에서 짚으로 만든 거품기를 이용해 일하는 장면이 묘사되어 있는데 장면에 대한 설명에 "달걀 흰자를 젓는 구리볼"에 대한 내용을 확인할 수 있다. 이는 과학적으로도 증명되었는데 구리는 황 집단과 매우 강하게 결합하고자 하는 경향이 있으며 이 결합의 정도는 매우 강하기 때문에 황이 다른 물질과 반응하는 것을 원천적으로 봉쇄하게 된다. 즉, 달걀 흰자 거품에 구리가 일정부분 포함되면 단백질끼리 강하게 끌어당기는 것을 처음부터 막아줄 수 있게 된다. 구리로 된 그릇에서 젓는 방법 외에도 유리로 만든 볼에 달걀 흰자를 넣고 건강식품점에서 판매하는 구리가루를 미량 첨가하거나 은으로 도금된 볼에서 거품을 올려도 윤기가 나는 단단한 거품을 유지할 수 있다.

하지만 구리로 만든 볼은 가격이 매우 비싸고 위생상 관리가 쉽지 않다는 단점이 있다. 구리가루를 포함한 음식의 섭취에 대한 부분은 불안할 수도 있으나 달걀 거품 1컵에 들어가는 구리의 양은 하루 구리 섭취량의 1/10가량밖에 안 되니 안심해도 좋다.

둘째, 달걀에 적당한 양의 산을 첨가하기

금속의 사용 없이 달걀의 황에 반응을 조절할 수 있는 방법이 있다. 황은 황과 수소(S−H) 분자가 수소를 버린 뒤 황과 황(S−S)의 결합이 이뤄질 때 형성된다. 달걀 흰자에 산을 첨가하면 흰자 내에서 떠다니는 수소이온이 증가하게 되는데 수소이온이 증가해서 수가 많아지면 S−H 단백질 분자에서 수소가 떨어져 나가기가 어려워지고 S−S결합 또한 자연스레 늦춰지게 된다. 이 원리를 이용해 황의 반응속도를 조절할 수 있는 것이다. 적당한 산의 첨가량은 달걀 흰자 1개 기준 주석산염 0.5g이나 레몬주스 2ml가 적당하며 젓기 시작할 때 넣어야 효과를 잘 볼 수 있다. 이러한 방법을 통해 달걀 흰자 거품의 분리를 막을 수 있다.

③ 달걀 거품 형성의 방해요소

기름이나 지방, 달걀의 노른자 그리고 세제는 흰자의 거품을 만드는 데 큰 방해를 한다. 이 세 가지 요소들은 언뜻 다르게 보이지만 화학적인 부분에서 같은 방식으로 거품 만드는 걸 방해한다. 거품구조를 형성하는 데 어떤 영향도 없을 뿐 아니라 물과 공기의 접촉면에서 단백질 분자들의 결합이 단단하게 이뤄져야 하는데 그것을 방해한다. 물론 이 재료들이 들어간다고 거품이 아예 형성되지 않는 것은 아니지만 더욱 많은 노력과 시간이 투자되어야 거품이 형성될 수 있다. 단, 거품을 만들기 시작하는 과정이 아닌 다 완성된 거품에 달걀 노른자나 지방이 섞이게 되면 어떤 문제도 생기지 않는다.

그렇다면 거품을 만들 때 처음부터 첨가되는 재료들은 거품에 어떤 영향을 미칠까?

– 소금

흰자에 소금을 넣고 거품을 만들기 시작할 경우 거품을 저어야 하는 시간이 많이 늘어나고 완성된 거품도 안정적이지 못하게 된다. 소금은 양전하(+)인 나트륨이온과 음전하(−)인 염소이온으로 분해된다. 이 이온은 충격에 의해 풀린 단백질이 서로 결합해야 하는 장소에서 먼저 강하게 결합함으로써 단백질−단백질 간의 결합을 방해하여 결국 거품의 구조를 약하게 만든다. 따라서 거품을 요리에 이용할 때 소금을 흰자에 넣지 말고 다른 융합재료에 첨가해 주는 것이 좋다.

– 설탕

거품에 필요한 재료 중 하나가 설탕인데 설탕은 거품 형성을 돕기도 하고 방해하기도 한다. 거품을 올리는 초반에 설탕을 넣는 경우 거품의 형성이 지체되고 완성된 거품의 부피도 줄어들며 질감도 나쁘게 된다. 이는 단백질 사슬이 풀리고 다시 단백질이 결합되는 과정을 설탕이 방해하기 때문이며, 부피와 질감에 영향을 주는 것은  설탕과 흰자의 혼합물이 시럽과 같이 변하게 되면서 기포벽으로 쉽게 들어가지 못하기 때문이다. 특히 손으로 거품을 올릴 때 2배의 시간이 들어서 힘이 들게 된다.

반대로 설탕은 거품의 안정성을 향상시켜 준다. 설탕이 액체의 점도를 높임에 따라 응집력도 높아지게 되고 단단하게 생겨난 기포의 벽은 수분이 빠져나가는 것을 방지하여 거품의 질감이 떨어지는 것을 막아준다. 또한 열을 가하는 상황에서도 용해된 설탕이 물 분자를 잡고 있게 되면서 수분의 손실을 막아주고 달걀의 주 단백질인 오발부민이 거품의 응고와 강화를 할 수 있는 시간을 벌어준다.

그렇다면 설탕은 거품을 올리는 어느 시점에 첨가해서 사용해야 좋을까? 달걀 흰자의 거품이 형성되기 시작할 즈음에 넣어야 좋다. 이때는 단백질 분자가 이미 어느 정도 풀리며 결합이 시작될 단계이기 때문에 흰자의 안정화를 위해 이 시점에 넣어주는 것이 좋다. 단 요리의 몇몇 경우에 따라 처음부터 의도적으로 설탕을 섞기도 한다. 이는 단단하고 빽빽한 거품을 얻기 위한 경우에 사용되는 방법이다.

- 물

거품에 물을 사용하는 경우는 거의 없지만 아주 약간의 물은 거품의 부피와 가벼움을 높여주어 사용되기도 한다. 단, 흰자를 희석시키기 때문에 아주 약간만 넣어주기는 하지만 일반적으로 많이 사용하지는 않는다.

(3) 완벽한 달걀 거품 만들기

① 달걀 고르기

달걀 거품을 내기 좋은 달걀은 상온에 보관되었던 것이다. 신선한 달걀이 거품이 만들어지지 않는 것은 아니지만 우선 더 어렵고 힘이 든다. 하지만 무조건 상온에 보관되었던 달걀이 좋고 신선한 달걀이 좋지 않은 것은 아니다. 우선 신선한 달걀의 경우 알칼리성이 약해서 안정된 거품을 만들 수 있고 묽은 흰자는 거품에서 수분이 빠르게 빠져나가지만 선도가 좋은 달걀은 수분을 좀 더 머금을 수 있다. 또 달걀을 흰자와 노른자로 분리하는 과정에서 노른자가 섞이게 되면 거품에 영향이 있기 때문에 잘 분리해야 한다. 이때 상온에 보관되었던 달걀은 노른자가 잘 터질 염려가 있으니 조심해야 한다. 즉, 일반적으로 상온에 보관된 달걀이 조금 더 거품을 쉽게 낼 수 있으나 전기로 된 믹서를 사용할 경우 냉장 보관된 달걀로도 잘 만들 수 있다. 이외에 건조달걀로도 거품을 만들 수 있으며 '거품가루'는 달걀보다 설탕의 함유량이 더욱 많고 거품안정을 위한 수지도 포함되어 있다.

② 거품의 모양과 강도

거품 형성의 완성 정도는 뒤집어서 모양이 유지가 되는가, 표면에 윤기가 있는가와 같은 다양한 방법을 통해 알아볼 수 있다. 그리고 이런 방법으로 기포가 모두 단단한가와 흰자에서 나온 액체의 윤활제가 어느 정도인가를 알아볼 수 있다. 모든 기포는 윤기 있고 말랑한가와 빽빽하고 단단한가와 같이 형태와 요리의 용도에 맞게 거품을 올리게 된다. 가령 말랑한 봉우리의 단계는 조금 거친 기포들이 남아 있는 액체로 인해 윤기가 번들거리는 형태를 띤다. 이 상태에서는 볼에서 잘 흘러내리는 모습을 보이게 된다. 반면 뻑뻑하고 단단한 거품의 단계는 단백질 막 사이에 기포가 90%의 비율을 차지하고 있으며 이 상태의 기포벽은 매우 얇게 퍼진 상태를 보인다. 이처럼 가득히 올라온 상태 또는 바로 전 상태의 거품이 수플레나 스펀지케이크, 무스와 같이 부풀림이 필요한 요리에 적당하며 이후 더 젓더라도 부피는 커지지 않고 부서지게 된다.

부서지기 직전의 포화상태 거품이 되면 윤기가 없고 아주 탄탄한 상태의 거품으로 만들어지고 오히려 약간의 액체가 흘러나오게 되면서 볼에서 살짝 미끄러지는 모습을 띠게 된다. 이때의 거품은 단백질 그물망이 서로 붙으면서 그 사이에 있던 액체가 살짝 흐르게 되는데 이런 거품의 형태가 거품 또는 쿠키의 반죽에 가장 이상적인 상태다. 이 상태가 되면 즉시 설탕을 첨가해 과잉 응고 및 수분의 유출을 막아준다.

(4) 머랭

달걀 거품에 달콤하게 맛을 낸 머랭은 케이크, 쿠키 또는 토핑에 사용되거나 별도의 식재료로서 요리에 다양하게 활용이 가능하다. 때문에 머랭은 그 자체로 단단하고 튼튼한 거품을 유지할 수 있어야 한다. 많은 요리사들이 머랭에 설탕을 첨가하고 열을 가하는 방법을 따로 또는 같이 사용하면서 머랭의 뻑뻑함과 안정성을 동시에 찾는다. 머랭을 구울 때는 93℃ 정도의 낮은 온도에서 천천히 구워서 수분을 증발시켜 딱딱한 형태로 만드는 것이 일반적이다. 이때 전기오븐의 경우에는 문을 약간 열어 수분을 날리거나 가스오븐에서는 공기구멍을 통해 수분을 날릴 수 있다.

설탕은 앞서 언급했듯이 처음부터 달걀 흰자에 넣으면 거품에 방해요소가 되지만 적절한 시기에 첨가하면 단단하고 안정적인 머랭을 얻을 수 있도록 도와주고 구웠을 때 아삭한 식감을 살리는 역할을 한다. 이때 설탕과 달걀의 비율이 1:1이나 많게는 2:1까지 첨가되는데 설탕 용액의 비중이 50~67%까지 될 수 있다. 설탕 용액 67%의 비중은 보통 잼 또는 젤리의 비율로 상온에서 물에 녹을 수 있는 설탕의 한계치다. 머랭에 사용되는 설탕은 과립이 큰 편이라 머랭에 완전히 용해되지 않는다. 따라서 아주 작은 미세입자의 설탕이나 분말형 설탕 아니면 시럽형 설탕을 많이 사용한다. 설탕을 넣는 시점에 따라 머랭의 형태가 달라지는데 젓기 시작할 때 설탕을 첨가할 경우 비교적 뻑뻑한 머랭을 만들 수 있고 나중에 설탕을 첨가하면 비교적 가벼운 질감의 머랭을 얻을 수 있게 된다.

[익히지 않은 머랭]

익히지 않은 머랭은 가장 많이 쓰이고 질감 또한 폭넓게 사용된다. 거품을 만든 뒤 설탕을 넣고 주걱으로 조심히 저어주면 가벼운 질감을 얻게 된다. 조금 더 단단한 거품을 위해서는 초반에 설탕을 넣고 저어서 머랭을 만들면 가능한데 좀 더 크림에 가까운 질감을 보이는 머랭이 완성된다. 잘게 쪼개진 거품 입자는 설탕으로 고루 섞을 수 있고 설탕과 물이 혼합된 액체가 달걀 단백질 거품 응집력을 높여 단단한 질감을 가지게 한다. 설탕과 달걀의 혼합물은 오랫동안 저을수록 더 단단하고 정밀한 모양의 머랭이 완성된다.

프랑스에서 머랭을 만드는 방법으로 설탕을 볼에 넣은 뒤 달걀 흰자 일부를 레몬주스와 같이 넣은 후 몇 분간 저어준다. 이후 달걀 흰자를 추가로 넣어 젓고 다시 추가로 흰자를 넣어 저어주는 식으로 만드는데 이렇게 만든 머랭은 아주 단단하고 탄력이 있으며 질감이 섬세한 머랭으로 만들어진다. 이런 방식의 장점은 시간이 오래 걸리는 반면 세심한 주의를 기울이지 않더라도 좋은 머랭을 만들 수 있다는 것이다. 다양한 머랭 만들기 방법과 설탕을 넣는 타이밍이 있지만 결과적으로 머랭을 만들기 위해 설탕을 처음부터 넣는 경우 머랭이 더욱 탄탄하게 만들어지고 설탕을 나중에 넣을수록 말랑말랑한 질감으로 만들어진다고 정리할 수 있다.

[익힌 머랭]

이 머랭은 익히지 않은 머랭에 비해 조직이 조밀하고 만들기가 까다롭다. 열로 머랭을 익히면 그 열로 인해 알부민 단백질이 처음부터 응고되고 공기주머니가 생기는 시기가 제한되기 때문이다. 익힌 머랭은 익히지 않은 머랭에서 설탕을 처음부터 넣고 만든 것과 같이 단단하고 튼튼한 머랭을 얻을 수 있고 단백질을 부분적으로 응고시키면 분리되지 않고 시간이 하루 이상 지나도 모양을 유지할 수 있을 정도로 안정성이 높다. 나아가 달걀에서 생기는 살모넬라균을 박멸시킬 수 있을 만큼 뜨거워 살균을 통한 안정성 역시 뛰어나다.

그렇다면 익힌 머랭이란 어떤 것일까?

대표적인 익힌 머랭에는 두 종류가 있는데 먼저 이탈리아식 익힌 머랭으로 '시럽에서 익힌 머랭'이다. 만드는 방법은 설탕을 물에 부어 115~120℃까지 끓여[설탕비중 90% 인 '소프트볼 단계'로 퍼지와 퐁당(설탕과 물을 섞어 걸쭉하게 만든 것으로 케이크 위에 씌울 때 사용함)을 만든다]주고 흰자는 약 90%까지 거품을 올려준다. 이후 거품에 시럽을 부어주며 젓는데 이렇게 만들어진 머랭은 폭신하고 섬세한 질감을 가지게 된다. 또한 하루나 이틀을 두고 사용해도 형태가 유지될 만큼 안정된 머랭으로 크림 또는 반죽에 넣을 수 있을 정도로 가볍다. 단 이 머랭은 완성된 온도가 55~58℃로 살모넬라균을 죽일 정도의 온도는 얻을 수 없다. 열의 많은 부분을 믹싱 볼, 공기 등에 빼앗기기 때문이다.

다음으로 스위스식 익힌 머랭인데 이 머랭은 뜨거운 물이 담긴 물에 중탕으로 만들며 중탕 용기에 달걀, 산, 설탕을 넣고 빽빽한 거품의 형태가 될 때까지 저어서 만든다. 빽빽한 거품이 형성되면 볼을 뜨거운 물에서 꺼낸 뒤 식을 때까지 저어서 완성시킨다. 이 방법은 설탕과 주석산염 그리고 지속적인 젓기 행동을 통해 머랭 혼합물을 75~78℃까지도 가열할 수 있어 안정된 거품을 얻을 수 있으며 높은 온도에서 익히기 때문에 살모넬라균의 살균도 가능하다. 뿐만 아니라 여러 날을 냉장고에 보관하며 튜브에 넣어 장식을 만들기 위해 다양하게 사용된다.

쉬 어 가 기

머랭의 오작: 흐르는 시럽, 모래알 같은 질감, 찐득거림

머랭이 잘못되는 경우는 다양한데 젓기가 부족할 경우나 과도하게 저어서 분리되어 흐를 경우, 설탕이 완전히 용해되지 않아 방울이 생기기도 하며 덜 녹은 설탕 분자가 주변의 물을 끌어당겨 시럽 주머니를 형성하기도 한다. 이렇게 덜 용해된 설탕은 모래 씹는 질감을 줄 수 있어 식감을 방해한다. 오븐의 온도가 높아도 수분의 증발속도보다 빠르게 수분이 흘러나오게 되어 시럽 방울이 형성되거나 거품이 부풀어 오르게 되어 갈라지고 노랗게 변색되기도 한다.

습한 기후도 머랭에 영향을 미친다. 머랭에 들어 있는 설탕은 주변 대기의 수분도 끌어들이기 때문에 습기가 많은 날은 끈적거리고 찐득한 머랭이 될 수 있다. 머랭을 유지하기 위해 가장 중요한 것은 수분의 차단과 흡수 방지라고 할 수 있다.

5) 달걀 조리 및 이용

달걀을 조리하면 흰자에서는 황 냄새가 나고 노른자는 식감이 버터처럼 부드럽게 만드는 데 영향을 준다. 이 달걀 특유의 냄새는 산란 직후가 가장 약하고 이후 점차 강해지는 특성이 있다. 달걀의 맛과 향에 영향을 주는 것은 암탉의 먹이와 혈통, 운동량과 환경 등이 있는데 이보다 더 중요한 영향을 미치는 요인이 바로 달걀의 보관기간, 보관환경이다.

익힌 달걀에서도 다양한 화합물이 확인되는데 황화수소(H_2S)가 가장 큰 특징을 보인다. 황화수소는 역한 냄새를 내뿜는데 양이 많은 경우(상한 달걀 또는 산업 오염물) 불쾌한 냄새가 난다. 특히 60℃ 이상의 온도에서 흰자에 많이 생성되는데 알부민 단백질이 풀리면서 황화수소의 황 원자들을 다른 단백질 분자들과 반응하도록 하는 온도가 60℃ 정도이기 때문이다. 이 온도에서 알부민 단백질이 오랜 시간 머물 경우 황화수소가 흰자에 많이 생성된다. 또 하나는 달걀이 오래되어 pH 수치가 높아지면 황화수소의 양이 많아진다(중국의 피단과 같은 경우 황화수소의 양이 엄청나게 많아진다).

달걀의 황화수소 냄새를 줄이는 방법이 있다. 우선 달걀에 레몬주스나 식초를 소량 첨가하면 황화수소의 생성을 줄일 수 있다. 또한 달걀을 익힌 뒤 시간이 흐르면 자연스럽게 냄새가 사라지게 된다. 황화수소는 휘발성 성질이 있기 때문이다.

(1) 껍질째 삶기

달걀을 삶는 것은 사실 좋은 조리방법이라 할 수 없다. 100℃의 끓는 온도에서 생기는 기포는 달걀 껍데기를 때려 균열을 일으키게 되고 균열된 부분으로 알부민 단백질이 새어 나올 수 있기 때문이다. 또한 지나치게 익을 수도 있으며 익히는 물의 온도가 단백질의 응고
온도에 비해 지나치게 높을 경우 단백질이 부드럽지 않고 고무처럼 질감이 변할 수도 있다. 따라서 달걀을 부드럽게 익히기를 원한다면 몇 가지 주의할 점이 있다. 우선 오래 익히지 말아야 하고 기포가 겨우 올라올듯 말듯한 온도의 물에서 서서히 익혀야 한다. 달걀의 흰자가 익는 온도보다 낮은 온도에서 서서히 익혀야 부드러운 달걀을 얻을 수 있다.

구체적으로 달걀 삶는 시간에 따라 달걀의 맛과 질감은 전혀 다르게 나타난다(무조건적인 정답은 아니다. 달걀의 크기나 익히는 불의 세기에 따라 다르게 나타날 수도 있다). 프랑스를 기준으로 외프 아 라 코크(oeuf a la coque : 껍데기째 삶은 반숙요리)는 2~3분만 익혀주며 전체가 반숙의 상태를 유지한다. 이때 불의 세기가 약할 경우 3~5분간 익히게 되는데 흰자의 바깥은 응고되고 내부는 우유와 같으며 노른자는 뜨거운 상태로 껍데기째 잘라 스푼을 이용해 떠먹는 것이 특징이다. 몰레(mollet : 부드럽다는 뜻의 프랑스어)는 흰자는 응고된 상태지만 노른자는 반액체의 상태로 껍데기를 통째로 벗겨 먹는 것인데 5~6분간 익혀서 조리한다. 마지막으로 10~15분간 익힌 달걀은 전체가 굳은 상태를 보이며 10분 익힌 상태는 노른자의 가운데가 촉촉하고 짙은 반죽과 같이 나타나는 반면 15분간 익힌 노른자는 노란색이 밝아지면서 물기가 없이 오돌토돌한 질감을 보인다. 그 밖에 특이한 달걀 삶는 법으로는 중국식 차달걀처럼 색과 맛을 강화하기 위해서 몇 시간씩 익혀내기도 한다. 달걀이 굳을 때까지 삶은 뒤 껍데기를 제거하고 물에 차와 소금, 향신료, 설탕을 넣어 다시 1~2시간 더 끓여준다. 이런 과정을 통해 향이 나고 마블링이 보이는 특이한 달걀을 얻을 수 있다.

잘 익힌 완숙 달걀은 탄탄하고 부드러우며 질기지 않고 껍데기가 온전히 제거된다. 노른자 역시 한복판에 자리 잡고 있으며 변색되지 않아야 한다. 이 과정에서 오버쿡이 될 경우 단백질의 과잉 응고로 부드럽지 못하고 딱딱하며 많은 황화수소를 생성시키기도 한다.

껍데기가 깨지지 않도록 익히려면 물이 강하게 끓지 않는 상태에서 삶는 것이 가장 좋으며 껍데기가 쉽게 까지게 하려면 너무 신선한 달걀을 사용하지 않는 것이 좋다. 신선한 달걀이 좋다고 했는데 껍데기를 잘 제거하려면 신선하지 않은 달걀을 사용하라는 것에 혼란이 생길 수 있는데, 신선한 달걀일수록 알부민 단백질의 pH 수치가 낮고 이로 인해 껍데기 내막과 흰자의 응집력이 매우 강하게 나타나기 때문이다. 따라서 냉장고에 며칠간 보관한 달걀의 흰자 pH 수치는 9.2 정도로 높아지고 이 달걀을 삶으면 껍데기가 깨끗하게 잘 제거되는 것을 확인할 수 있다. 혹시 신선한 달걀만 있는 상황에서 껍데기를 잘 제거해야 한다면 물 1L에 베이킹소다 1t를 첨가하여 물을 알칼리성으로 만들면 도움이 많이 된다(단, 달걀의 황 냄새가 강해질 수 있다). 달걀을 오버쿠킹하는 것 또한 흰자의 응집력을 높여 껍데기를 제거하는 데 도움이 되고, 삶은 달걀을 냉장고에 보관하여 흰자의 응집력을 높이는 것 또한 하나의 방법이 될 수 있다. 필자가 경험한 방법 중 하나는 삶은 달걀을 찬물에 넣어 달걀과 내막의 사이를 벌린 뒤 미지근한 온도의 물에서 보관하는 방법이 가장 효과적이었다. 너무 뜨거운 물의 온도나 차가운 물의 온도는 내막과 흰자의 사이를 붙여서 껍데기를 제거하는 데 어려움이 많았다.

또한 달걀을 삶으면서 궁금해 하는 것이 달걀 노른자가 중앙에 위치하도록 만드는 방법이다. 이를 위해 많은 사람들이 냄비 중앙에서 처음 몇 분 동안 장축을 중심으로 빙글빙글 돌리는 방법, 세워두는 방법 등을 시도하는데 실제 과학적으로 증명된 방법은 없다. 원천적으로 달걀 노른자가 가운데 있기 위한 필수조건은 달걀의 알부민 단백질 농도가 진하고 노른자를 잡고 있는 난대가 강해야만 노른자가 가운데 잘 위치할 수 있다. 즉, 선도가 좋아서 기공이 작고 흰자의 점도가 높아야 한다는 뜻이다.

달걀을 오랫동안 삶으면 노른자의 가장자리가 푸르스름하게 변하게 되는 걸 볼 수 있다. 이것은 노른자가 가진 철 성분과 흰자에서 나온 황이 접촉해서 생기는 현상으로 흰자에 있던 황 원자가 열이 가해지기 전에는 나오지 못하다가 열이 가해지면서 단백질에서 이탈하게 된다. 특히 달걀이 오래되면 알칼리성이 높아져 반응이 빨리 나타나거나 높은 온도 또는 장시간 익힐 때도 많은 황화철이 생기게 된다. 색이 푸르스름해지기는 하지만 인체에는 무해하기 때문에 안심해도 좋다. 노른자의 변색을 막는 방법으로는 신선한 달걀의 사용과 오버쿠킹의 예방 그리고 익힌 뒤 빨리 식히는 방법이 있다.

달걀을 장시간 익히면 황화철이 생겨나 노른자가 변색되기 때문에 좋지 않다고 앞서 이야기했지만 이를 활용해 장시간 익히는 달걀 요리도 존재한다. 달걀을 6~18시간 동안 익힌 요리로 오랜 시간 익힌 달걀의 흰자는 황갈색을 띠는데 알칼리성 환경에서 오래 가열되는 동안 흰자의 포도당이 알부민 단백질과 반응해 갈변된 음식의 맛과 색소를 만들게 된다(메일라드 반응). 이때 익히는 온도를 71~74℃의 범위로 유지하면 흰자가 매우 부드럽고 노른자는 크림 같은 상태가 변하게 된다.

조리원리를 풀어 쓴 **조리과학 & 관능평가**

(2) 껍질 제거 후 조리하기

① 노른자를 이용한 소스

노른자는 자체로 거품을 만들지 못한다. 흰자에 비해 단백질이 풍부한 노른자는 왜 기포를 안정시키고 거품을 올릴 수 없는 걸까? 노른자는 흰자에 비해 수분함유량이 절반밖에 되지 않을 정도로 적은 수분을 함유하고 있다. 또한 함유된 적은 양의 수분 역시 다른 물질에 달라붙어 있다. 그렇다면 수분을 보충하면 노른자도 거품을 일으키고 유지시킬 수 있을까? 정답은 그렇지 않다. 노른자에 함유된 단백질이 거품이 될 수 없는 또다른 이유는 단백질의 안정화에 있다. 노른자의 단백질은 매우 안정화되어 있기 때문에 젓는 과정을 통한 물리적 파괴나 공기를 막을 벽을 세우기 위한 그물조직으로의 결합도 가능하지 않다. 때문에 노른자를 이용해 물리적으로 거품을 내고 유지시키는 것은 어렵다. 단, 열을 가한다는 행위를 통해서는 가능하다. 노른자에 액체를 넣으면서 조심해서 익히면 처음 부피의 4배가량 부풀어오르게 할 수 있다.

② 수란(poached egg)

껍질을 제거하고 익히는 달걀의 경우 익히는 방법과 용기는 다양하게 사용되지만 오버쿡되지 않도록 온도와 시간을 잘 조절하는 것이 관건이다. 특히 시간과 온도를 맞추는 방법은 열원의 위치, 열원의 성질에 따라 조절되어야 한다. 베이크드에그, 셔드에그(작은 라미킨에 크림, 버터를 넣고 달걀을 1개 넣어 익혀내는 요리)의 경우 조리과정 중 용기를 랙 위에 올려놓아야 바닥과 표면이 과하게 익지 않고 속까지 고루 익힐 수 있다. 수란은 용기에 담지 않은 채 끓는 물에 달걀을 깨뜨려 넣어 3~5

분간 익히는 요리로 깨끗한 흰자 표면을 만들기 위해 선도가 AA급인 달걀을 사용하여 조리 직전에 깨뜨려 쓰면 좋고 냄비의 물이 펄펄 끓을 경우 달걀의 막이 깨지게 되므로 끓는점에 가깝지만 끓지는 않을 정도의 온도 유지가 매우 중요하다. 여기서 한 가지 짚어보자면 다른 요리책이나 풍문에서 소금과 식초는 산과 염분으로 물에 넣으면 단백질 응고를 돕기 때문에 넣어주는 것이 좋다고 하지만 응고시간에 약간의 도움을 줄 뿐 표면이 매끄럽게 되지는 않는다. 가장 효과적인 방법은 깨뜨린 달걀을 물에 넣기 전 흘러내리는 흰자를 제거하는 방법이다. 즉, 구멍 뚫린 롱스푼 위에 달걀을 깨뜨려 올리면 묽은 층의 단백질은 흘러내리게 되는데 이 단백질을 흘린 뒤 가만히 집어넣는 것이 좋다. 수란을 만드는 방법을 정리해 보면 우선 깊이가 깊은 냄비를 준비하고 물의 온도는 끓는점 가까이 유지해 준다. 그리고 물 1L에 소금 1T와 식초 0.5T를 첨가하고 구멍 뚫린 롱스푼에 선도가 좋은 달걀을 깨뜨려 묽은 층을 흘려버린 후 가만히 담가 익혀내는 것이 수란을 잘 만드는 방법이다. 이 과정에서 식초는 묽은 흰자에 함유된 중탄산염과 반응해 부력을 만드는 이산화탄소 기포를 형성시키는데 이 기포들은 단백질이 응고되는 과정에서 달걀 표면에 갇히게 된다. 또한 소금은 물의 밀도를 향상시켜 이산화탄소 기포를 머금은 달걀이 물 위로 뜨도록 만들어준다.

③ 달걀프라이(써니사이드업, 오버이지, 오버하드)

달걀프라이의 경우 팬의 아래에만 열원이 있기 때문에 흰자가 흐르는 현상이 수란보다 심하고 응고되는 데 시간도 오래 걸린다. 달걀을 익히기 좋은 팬의 온도는 120℃ 안팎이며 이 온도는 버터를 넣었을 때 갈색으로 변하지 않고 지글지글 익지는 않는 정도의 온도 또는 기름을 두른 뒤 물 한 방울을 넣으면 탁탁 튀는 현상이 멈춰질 정도의 온도라고 보면 된다. 달걀의 윗면까지 연하게 익히려 한다면 팬에 물을 한 스푼 정도 넣고 뚜껑을 덮어 증기로 익히는 것이 좋다. 서양조식의 써니사이드업은 윗면을 뒤집지 않고 은은하게 익혀내는 것이고 오버이지는 한번 뒤집은 반숙을 말한다. 마지막으로 오버하드는 달걀의 노른자까지 전체를 익혀내는 것이다.

④ 스크램블드에그

스크램블드에그는 노른자와 흰자를 모두 섞어서 만드는데 우유나 생크림, 버터, 물, 기름(중국의 경우 사용) 등 다른 재료들과 섞어서 사용하는 경우가 대부분이다. 달걀에 다른 재료를 섞으면 달걀만 사용할 때보다 더욱 부드러운 질감을 얻을 수 있지만 과하게 익힐 경우 첨가한 재료의 수분이 분리될 수 있기에 조리에 주의가 필요하다. 특히 버섯이나 채소와 같은 재료를 섞으려면 미리 익혀서 수분이 달걀에 과하게 스며들지 않도록 조절해야 한다. 또한 고기나 채소, 허브를 넣을 경우에도 달걀의 단백질에 열이 골고루 전달될 수 있게 너무 뜨겁거나 차지 않은 따뜻한 온도로 데워서 넣어줘야 한다.

스크램블을 잘 만드는 방법은 버터에 거품이 생기기 시작할 때, 또는 기름에 떨어진 물방울이 부드럽게 춤추는 정도로 보이는 온도에서 달걀을 넣고 시작해야 한다. 특히 스크램블의 맛을 결정짓는 요소는 바로 젓는 방법 그리고 젓는 시점이다. 달걀을 넣고 너무 장시간 젓지 않을 경우 바닥면이 굳어서 큰 덩어리가 되고 쉬지 않고 계속 저어줘야 열이 분산되어 퍽퍽하고 질기지 않은 부드러운 스크램블이 만들어진다. 마지막으로 스크램블은 약간 덜 익었다고 생각될 정도의 촉촉한 상태일 때 꺼내야 한다. 잔열에 의해 더 익게 되기 때문이다.

⑤ 오믈렛

스크램블을 잘 만들 수 있게 된다면 오믈렛은 그 다음 단계라고 할 수 있다. 달걀 2개 또는 3개를 이용해 만드는 오믈렛은 재료가 준비된 다음 불 위에서 1분 이내로 요리가 끝나게 되는데 이 오믈렛을 두고 조르주 오귀스트 에스코피에(Georges Auguste Escoffier : 프랑스 요  리장으로 현대 프랑스 요리를 체계화한 책을 저술)는 응고된 봉투 속에 스크램블을 넣고 부드럽고 촉촉한 단계를 넘어서 건조하면서 거친 단계로 익혀낸 요리, 그리고 그 나머지를 담고 모양 짓는 달걀의 피부와 같다고 이야기했다. 오믈렛을 만드는 데 필요한 팬의 온도는 스크램블보다 더욱 뜨거워야 하며 뜨거운 팬 위에서 요리해야 하는 만큼 빠르고 정확하게 익힐 수 있어야 한다.

오믈렛을 두고 중세시대에는 'lamella'라는 라틴어에서 유래하여 알르메트, 호믈렉트, 오믈레트 등의 이름으로 불렸는데 이 라틴어의 뜻이 바로 '얇은 요리'이다. 오믈렛 껍질은 조리 마지막 순간에 만들기도, 시작한 후에 바로 만들기도 하는데 가장 빠르게 사용되는 방법은 뜨거운 팬에 달걀을 부은 뒤 달걀이 굳을 때까지 빠르게 젓고 살짝 굳어진 커드를 원반 모양이 되도록 펼쳐준 뒤 몇 초 동안 그대로 두었다가 팬에서 분리해 둥글게 말아주면 된다. 더욱 가지런하고 단단한 모양의 표면을 만들고 싶을 경우 바닥면이 굳어지도록 가만히 두면 되는데 너무 오래 익히면 나중에 둥글게 말아지지 않으니 주의해야 한다. 완전히 굳지 않은 커드와 달걀물을 이용해 말아서 붙여주면 오믈렛은 완성된다. 이때 달걀을 거품이 가득할 때까지 저어주거나 거품을 쳐서 노른자와 섞은 뒤 다른 재료와 함께 말아내면 가벼운 맛의 오믈렛인 오믈렛 수플레를 만들 수 있다.

⑥ 달걀+액체 혼합물 = 커스터드와 크림

달걀은 다른 액체들과 다양한 비율로 섞여 사용된다. 크림, 달걀을 섞은 스크램블, 우유 0.5L와 달걀 1개를 섞은 에그노그 등으로 천차만별인데 그중 액체와 달걀을 4:1로 섞은 것 즉, 액체 1컵과 달걀 1~2개를 섞어 만드는 것이 커스터드와 크림이다. 이 책에서 뜻하는 커스터드는 같은 용기에서 조리한 뒤 식탁에 올리고, 종종 구워서 조리하기는 하나 고형의 겔 형태로 굳혀서 만든 것으로 부르고자 한다. 커스터드에는 팀발(timbale : 작은 틀에 가금류 또는 생선을 곱게 갈아서 부드럽게 만들어 익혀낸 요리), 세이보리 키시(또는 키슈), 포트 드 크렘, 치즈케이크, 크렘브륄레, 크렘 캐러멜 등이 있다.

크림은 커스터드와 다르게 준비재료라고 볼 수 있다. 커스터드와 사용되는 재료는 같지만 익히는 과정에서 고형물로 익히는 것이 아닌 계속 저어가며 걸쭉한 형태로 만들기에 발라서 사용하거나 속에 채우는 용도로 다양하게 활용된다.

커스터드와 크림에서의 단백질 작용

커스터드 또는 크림은 달걀 단백질이 다른 재료와 혼합되며 얇게 펼쳐지는 현상으로 인해 만들어지는데 스위트 밀크 커스터드 또는 크렘 앙글레즈를 만드는 레시피를 살펴보면 달걀 1개와 우유 250ml, 설탕 2T가 사용된다. 달걀은 1개인 데 반해 우유의 양이 많기 때문에 혼합물의 양은 부피가 6배 정도 증가하게 되며 이 과정에서 달걀 단백질은 우유를 같이 엮어서 잡아주는 역할을 하게 된다. 함께 첨가되는 설탕 1T는 달걀 속의 단백질 분자를 설탕이 가진 수천 개 이상의 포도당 분자로 감싸주게 된다. 이때 달걀의 단백질이 물 분자와 설탕분자보다 숫자가 매우 적기 때문에 커스터드의 응고 온도는 5~10℃가 높은 79~83℃가 되며 형성된 단백질 그물조직 또한 첨가물에 의해 일반적인 달걀 그물조직보다 약하고 잘 부서지게 된다. 또한 이 온도에서 조금만 높은 3~5℃가 초과되어도 그물조직은 붕괴되어 커스터드의 경우 물이 찬 구멍이 보이거나 크림의 경우 커드가 부드럽지 못하고 알갱이가 씹힐 수 있다.

좋은 커스터드 조리를 위한 방법

• 커스터드의 조리

커스터드는 일반적으로 용기에 담은 뒤 중탕용기에 넣어 낮은 온도에서 천천히 익히는 것이 좋다. 이는 중탕용기가 커스터드 용기의 온도를 끓는점 이하로 유지하는 데 있어 효과적이기 때문이다. 사실 이 조리법은 용기의 재질도 매우 중요하다. 열전도율이 어떤 재질인지, 뚜껑을 덮을 때와 덮지 않을 때 그리고 덮는다면 어느 정도 덮는지 등에 따라서 커스터드 익힘 정도가 달라진다. 중탕 그릇을 다 덮는 것은 잘못된 방법이다. 다 덮으면 물이 끓는점까지 올라가고 따라서 커스터드가 과하게 익게 되기 때문이다. 올바른 중탕방법은 뜨거운 물을 얇은 금속팬에 담고 뚜껑을 덮지 않은 상태에서 개별 용기의 뚜껑을 덮어놓고 요리하는 것이다. 완전히 익었는가를 판별하기 위해서는 커스터드의 중앙을 칼로 찔렀다가 빼냈을 때 내용물이 묻지 않으면 잘 익었다고 할 수 있다. 또한 커스터드의 가운데가 살짝 찰랑거릴 때 꺼내야 잔열로 인해 남은 부분이 익게 된다.

• 약한 열로 익히기

커스터드를 오븐에서 익히고 있는데 1시간이 지나도 굳는 것 같지 않거나 크림을 계속 젓고 있어도 걸쭉한 느낌이 안 나올 때 빠르게 익히고 싶어 열을 강하게 올리고 싶어질 수 있다. 크림 또한 더 빠르게 젓고 싶어질 수 있지만 커스터드와 크림 모두 적절한 온도와 속도를 지켜야만 한다. 단백질의 응고는 화학적 현상이기 때문에 시간을 두고 만들어야 하며 적절할 때 멈춰야만 그 진가를 확인할 수 있다.

• 뜨거운 재료를 차가운 재료에 넣기

혼합물을 준비하는 과정 역시 신중하게 열을 조절해야 하는데 대부분의 커스터드와 크림이 우유와 크림을 끓는점까지만 빠르게 가열하고 이를 달걀과 설탕에 부어 섞어서 만든다. 이렇게 하면 달걀을 부드러우면서 빠르게 60~65℃까지 가열할 수 있게 된다. 이는 굳게 되는 온도보다 5~20℃가량 낮은 온도인데 이와 반대로 뜨거운 우유에 차가운 상태의 달걀을 넣을 경우 뜨거운 우유가 닿는 달걀 부분만 먼저 익어버리는 사태가 생겨 응고와 분리를 일으키게 된다. 특히 우유나 크림을 가열하는 과정에서 바닐라나 감귤류 껍질 등을 넣고 풍미를 높일 수도 있는데 최근에는 커스터드를 만들기 위해 가열하는 과정을 생략하기도 한다.

• 분리현상 예방하기: 커스터드와 크림에 전분 넣기

밀가루 또는 옥수수전분을 넣으면 끓을 때까지 가열하더라도 분리가 일어나지 않는다. 이는 밀가루나 옥수수전분에 들어 있는 전분 알갱이들이 고형 물질로 겔화되기 때문인데 이 전분 알갱이는 77℃ 이상의 온도가 되면 수분을 흡수하며 부풀어오르고 그 속에서 긴 사슬형태의 전분구조를 만들게 된다. 이 전분 알갱이들은 부풀어 오르면서 열을 흡수하기 때문에 단백질 분자가 뭉쳐지는 현상을 지연시키는 동시에 움직임을 차단시키는 역할을 한다(즉, 딱딱해지고 단단해지지 못하도록 방해하며 동시에 분리 현상도 막아줌). 초콜릿이나 코코아를 사용할 경우에도 이 재료들 속에 전분이 함유되어 있기 때문에 커스터드와 크림의 안정화에 도움이 된다. 단, 커스터드와 크림의 안정화에는 좋지만 부드러운 질감이 아닌 걸쭉하고 거친 질감의 요리가 되며 풍미가 줄어든다는 단점이 있다. 일반적으로 액체 1컵 분량에 밀가루는 1T, 전분은 5g을 첨가하면 분리현상이 방지된다.

커스터드와 크림의 과학

일반적으로 커스터드는 우유와 크림으로 만든다. 하지만 약간의 용해 미네랄을 함유하고 있다면 만들 수 있다. 달걀 1개와 물 1컵을 섞으면 달걀은 물 위로 뜨게 되는데 이때 약간의 소금을 넣어주면 응집된 겔이 형성(일본식 달걀찜을 예로 생각)된다. 만일 소금을 넣지 않아 미네랄이 없다면 단백질 분자들이 열에 의해 풀려나도 음전하를 띠고 있어서 서로 밀어내게 되며 응집된 겔의 형태가 나타나지 않게 된다. 하지만 미네랄에 있는 양전하 이온이 음전하 단백질 주위로 엉겨붙어 중화제 작용을 하게 되어 촘촘한 그물과 같은 구조를 형성하게 된다. 특히 육류에 미네랄이 풍부한데 이를 이용한 요리가 '차완무시'나 '다마고 도푸'와 같은 요리다.

커스터드의 질감은 달걀이 들어간 비중에 따라 단단하기도 부드럽기도 하며 크림과 같은 질감이 되기도 한다. 특히 달걀이 통째로 들어가거나 흰자의 비율이 높으면 커스터드가 윤기 있고 단단해지게 된다. 반면 노른자를 추가하면 크림과 같은 질감이 나타난다.

그릇에 담은 채 제공하는 커스터드는 충분히 부드럽게 만들어 제공해도 좋지만, 그릇에서 꺼내어 제공하는 커스터드의 경우에는 적당한 단단함이 있어야 가능하다. 때문에 액체 1컵일 경우 달걀 흰자 몇 개나 노른자 3개 이상이 들어가야 한다(흰자에 비해 노른자는 단백질이 그물로 구조를 만드는 능력이 떨어지기 때문에 흰자보다 많은 양이 사용되어야 한다).

혹은 우유가 아닌 크림을 사용하면 달걀의 사용량을 줄여도 커스터드가 잘 굳어지는데 이는 크림 자체의 수분함유량이 우유에 비해 적어서 달걀 단백질이 희석되는 정도가 낮기 때문이다. 커스터드를 뺄 때는 버터 바른 라미킨을 사용하기도 하고 식혀서 굳힌 다음 꺼내기도 한다. 과일과 채소가 포함되어 있는 커스터드의 경우 수분이 분리되어 면이 고르지 않을 때도 있는데 이는 사전에 식물을 익혀서 즙을 최소화한 뒤에 만들면 즙의 유출을 막을 수 있다. 이런 커스터드는 매우 약한 불로 겨우 익을 정도만 조리하는 것이 가장 좋다.

커스터드로 만드는 요리

● **키시**

프랑스 요리인 키시는 '작은 케이크'란 뜻으로 세이보리 커스터드나 오믈렛의 사촌쯤으로 생각해도 무방하다. 키시의 특징은 달걀에 크림 또는 우유를 섞은 뒤 채소, 고기, 치즈를 넣고 섞어 파이반죽 위에 올려 오랜 시간 구워내 만드는 것이다. 키시는 단단한 커스터드로 만드는 것이 일반적이며 비율은 액체(우유) 1컵에 통달걀 2개를 넣고 중탕 용기가 아닌 오븐팬에 넣어 구워서 만든다. 유사한 요리로 이탈리아의 '프리타타'가 비슷한데 이 요리에는 우유나 크림을 생략해서 만드는 것이 특징이다.

● **크렘 캐러멜/크렘 브륄레**

크렘 캐러멜은 스위트 커스터드로 촉촉하고 부드러운 캐러멜을 토핑한 것이다. 크렘 캐러멜을 만들기 위해 접시에 캐러멜화한 설탕을 한 겹 깔아준 뒤 위에 커스터드 믹스를 부어준다. 이렇게 되면 접시에 올린 캐러멜화한 설탕은 딱딱해져 접시에 붙지만, 커스터드 믹스가 수분을 첨가하여 다시 말랑말랑한 상태로 변해 나중에 분리가 된다. 이렇게 분리된 것을 뒤집어 접시에 담아내는 것이다.

크렘 브륄레 또한 캐러멜로 토핑한 커스터드지만 크렘 캐러멜과 다르게 캐러멜 상태가 스푼으로 치면 깨질 정도로 단단해야 하는 것이 특징이다. 커스터드가 오버쿠킹되지 않으면서도 설탕 토핑이 단단하게 굳고 갈색으로 만드는 것이 핵심이다.

6) 기타 발효숙성란

(1) 절인 달걀과 저장란

닭의 종류가 개량되고 인공적 조명이 생기기 전에는 조류 역시 계절에 맞춰서 산란을 해왔었다. 봄에 시작된 산란은 여름을 거치며 계속 산란을 하다가 가을에 산란을 멈췄었다. 즉, 1년 내내 달걀을 신선하게 먹을 수 없었다. 때문에 달걀을 저장해서 먹기 위한 방법을 강구했고 그 방법으로 석회를 사용했다. 수산화칼슘을 녹인 물은 강알칼리성을 띠기 때문에 박테리아가 침범하는 것을 막아주며 달걀 껍질에 얇은 탄산칼슘으로 이뤄진 막을 형성시키게 된다. 이 탄산칼슘 막이 껍데기의 구멍을 밀봉시켜 보관기간을 늘렸다. 또 아마씨 기름을 껍질에 바르거나 20세기에 들어서는 규산나트륨용액의 사용이 도입되었다. 이 모든 것은 달걀 껍데기의 구멍을 막고 살균해서 장기간 보관할 수 있도록 하는 방법들이다. 다만 냉장고가 생겨나고 연중 산란이 가능해지면서 이러한 방법들은 사라지게 되었다.

특히 중국에서는 알의 영양을 보존하면서 맛과 질감, 모양을 바꿔서 오랜 기간 보관이 가능한 저장란을 개발했는데 이것은 치즈의 일종인 스틸턴이나 요구르트와 관계가 깊다.

절인 달걀이란 삶은 달걀을 식초와 소금, 향신료 및 다양한 천연염색재료를 넣은 물에 1주에서 3주간 담가 만드는데 이 과정에서 용액에 담긴 식초에 아세트산이 달걀의 껍데기에 있는 탄산칼슘 부분을 용해시킨 뒤 속으로 침투해 부패시키는 미생물을 차단시킬 만큼 달걀의 pH 수치를 낮춰주게 된다. 절인 달걀은 보관기간이 길지만 맛이 시큼하고 단단하다는 단점이 있다. 물론 절이는 용액에 소금을 넣어 끓는점까지 끓여주고 달걀을 담가주면 조금 부드러워지게 할 수는 있다.

중국의 저장란은 오리를 많이 사육하는 남부지방에서 주로 사용되었는데 중국의 넓은 땅에서 오리알을 이동하기 위해 저장기간을 늘리는 방법은 매우 중요하게 생각될 수밖에 없었다.

(2) 염장란

달걀저장법 중 가장 간단한 방법으로 달걀에 소금을 뿌리는 것이다. 소금은 박테리아와 세균의 번식에 꼭 필요한 수분을 모두 흡수해서 번식을 차단시킨다. 소금용액을 35%로 만들어 달걀을 담그거나 알 하나에 소금과 물, 흙과 진흙을 이용해 만든 반죽을 입혀주면 20~30일부터는 소금을 더는 흡수하지 않는 화학적인 평형상태를 이루게 된다. 이때 흰자는 액체인 반면 노른자만 고체의 형태로 변하게 되는데 이것은 소금의 나트륨이온과 염소이온이 각각 양전하와 음전하로서 알부민 단백질을 둘러싸며 서로 붙지 않게 하는 동시에 노른자의 단백질에는 알갱이 같은 물질로 뭉치도록 만들기 때문이다. 이렇게 만든 염장란을 '훌리단', '시안단'이라고 하는데 이 염장란은 반드시 삶아서 먹어야만 한다.

발효란
발효란은 서양에서는 별로 없는 것으로 달걀 껍데기에 작은 금을 낸 뒤 쌀에 소금을 섞어 찐 것 또는 다른 곡물을 발효시켜서 바른 것으로 대표적인 발효란이 4~6개월간 숙성시킨 '짜오단'이다. 숙성 과정을 거치며 강한 향과 단맛 그리고 알코올 맛이 나며 흰자와 노른자 모두 응고된 상태에서 말랑말랑해진 껍데기와 분리가 된다. 발효란은 익혀서 먹거나 그대로 먹어도 괜찮다.

(3) 피단

피단은 바로 '천년 오리알'이라고 불리며 저장란 중
가장 유명하다. 만들어진 지 500년 정도밖에 안 된 이
피단은 1~6개월의 숙성기간이 걸리며 보관기간은 1년
안팎으로 보관이 가능하다. '피단'이라는 이름은 알에
옷을 입혔다는 뜻으로 외형을 보면 껍데기는 진흙이 발
라져 있고 흰자는 갈색 젤리와 같이 투명하며 노른자는 반고형의 검은 옥색빛이 도는
게 특징이다. 먹으면 황과 암모니아 냄새가 강하게 나는 것이 특징이다. 중국에서 매우
고급 식재료로 취급되는 피단은 만들기 위해 딱 두 가지 재료만 사용된다. 바로 소금
그리고 강한 알칼리성 물질이 그것이다. 석회나 탄산나트륨, 잿물(수산화나트륨), 재 등
알칼리성 재료면 관계없이 사용된다. 간혹 차를 이용해 풍미를 돋우기도 한다. 때로 산
화납을 사용해 만들기도 하는데 이 산화납은 인체에 유해한 독성이 있기 때문에 반드
시 '산화납 없음'이라고 표기된 피단을 사용해야 안전하다.

피단의 색과 투명도 등을 만드는 주요 물질이 바로 알칼리성 물질이다. 이 물질로 인
해 pH 9 정도의 알칼리성을 띤 알이 pH 12까지 수치가 올라가게 되며 이 과정에서 단
백질의 변성을 일으켜 맛을 변화시키게 된다. pH 수치가 높아지면서 사슬이 강제적으
로 풀리게 되고 소금에 포함된 양·음이온들이 흰자 단백질을 겔처럼 만드는 동시에
노른자의 단백질 구조는 파괴시켜 일반적인 알갱이의 구조가 아닌 크림처럼 응고되도
록 변화시킨다. 또한 단백질과 약간의 포도당 사이에서 반응을 가속화해 알부민 단백
질이 갈색이 보이도록 만들고 노른자에는 황화철 형성을 유도함으로써 노른자가 노란
색이 아닌 초록빛을 띠게 만들게 된다. 얼핏 단순할 것 같은 저장법인 알칼리성 물질과
소금의 사용으로 인해 알 속에는 단백질과 기타 화합물 그리고 다양한 색과 맛, 형태,
냄새의 변화과정이 일어나게 되는 것이다.

최근에는 이렇게 오랜 기간 숙성시켜야 하는 피단을 다른 방식으로 제조하는 방법
이 개발되었다. 이 방법은 알을 5%의 소금물과 4.2%의 잿물 용액에 8일간 담가주는 것
이다. 이렇게만 하면 피단은 자체적으로 굳어지지 않는다. 이때 열을 가하는데 10분간
70℃ 정도의 열을 가해주어야 황금색의 노른자, 무색의 투명한 흰자를 띤 피단이 만들

조리원리를 풀어 쓴 **조리과학 & 관능평가**

어지게 되는 것이다.

송화단은 특별한 피단으로 단순히 갈색의 투명한 흰자가 아닌 그 위에 작고 맑은 눈꽃송이 형태의 장식이 고루 새겨진 것을 말한다. 이 눈꽃송이 모양은 바로 강한 알칼리 물질로 인해 알부민 단백질에서 떨어진 아미노산 결정이다. 이 결정들이 흰자에 새겨지며 꽃처럼 보이는 것이다.

12 우유 및 유제품

반추동물은 젖을 생산하며 동물로부터 얻은 젖은 인간에게 매우 중요한 식재료로 활용되어 왔다. 반추동물 중 소와 양, 산양, 낙타, 물소, 염소 등으로부터 얻을 수 있으며 높은 영양성분을 지니고 있어서 과거에는 영유아에게 섭취를 권하기도 했다. 하지만 단백질 알러지를 유발할 수도 있고 철분은 적은데 과도한 단백질과 포화지방의 함량으로 인해 먹이지 않는 것이 오히려 좋다고 알려지게 되었다. 다양한 동물의 젖 중에서도 소에서 생산되는 젖이 생산량이 많고 다양하게 이용되고 있기에 반추동물의 젖을 대표하는 것이 우유(milk)가 되었다.

우유의 성분

우유를 구성하는 성분은 주로 수분과 고형분으로 나뉘는데 수분 함유량이 총량의 87~88%를 차지하고 기타 고형분이 12~13%를 차지한다. 우유에 포함된 기타 고형분은 용해도와 분자량이 각기 다른 여러 성분이 합쳐진 복합적 조직체로 유당, 수용성 비타민, 염, 무기질 등이 수분에 완전히 녹아 있는 진용액(truesolution) 상태로 존재한다. 또한 단백질과 지방구 등 분자량이 큰 성분들은 교질용액(colloid solution)의 상태로 우유 속에 분산된 형태로 존재한다. 교질용액은 우유가 흰색으로 보이게 하는 주된 성분으로 광선을

투과시키지 않고 난반사시켜 우유의 색이 흰색으로 보이도록 만들어준다. 우유에 함유된 단백질은 인간이 성장하고 유지하는 데 필요한 필수아미노산으로 완전단백질이며 주된 성분은 카세인과 유청단백질이다.

1) 우유의 성분 : 단백질

우유 단백질의 경우 우유를 조리·가공하며 유제품으로 가공하는 데 중요한 역할을 하는 성분으로 주로 우유의 특성 변화에 주된 역할을 한다. 주요 구성성분은 카세인과 유청단백질이며 각 성분의 특징은 다음과 같다.

(1) 카세인

카세인은 우유에 포함된 단백질 중 80%를 차지하며 탈지우유를 pH 4.6으로 조절하면 응고되는 인단백질을 말한다. 신선한 우유의 상태일 때 카세인은 인과 칼슘이 결합된 형태의 복합체로 존재하며 미셀(micelles : 고분자 물질과 같은 비결정 형태의 물질을 구성하는 미소결정 입자) 형태로 우유 속에서 콜로이드 상태를 이룬다.

카세인 단백질은 열에는 반응하지 않고 산에만 반응하는 성질을 가지고 있다. 우유의 카세인 단백질을 활용하는 대표적인 방법으로 치즈의 생산을 들 수 있다. 이 과정에서 카세인은 레닌과 산에 의해 침전이 잘 이뤄지기 때문에 우유에서 분리한 치즈와 유단백 농축물을 제조하는 데 기본적인 재료로 활용된다. 또한 열에는 강하기 때문에 100℃ 이상으로 장시간 가열한다 해도 응고되지 않는다. 우유를 조리하고 가공하는 과정에서 젤 형성이나 유화안정성과 같은 기능적인 특성도 지니고 있어 다양하게 사용된다.

카세인 단백질의 응고에 대해 정리하면 다음과 같다.

카세인의 응고

1. 효소에 의한 응고

– 카세인의 응고에 관여하는 효소는 레닌이다. 레닌에 의해 k-카세인에서 분해된 para-k-카세인은 글리코펩타이드가 떨어지게 된다. 이로 인해 유지되던 미셀구조가 분해되면서 서로 결합하고 응고되게 된다. 카세인의 분해와 응고과정에서 가지고 있던 칼슘은 분해되지 않고 같이 응고되면서 응고물의 칼슘함량은 높아지고 단단하게 응고된다. 카세인을 분해시키기 위한 레닌의 최적온도는 40~42℃ 정도이며 레닌이 15℃ 이하거나 60℃ 이상이 되면 카세인을 잘 응고시키지 못한다.

2. 페놀화합물과 염류에 반응해 생기는 응고

– 폴리페놀은 주로 채소와 과일에 많이 함유된 화합물로 강하지는 않지만 카세인을 응고시키는 경우가 생길 수 있다. 채소를 조리할 때 우유를 넣고 조리하면 간혹 응고물이 생길 수 있으며 염류가 포함되어 있는 햄이나 가공품을 넣고 조리할 때도 속에 있는 염류에 의해 카세인이 응고되어 우유응고물이 생기는 경우가 있다.

3. 산에 의한 응고

– 산을 첨가해 우유의 카세인 단백질을 응고시키는 경우가 가장 많이 사용되는데 신선한 우유(pH 6.6)의 pH에 산을 첨가해 카세인 등전점인 pH 4.6으로 낮추면 콜로이드 상태로 존재하던 카세인의 상태를 불안하게 만들면서 침전시키기 시작한다. 이렇게 가라앉은 칼슘과 유청으로 만드는 것이 크림치즈, 모차렐라 치즈, 코티지치즈 등이다. 산에 의한 응고현상을 정리하면 아래와 같다.

$$\text{칼슘 포스포카세이네이트(인+칼슘)} \xrightarrow{\text{산}(H^+)} \text{카세인 침전물} + Ca^{++}$$

쉬 어 가 기

커드 만들기

1. 삭히기: 보통의 젖이 pH 6.5의 약산성인데 pH 5.5까지 낮춰 산성화될 경우 미셀들이 서로 뭉치기 시작하며 pH 4.7 정도가 되면 미세한 그물조직을 형성하게 되어 굳게 된다. 이를 "커들링"이라고 한다. → 우유가 오래되어 시큼해지거나 요구르트, 사워크림을 만들기 위해 산을 생성하는 균을 배양하면 이런 일이 생겨난다.
2. 치즈를 만드는 방법의 일종으로 송아지의 위장에서 나오는 키모신이라는 소화효소를 이용해 굳히는 것을 말한다.

(2) 유청단백질

유청단백질은 우유 단백질의 20%를 차지하고 있으며 카세인과 달리 산이나 효소 등에 의해 응고되지 않는다. 대신 열에 의해 응고되는 특성이 있으며 65℃ 이상의 온도가 되면 바닥에 눌어붙는 형태나 표면에 응고되어 단백질 막을 형성시키기도 한다.

유청단백질에는 α−락토알부민과 β−락토글로불린, 혈청알부민(serum albumin), 면역글로불린(immunoglobulin) 등이 있다.

2) 지질

(1) 유지방의 화학적 조성

우유 속에는 3~4%의 유지방이 함유되어 있으며 유지방은 우유를 먹을 때 느끼는 촉감, 풍미 그리고 우유의 안정성에 중요한 역할을 한다. 특히 유지방은 영양학적 측면에서 다량의 필수지방산을 함유하고 있으면서 지용성 비타민의 매개체로서의 역할을 하고 유지방 함량에 따라 원유의 가격이 결정되기 때문에 경제적인 측면에서도 매우 큰 영향을 미친다.

유지방 속에 함유된 지방산은 포화지방산이 62% 내외로 많이 분포되어 있다. 나머지 지방산은 단일 불포화지방산이 30% 정도, 다중 불포화 지방산의 비율이 3.8% 정도로 분포되어 있다. 또한 우유 단백질의 복합체 속에 그리고 지방구를 둘러싸고 있는 막에 분포된 인지질이 0.8%가량 되며 콜레스테롤이 0.3%를 차지하고 있다. 0.3%의 콜레스테롤은 유지방 속에 75%의 비율로 존재하며 10%가량은 지방구를 이루는 막에 그리고 나머지는 유청 속에 분포하고 있다. 유지방의 0.8%밖에 되지 않는 인지질은 특히 지방산 속에 불포화도가 높은 지방산이 많으므로 산소와 자동산화되어 산화되기 쉽다. 지방산의 산화는 저분자 물질을 생성시키므로 우유에 산패취를 발생시킬 수 있어 주의해야 하며 특히 햇빛 또는 금속에 있을 경우는 반응이 더욱 촉진되기 때문에 보관할 때 주의가 필요하다.

우유의 유지방은 대부분 중성지방으로 이루어져 있으며 지방을 구성하는 지방산의 종류만 400가지가 넘는다. 이 지방산들은 대부분 일반적인 지방산의 구조를 이루고 있는데 몇몇 특수한 구조를 지닌 지방산도 있다. 이 특수한 구조를 가진 지방산은 뷰티르산(butyric acid C4), 카프로산(caproic acid C6), 카프릴산(caprylic acid C8) 등으로 C8 이하의 저급지방산 비율이 높은 지방산은 소화가 용이하고 우유와 유제품에 특유의 독특한 향과 맛을 낸다. 하지만 저급지방산의 비율이 높은 지방산일수록 유리지방산이 생성될 확률이 높다. 유리지방산의 생성은 우유와 유제품에 이취와 맛을 발생시켜 품질을 떨어뜨릴 수 있으니 주의해야 한다.

저급지방산(short chain fatty acid)
- 짧은사슬지방산이라고 불리는 지방산으로 우유와 유제품에 향미를 더하고 소화를 돕는 작용을 한다. 탄소 수가 4~6개로 구성된 지방산을 말한다.

중급지방산(medium chain fatty acid)
- 중간사슬지방산이라고 불리는 지방산으로 저급지방산과 비슷하게 특유의 향미를 내고 소화와 흡수가 양호한 반면 유리지방산이 생성될 경우 이취를 일으킬 수 있다. 탄소 수가 8~12개로 구성된 지방산을 말한다.

유당(젖당 : lactose)
- 포유류의 젖에 함유된 당으로 포도당, 갈락토오스와 같은 이당류에 속한다. 우유의 단맛을 내는 데 영향을 미친다.

(2) 유지방의 물리적 특성

유지방은 우유 속에 지름 1~10mm 크기의 동그란 모양이며 수중유적형의 유화액 형태로 분산되어 존재한다. 지방구 중앙에는 중성지방이 있으며 중성지방을 지단백과 인지질 등의 물질이 둘러싸고 있는 형태를 띠고 있다. 지방구를 둘러싼 막은 지방구들이 서로 뭉치지 않도록 방지하는 역할을 한다. 하지만 원유 상태에서 우유의 상태를 이루기 위해서는 지방구가 더 잘게 부서지고 균일하게 분포되어야 한다. 크기가 크고 불규칙한 원유 상태의 지방구를 지방의 유화상태가 안정되도록 잘게 분할하는 과정을 균질화 과정(homogenization)이라고 한다.

3) 탄수화물

우유 속에도 탄수화물이 존재하며 4~5.5% 정도 함유되어 있다. 탄수화물 중 유당(lactose)이 99%를 차지하고 있는데 유당은 포도당, 갈락토오스와 같은 이당류의 형태를 띠고 있다. 그리고 미량의 포도당과 갈락토오스 등의 단당류가 소량 존재한다. 유당은 젖당이라고도 하는데 감미도가 과당의 1/5 정도로 약하기 때문에 우유에 단맛이 거의 없게 느껴지는 원인이 된다. 유당의 또 다른 특징으로 용해도가 낮아 쉽게 결정화되는 특징이 있다. 이렇게 생겨난 유당의 결정은 흡사 모래알 같은 촉감을 느끼게 해서 아이스크림을 제조할 때 주의해야 할 요인으로 꼽힌다. 유당은 열에 대한 반응도 빠르다. 열을 가하면 캐러멜 반응과 메일라드 반응이 잘 일어나도록 만들기 때문에 빵을 만드는 과정에서 우유를 넣고 반죽할 때 빵 표면에 갈색화를 더 잘 일으키고 향미를 좋게 해준다.

일부 사람들은 태생적으로 유당을 분해시키는 효소인 락테이스(락티아제)가 결핍되어 장에 불편함을 느끼기도 한다. 이를 유당불내증(lactose intolerance)이라고 하는데 대개 서양의 백인보다 아프리카나 아시아인에게서 이런 현상이 더욱 잘 나타난다.

쉬 어 가 기

락토스와 락타아제

소화효소에 문제가 발생되는 이유 → 락토스과민증 = 유당불내증
락토스는 효소에 의해 분해되어야 하는데 이 소화효소의 수치는 소아일 때 가장 높으며 성인이 될수록 최저치로 낮아진다. 따라서 분해효소인 락타아제가 적은 성인의 경우 우유를 과다 섭취하면 락토스는 소장을 지나 바로 대장으로 대사가 진행되며, 이 과정에서 생기는 이산화탄소, 수소, 메탄이 생겨 가스가 발생되어 불편하게 느껴진다. 또한 대장 벽에서 수분을 끌어내어 설사가 나기도 한다.

4) 기타 미량성분

(1) 비타민과 무기질

우유에 포함된 비타민은 거의 모든 종류가 골고루 들어 있으며 수용성·지용성 비타민이 전부 함유되어 있다. 지용성 비타민의 경우 소가 어떤 먹이를 먹느냐에 따라 함유량에 차이가 생긴다. 그리고 지용성 비타민에 포함된 카로틴은 비타민 A의 전구체로 유지방이 노랗게 보이도록 하는 역할을 하는데 우유에서 유지방을 제거하는 과정에서 함께 제거되어 우유가 노랗게 보이지 않게 된다. 하지만 지용성 비타민의 역할이 중요하기 때문에 탈지우유에는 지용성 비타민을 따로 첨가해줘야 한다. 반면 수용성 비타민, 비타민 K는 소의 장 속에서 생합성되는 과정을 통해 생겨나기 때문에 먹이의 종

류와 관계없이 일정한 편이다. 수용성 비타민에 포함된 성분 중 리보플라빈(riboflavin)의 경우 엷은 황색을 띠며 우유 100g 중 0.17mg 정도 포함되어 있다. 리보플라빈은 빛에 매우 약하다. 햇빛뿐 아니라 형광등 빛에 의해서도 파괴될 수 있으며 파괴될 경우 함황 아미노산인 메싸이오닌(methionine)을 산화시켜 메싸이오날(methional)로 변형시키게 된다. 이 과정에서 탄 냄새나 양배추 냄새 비슷한 이취를 발생시켜 품질에 손상을 줄 수 있기 때문에 우유를 포장하는 과정에서는 반드시 빛을 차단시킨다. 비타민 A, D, 리보플라빈과 니아신 등 다양한 비타민이 있으나 비타민 C와 E는 매우 부족하다는 단점도 가지고 있다.

우유에는 비타민뿐 아니라 칼슘도 다량 함유되어 있어 아주 좋은 칼슘 공급원이기도 하다. 뿐만 아니라 마그네슘, 나트륨 등 무기질이 다양하게 함유되어 있다. 칼슘의 경우 인과 함께 2:1 비율을 이루고 있고 전체 우유의 양에서 0.12% 정도를 차지하고 있다.

우유의 색에 영향을 주는 물질로는 우유에 콜로이드 상태로 퍼져 있으면서 빛을 난반사시켜 우유가 흰색으로 보이도록 하는 카세인과 인산칼슘이 있고, 황색을 띠게 하는 카로티노이드 색소가 존재한다. 우유는 흰색이지만 버터나 치즈가 황색을 띠는 이유가 바로 카로티노이드 색소 때문이다. 또한 소가 섭취하는 먹이에 따라서도 유제품의 색은 바뀐다. 가령 더운 여름 푸른색 잎을 먹은 소에서 나온 유제품의 색이 더 진하고 겨울철에 나는 먹이를 섭취한 소에서 나온 유제품의 색은 더 연한 특징이 있다.

5) 원유의 가공

목장에서 바로 짠 젖을 생유 또는 원유라고 하는데 이 상태에서는 바로 섭취하지 않는 것이 좋다. 우리가 일반적으로 섭취하는 우유를 만들기 위해서는 원유의 상태에서 가열을 통한 살균 또는 멸균처리과정을 거치게 된다.

우유 제조공정

(1) 가열

① 살균과 멸균

우유의 살균과정은 원유 속에 있을지 모를 병원균을 파괴시키고 보존성을 증진시키는 동시에 원유가 가진 영양소의 손실은 최소화하기 위한 필수과정으로 아래의 표와 같이 대표적으로 세 가지 살균법이 있다. 살균과 달리 멸균은 우유를 장기간 보존시키기 위해서 모든 미생물을 완전히 멸균시키는 방법이다. 멸균 이후에도 무균포장기술을 이용해 우유를 알루미늄박이 부착된 용기를 사용해 무균상태로 충전하기 때문에 위생적으로 안전하고 장기간 상온보관도 가능하다.

◈ **파스퇴르처리**

살균방법	살균조건	살균조건
저온장시간살균법 (Low temperature long time pasteurization, LTLT법)	62℃ 이상 30~35분	90% 이상의 병원성 미생물과 세균이 사멸되지만 비병원성 세균은 남아 있게 됨. 가장 오래된 살균 방법이며 살균 시간이 오래 걸리고 보존성이 떨어진다는 단점이 있음. 색과 풍미, 영양가의 변화가 적다는 것이 장점
고온단시간살균법 (High temperature short time pasteurization, HTST법)	72℃ 이상 15초	시간이 얼마 안 걸리기 때문에 대량의 우유를 연속해서 살균 처리할 수 있는 장점이 있음 내열성 균도 거의 사멸되는 동시에 생균 수도 저온살균법에 비해 많이 감소되는 단점이 있음
초고온가열살균법 (Ultra high temperature heating pasteurization, UHT법)	130~150℃ 1~3초	영양소 파괴 및 화학적 변화가 가장 적으면서 살균효과는 극대화한 살균법. 국내에서 가장 많이 사용하는 살균법이며 우유 본연의 풍미가 많이 휘발된다는 단점이 있음

② 건조

우유를 건조해서 만드는 가공 유제품에는 탈지분유(nonfat dry milk powder, NFDM)나 전지분유(whole dry milk powder, WDM), 유청단백 농축물(whey protein concentrates)과 카세인 분말 그리고 유청분말(dried whey) 등이 있다. 우유에서 수분을 증발시킨 '가루우유', '건조우유'의 경우 우유를 고온에서 파스퇴르처리한 뒤 진공상태에서 수분의 90%를 증발시키고 남은 10%를 스프레이 건조기에서 제거한다. 건조한 유제품들은 주로 제빵과정에서 우유 대신 사용되거나 육류가공, 아이스크림 제조와 같이 식품가공 과정에 첨가물로도 사용된다. 특히 탈지분유는 85°C로 20분 살균과정을 거쳐 만들어지는데 이 과정에서 유청단백질이 변성되면서 제빵과정 중 빵의 부피를 증가시키며 수분 보존력을 향상시키기 때문에 많이 사용되고 있다. 반면 전지분유는 유지방 산화가 잘 일어나 제조과정에서 냄새를 발생시키기 때문에 거의 사용되지 않는다.

유청단백농축물의 경우 단백가가 매우 높은 기능성 단백질로서 고단백 강화식품에 다양하게 사용되는 반면 유청분말은 유당과 무기질의 함유량이 단백질 함량보다 높아서 사용이 제한된다. 카세인 분말의 경우 예전부터 식품의 재료로 많이 사용되었다. 카세인이 지닌 높은 영양가나 보습성, 거품성, 점성, 유화성 등 여러 기능적 특성이 있으므로 제빵, 육류제품, 음료, 치즈 유사품을 제조하는 데 널리 사용되고 있다.

③ 농축

우유를 농축한 것을 연유(evaporated milk)라 하는데 연유의 기준은 고형분 함량이 원유에 비해 2배 이상 농축되어야 하며 유지방은 6% 이상, 유고형분 함량은 22% 이상이 되어야 한다. 이후 균질화 과정을 거친 뒤 밀봉해서 15~20분간 115~118°C로 멸균을 한다. 일반연유와 달리 가당연유는 수분을 증발시킨 뒤 우유를 농축하고 당 비중이 대략 55%가 될 정도로 설탕을 넣어 만든다. 이때 당으로 인해 삼투압이 높아져 별도의 살균처리과정이 없어도 장기간 보관이 가능하다는 장점이 있다. 또한 맛이 증발우유에 비해서 순하고 '끓인 맛'이 덜하고 색이 밝으며 진한 시럽의 농도를 보이는 특징이 있다.

(2) 균질화 과정(homogenization)

우유를 그대로 두면 불안정한 유화상태로 인해 쉽게 크림이 떠올라서 2개의 층으로 분리되는데 이를 방지하기 위해 높은 압력을 이용, 뜨거운 우유를 아주 좁은 노즐에 통과시키며 작은 지방방울들을 더 작게 분해시킨다. 이로 인해 우유의 층이 생기는 것을 방지하며 이 균질처리는 파스퇴르처리와 함께 또는 파스퇴르처리 바로 직전에 이루어지는 게 보통이다. 균질처리된 우유는 지방방울 수가 60배 이상 증가하게 되어 우유의 크림맛이 한층 높아지는 효과를 나타내며 한층 뽀얗게 보이도록 한다. 이때 주의할 점은 균질화 처리를 통해 우유의 품질은 좋아지지만 지방의 가수분해효소인 리페이스가 작용해 산패취가 발생하게 될 수 있다는 것이다. 산패취의 생성을 방지하려면 균질화 과정 이전에 살균처리를 통해 리페이스와 같은 효소의 활성도를 낮춰 불활성화시켜 줘야 한다.

반면 크림의 경우는 우유처럼 균질화 과정을 거치지 않는다. 우유와 달리 지방함유량이 많아 분리가 잘 되지 않고, 균질처리한 크림의 경우 거품내기가 어렵기 때문이다.

(3) 유지방 함량조정

우유의 지방은 함량이 높을수록 품질에 영향을 미치고 맛을 높여주지만 과도한 열량으로 인해 필요에 따라 제거해서 사용하기도 한다. 사용목적에 따라 유지방을 조정하는 유제품 종류는 다음과 같다.

① 저지방우유(low-fat milk)

일반적인 저지방우유의 지방함유량은 1~2% 정도로 제조되고, 무지방우유(skim or nonfat milk)의 경우 0.5% 이하가 되도록 지방함유량을 낮춰서 만든다. 특히 저지방우유는 점성이 다른 우유에 비해 낮고 고소함이 덜 느껴진다. 이는 지방을 제거하는 과정에서 비타민 A와 D가 손실되기 때문에 비타민을 인위적으로 첨가해 만들며 우유가 묽고 말갛게 보이는 것을 방지하기 위해 건조 유단백질을 첨가해서 만들기 때문이다. 저지방우유에서 퀴퀴한 맛이 나는 이유이기도 하다.

② 크림

우유에서 지방 비중이 매우 높은 부분을 말하며 지방이 수분보다 가볍기 때문에 생유에서 떠오르게 된다. 즉, 생유를 가만히 두면 위에 떠오르는 지방이 뭉쳐진 것을 크림이라 하고 크림의 지방층을 걷어내고 남은 것을 탈지우유라고 생각하면 된다.

크림의 특징은 고체와 액체 사이의 질감을 가지고 있다는 것이다. 또한 다양한 요리의 재료로 사용될 수 있으며 우유와 크림의 차이는 우유가 단백질과 지방의 비율이 비슷한 5:5라면 크림은 지방의 비율이 우유에 들어 있는 단백질보다 10배 정도 더 많다. 크림이 잘 분리되지 않는 이유도 여기에 있는데 지방은 분리가 잘 되지 않기 때문이며, 휘핑한 크림의 거품이 더 잘 올라오는 이유도 여기 있다.

크림의 종류는 유지방의 함유량에 따라 결정된다. 묽은 크림, 커피크림, 묽은 휘핑크림, 진한 크림, 진한 휘핑크림 등이 있다. 우유와 크림을 섞어서 유지방 함량을 낮춘 half-and-half 크림의 경우 지방 함량은 10~18%가량 되며 주로 커피에 넣는 크림으로 사용된다. 유지방 함유량이 적은 만큼 열량 또한 낮다는 특징이 있다. 묽은 크림(light cream) 또는 커피 크림(coffee cream)은 18~30%의 유지방을 함유하고 있고 커피에 주로 사용한다. 유지방 함유량이 30~36%인 묽은 휘핑크림(light whipping cream)의 경우 30~36%의 유지방을, 그리고 36% 이상의 높은 유지방을 함유한 진한 크림(heavy cream), 진한 휘핑크림(heavy whipping cream)은 우리가 즐겨 먹는 생크림 케이크의 아이싱에 주로 사용된다.

◆ **크림의 종류 및 유지방 함유량**

크림의 종류	유지방 함유량
저지방 크림(half-and-half)	10~18%
묽은 크림-light cream(coffee or table)	18~30%
묽은 휘핑크림-light whipping cream(whipping)	30~36%
진한 크림-heavy cream(heavy whipping)	36% 이상

● 크림거품에서 냉각의 중요성

크림거품을 만드는 과정에서 냉각은 매우 중요한 요소이다. 온도가 조금만 올라가도 크림거품의 유지방 구조는 무너지고 액상의 지방들이 기포를 파괴하게 된다. 따라서 5~10℃를 유지하며 저어야 하고 젓는 도구들 역시 차게 준비해야만 한다. 휘젓는 행동이 열을 발생시키기 때문이다. 특히 크림을 휘젓기 전에 미리 냉장고에서 12시간 이상 '숙성'시키는 것이 좋다.

● 응고크림

최근 유행하고 있는 터키 전통음식인 카이막이 바로 응고크림의 대표적 음식이다. 크림의 지방을 굳혀 만든 카이막은 유지방이 60% 이상으로 구성되어 깊고 진한 맛을 내는 것이 특징이다. 과거에는 응고크림을 만들기 위해 크림을 얕은 팬에 넣고 끓기 전의 온도로 가열한 뒤 하루 동안 식히고 위의 두꺼운 고형층을 걷어서 만들었다. 이렇게 만든 응고크림은 다양한 스프레드로 사용되며 이 크림에 꿀을 섞어 만든 것이 카이막이다.

● 요리에서의 안정성

지방비중이 높은 진한 크림은 짜고 신재료를 사용하더라도 잘 분리되지 않는데 이는 지방비중이 크림의 25% 이상일 경우의 크림에서 나타나며 카세인의 응고가 잘 이뤄지지 않기 때문이다. 마스카포네 치즈를 만들 때 사용되는 크림이 묽은 크림인 이유가 이와 같다. 진한 크림은 분리가 잘 되지 않아 치즈가 되지 않는 반면 묽은 크림은 카세인의 분리와 응고가 잘 일어나기 때문에 치즈를 만들 수 있는 것이다.

6) 우유와 유제품을 요리에 사용하기

(1) 우유

① 우유 가열조리 시 주의점

우유는 기본적으로 요리에 촉촉함을 제공하기 위해 사용되는데 이 과정에서 응고에 의한 분리현상이 생길 수 있다. 우유에 열을 가할 경우 수프 또는 소스의 표면에 생기는 막은 우유 단백질인 카세인과 칼슘, 유장단백질, 갇혀 있는 지방의 방울이 뒤섞인 것이며 60~65℃ 이상으로 가열되는 경우에 생겨난다. 이때 표면의 수분이 열에 의해 증발되면서 단백질이 농축되어 생겨나게 되는데 뚜껑을 덮어주거나 거품을 만들거나 완성된 요리에 버터를 넣는 방법으로 예방할 수 있다. 우유에 직접 열을 가하는 바닥에도 단백질의 농축으로 인해 응고가 생겨 눌어붙을 수 있는데 이런 현상을 예방하기 위해 꾸준히 저어주거나 바닥에 열이 천천히 올라오는 두꺼운 냄비를 사용하게 된다.

재료에 들어 있는 고유의 성분으로 인해 우유 단백질이 응고되기도 하는데 채소나 과일, 커피 등에 포함된 산이나 감자, 커피, 차에 포함된 떫은맛의 타닌에 의해 단백질 응고가 일어나기도 한다. 마지막으로 신선도가 좋지 않은 우유는 특히 산에 취약한 상태여서 열에 의해 분리가 잘 되기도 한다. 따라서 열을 가하기 위한 용도의 우유는 신선도가 좋은 우유를 사용해야 분리를 방지할 수 있다.

② 우유거품

머랭이라는 것은 달걀 흰자로 만든 거품형태이며 휘핑크림은 크림으로 만든 거품이다. 우유거품의 경우 머랭이나 휘핑크림보다 약하기 때문에 음식에 사용하기 직전에 만드는 것이 일반적이다. 많이 사용되는 것이 커피에 사용되는 우유거품이나 프랑스의 전통 튀김반죽에 사용되는 것인데 특히 커피에 사용되는 우유거품의 경우 거품이 막을 형성시켜 커피가 쉽사리 식는 것을 방지하는 역할을 한다. 우유거품에 큰 역할을 하는 것이 바로 우유의 단백질인데 이 단백질은 기포 둘레에 얇은 막을 형성해 기포를 격리시키고 기포가 터지는 것을 막는 역할을 한다.

비슷한 크림거품과 우유거품이라고 생각할 수 있으나 거품을 유지시켜 주는 성분은 분명 차이가 있다. 크림의 경우 지방이 거품을 안정시키는 반면 우유거품은 단백질이 거품을 안정시켜 주기 때문이다. 단백질이 거품을 안정시키는 것으로 머랭 역시 단백질에 의해 거품이 안정되는데 우유거품과 머랭 중 머랭의 단백질 밀도가 우유거품보다 낮아 거품이 더 오래 유지될 수 있다. 우유의 단백질 비중은 3%, 머랭의 단백질 비중은 10%로 차이가 난다.

이렇게 우유거품이 안정화되도록 유지시켜 주는 단백질의 주성분이 유장단백질이다. 때문에 단백질을 강화시킨 저지방우유 또는 탈지우유의 경우에 일반우유보다 더욱 쉽게 거품을 형성시켜 줄 수 있다. 그러나 지방이 온전한 우유의 거품이 더욱 맛에서는 뛰어나다는 차이가 있으며 우유의 선도 또한 거품에 영향을 미치므로 신선한 우유를 사용해 거품을 만들어야 한다. 선도가 좋지 않은 우유의 경우 열에도 약해 가열하면 금방 분리되어 거품이 사라지기 때문이다.

(2) 버터 & 마가린

버터는 유중수적형(water-in-oil, W/O) 유화물로 유지방의 지방방울에 상처를 입혀 그 속의 지방이 흘러나오도록 하고 이 지방들이 모여 큰 덩어리로 뭉칠 때까지 지속적으로 저어주는 과정(이 과정을 처닝이라고 함)을 통해 만들어진다. 버터를 만들기 위한 크림의 지방비중은 최소 36~44% 정도 되어야 하며 이 크림을 파스퇴르처리해서 만든다 (미국의 경우 85℃의 고온에서 처리함). 이렇게 처리한 크림은 익힌 맛 & 커스터드 향이 배어들게 되고 5℃ 정도로 식힌 크림에 젖산균을 넣어 8시간 동안 온도를 유지하며 숙성시킨다. 이 과정에서 유지방의 절반 정도에 고형결정이 생겨나게 되는데 이 고형물 결정의 수와 크기가 버터의 질감에 영향을 준다.

처닝은 앞선 고형물 결정을 저어서 만드는 과정을 뜻하는데 숙성된 지방방울은 숙성의 과정을 거치며 지방의 막이 약해져 쉽게 파괴된다. 이 지방을 저어 충돌시키면 그 속의 지방이 흘러나와 굳어져 덩어리를 만들게 되고 이런 현상이 젓는 동안 계속 이루어지면서 크기가 점차 커지게 된다.

버터

마가린

이기기(Working)의 과정이 남았는데 처닝을 통해 만들어진 밀알만 한 버터 알갱이들에서 크림의 물기를 따라낸다. 이것이 오리지널 버터밀크로 이 버터밀크는 지방방울의 막이 매우 많지만 지방의 비율은 0.5%밖에 되지 않는다. 버터밀크를 따라낸 뒤 버터 알갱이에 남은 버터밀크를 찬물로 씻어내고 진행되는 과정이 '이기기' 작업이다. 이 작업에서는 만들어진 밀알만 한 버터 알갱이들을 짓이겨 반고형의 지방을 단단하게 만들면서 속에 들어 있는 버터밀크나 수분을 더욱 미세한 방울로 부셔주는 과정이다. 가염버터를 만들려면 이 과정에서 정제소금이나 진한 소금물을 넣어 작업한다. 물론 무염은 아무것도 넣지 않고 만들면 된다.

이렇게 만들어진 버터로는 생크림 버터, 스위트크림 버터, 가염 스위트크림 버터, 배양크림 버터, 유럽식 버터, 휘프트 버터, 특수버터(제빵사 및 페이스트리요리 전용으로 프랑스에서 생산) 등이 있다.

반면 마가린의 경우 나폴레옹 3세가 값비싼 버터를 대체하기 위해 만든 것으로 과거에는 버터를 만들고 남은 탈지우유를 활용해 만들었으나 오늘날에는 동물성 지방이 아닌 액상의 식물성 기름을 이용해 만들고 있다. 마가린도 지방이 80% 이상이어야 하고 수분은 16% 이하일 때 만들 수 있다. 마가린을 만드는 유지방으로는 콩, 옥수수, 목화씨, 해바라기씨, 카놀라유와 같은 식물성 기름을 쓰기도 하고 유럽에서는 라드(돼지비계를 정제하여 굳힌 것)와 정제 생선기름을 사용하기도 한다.

마가린이 건강에 좋지 않다고 하는 이유는 식물성 기름을 이용한다 해도 지방을 굳히는 과정에서 수소를 첨가하는 공정을 거치는데 이때 트랜스지방산이 생기기 때문이다. 이 트랜스지방이 혈중콜레스테롤 수치를 높이는 작용을 하기에 건강에 나쁘다고 하는 것이다.

(3) 발효유제품: 치즈

① 치즈

치즈는 젖의 잉여분을 농축해 보존하기 위해 만든 방법의 일종이다. 단백질과 지방이 주성분인 커드에 소금과 산을 첨가해 부패를 방지하고 미생물 증식을 억제한 것에서 시작되었으며 여기에 더해 단백질과 지방의 분자를 더 작고 맛이 나도록 분해시키는 젖과 미생물 효소의 활성을 잘 조절해 맛을 더욱 좋게 만들게 되었다. 처음 유목민들은 짜놓은 젖을 보관하는 곳으로 동물의 위장 안에 넣는 방법을 택했고 이 과정에서 자연스레 분리되고 발효되어 치즈를 얻게 된 것이다. 동물의 위장에는 레닌이라 불리는 위장 추출물이 있는데 이 레닌에 의해 분리된 커드에 소금을 넣고 보존하던 기술이 점차 발전되어 다양하게 발전되었다.

치즈를 만드는 중요한 요소라고 하면 젖, 젖산균, 레닌, 소금 그리고 '시간'이다. 치즈를 만들기 위해 낮은 산도와 염도를 유지해야 하고 미생물과 효소의 증식을 활발하게 도와야 하며 숙성의 과정이 필요하다.

🌨 치즈 만들기

젖을 치즈로 만들기 위해서 필요한 과정으로 세 단계가 있다.

첫째는 젖산균이 젖당을 젖산으로 전환시키는 과정이며 둘째는 박테리아가 젖을 산성화하는 동안 레닌을 첨가하며 카세인 단백질을 분리시키고 농축된 커드에서 유장을 따라내는 것 그리고 마지막으로 숙성시켜서 효소들의 숙주들이 치즈의 고유한 맛과 질감을 만들어내는 과정이다.

이 세 과정을 분리해서 보자.

- **분리** : 치즈를 만들기 위해 박테리아의 산과 레닌을 조합해서 분리시켜 커드의 구조를 만들어낸다. 이때 산은 미세하고 잘 부서지는 겔을 만들고 레닌은 거친 반면 단단하고 탄성이 좋은 겔을 만든다. 이 두 가지를 어떠한 비율로 섞어 만드느냐에 따라 최종 치즈의 질감이 결정되는 것이다. 산을 이용한 분리는 여러 시간 동안 말랑말랑하며 약한 커드를 형성시킬 수 있기에 조심스레 다루며 일정한 수분이 유지되어야 하고 레닌을 이용한 분리는 1시간 내로 커드가 형성되며 단단한 것이 특징이다. 이 커드를 밀알크기로 잘라낸 뒤 유장을 따라낼 수 있다. 경질과 연질치즈의 가장 큰 차이가 바로 이것이다.

- **유장배출, 성형, 가염** : 산과 레닌에 의해 형성된 커드에서 유장을 배출하는 방법은 다양한데 커드에서 중력의 힘을 이용해 자연스럽게 배출하면 연성의 치즈가, 커드를 자르거나 압착해 눌러 짜면 경성의 치즈가 만들어진다. 수분을 제거한 커드에 소금을 넣거나 소금물을 넣어 미생물을 방지하는데 이 과정에서 소금이 치즈의 구조와 숙성을 조정하는 역할을 하게 된다. 소금으로 인해 커드에 남은 수분이 배출되고 숙성을 돕는 효소의 활성도를 변화시킨다.

- **숙성** : 치즈의 마지막 단계로 짠맛을 가진 부서지기 쉬운 말랑말랑한 커드를 치즈로 바꿔주는 단계이다. 이 단계에서 치즈를 만드는 사람은 저장고의 온도 그리고 습도를 조절하여 숙성과정을 조절하는데 이것이 바로 치즈의 맛과 질감을 결정짓게 된다.

분리

유장배출

숙성

치즈의 맛

젖산과 레닌, 미생물효소가 유지방과 유단백질을 잘게 잘라 작은 아미노산으로 분해시키는데 이 아미노산이 달고 짭짤한 맛을 내는 주된 성분이다. 또한 치즈의 맛을 결정짓는 것은 치즈의 원유를 만드는 가축의 먹이환경과 다양한 미생물효소 그리고 숙성되는 환경에 따라 다양하게 변화된다.

쉬어가기

가공치즈

가공치즈는 미국에서 개발한 방법으로 자연 체다치즈에 열을 가해 녹인 뒤 유화제, 인산염, 유지방, 산, 색소 등 향미를 내는 성분을 첨가한 뒤 맛과 질감을 가지도록 인위적으로 만든 치즈를 말한다. 자연치즈는 만드는 장소나 환경 등에 따라 맛이 변하는 반면 가공치즈는 변하지 않는 일정한 맛을 낼 수 있다는 장점이 있고 발효숙성이 일어나지 않기 때문에 장기간 보관이 가능하다는 장점이 있다. 최근에는 '가공치즈'보다 수분함유량이 높은 가공치즈식품과 스프레드가 나오는 등 더욱 품질 좋은 가공치즈가 개발 보급되고 있다.

🌊 요리 재료로 사용되는 치즈

– 녹임의 화학

치즈를 녹일 때는 다양한 일들이 일어난다. 먼저 32℃ 언저리에서 녹은 유지방은 치즈를 부드럽고 말랑하게 만든다. 이때 작게 녹은 지방의 방울들이 표면까지 올라온다.

다음으로 연성치즈의 경우 55℃, 체다치즈와 스위스 치즈의 경우 65℃, 파르메산치즈와 페코리노치즈의 경우 82℃에서 높은 온도로 가열하면 카세인 단백질의 결합이 깨져서 단백질 그물조직이 무너지며 녹은 조각들이 늘어나거나 흐르게

된다. 이렇게 녹은 형태를 결정하는 것이 바로 치즈에 포함된 수분의 농도이다. 수분이 적은 경성치즈의 경우 녹이는 데 많은 열이 필요하고 녹은 후에도 흐르는 정도가 적지만, 수분을 많이 포함하고 있는 모차렐라의 경우는 녹으면 치즈 알갱이들이 엉겨붙어 많이 흐르고 파르메산의 경우 녹아도 알갱이들이 분리되어 있어 쉽게 흐르지 않는 것을 볼 수 있다.

치즈에 열을 가해 녹인 후 계속 열을 가하면 치즈에 포함된 수분은 계속 증발하게 되어 점점 굳어지게 되고 이후 다시 딱딱한 고체로 변한다. 특히 지방 비중이 높은 치즈일수록 단백질의 붕괴 현상은 심하게 나타난다. 예를 들면 파르메산의 경우 단백질 대비 지방의 비율이 0.7이며 모차렐라는 1, 체다치즈의 경우 1.3의 비율을 보이며 이 치즈들이 녹아서 많이 흐르는 것 역시 지방의 비중 때문이다.

– 녹지 않는 치즈

치즈에 열을 가하면 다 녹을까? 그렇지 않은 치즈도 있다. 인도의 파니르, 라틴지역의 퀘소블랑코, 이탈리아의 리코타 그리고 대부분의 생염소젖을 이용한 치즈가 그것이다. 이 치즈들의 공통적 특징은 레닌을 사용하지 않고 전부 산을 사용하거나 주로 산을 이용해 지방을 분리한 치즈들이다. 즉 레닌을 이용해 분리한 치즈는 열에 쉽게 분해되는 단백질 구조를 가지는 데 반해 산을 이용해 분리한 치즈는 열에 강한 형태를 띠게 된다. 따라서 산을 이용해 분리한 치즈에 열을 가하면 가장 먼저 파괴되는 것이 단백질이 아닌 물이며 열을 가할수록 수분만 증발해서 딱딱해지게 된다. 이런 특징을 이용하면 리코타치즈를 올린 피자(열에 의해 녹지 않음), 염소치즈나 파니르치즈, 퀘소블랑코치즈를 이용한 튀김 등을 만들 수 있다.

치즈를 뜨거운 요리에 사용할 때
– 쉽게 질겨지는 치즈는 사용하지 않는다.
– 치즈가 잘 섞이도록 가능하면 곱게 갈아서 사용한다.
– 치즈를 첨가한 후 최소한의 열만 가해야 한다. 치즈의 녹는점을 넘는 온도는 단백질을 단단하게 굳
  히는 동시에 지방이 유출된다. 또한 치즈를 올리고 식히지 말아야 한다.
– 치즈를 넣은 뒤에는 젓는 횟수를 가능한 한 줄여야 한다. 흩어진 단백질 조각이 다시 크고 끈적거
  리는 덩어리로 합쳐질 수 있기 때문이다.
– 전분을 같이 사용할 경우 단백질 조각과 지방주머니를 코팅하게 되어 지방과 단백질을 떼어놓는
  다. 이렇게 사용되는 안정제로는 밀가루나 옥수수전분 등이 있다.
– 요리의 맛을 해치지 않는 범위에서 와인 또는 레몬주스를 약간 넣어주면 좋다.

(4) 발효유제품: 요구르트/버터우유

발효유제품은 원유나 유가공품을 이용해 효모, 유산균으로 발효시킨 제품으로 우유
가 지닌 지방의 함유량, 발효 전의 저장온도, 발효 시 온도, 접종 미생물과 같은 특성에
따라 다양하게 나타난다. 또한 많은 시간이 걸리는 치즈와 달리 발효 유제품은 몇 시간
또는 며칠이 지나면 완성되기 때문에 만들기도 수월하다는 장점이 있다.

① 요구르트

요구르트는 중앙아시아와 서남아시아, 중동처럼
광대한 더운 지역이 원산지로 락토바실루스(Lactoba-
cillus), 스트렙토코쿠스(Streptococcus)와 같은 '호열성
균'에 의해 만들어진다. 이 호열성 균은 45℃에서 동
반 상승효과를 보이면서 젖산을 대량으로 생산시킨
다. 젖산의 생성량은 요구르트의 점조성에 영향을 미치는데 pH 4.4가 되면 다시 온도
를 낮춰 발효를 억제시킨다. 상업적 목적으로 생산되는 요구르트의 경우는 15%의 고형
분과 5% 정도의 단백질을 함유하도록 제조하는 게 일반적이고 점조성을 높이기 위해
펙틴이나 카라기난, 아가, 젤라틴 등을 첨가하기도 한다.

② 버터우유

버터우유란 버터를 만들고 남은 젖 또는 크림에서 지방이 적은 부분을 말한다. 과거

에는 남은 젖이나 지방이 적게 남은 크림을 젓기 시작하면 발효가 일어나게 만들어 특유의 걸쭉한 농도와 특유의 맛을 가진 버터우유를 만들었다. 이후에는 버터를 만들고 남은 저지방우유에 젖산균을 넣고 발효시켜 만들어서 판매했다. 하지만 전통적 방식으로 만든 버터우유와는 향미가 다르다. 진짜 버터우유는 산도가 낮고 맛이 더 깊으면서 쉽게 이취가 생기고 상하는 특징이 있다. 따라서 진짜 버터우유는 아이스크림이나 빵, 과자에 이르기까지 음식에 섬세한 질감을 주는 역할로 다양하게 사용되기도 했다.

쉬 어 가 기

요구르트 만들기

- 1단계 : 포유류의 젖을 85℃에서 30분 또는 90℃에서 10분간 가열한다(유장단백질인 락토글로불린의 성질을 변화시켜 요구르트 농도를 개선하기 위함).
- 2단계 : 가열했던 젖을 발효에 적합한 온도인 40~45℃로 식힌 후 균을 넣고 뻑뻑해질 때까지 따뜻하게 둔다(발효균은 이전에 만들어둔 요구르트를 조금 남겨 다시 첨가하는 경우가 많음).
  요구르트를 단시간에 만들면 빠른 겔화로 인해 거친 단백질 조직이 생겨 질감이 거칠고, 오랜 시간에 걸쳐 만들면 여리고 촘촘한 단백질 조직이 생겨 질감이 부드러워진다.

(5) 아이스크림

① 크림을 이용한 아이스크림

아이스크림은 세 가지 기본요소로 구성된다.

I) 물로 만든 얼음결정

II) 결정이 형성되고 남은 농축크림

III) 혼합물을 계속 저어주며 얼리는 과정에서 생겨난 미세한 기포

아이스크림의 얼음결정은 혼합물이 어는 과정에서 물 분자로부터 생겨나며 이는 아이스크림의 단단함을 유지시키는 역할을 한다. 얼음결정의 크기는 아이스크림의 질감에 영향을 주기 때문에 부드럽고 고른 질감이나 거칠고 알갱이가 씹히도록 할 수도 있다. 하지만 전체 부피에서 차지하는

부분이 크지는 않다.

농축크림이란 혼합물에서 얼음결정이 형성되고 남은 것으로 용해된 설탕으로 인해 혼합물 속 수분의 1/5가량이 −18°C에서도 얼지 않고 남아 있게 된다. 이 때문에 수분과 유지방, 유단백질 그리고 설탕의 비중이 거의 비슷한 찐득한 액체가 만들어지게 되는 것이고 이 액체는 수백만 개의 얼음결정을 하나하나 코팅해 적정강도로 붙어 있을 수 있게 만들어준다.

기포는 혼합물을 꾸준히 저어주면서 얼리는 동안 아이스크림에 갇히게 된다. 이 아이스크림 덕분에 부드럽게 스푼으로 떠먹을 수 있는 것이며, 기포로 인해 본래 아이스크림의 양은 더욱 부피가 커질 수 있게 된다. 이렇게 부피가 커지는 것을 '오버런(Over-run)'이라고 하며 푹신한 아이스크림의 경우 이 오버런이 거의 100%에 이르기도 한다.

② 균형 잡힌 아이스크림

좋은 아이스크림은 크림 같으면서 탄탄하고 질감이 고르면서 씹히는 농도가 있어야 균형 잡힌 아이스크림이라 할 수 있다. 훌륭한 아이스크림의 경우 수분 60%, 설탕 15%, 유지방 15~20%의 비율을 유지하고 있다.

이런 아이스크림을 만드는 과정은 세 가지로 구분할 수 있는데 혼합물 만들기, 얼리기 그리고 굳히기가 그것이다. 혼합물을 만드는 과정은 생크림, 우유, 설탕의 기본재료를 이용하며 최대 17%의 유지방과 15%의 설탕으로 배합한 혼합물을 빠르게 얼리면 고른 질감이 나타나게 된다. 또한 달걀 노른자를 섞어 커스터드 스타일의 혼합물을 만들면 질감이 고르면서 저지방인 아이스크림을 만들 수 있다. 다음 얼리기 과정에서는 배합한 혼합물의 냉각 시간을 줄이기 위해 최대한 차갑게 만든 용기에 넣고 빠르게 얼려야 한다. 그리고 혼합물을 휘젓는데 이 과정에서 공기를 집어넣고 고른 질감을 얻게 된다. 이 과정에서는 작은 얼음결정일수록 부드럽고 크림과 같은 아이스크림 질감을 얻을 수 있게 된다.

아이스크림 만들기의 마지막 과정인 굳히기는 혼합물이 뻑뻑해져 저을 수 없는 상태가 되고 이는 수분의 절반 이상이 얼음결정으로 변했다고 볼 수 있다. 이 상태에서 젓기를 멈추고 조용한 냉각의 과정을 거치면 비로소 아이스크림이 완성된다.

13 해조류와 버섯

1) 해조류

해조류란 바다에 분포하는 식물들을 총칭하는 단어로 우리나라의 연안에서 서식하는 해조류의 종류만도 400종이 넘게 분포하고 있다. 하지만 모든 해조류가 식용으로 이용 가능한 것은 아니고 50여 종의 해조류만을 섭취할 수 있다. 해조류에는 식이성 섬유소가 풍부해서 식품으로 포만감을 주는 동시에 소화에 도움을 주어 변비를 예방하는 효과가 있다. 또한 무기질과 비타민이 풍부하기 때문에 에너지원으로 사용은 어렵지만 기타 미량 원소를 공급해 주는 공급원으로서의 가치는 매우 크다. 해조류에 함유된 무기질의 경우 요오드, 칼슘, 철 등이 많고 탄수화물은 대부분 난소화성 점질다당류로 구성되어 있어 식이섬유의 좋은 공급원이 된다. 해조류가 가진 특유의 맛과 향 또한 기호 식품으로 이용될 수 있으며 식용 외에도 한천이나 카라기난(carrageenan), 알긴산(alginic acid)과 같은 해조 다당류는 친수콜로이드 물질로서 점증제나 젤화제, 안정제 등의 식품 첨가물로 이용되고 있다. 그 밖에 비료나 사료, 공업의 원료로서도 해조류는 높은 가치가 있다.

(1) 해조류의 생태 및 종류

해조류는 바닷속의 모래 또는 바위에 뿌리를 내리고 생활하며 엽록소에 의해 합성하면서 성장한다. 해조류의 경우 일반 식물과 다르게 뿌리와 줄기, 잎의 구분이 분명하지 않고 잎의 형태로 존재하며 파도에 잘 적응하기 위해 유연하고 탄력적인 구조를 띠고 있다.

해조류는 크게 세 종류로 나누는데 이는 해조류가 띠고 있는 색과 서식하는 바다의 깊이와 연관이 있다. 녹조류(green algae), 갈조류(brown algae), 홍조류(red algae)로 나누며 녹조류가 가장 얕은 바다에서 서식한다. 다음으로 갈조류, 홍조류 순으로 깊은 곳에서 서식하는데 갈조류는 수온이 찬 동해에서 주로 생산되고 홍조류는 수온이 높은 서해나 남해에서 많이 생산된다.

① 녹조류

• 파래

생육시기는 종류에 따라 조금씩 차이가 있으나 일반적으로 늦가을에서 초여름까지 생육하며 양식하는 김발에도 잘 착생한다. 따라서 시중에 판매되는 파래김의 주종이 되기도 한다. 파래는 향이 강하고 독특한 맛이 있으며 진한 초록색을 띠는 것이 특징이고 한국과 일본에서 주로

섭취한다. 파래에는 철, 칼륨, 비타민 C와 같은 성분이 풍부한 반면 단백질에는 라이신이나 메티오닌 등의 성분이 없기 때문에 영양가는 낮다.

생파래는 초무침으로 먹기도 하고 마른 파래는 김처럼 먹거나 볶아서 밑반찬으로 조리한다.

• 청각

청각은 사슴의 뿔과 같은 모양으로 자라며 김장할 때 김치의 맛을 내는 용도로 이용된다. 청각을 김치에 사용하면 젓갈이나 마늘에서 나는 강한 냄새를 중화시키는 동시에 개운한 뒷맛을 낼 수 있다. 『자산어보』에 따르면 청각은 감촉이 매끄럽고 검푸른 빛을 띠며 맛이 담담해 김

치의 맛을 돋울 수 있다고 기록되어 있다. 일본에서는 바다에서 나는 소나무라는 뜻의 '미루(ミル)'라고도 부르고 주로 배추와 함께 물김치를 담그거나 나물처럼 먹기도 하고 냉국, 샐러드에도 이용한다.

• 매생이

매생이는 파래와 비슷하게 생겼으며 부산, 완도와 같은 남도지역에서 주로 재배된다. 파래와 유사하지만 더 가늘고 부드러운 특징이 있으며 주로 겨울이 제철이기 때문에 겨울철에 재배가 이루어진다. 양식보다는 자연 채묘를 통해 재배가 이루어지기 때문에 생산량이 일정치 않으므로

가격의 변동폭이 크다. 칼륨과 철을 많이 함유하고 있으며 특유의 향과 맛을 지니고 있

다. 매생이를 이용한 요리는 매생이로 인해 열이 잘 식지 않고 김이 나지 않아 뜨거운 지 몰라 입을 데는 경우가 있으므로 조심해서 섭취해야 한다.

② 갈조류

갈조류에는 카로티노이드인 β-카로틴과 함께 알긴산, 푸코산틴(fucoxanthin)과 같은 색소가 함유되어 있으며 아미노산의 리신에 유도체인 라미닌(laminine)이 함유되어 있 다. 라미닌은 혈압을 낮추는 효과가 있고 알긴산은 변비를 예방하는 효과가 있어 건강 에 많은 도움을 준다.

• 톳

봄에서 초여름에 주로 번성하는 해조류로 초봄에 채취 하는 것이 좋다. 칼슘과 철 등 무기질이 많이 함유되어 있 고 알칼리성을 띠는 식품이다. 데친 후 나물이나 무침, 샐 러드, 냉국 등으로 이용하며 지역에 따라 마산과 진해, 창 원에서는 '톳나물', 고창은 '따시래기' 또는 '배기'라는 이 름으로 부르기도 한다.

• 미역

우리나라에서 가장 많이 이용하고 소비하는 해조류 중 하나로 주로 양식을 통해 재배된다. 미역은 비타민 A가 풍부하고 칼륨과 칼슘, 요오드, 철과 같은 성분이 많은 알 칼리성 식품이다. 또한 섬유질인 알긴산이 많아 변비를 예방하며 포만감을 주므로 다이어트에도 좋다.

미역은 조리 전에는 검은색을 띠는데 이는 미역의 클로로필이 지단백질과 결합하기 때문이다. 검은색의 미역은 끓는 물에 데치면 녹색으로 변하는데 이때 클로로필과 결 합했던 지단백질이 변성을 일으키면서 녹색으로 표면화되어 나타난다.

예부터 우리나라에서는 산모에게 미역국을 먹도록 권해왔다. 이는 미역에 함유된 알 긴산과 요오드, 다량의 섬유소 때문인데 알긴산은 노폐물의 배설을 돕고 피를 맑게 해 준다. 요오드는 모유가 잘 나오도록 분비를 촉진시키며 섬유소는 산모가 소화가 어려워 변비가 생기는 것을 예방해 준다. 생미역 형태로 유통되기도 하지만 장기간 보관을 위해 건조된 미역이 많이 판매되며 물에 불리면 미역의 부피는 6~7배 이상 증가한다.

• 다시마

주로 다시육수를 만들 때 많이 사용되는 다시마는 주로 말려서 이용되며 쌈에 이용하기도 한다. 말린 다시마에는 표면에 흰색의 가루가 붙은 것을 볼 수 있는데 이 분말이 바로 만니톨(mannitol)이라는 성분이다. 만니톨은 단맛을 내는 천연성분이기 때문에 손질 과정에서 물에 씻어

내지 말고 행주를 이용해 먼지를 털어서 이용해야 한다. 다시마를 이용해 만드는 육수는 깊은 감칠맛을 낸다. 다시마에 함유된 글루탐산(glutamic acid)과 아스파르트산(aspartic acid) 그리고 숙신산(succinic acid) 등 국물에 구수하고 진한 맛을 내는 성분들이 우러나면서 맛을 내는데 장시간 다시마를 끓이면 구수한 맛을 넘어 쓴맛으로 변하게 된다. 따라서 다시마는 적정시간만 끓인 후 건져야 한다.

다시마 또한 다른 갈조류와 같이 알칼리성을 띠는 식품이고 미역과 유사한 영양성분을 가지고 있으면서 요오드의 함량이 높다. 국물용과 쌈 외에도 기름에 튀긴 후 설탕을 뿌린 튀각으로 조리하기도 한다.

• 곰피

부드럽고 쌉싸름한 맛을 지닌 곰피는 꼬득한 식감을 지니고 있어 쌈용으로 많이 이용된다. 또는 건조된 곰피를 삶거나 데쳐 무침이나 장아찌로 만들기도 한다.

• 모자반

오독오독 씹히는 식감이 좋은 모자반은 염장 또는 건조된 형태로 유통되며 염장된 것은 물에 담가 소금을 제거해서 조리하고, 건조된 것은 물에 불려 데친 뒤 물기를 제거해서 무침 또는 국, 샐러드에 이용하기도 한다.

③ 홍조류

홍조류에 함유된 피코에리스린(phycoerythrin)은 적색을 띠게 하는 색소로 피코시안(phycocyan)과 클로로필, 카로티노이드로 이루어져 있다.

• 김

김은 한국에서 생산되는 것의 품질이 가장 우수하고 양식 기술 또한 뛰어나다고 알려져 있다. 재래김, 돌김, 파래김 등의 종류로 나눌 수 있는 김은 얇게 뜨기 때문에 구멍이 많은 것이 특징이다. 김은 생산과정에서 수분 함유량을 10% 이하로 낮춰 보존하는 것이 좋고 살짝 굽기만  하거나 구운 뒤 기름과 소금을 처리해서 만들기도 한다. 이렇게 조리하면 입안에서 씹는 촉감이 부드러워지는 동시에 김에 함유된 지용성 비타민인 카로티노이드의 흡수도 도울 수 있다.

김은 검고 윤기가 흐르는 것이 좋고 특히 겨울에 생산되는 김이 단백질 함량도 많고 맛이 좋다. 김에는 단백질과 탄수화물이 풍부하게 함유되어 있어 영양가도 매우 높다. 김에 함유된 단백질은 38%이며 필수아미노산을 골고루 함유하고 있다. 또한 타우린의 함량이 많고 비타민 A, B_2, C가 골고루 함유되어 있으며 칼슘, 칼륨, 철이 풍부한 알칼리성 식품이다.

• 우뭇가사리

우뭇가사리는 식품 또는 식용, 약용, 연구용, 공업용 등에 다양하게 활용되는 한천을 추출할 수 있어 활용성이 높은 해조류다. 한천은 우뭇가사리에 함유된 다당류로 아가로오스(agarose)와 아가로펙틴(agaropectin)으로 구성되어  있으며 점성과 탄력성을 높이는 효과가 있다. 양갱, 빵, 후식을 만드는 데 이용되거나 저열량 다이어트 식품으로 주로 이용된다.

천사채란?
다시마, 우뭇가사리 등의 해조류를 이용해 만든 인공국수로 씹히는 식감이 독특해서 샐러드에 이용하거나 일식집에서 회를 담을 때 아래쪽에 받쳐 놓기도 한다.

▧ 해조류의 영양성분

식품군	식품명	일반성분 Proximates						무기질 Minerals					비타민 Vitamins					
		에너지	수분	단백질	지방	회분	탄수화물	칼슘	철	인	칼륨	나트륨	비타민 A	베타카로틴	티아민	리보플라빈	나이신	비타민 C
		kcal	g	g	g	g	g	mg	mg	mg	mg	mg	μg	μg	mg	mg	mg	mg
해조류	김, 생것	12	90.5	3.3	0.4	3.8	2.0	490	4.5	474	2,208	144	-	-	-	-	-	-
	김, 말린 것	165	11.4	38.6	1.7	8.0	40.3	325	17.6	762	3,503	1,294	1,875	22,500	1.20	2.95	10.4	93
	다시마, 생것	12	91.0	1.1	0.2	3.5	4.2	103	2.4	23	1,242	75	65	774	0.03	0.13	1.1	14
	다시마, 말린 것	110	12.3	7.4	1.1	34.0	45.2	708	6.3	186	7,500	3,100	48	576	0.22	0.45	4.5	18
	매생이, 생것	39	84.3	3.88	3.29	0.34	8.19	91	18.30	97	263	104	-	-	0	0.030	-	0
	모자반, 생것	18	86.2	1.8	0.2	5.1	6.7	209	2.1	61	-	-	-	-	-	-	-	2
	모자반, 말린 것	129	10.2	15.2	1.7	27.2	45.7	935	67.3	233	-	-	368	4,410	0.21	0.61	2.5	2
	미역, 생것	15	88.8	2.1	0.2	3.9	5.0	153	1.0	40	-	-	154	1,845	0.06	0.16	1.0	18
	미역, 말린 것	150	6.3	20.31	4.83	24.91	43.65	1,109	6.10	355	432	7,535	515	6,185	0	0.101	3.800	0
	우뭇가사리	2	99.0	0.1	0	0.1	0.8	10	0.3	3	-	-	0	-	0	0	0	0
	한천	154	20.1	2.3	0.1	2.9	74.6	523	7.8	16	-	-	0	-	0	0	0	0
	청각, 생것	8	92.1	1.4	0.4	4.5	1.6	37	2.5	12	-	-	23	270	0.01	0.05	1.4	9
	청각, 말린 것	137	10.0	13.8	0.8	22.6	52.8	-	-	-	-	-	-	-	-	-	-	-
	톳, 생것	16	88.1	1.9	0.4	4.6	5.0	157	3.9	32	-	-	32	378	0.01	0.07	1.9	4
	톳, 말린 것	81	32.7	6.6	0.8	27.9	32.0	768	76.2	118	-	-	-	-	-	-	-	-
	파래, 생것	11	93.8	2.18	0.15	0.92	2.95	55	4.10	38	131	122	-	-	0.290	0.140	-	36.00
	파래, 말린 것	201	16.9	22.1	0.6	18.7	41.7	490	5.3	160	3,200	3,900	208	2,500	0.07	0.48	10.0	25

주: 가식부 100g당(per 100g Edible Portion)

자료 : 2020 식품성분표 개정판, 농촌진흥청 국립농업과학원(2020) DB 10.0

(2) 해조류의 성분

① 탄수화물

해조류에는 수분 다음으로 탄수화물이 많이 함유되어 있다. 건조한 해조류의 경우 25~45%가 탄수화물일 정도로 많은 양을 함유하고 있다.

② 당질

해조류에 함유된 당질은 비소화성 복합다당류가 대부분으로 소화율이 매우 낮다. 따라서 주로 저열량 식품에 많이 이용되며 녹조류에는 헤미셀룰로오스, 갈조류에는 알긴산, 푸코이딘, 라미닌, 홍조류에는 만난이 풍부하게 함유되어 있다.

③ 단백질

건조 해조류에 함유된 단백질은 7~45% 정도이며 대부분 필수아미노산을 많이 함유하고 있다. 김을 먹을 때 구수한 맛을 내는 글리신이나 다시마의 감칠맛인 글루탐산이 이에 속한다.

④ 비타민과 무기질

해조류에는 무기질이 매우 풍부하고 칼슘, 나트륨, 칼륨, 인, 철, 요오드가 다량 함유되어 있다. 또한 신선한 해조류의 경우 비타민 B_2와 비타민 C, 니아신의 함량이 매우 높다.

⑤ 특수성분

해조류에서는 독특한 향이 난다. 갈조류에는 테르펜(terpene)이라는 특유의 향을 내는 물질이 함유되어 있고 녹조류와 홍조류에는 함황화합물이 함유되어 있다. 또한 트리메틸아민(TMA)도 함유되어 있어 비린 냄새도 난다.

2) 버섯류

버섯은 담자균류에 속하는 균류의 일종으로 엽록소를 가지고 있지 않은 하등식물에 속한다. 크게 식용버섯과 약용버섯 그리고 독버섯의 3가지로 분류하며 식용버섯의 경우 120여 종이 식용으로 이용되고 있다. 과거 중국인들은 '불로장수의 영약', 그리스와 로마인들은 '신의 작품'이라고 할 정도로 버섯을 즐겼다.

버섯에는 수분이 90%, 탄수화물 3~6%, 조단백질이 1.5~2% 그리고 1% 이하의 지방과 비타민 등으로 구성되어 있다. 특히 비타민 D의 공급원인 버섯은 저열량 식품이면서 독특한 맛과 향을 지니고 있어 많이 애용하는 식품이다. 또한 버섯에는 항산화 작용과 항바이러스 효과 그리고 항염증 활성, 항암과 면역제어 효과 등 여러 가지 효능이 있는 것으로 보고되고 있다.

(1) 버섯의 성분 및 종류

버섯을 얻는 방법은 크게 두 가지로 나눌 수 있는데 자연 상태에서 얻는 천연버섯과 재배를 통해 얻을 수 있는 재배 버섯이 있다. 천연버섯의 경우 송이, 표고, 느타리, 송로, 싸리버섯 등이 있으며 재배를 통해 얻는 버섯은 표고, 양송이, 느타리, 팽이, 새송이, 석이, 목이버섯 등을 얻을 수 있다.

버섯에는 당질의 함량이 많고 비타민 D의 전구체인 에르고스테롤(ergosterol), 비타민 B_1, B_2, B_6가 많다. 또한 버섯을 먹을 때 나는 구수한 맛은 핵산성분인데 구아닐산(guanylic acid)과 아데닐산(adenylic acid) 등의 성분과 글루타민산의 상승효과를 통해 감칠맛이 강하게 난다. 버섯의 영양소 및 성분을 살펴보면 다음의 표와 같다.

① 표고버섯

표고버섯은 생표고나 건표고를 주로 이용하며 생표고의 경우 수분이 많지 않고 갓이 많이 피지 않으며 갓 안쪽의 주름이 뭉개지지 않은, 줄기가 통통하고 짧은

버섯의 영양소 및 성분

식 품 군	식품명	일반성분 Proximates							무기질 Minerals						비타민 Vitamins
		에너 지	수분	단백질	지방	회분	탄수화물	당류	총 식이섬유	칼슘	철	인	칼륨	나트 륨	아연	총필수 아미노산
		kcal	g	g	g	g	g	g	g	mg	mg	mg	mg	mg	mg	mg
버 섯 류	느타리버섯(생것)	15	91.9	2.60	0.14	0.67	4.70	0.74	2.9	0	0.78	100	256	2	0.81	904
	목이버섯(생것)	13	93.6	0.79	0.19	0.24	5.22	0.12	3.6	45	0.28	15	55	10	0.25	201
	석이버섯(말린 것)	165	12.9	11.75	0.96	5.92	68.47	0.33	60.9	47	54.60	89	403	6	20.86	3,545
	송이버섯(생것)	21	89.0	2.05	0.15	0.68	8.12	0.31	4.6	1	1.85	33	317	1	0.97	1,354
	애느타리버섯(생것)	16	91.4	4.2	0.1	0.8	3.5	-	-	3	1.0	84	262	7	-	-
	양송이버섯(생것)	15	91.9	3.12	0.23	0.88	3.89	0.77	2.1	2	0.62	106	382	5	0.58	801
	새송이버섯(생것)	20	89.6	2.92	0.23	0.69	6.54	0.25	3.2	1	0.36	93	307	6	0.91	973
	팽이버섯(생것)	21	89.2	2.41	0.51	0.92	7.00	0.54	3.7	1	1.02	82	369	3	0.54	727
	표고버섯(생것)	31	84.0	3.90	0.38	0.90	10.84	0.36	6.6	5	0.51	95	358	3	1.18	1,146

자료 : 2020 식품성분표 개정판, 농촌진흥청 국립농업과학원(2020) DB 10.0

주 : 가식부 100g당(per 100g Edible Portion)

것이 좋은 품질의 버섯이다. 비타민 D 전구체인 에르고스테롤을 많이 함유하고 있어 맛과 영양이 매우 우수하다. 또한 감칠맛을 내는 구아닐산이 함유되어 있어 고기와 비슷한 맛을 내는 특징이 있다.

생표고를 조리할 때는 씻으면 맛이 나빠지기 때문에 씻지 않고 행주로 닦아서 사용하는 것이 좋으며 찌개, 나물, 전, 튀김, 찜 등에 다양하게 이용된다. 건표고의 경우 생표고보다 맛과 향이 강한 특징이 있으며 따뜻한 물에 불리거나 설탕물에 불려서 이용한다.

표고버섯에 들어 있는 구아닐산은 콜레스테롤을 낮추고, 레티오닌은 항암물질로 면역체계를 활성화하는 효능이 있다. 건표고버섯은 품질의 상태에 따라 등급별로 나뉘는데 건표고의 등급과 특징을 살펴보면 다음의 표와 같다.

◈ **건표고버섯의 등급 및 특징**

등 급	종 류	특 징
특품	백화고	• 이른 봄, 늦가을에 생산되며 흰색에 검은 줄무늬를 띠고 있음 • 부드럽고 진한 향이 나며 맛이 뛰어남 • 성장기간이 매우 길어 수확까지 시간이 걸리며 고가임
	흑화고(다화고)	• 이른 봄, 늦가을에 생산되며 자라면서 이슬을 먹고 자람 • 백화고에 비해 검은색을 띠고 있음
1등품	동고	• 여름에 자라고 습기를 흡수해 색상이 다소 어두움 • 일반적으로 구입할 수 있는 평범한 등급이며 가격이 저렴함
2등품	향고	• 1등품과 3등품의 중간 크기로 갓이 크고 두꺼움 • 갓이 50% 이상 퍼져 있고 외관이 반구형이나 타원형임 • 가격이 저렴함
3등품	향신	• 기온이 습한 계절에 생기거나 채취 시기를 놓친 버섯 • 갓이 얇고 매우 많이 벌어져 있음 • 가격이 매우 저렴해서 채썬 상태로 판매되기도 함
등외품		• 갓이 만개한 버섯으로 옆으로 퍼지고 두께가 가장 얇음 • 모양 역시 일정하지 않고 다양함

② 송이버섯

소나무의 뿌리에 기생해서 자라는 버섯으로 글루탐산, 아스파르트산, 구아닐산이 많아 감칠맛이 뛰어나고 메틸시나메이트(methyl cinnamate)와 마츠다케올(matsudakeol)이 함유되어 있어 좋은 향을 가지고 있다. 송이버섯은 산적이나 구이, 덮밥, 전골 등의 조리방법을 이용하는데 향과 맛을 살리기 위해 양념을 최소화해서 익히는 것이 좋다. 물에 씻지 않고 젖은 행주를 이용해 닦거나 먼지를 털어낸 후 조리한다. 장기간 보관을 위해 냉동하거나 염장, 통조림의 형태로 유통되기도 한다.

③ 양송이버섯

서양요리에 가장 많이 이용되는 버섯으로 송이버섯보다 갓이 부드럽고 자루가 짧은 형태로 백색 또는 크림색을 띤다. 비타민 B_2와 엽산을 많이 함유하고 있으며 칼로 자르면 갈색으로 어둡게 갈변되는데 버섯에 함유된 폴리페놀옥시다제(polyphenol oxidase)에 의한 현상이다. 레몬즙을 뿌리면 갈변이 방지되며 통조림으로 유통되거나 수프, 구이, 피자 등의 요리에 이용된다.

④ 느타리버섯

참나무나 오리나무 등의 뿌리에서 자라나며 다른 버섯에 비해 맛과 향은 약한 편이나 비타민 B_2, 니아신이 풍부하며 에르고스테롤이 많이 함유되어 있어 영양적으로 우수하다. 볶음이나 전골, 찌개, 잡채, 나물로 주로 이용된다.

⑤ 새송이버섯

저장성이 좋고 육질이 치밀해 씹는 질감이 좋은 새송이버섯은 송이버섯의 대용품으로 인공 재배된 버섯이다. 단백질, 식이섬유와 비타민, 미네랄이 고루 함유되어 있어 영양

적으로 우수하며 효과적으로 단백질을 공급해 주는 공급원인 동시에 리놀레산에 의한 과산화물 생성 억제, 혈당과 혈중 콜레스테롤 저하, 항산화 물질 활성, 암세포 억제와 같은 효과가 있어 영양적으로 매우 우수한 버섯이다.

⑥ 석이버섯

검은색을 띠는 석이버섯은 미지근한 물에 불린 뒤 꼭지를 제거하고 손으로 비벼서 안쪽의 이끼를 벗겨낸 뒤 사용할 수 있다. 지단, 보쌈김치, 떡, 국수의 고명으로 이용하기도 하고 참기름을 조금 넣고 은근한 불에 볶아서 사용한다.

⑦ 목이버섯

갈색을 띠고 사람의 귀와 같은 형태를 가진 목이버섯은 건조된 형태로 유통되며 미지근한 물에 불려서 사용한다. 물에 불리면 5배 정도 부피가 커지는데 잡채나 무침, 나물, 볶음에 이용되기도 하고 중국요리에 다양하게 사용된다.

흑목이버섯

백목이버섯

⑧ 송로버섯(알버섯 / truffle)

송로버섯은 한국에서 자생하는 버섯과 서양에서 자생하는 두 종류가 있으며 한국과 일본을 비롯한 북반구에서 자생하는 알버섯과 서양의 송로버섯이 있다. 알버섯은 소나무가 자라는 모래땅에서 발견되며 흰색에서 점차 황색으로 그리고 암갈색으로 변해간다.

알버섯과 다르게 서양에서 자라는 송로버섯은 프랑스, 독일, 이탈리아 등의 떡갈나

조리원리를 풀어 쓴 **조리과학 & 관능평가**

무숲 땅속에서 발견된다. 지상에서는 찾기 힘들고 땅속 8~30cm 깊이에서 호두 크기의 주먹만 한 감자 형태로 자생한다. 때문에 송로버섯을 찾기 위해 특별하게 훈련시킨 동물을 이용해 찾는다. 흑송로(black truffle), 백송로(white truffle) 두 종류가 있으며, 흑송로는 프랑스에서 백송로는 이탈리아에서 인기가 좋다.

트러플은 통조림, 페이스트, 냉동, 오일 등에 다양하게 이용하며 서양에서는 철갑상어알(caviar), 거위간(foie gras)과 함께 세계 3대 진미에 속한다.

흑송로(Black truffle)   백송로(White truffle)

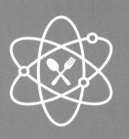

관능검사

관능검사

① 식품의 관능검사방법

1) 식품 평가의 정의

오늘날의 식품은 사람들의 경제적 여유와 산업과 기술의 발달로 인해 수많은 형태로 발전하였고 사람들은 그 속에서 자신의 기호에 맞는 음식을 찾고 고를 수 있는 기쁨을 누릴 수 있게 되었다. 찾아 즐길 수 있는 음식이 점차 많아짐에 따라 사람들의 취향과 기호도 역시 다양하게 바뀌고 있

다. 이제 소비자들은 본인이 좋아하고 즐길 수 있는 식품을 직접 찾고 자기 경험과 주관적 판단으로 식품의 맛과 질을 평가할 수밖에 없다. 개인의 습관이나 식품의 품질에 따라 기호도가 많이 좌우될 수밖에 없는 것이다.

식품의 기호성에는 일반적 기호성과 특수적 기호성이 있다. 일반적 기호성이란 대다수 사람이 공통으로 좋아하는 기호성으로 예를 들어 튀김의 바삭함이나 국물의 개운함 등이 일반적 기호성에 속한다. 특수적 기호성은 대다수가 좋아하지 않고 일부 사람들은 좋아하는 식품의 특수성을 말한다. 또한 개인적 기호성 외에 사회의 통념에 따른 기호성 차이도 있을 수 있다. 가령 서양 사람은 쌀이나 밥 문화가 아닌 빵을 더 즐기는 식문화 환경을 가지고 있다. 쌀 문화권에 있는 사람들은 밥을 어릴 때부터 자연스레 먹어왔고 즐겼기 때문에 이 식감을 더 좋아할 것이다. 반면 빵 문화권에서 살던 사람들은 빵을 더 좋아하는 것, 이것이 바로 사회의 통념에 따른 식생활 기호도 차이다. 이외에도 가정환경과 지역, 환경적 이유 등으로 자신이 좋아하는 식품의 기호도는 각양각색이며 식품을 평가하는 방법 또한 천차만별이다.

다양한 기호도의 차이는 식품에 대한 객관적인 평가를 더욱 어렵게 만든다. 하지만 식품의 품질과 관능적 평가에 대한 지표와 기준이 명확하다면 기호성과 별개로 객관적인 평가가 가능해질 수 있다.

식품의 품질은 다음의 몇 가지 요인을 통해 측정이 가능하다.

첫째, 식품 품질의 양적 요인은 무게와 부피, 고형분의 함유량과 수량 등 실험을 통해 측정하고 눈대중을 통해 확인이 가능하다.

둘째, 식품의 영양과 위생적 요인인데 이것은 눈으로 보아서는 알 수 없는 내면적 속성(hidden attribute)에 해당한다. 식품 섭취의 궁극적인 목적은 기호성에도 있지만 영양분 섭취가 가장 우선이다. 식품을 섭취함으로써 건강 상태를 유지하고 필수 영양소를 공급하는 것이 매우 중요한데 식품의 영양성분과 함유량, 영양성분의 질이 어떤지, 그리고 식품으로 인해 인체에 유해한 독성물질이나 미생물 등은 들어 있지 않은지 등을 반드시 확인해야 한다. 하지만 이 부분을 먹은 사람은 측정할 수 없기 때문에 식품의 포장지에 있는 영양 성분표와 식품표시를 확인하고, 대부분의 가공식품은 「식품위생법」을 충족하기 때문에 믿어야 하는 요인이라 할 수 있다.

셋째, 식품의 관능적 요인이다. 식품의 영양가가 아무리 좋고 훌륭하더라도 기호성이 좋지 않아서 섭취가 힘들다면 식품으로의 가치가 떨어지게 된다. 따라서 식품의 관능적 요인에 대한 평가는 식품의 품질평가에서 매우 중요한 요인이라 할 수 있다.

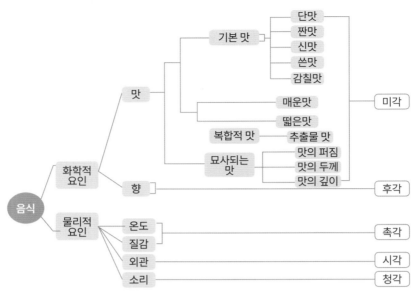

음식의 관능적 특성 지표

2) 관능검사의 필요성과 발전

    관능검사는 과거 미국 육군의 식품 기호 연구지원책으로 이용되었는데 영양 가치가 높은 식품의 생산에만 몰두하던 제2차 세계대전 무렵 식품의 기호성이 낮으면 영양 가치가 아무리 높아도 소비자들이 거부하게 되면서 중요하게 여겨지기 시작했다. 이후 1940~1950년대 육군 장병들을 대상으로 식품에 대한 기호도를 측정하기 시작했고 기호도에 영향을 주는 요인이 필수요소인 영양성분이 아닌 향미라는 것을 알게 되었다. 향미의 정확한 측정을 위해 1950년 캘리포니아대학에서는 관능검사 과정에 대한 강의가 시작되었고 관능검사를 위한 전문요원이 배출되기 시작했다. 또한 Arther D. Little사에 의해 효과적 관능검사를 위한 향미 프로필 방법이 개발되면서 과거 전문가 한 명에게 의존하던 관능검사가 여러 명의 훈련된 요원의 견해를 통해 평가되기 시작하였다. 1960~1970년대에 이르러 식량, 농업에 대한 관심이 높아지고 식품의 원료 부족 현상과 가격상승 등 여러 요인에 의해 조립식품(fabricated foods)이 개발되면서 식품의 개발과 관능평가에 대한 필요성이 더욱 높아졌다.

식품산업의 성장과 발전은 빠르게 이루어졌고 식품의 다양한 개발로 제품의 종류가 많아지면서 전문가 한두 명을 통해서는 식품의 정확한 품질검사가 어려워졌다. 이런 이유로 식품의 품질검사를 위한 측정 기술이 발달하고 관능검사가 확대되었으며, 훈련받은 여러 요원이 식품 품질을 평가하는 방법을 주로 이용하기 시작했다. 또한 제품의 다양화로 인해 정확한 관능검사의 필요성도 높아졌는데 정확한 관능검사가 곧 제품을 만든 회사의 경쟁력이기 때문이다.

제품이 다양해진다는 것은 곧 소비자들이 선택할 수 있는 폭이 넓어진다는 뜻이다. 이는 소비자들의 재구매를 유도하기 위해 생산회사가 소비자의 기호를 정확히 분석하고 소비자들의 기호를 파악해야 한다는 것이다. 기호성을 찾는 것은 인간의 감각을 만족할 수 있도록 자극하는 요건을 찾는 과정이다. 이것이 관능검사의 어려운 점이며 또 반드시 이루어져야 하는 이유다. 관능검사는 일반적으로 많은 시간과 비용이 든다. 또한 정확한 기준이 없기에 모든 것은 감각을 통해 평가가 이루어진다. 식품을 섭취하는 과정에서 외관과 향, 맛, 질감, 타액과 섞이는 과정에서 변화, 온도나 크기 등 모든 것을 사람이 측정하고 평가해야 하는 것이다. 그만큼 어렵지만 최대한 객관적으로 평가된 제품의 품질에 대한 평가는 많은 정보를 제공할 수 있다.

3) 관능검사의 목적과 기능

관능검사는 검사의 시기와 목적에 따라 다르다. 관능검사를 통해 제품을 개발하는 것인지, 기존제품의 품질 이상 유무를 확인하는 것인지, 제품과 연관된 문제를 해결하기 위한 것인지 등 목적에 따라 기능이 바뀌는 것이다. 이 중에서도 가장 많은 기능을 하는 경우는 새로운 제품을 개발해야 할 때다. 이 과정에서 제품의 개념평가, 관능적 특성을 파악하고 최적화하는 과정, 선호도에 맞는 제품 개발, 저장 중에 일어나는 품질의 특성 변화, 완성 후 선호도의 평가와 같은 다양한 기능이 사용된다.

자사의 제품에만 국한하지 않고 경쟁사 제품을 분석하는 데도 관능검사는 중요한 역할을 한다. 소비자가 선호하는 제품을 분석하고 이해하기 위해 사용되는 선호도 검사와 경쟁 제품의 관능적 품질 파악을 통해 자사 제품의 판매정책에 변화를 꾀할 수 있는 것이다.

이처럼 관능검사는 제품의 개발과 품질관리, 판매 등 모든 과정에서 다양한 정보를 제공하며, 시장경쟁이 심화하고 소비자들의 식품에 대한 지식과 관심이 커질수록 더욱 높은 가치를 지니게 된다.

4) 식품의 품질 요인

앞서 식품의 품질에 대한 평가를 위해 필요한 요인으로 양적 요인, 영양과 위생적 요인, 관능적 요인에 대해 언급했다. 그렇다면 각각의 요인을 파악하기 위한 방법으로 어떤 것이 있는지 알아보자.

(1) 양적 요인

양적 요인은 식품의 소비자와 생산자 모두 품질을 평가하기 위한 가장 기본적인 것으로 무게와 부피, 고형분의 함유량과 수량처럼 실험을 통해 측정이 가능하며 눈대중을 통해 알아볼 수 있는 가장 기본요인이다. 소비자들은 포장지에 적힌 실제 용량을 비교 확인하고 구매하기 때문에 식품을 고를 때 가장 먼저 살펴보고 확인할 수 있다.

(2) 영양과 위생적 요인

영양과 위생에 관련된 부분은 교육이나 경험을 통해서 알 수 있는 요인으로 영양소의 함량과 효율, 질, 유해 물질 존재의 유무, 첨가물의 종류 그리고 미생물의 유무와 같이 외관상 확인할 수 없는 내면적 요인들이다. 외관상 확인이 불가능하면서도 식품에서 매우 중요한 요인이기에 식품의 품질확인을 위해 반드시 확인되어야 하는 부분이다.

(3) 관능적 요인

식품의 품질을 검사하기 위해 필요한 관능적 요인은 체계적으로 분류하고 개념을 정리하고 정의하기는 매우 어렵다. 관능적 요인이 식품을 섭취하며 '맛이 있다.', '맛이 없다.'라고 평가하는 게 아니라 겉모양(appearance)과 향미(flavor), 텍스처(texture)로 분류해야 하기 때문이다.

겉모양은 식품을 살펴보고 모양과 크기, 형태, 색, 윤기, 투명도 등 외적인 요소의 결함을 판단할 수 있다. 하지만 향미는 인간이 맛과 향에 지각하는 화학적 감각인 후각과 미각을 이용해 판단해야 하며, 텍스처는 혀와 이, 잇몸, 입천장을 이용해 먹는 식감과 손가락 등 촉각을 이용해 느끼고 판단해야 하기 때문이다.

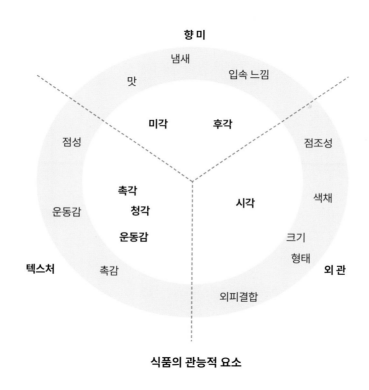

식품의 관능적 요소

① 겉모양(appearance)

식품을 판단할 때 가장 먼저 보이는 외관으로 시각을 통해 판단할 수 있다. 외관에서 특히 가장 중요한 특성이 바로 '색'이다. 식품의 색은 단순히 제품의 색을 표현하는 것이 아니라 신선도, 익은 정도를 판단

하기 위한 척도가 되기도 한다. 또한 좋은 색상은 맛과 향미가 좋다고 상상하도록 만들 수도 있다. 가령 진한 붉은색을 보고 딸기향이 나는 것처럼 상상하거나 노릇한 갈색을 보고 잘 익은 빵의 겉면이나 빵의 향이 나는 것처럼 연상할 수도 있다.

표면에 보이는 질감 또한 음식의 선호도에 영향을 미친다. 예를 들어 완성된 수란의 표면이 윤기 나고 매끈하게 보일 때와, 표면에 주름이 있는 경우를 비교하면 윤기 나고 매끄러운 수란의 기호도가 더욱 높게 나타난다. 이처럼 식품의 외관을 판단하는 요소에는 색과 윤기, 모양, 형태 등이 있으며 이런 요인들은 모두 기호도에 영향을 줄 수 있다.

사람이 눈으로 볼 수 있는 색상은 가시광선인 복사에너지가 380~770nm 정도로 식품에 접촉하면서 색상의 빛이 반사되거나 흡수되는 정도를 통해서 결정된다.

가시광선의 스펙트럼은 아래의 그림과 같이 빛의 파장에 따라 다른 색을 띤다.

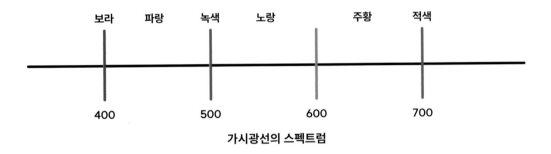

가시광선의 스펙트럼

식품의 품질에 큰 영향을 주는 색은 색상(hue), 색도(chroma), 명도(lightness, value)의 3요소로 구분된다. 색상은 다른 색의 파장보다 많이 반사하여 대표적으로 감지할 수 있는 색을 말하는데 색의 주요 파장이 600~700nm일 경우는 색이 붉은색으로 보이게 된다. 색도는 식품에 반사되는 전체 반사광에서 특정한 빛이 반사되는 정도를 말한다. 반사된 특정 파장의 정도가 어느 정도인지에 따라 순도(purity) 또는 채도(saturation)라 하기도 한다. 마지막 명도는 파장과는 관계가 없으며 빛의 반사 정도를 나타낸 것이다. 빛의 파장을 모두 반사한다고 하면 백색이고 50%만 반사하게 되면 회색, 그리고 반사하지 않고 파장을 모두 흡수하게 되면 검은색을 띤다.

색의 종류를 체계적으로 분류한 것을 색체계라고 부르며 대표적으로 CIE 색체계(XYZ 색체계), 먼셀 색체계, 헌터 색체계가 있다.

② 향미

식품의 품질을 평가하기 위한 향미는 흔히 말하는 냄새와 맛의 복합적인 요소를 평가하기 위한 요인이다. 특히 식품의 기호성, 선호도와 깊은 연관이 있는 요인으로 코와 입을 통한 화학적 감각으로 느낄 수 있다. 그런데 향미를 감지하는 것은 혀에 있는 미뢰 세포와 후각 수용체가 혼합되어 작용한 결과이기 때문에 만일 코가 막혔을 경우 제대로 된 향미의 인식은 어려워진다.

• 맛의 감지

혀에는 맛을 느끼는 미뢰 세포가 존재하고 네 종류의 유두(papillae)가 존재한다. 모양에 따라서 윤상 유두, 사상 유두, 버섯상 유두, 엽상 유두로 나뉘며 각각 혀의 뒤쪽과 양옆, 혀의 끝에 분포하고 있다. 네 종류의 유두 중 사상유두를 제외한 유두는 밑에 미뢰 세포가 있어 맛을 느끼지만 사상 유두는 아래 미뢰 세포가 없기 때문에 맛을 예민하게 느끼지는 못한다. 하지만 촉각은 다른 부분에 비해 민감하게 느낀다. 미뢰 세포는 대부분 혀에 존재하지만, 어린아이들의 경우 혀 이외에도 연구개, 경구개, 뺨에도 미뢰가 존재한다. 어른보다 어린이들이 맛에 예민한 이유도 바로, 이 때문이다.

미뢰 세포가 맛을 느끼는 방법은 미뢰 세포 위에 있는 섬모에 맛이 나는 물질이 타액에 의해 녹아들어 닿게 되고, 녹아든 물질과 미각세포의 수용체가 결합하게 되면서 화학적 자극을 일으키게 된다. 이 자극은 미뢰 세포 내부에 있는 미각신경을 통해 우리의 뇌로 전달되면서 맛을 느끼게 된다. 그리고 맛을 느끼게 해주는 미각세포는 미뢰 세포 하나당 5개에서 많게는 18개까지 존재한다.

• 기본 5원미

미뢰 세포가 느낄 수 있는 맛은 다섯 가지로 단맛, 신맛, 짠맛, 쓴맛 그리고 감칠맛이다. 과거에는 감칠맛을 제외한 네 가지 맛이 기본 4원미였으나 최근 감칠맛이 추가되면서 5원미로 바뀌게 되었다. 매운맛은 통각으로 감각에 속하기 때문에 제외된다. 식품의 맛은 이 다섯 가지 맛이 복합적으로 조화를 이루며 내는 것이다. 일반적으로 우리

혀는 10~40℃의 온도일 때 가장 맛을 잘 느낄 수 있다.

맛을 결정하는 대표적인 성분						
단맛	신맛	짠맛	쓴맛	감칠맛	매운맛	떫은맛
대부분 단당류와 이당류	유기산	소금이 대표적	알칼로이드 성분	아미노산, 펩타이드 유기산 등	유황화합물 산아미드류	폴리페놀 화합물
맛을 잘 느끼는 최적 온도(℃)						
단맛		신맛	짠맛	쓴맛	매운맛	
20~50		25~50	30~40	40~50	50~60	
맛과 온도의 관계						
따뜻한 맛	쓴맛 & 단맛(서로 융화됨)					
차가운 맛	짠맛 & 신맛(서로 융화됨)					

– 단맛

단맛은 주로 20~50℃에서 가장 잘 느껴지며 주로 당류, 알코올류, 알데하이드류 그리고 아민류에서 느낄 수 있다. 단맛을 내는 물질들은 모두 공통으로 분자에 –OH기를 갖고 있는데 이 –OH기의 위치와 그 수에 따라서 단맛의 정도가 달라진다. 단맛을 내는 물질 중 가장 순수하게 단맛을 내는 물질은 설탕으로 단맛의 정도 즉, 감미도의 기준이 되는 물질이 설탕이다. 감미도에 대한 단맛의 기준은 아래의 표와 같다.

◈ 감미료의 상대적 감미도

감미료	상대적 감미도	감미료	상대적 감미도
설탕	1.0	유당	0.2~0.3
과당	1.3	자일로스	0.59
포도당	0.65	자일리톨	1.01
갈락토오스	0.4~0.6	사카린	200~300
전화당	0.85~1.0	아스파탐	100~200
맥아당	0.3~0.5	스테비오사이드	300

조리원리를 풀어 쓴 **조리과학 & 관능평가**

- 신맛

신맛은 25~50°C에서 가장 잘 느끼며 용액 속에서 분해된 수소이온(H^+)과 분해되지 않은 산의 염에 의해서 나타난다. 신맛이 강하고 약하고는 총산도에 따라 다르며 산의 염이 강하면 신맛이 강하지만 수소이온이 강하다고 신맛이 강해지지는 않는다.

- 짠맛

짠맛은 30~40°C에서 가장 잘 느끼며 짠맛을 내는 일반적 물질은 염화나트륨($NaCl$)이다. 중성염이 이온화되면서 만들어진 음이온에 의해 짠맛이 나는데 SO_4^{2-} → Cl → Br → HCO_3 → NO_3- 순으로 짜다. KCl, NH_4Cl, $CaCl_2$, $MgCl_2$ 역시 짠맛을 내지만 물질에 있는 양이온으로 인해 쓴맛이나 떫은맛도 함께 나는 특징이 있다.

- 쓴맛

다섯 가지의 맛 중 쓴맛은 사람이 가장 쉽게 느낄 수 있는 맛이기 때문에 농도가 낮을 때에도 느낄 수가 있다. 쓴맛은 10°C에서 가장 잘 느낄 수 있으며 배당체, 알칼로이드, 무기염류, 케톤류 등의 물질에 의해서 느낄 수 있는데 배당체의 경우 과일 또는 채소에 함유되어 있다. 감귤류에 함유된 나린진, 오이에 함유된 큐커비타신 등이 해당된다. 알칼로이드의 쓴맛은 식물체에 함유된 염기성 지소 화합물로서 카페인, 퀴닌, 니코틴 등이 해당된다. 또한 무기염류에는 K^+, Ca^{++}, Mg^{++} 등이 있고 케톤류는 맥주를 먹으면서 느끼는 쓴맛인 후물론(humulone), 루풀론(lupulone)이 이에 해당한다.

• 맛의 상호작용

한 가지 맛일 때와 달리 맛은 다른 맛과 혼합되면 특정한 맛이 강해지거나 약해지는 현상이 발생한다. 이를 맛의 상승, 대비, 상쇄(억제) 효과라고 하는데 맛의 상승효과는 같은 맛을 내는 두 물질이 혼합하면서 본래의 맛보다 더 강해지는 것을 말한다. 설탕과 사카린을 합하면 단맛이 강해지는 예가 있다. 맛의 대비는 다른 맛을 내는 두 물질이 혼합하면서 두 가지 맛 중에서 주된 맛을 내는 물질의 맛이 더 강해지는 것을 말하며 가장 흔한 예로 팥과 설탕을 넣고 만든 단팥죽에 소금을 소량 넣으면 짠맛이 생기는 게 아니라 단맛이 더욱 강해지게 된다. 마지막으로 맛의 억제 또는 상쇄라 불리는 효과는 두 가지 다른 물질을 혼합하면서 두 가지 맛 중에 주된 맛이 약해지는 현상을 말한다. 예로 식초에 소량의 설탕을 넣으면 신맛이 약해진다. 흔히 가정에서 김치찌개를 끓일 때 김치가 많이 시큼할 경우 설탕을 넣는 것이 이에 해당한다.

• 맛의 역치

역치라는 것은 어떤 물질이 가진 고유의 맛을 느낄 수 있는 최소의 농도와 맛의 특성에 지각할 수 있는 자극의 크기를 일컫는 말이다. 맛에 지각할 수 있는 최소한의 농도를 절대 역치(absolute threshold)라 하고 특성에 지각하는 자극을 인식 역치(recognition threshold)라고 부른다. 맛에 대한 역치는 개개인의 심리 상태나 건강 상태, 피로감, 나이 등에 따라 다양하게 느껴질 수 있다. 또한 식품이나 물질의 상태에 따라 그리고 온도에 따라서도 다르게 느껴질 수 있다. 일반적으로 역치의 정도는 단맛이 가장 높게 나타나며 쓴맛이 가장 낮게 나타나는 특성이 있다.

• 미맹

일반적으로 사람들이 느낄 수 있는 맛을 느끼지 못하는 특정한 사람들이 있다. 이런 사람들을 미맹이라고 부르는데 미맹은 유전적 이유에 의해 생기는 것으로 알려져 있으며 특정한 맛만을 인식하지 못하기 때문에 일상생활에는 별다른 영향을 미치지 않는다. 이들은 쓴맛의 화합물인 페닐 티오우레아(phenyl thiourea)를 인식하지 못하는데 전 인구의 75% 정도가 이 맛을 느끼고 나머지 25%가량이 느끼지 못하는 미맹으로 알려져 있다.

미각의 상호작용

- 대비현상·강화 현상 : 서로 다른 맛이 섞였을 때 주된 물질의 맛이 강화되는 현상(단맛+소금=단맛 증가)
- 억제 효과·상쇄 작용 : 서로 다른 맛이 섞였을 때 주된 재료의 맛이 약화되는 현상(짠맛은 유기산과 감칠맛에 의해 약화)
- 상승효과 : 같은 맛의 두 물질이 혼합되었을 때 맛의 상승효과 발생
- 변조현상 : 한 가지 맛을 느낀 직후에 다른 맛을 정상적으로 느끼지 못하는 현상
- 맛의 피로 : 같은 맛을 계속 맛보면 그 맛이 변하거나 둔해지는 현상

③ 냄새

식품의 냄새는 식품에 첨가된 미량의 휘발성 성분에서 나오며 식품의 맛이나 색깔과 같이 식품의 기호성에 큰 영향을 준다. 우리가 일반적으로 말하는 풍미(風味 : flavour)는 식품의 냄새와 맛이 혼합된 감각을 뜻하며 광의의 개념으로 질감(texture)을 포함하기도 한다.

콧속에는 100~200만 개의 후각세포가 존재한다. 숨을 들이쉬면서 냄새나는 물질이 콧속의 후각세포를 자극해서 냄새를 인식하게 된다. 후각세포가 위치한 곳은 코 윗부분에 있는 후각상피에 있으며 노란 점액으로 덮여 있다. 후각상피에 있는 노란 점액에 냄새나는 물질이 닿아서 녹아들면 후각세포의 끝에 있는 섬모를 자극하게 되고 섬모를 통해 섬모 아래에 있는 후각신경에 신호를 주게 된다. 그리고 이 신호는 후각신경을 통해 뇌에 전달됨으로써 냄새를 인지하게 된다. 사람이 후각을 통해 구분할 수 있는 냄새의 종류는 대략 1,600만 가지 정도로 알려져 있으며 다양한 냄새를 맡을 수 있을 정도로 예민한 동시에 쉽게 피로를 느끼는 기관이다.

냄새를 맡을 수 있는 것은 냄새나는 성분이 연결통로를 따라 입에서 코로 이동하기 때문이다. 그리고 냄새를 유발하기 위해서는 물질의 휘발성이 강하고 지용성이어야 냄새가 강하게 난다. 사람은 강한 냄새를 계속 맡으면 처음에는 강하게 인지하다가 점차 냄새나는 것을 지각하지 못하게 되고 나중에는 냄새를 느끼지 못하게 된다. 이 현상을 '후각의 둔화'라고 하며 1~10분 내로 둔화와 회복의 현상이 일어난다.

냄새의 역치	냄새를 느낄 수 있는 최저농도
냄새의 전환	향기성분의 농도가 변하면(진해지거나 엷어지는 경우) 향의 성질도 동시에 변화하는 현상
냄새의 피로와 소멸	같은 냄새를 오랫동안 맡으면 나중에는 후각신경이 피로하여 본래의 냄새를 느끼지 못하게 되는 현상

냄새에 대한 헤닝(Henning)의 분류

- 꽃향(flowery odor): 백합, 장미, 매화
- 과일향(fruity odor): 밀감, 사과, 레몬
- 향신료향(spicy odor) : 정향, 생강
- 수지향(resinous odor): 송정류, 발삼(balsam)
- 썩은 냄새(putrid odor): 부패육, 부패란
- 탄 냄새(burnt odor): 커피, 캐러멜

• 동물성 식품의 냄새

동물성 식품의 냄새는 주로 휘발성 아민류, 유제품의 지방산과 카르보닐화합물, 어패류의 비린내인 트리메틸아민(TMA) 등으로 분류된다.

어패류의 냄새 성분	어패류는 신선도가 떨어지면 트리메틸아민의 비린 냄새가 난다.
육류의 냄새 성분	신선도가 좋은 육류의 냄새는 아세트알데히드(atcetaldehyde)가 주성분으로 신선도가 떨어지면 메틸메르캅탄(methylmercaptan)과 인돌(indol) 등이 생성되어 나쁜 냄새가 난다.

• 식물성 식품의 냄새

식물성 식품에 들어 있는 냄새의 성분은 대부분 알코올 및 알데하이드(알데히드)류, 에스테르류, 테르펜(terpene)류 및 황화합물이다.

과일 & 채소류의 향기 성분	알코올류 및 알데하이드류
과일 향기 성분	에스테르류
녹차, 후추, 생강 등의 향기 성분	테르펜(terpene)류(자극적인 맛으로 인해 매운맛 성분으로 포함되기도 함)
향신료와 채소류	황화합물(마늘, 양파, 부추 등) 특유의 향기와 매운맛을 나타냄
과일류의 향기 성분	방향족 알코올, 지방산 에스테르, 테르펜류
채소류의 향기 성분	알데하이드류, 에스테르류, 케톤류 외에 각종 유황 화합물들과 휘발성 카보닐 화합물 및 테르펜류 등
향신료의 향기 성분	테르펜류, 알코올류, 알데하이드, 케톤 및 황화합물

④ 텍스처

식품을 느끼는 모든 촉각과 식감, 질감을 합쳐 텍스처라고 한다. 텍스처는 음식이 혀에 닿는 순간부터, 씹고 삼킬 때까지 느끼는 모든 감각과 손이나 도구를 활용해 음식을

누를 때의 촉각, 그리고 청각까지 다양하다. 국제표준기구는 텍스처에 대해 "식품에 대한 기계적 촉각과 시각 그리고 청각을 통해 느낄 수 있는 모든 물성과 구조적 특성"이라 정의하고 있다. 특히 유체식품이나 반유체식품과 같이 흐르는 성질에 따라서 그리고 고체와 반고체 식품이 변형하는 변형 성질의 관능적 특성과 같은 형태에 따라 다양하게 인지할 수 있으며 기계적 특성과 화학적 특성, 기하학적 특성 등으로 나눌 수 있다.

기계적 특성

기계적 특성은 식품에 가하는 물리적 스트레스에 대한 반응으로 척도에 의해 정량적으로 표시할 수 있다. 기계적 특성의 경우 일차적 특성과 이차적 특성으로 나눌 수 있는데 일차적 특성에는 견고성(hardness), 응집성(cohesiveness), 점성(viscosity), 탄성(springiness), 부착성(adhesiveness)이 있고, 이차적 특성에는 씹힘성(chewiness), 부서짐성(britleness), 껌성(gumminess) 등이 있다.

기계적 특성의 이차적 특성은 모두 일차적 특성이 같이 작용하게 되면서 생기는 특성으로 씹힘성의 경우 견고성과 탄력성, 응집성이 함께 작용해서 나타나고 부서짐성은 식품의 견고성과 응집성의 영향을 받고 나타난다. 껌성은 식품을 삼킬 수 있을 때까지 씹어서 삼켜야 하므로 견고성과 응집성이 함께 작용한 영향을 받게 된다.

◈ **기계적 특성의 정의 및 관능평가법**

특 성		색소명	소재 및 조리별 특성
일차적 특성	견고성	식품을 압축해서 변형을 일으키기 위해 필요한 힘	식품을 어금니 사이나 혀, 입천장 사이에 두고 누를 때 가해지는 힘의 정도를 느끼기
	응집성	식품의 형태를 유지하고 결합하기 위해 필요한 힘	식품이 부서지도록 치아 사이에서 눌러지는 힘의 정도를 느끼기
	점성	흐름에 대한 점도	액체를 수저로 떠서 입에 빨아들이기 위한 힘의 정도를 느끼기
	탄성	일정한 크기의 힘을 가해서 변형되었다가 다시 돌아오는 정도	같은 크기의 시료를 어금니나 혀, 천장의 사이에 두고 깨지기 전까지 힘을 눌렀다가 떼었을 때 복구되려는 힘의 정도를 느끼기
	부착성	식품 표면이 접촉 부위에 붙어 있는 상태에서 인력을 분리하기 위해 필요한 힘	입천장에 붙은 음식을 혀로 떼어낼 때 필요한 힘의 정도를 느끼기

이차적 특성	부서짐성	식품을 부수기 위해 필요한 힘	식품을 어금니 사이에 두고 부수기 위해 필요한 힘의 정도를 느끼기
	씹힘성	고체 식품을 삼킬 수 있도록 만들기 위해 필요한 힘	일정한 크기의 힘, 속도로 식품을 삼킬 수 있는 정도로 씹는 데 필요한 시간과 횟수, 힘의 정도를 느끼기
	껌성	반고체 상태의 식품을 삼킬 수 있도록 만들기 위해 필요한 힘	혀와 천장 사이로 반고체 상태의 식품을 두고 비벼서 부수기 위해 필요한 힘의 정도를 느끼기

• **기하학적 특성**

식품을 구성하는 입자의 형태와 배열, 크기에 따른 특성으로 형태에 따른 특성과 입자 크기와 배열에 따른 특성에 차이가 있다. 형태에 따른 특성에는 구슬모양(beady), 덩어리진 모양(lumpy), 거친 모양(coarse), 사상(gritty), 과립상(grainy), 분말상(powdery) 등이 있고, 입자 크기와 배열에 따른 특성으로는 결정상(crystalline), 팽화상(puffy), 기포상(aerated), 펄프상(pulpy), 섬유상(fibrous), 박편상(flaky) 등이 있다. 이 특성들은 식품이 가지는 구조적 특징과 기하학적 배열이 각기 다르다는 특징과 연관이 있다.

◈ **기하학적 특성의 정의 및 식품**

분류	특성	정의	식품
입자 크기와 배열에 따른 특성	구슬모양	입자가 구슬처럼 동그랗게 생김	명란젓, 연어알
	덩어리진 모양	조그만 입자들이 모여 큰 덩어리를 만듦	백설기, 팥죽
	거친 모양	큰 입자, 작은 입자가 섞여 있음	셔벗, 콩떡
	사상(모래모양)	촉감이 거칠	배에 있는 석세포
	과립상	입자가 비교적 큼	보리, 쌀
	분말상	입자가 비교적 균일함	밀가루, 전분
형태에 따른 특성	결정상	결정 모양	소금, 설탕
	팽화상	조직이 팽화되어 있음	팝콘, 강냉이
	기포상	조직 속에 작은 입자의 기포가 포진된 상태	케이크, 아이스크림
	펄프상	과일을 갈았을 때 보이는 실과 같은 모양	과일 분쇄한 것
	섬유상	일정한 방향으로 섬유질처럼 배열된 모양	닭가슴살, 셀러리
	박편상	얇고 납작한 상태	파이, 피자 껍질

• 화학적 특성

식품이 함유한 지방과 수분의 함량에 따른 영향이 크며 입술이나 입, 손가락으로 만지고 누름으로써 특성을 파악할 수 있다. 식품의 수분함량에 따라 즙이 많음(juicy), 질척함(wetty), 건조함(dry), 촉촉함(moist)으로 나눌 수 있고 지방함량에 따라 느끼함(greasy), 기름짐(oily)으로 구분한다.

5) 관능검사 방법

(1) 차이 식별 검사

– 종합차이검사

① 단순차이검사

단순차이검사(Simple paired difference test)란 시료 2가지를 놓고 시료들에 차이가 있는지 없는지를 알아보는 방법이다. 이 방법은 시료의 향과 맛이 아주 강할 때 주로 사용하며 검사를 위한 패널들이 혼동할 우려가 있을 때도 많이 사용한다. 표준시료와 대조시료 두 시료를 두고 검사를 진행하게 되며 AA, AB, BB, BA 순의 한 쌍으로 제공하게 되며 우연히 맞출 확률은 50%가량 된다.

② 일–이점검사

일–이점검사(Duo–trio test)는 총 3개의 시료를 제시하고 기준시료에 대한 평가를 먼저 진행한 뒤 나머지 2개의 시료를 추가로 제공해 검사를 진행하는 방법이다. 패널에게 기준시료를 알려주면 기준시료의 특징을 찾고 나머지 2개의 시료 중 기준시료와 같은 시료를 찾아내야 한다. 테스트 후 '이점 검사 유의성 검정표'에 시료의 특성을 작성하고 제출한다.

이 방법이 주로 사용되는 경우는 개발 완료된 제품이 제조 과정 중에서 재료를 변화시킬 경우 맛과 품질에 영향이 얼마나 있는지 알아볼 때 주로 사용되며 맞출 확률은 단순 차이검사와 같은 50%다. 또한 삼점검사에 적합하지 않은 제품을 테스트할 경우에도 일–이점검사가 사용되며 맛과 냄새가 강해 테스트가 끝난 후 영향이 오래가는 시료의 검사를 진행하고 맛보는 횟수를 가능한 줄이기 위해 활용된다.

③ 삼점검사(Triangle test)

두 가지의 시료에 대한 관능적 차이 조사를 위한 방법이며 시료 간 차이를 예민하게 식별할 수 있기에 가장 많이 사용되는 방법이다. 같은 2가지 시료를 준비하고 나머지 1개는 다른 시료를 준비한 뒤 서로 다른 시료를 선택하도록 테스트한다. 테스트가 끝난 뒤 '삼점검사 유의성 검정표'에 해당하는 내용을 작성토록 한 뒤 정답 수를 세어 결과를 해석한다. 패널이 우연히 맞출 확률은 가장 적은 33%가 된다.

– 특성 차이 검사

① 이점 비교검사

이점 비교검사(paired comparison test)란 두 가지 시료를 제공한 뒤 그중 특성이 더 강하게 느껴지는 시료를 선별하는 검사로 다른 검사에 비해 시료가 적게 필요하고 간단한 방법으로 구분이 가능한 장점이 있다.

② 다시료 비교검사

다시료 비교검사(multiple comparison test)는 제시되는 시료의 특성에 차이 정도를 판별하거나 기준시료와 대조 시료의 특성 차이 정도를 구별하는 방법이다. 기준이 되는 시료와 대조되는 시료의 차이를 알아보기 위해서 패널은 기준시료를 먼저 평가한 뒤 다수의 비교시료를 평가하고 특정한 특성의 강도에 어느 정도 차이가 있는지를 정리해야한다. 비교시료에는 기준시료가 반드시 포함되어야 정확한 검사가 가능하다.

③ 순위법

순위법(ranking test)은 여러 시료의 평가가 동시에 가능하며 짧은 시간 동안 평가가 가능하며 빠른 테스트가 가능한 방법이다. 3~6개가량의 시료를 비교하고 특정 특징이 강한 순서대로 순위를 매겨 차이를 알아볼 수 있으나 시료 간 차이가 어느 정도인지 알아보기는 어렵다. 시료의 개수는 가능한 10개가 넘지 않도록 하는 것이 좋다.

④ 평점법

평점법(scoring test)은 3~7개 정도의 시료를 제시한 뒤 특정한 관능적 품질 차이를 조사하는 방법으로 기준시료 없이 진행된다. 척도법이라고도 부르는 평점법은 Likert 5점 또는 7점을 많이 사용해 파악하며 Likert 5점 척도를 사용해 단맛을 측정할 경우 '매우 달지 않다'부터 '달지 않다', '보통이다', '달다', '매우 달다'의 순으로 점수를 책정한다.

(2) 소비자 검사

소비자 검사는 식품에 대한 선호도와 기호, 태도를 알아보기 위한 검사로 패널은 소비자가 직접 식품에 대한 검사를 진행한다. 일반적으로 9점 척도가 기본이 되며 '대단히 싫어한다'에서부터 '대단히 좋아한다'까지의 9개 평정법을 이용한다. 소비자 검사는 정성적 검사와 정략적 검사로 나눌 수 있는데 식품의 개발단계에서 방향성을 결정하거나 개발 식품에 대한 소비자들의 반응을 살피고 구매 결정에 영향을 미치는 요인을 알아볼 수 있다. 또한 식품의 향과 맛, 텍스처의 기호, 선호도를 분석하기 좋으며 특정한 관능적 특성의 소비자 반응을 찾기에도 좋은 검사법이다.

소비자 검사는 검사를 진행하는 장소에 따라 중심 지역 검사(central location test), 실험실 검사, 가정사용 검사(in-house test) 등으로 나눌 수 있다. 중심 지역 검사의 경우 소비자 검사 중에서 제일 많이 사용되는 방법으로 사람들의 왕래가 많은 상가나 시장에서 검사가 이뤄진다. 가정사용 검사는 해당 가정에서 시료를 사용해 평가하는 방법이며 가장 안정된 평가법이다. 제품의 개발이 마지막 단계까지 오면 사용되는 검사법이다. 마지막으로 실험실 검사는 25~50명가량의 고용인을 대상으로 선호도와 기호도 검사를 실시하는 방법을 말한다.

(3) 묘사분석

묘사분석(descriptive test)이란 관능평가 훈련이 된 훈련 요원들이 식품의 냄새, 맛, 향, 텍스처와 같은 관능적 특성을 특정 어휘를 사용해 질적 표현과 양적 표현으로 묘사하는 방법으로 특성의 차이와 성질을 묘사한 후 특성이 강한 정도를 결정하기 위한 방법이다. 묘사분석을 위해서는 고도의 훈련과 토론이 필요하며 묘사를 위한 방법으로 향미 프로필, 정량 묘사 분석(QDA), 텍스처 프로필, 시간-강도 묘사분석, 스펙트럼 묘사분석 등이 있다.

외 관	향 미	텍스처
색: 빨간색, 노란색 등	향: 풋내, 탄내, 버터 냄새 등	표면: 거친, 부드러운 등
농도: 묽은, 된	맛: 감미료 맛, 카페인 맛 등	삼킴: 수분 흡착이 많은 등
크기: 작은, 큰		

6) 관능검사의 이용법과 영향을 주는 요인

관능검사는 새로운 식품개발, 기존 식품의 품질개선, 공정개선, 원가절감, 소비자 선호도 검사, 관능검사 패널의 훈련, 시장조사 및 판매 등에 주로 이용된다.

식품을 개발하면 그 수명은 짧게는 수개월에서부터 길게는 3~4년 정도가 일반적이다. 개발된 식품의 수명이 길어지려면 식품의 품질과 기호가 좋아야 하고 이를 위해 관능적 특성을 최적화해야 한다. 또한 경쟁 제품과의 차이도 확인하고 선호도 조사 또한 실시해야 한다. 식품의 개발로 끝나는 게 아니고 지속해서 품질과 제조공정을 개선하는 과정 또한 중요하다. 타 경쟁업체와의 경쟁 관계에서 우위를 차지하기 위해 이윤을 확보해야 하기에 제품의 원가절감이란 기업에 있어 매우 중요한 요인이다. 하지만 원가절감에도 식품의 품질에는 이상이 없어야 하므로 기존제품과 원가절감 제품의 관능적 품질특성과 차이를 파악하는 것이 매우 중요하다. 이처럼 어렵게 개발한 제품도 시장에서 실패할 확률은 90%가 넘는다. 따라서 시장에 선보이기 전 패널들을 통한 소비자 선호도 조사는 반드시 진행되어야 한다. 훈련된 패널을 선정해서 관능평가를 통해 품질의 기본 특성과 향미, 텍스처의 민감도 등을 평가하고 시장조사를 실시해야 한다.

고도로 훈련된 패널 요원 또한 사람이기 때문에 관능검사를 진행할 때마다 똑같을 수는 없다. 그리고 시료로 인한 오차도 발생할 수 있다. 관능검사에 영향을 미칠 수 있는 요인을 살펴보면 다음과 같다.

(1) 시료 제시 순서에 따른 오차

- **대조효과** : 좋은 시료를 제시한 뒤 나쁜 시료를 제시하면 더욱 나쁘게 평가된다.
- **그룹효과** : 나쁜 시료와 같이 제시된 시료는 좋은 시료라도 나쁘게 평가된다.
- **중앙경향 오차** : 조금 모호하게 느끼면 중간 정도의 점수로 평가된다.
- **순위 오차** : 가장 먼저 제시된 시료는 매우 좋거나 매우 나쁘게 평가된다.

(2) 기대오차

시료에 대한 정보를 사전에 알고 있으면 선입견으로 인해 판단에 오차가 생길 수 있다. 패널에게 시료에 대한 사전 정보를 없앰으로써 오차를 줄일 수 있다.

(3) 동기의 결핍

검사를 진행하는 패널들의 동기가 낮아지게 되어 불성실한 평가가 될 수 있다. 진행되는 검사에 대하여 어느 정도 정보를 알게 하고 관심이 생기도록 유도해 정확한 검사가 이뤄질 수 있게 한다.

(4) 논리적 오차

제품의 특성이 2개 이상 연관되어 있다고 느끼게 되어 생기는 오차다. 먼저 인지한 특성의 차이가 다른 특성의 차이와 연관된다고 판단하게 되어 생기는 문제로 시료의 차이를 없애고 균일하게 만들어 오차를 줄일 수 있다.

(5) 습관 오차

특성의 강도가 느끼기 어려울 만큼 천천히 증가하면 인지하지 못하게 되어 생기는 오차로 제시되는 시료에 형태나 강도를 변화시켜 오차를 줄여야 한다.

(6) 자극 오차

같은 시료를 색이 다른 컵에 담거나 모양을 다르게 하면 시료에 차이가 난다고 느끼는 경우다. 검사를 진행하면서 제공하는 주변 환경을 동일하게 만듦으로써 오차를 줄일 수 있다.

(7) 상호암시

관능평가 중 다른 평가패널로 인해 영향을 받을 수 있다. 평가 시 칸막이를 설치해 혼자서 평가를 진행하게 만들어 오차를 줄일 수 있다.

(8) 후광오차

가장 중요한 특성을 평가해야 하는 과정에서 한 특성이 너무 좋거나 너무 나쁘면 다른 특성 또한 좋거나 나쁘게 인지할 수 있다. 중요한 특성을 평가할 때는 별도로 평가해야 오차를 줄일 수 있다.

7) 관능적 특성의 측정법

(1) 측정 요소

관능검사를 진행하기 전 검사의 목적과 패널의 수준, 제품의 특성에 따라 검사방법을 선정하고 사용할 척도를 결정해야 하며 이 과정은 관능적 특성 측정을 위한 중요한 과정이다.

① 반응척도의 요건

- 의미 전달이 용이

질문과 척도에 사용될 용어는 어렵지 않고 이해하기 쉬워야 한다. 또한 애매한 단어의 사용은 금물이다. 평가하는 제품을 잘 설명하기 위한 용어여야 하기에 조금 어려울 수 있는 용어는 부연 설명이 꼭 들어가야 한다.

- 단순하게 표현

쉬우면서도 이해하기 쉽고 과제를 간단명료하게 표현할 수 있는 용어를 써야 한다. 척도가 단순하지 않고 복잡하면 제품의 차이를 설명하기 모호해진다.

- 공정한 검사

편파적이며 우리 제품에 유리한 결과가 나오도록 해서는 안 된다. 특히 비균형 척도의 경우 척도의 오차가 생기기 쉽기에 주의해야 하며 숫자를 이용한 척도가 오차 유발이 쉽기는 하지만 가장 많이 이용된다.

- 검사와의 연관성

검사를 위한 척도는 측정하기 위한 제품의 특성이나 태도를 측정할 수 있는 타당성을 가지고 있어야 한다. 선호도 측정은 선호도 척도로 이뤄져야 하며 품질 측정은 품질 척도를 사용해서 이뤄져야 한다. 만일 척도의 타당성이 낮다면 측정 결과의 신뢰도는 떨어지게 된다.

- 차이를 감지

민감한 차이를 구분하고 측정하기 위해서 척도는 너무 적지 않아야 한다. 척도의 민감성은 9점 척도가 가장 민감하고 상대적으로 9점보다는 7점이, 7점보다는 5점이 그리고 5점보다는 3점 척도의 민감성이 덜하다는 특징이 있다.

- 통계분석 자료로 활용

척도를 활용해 시료의 차이를 정확하게 분석했다고 하더라도 통계자료로 활용할 수 없다면 의미가 없다. 분석 결과가 정확한 것인지 우연히 나온 것인지는 통계분석을 통해 알아볼 수 있다. 그렇다고 통계분석력이 낮은 척도 모두가 의미 없는 것은 아니다. 다만 민감성과 유용성이 상대적으로 떨어지기 때문에 다루기가 쉽지 않다. 따라서 본 검사 이전에 예비 검사를 통해 분석력에 대한 검증 과정이 필요하다.

관능평가 실험 예시

① 5대 기본 맛 인지도 실험

실험재료

- 스테비아 4g
- 커피(분말형) 0.2g
- 소금 4g
- 식초 4g
- 말린 멸치 4g
- 물 7L(1L × 7)

기구 및 기기

- 컵(인원수 × 8개)=종이컵 사용가능
- 티스푼(인원수 × 6개)
- 메스실린더(1L 6개, 50ml 6개)
- 라벨(인원수 × 8개)
- 전자저울
- 냄비

1. 실험의 목적

관능검사 요원이 단맛, 신맛, 짠맛, 쓴맛, 감칠맛의 5원미를 구분할 수 있는지 알아본다.

2. 실험방법

① 물과 스테비아, 식초, 커피(분말형), 소금, 마른 멸치 우린 물을 아래의 농도로 1L를 만든다.

A: 물 1L

B: 스테비아 4g을 물 1L에 녹이기

C: 식초 4g을 물 1L에 녹이기

D: 소금 4g을 물 1L에 녹이기

E: 커피 0.2g을 물 1L에 녹이기

F: 말린 멸치 4g을 물 1L에 넣고 5분 가열한 후 식히기

② 조별로 임의의 숫자를 쓴 라벨을 붙인 컵에 시료용액 20ml씩 나눠서 담기

③ 눈을 감은 뒤 준비한 시료를 찍어 맛본 뒤 입을 헹구고 다음 시료를 맛보며 각 시료를 구분한다.

④ 검사지에 느낀 맛을 표시하고 정답을 확인한다.

⑤ '조별 기본 맛 인지 확인표'에 결과를 적고 얼마나 맞췄는지 확인한다.

🟦 실험결과

관능검사지

이름:	관능검사 요원 번호:	날짜:

아래 용액은 스테비아와 식초, 커피, 소금, 멸치로 만든 시료와 물입니다. 이 실험의 목적은 기본 5원미를 인지하는지 확인하기 위한 실험이며 하나의 시료를 맛본 후 물로 입을 헹구고 다음 시료의 맛을 보세요.
각 시료에 해당하는 맛만 체크하세요. 단, 물맛이면 '무미'로 모르는 맛이면 '모름'으로 기재하세요.

시료 번호	무미	단맛	신맛	쓴맛	짠맛	감칠맛	모름	정답의 맛
○○○								
○○○								
○○○								
○○○								
○○○								
○○○								

조리원리를 풀어 쓴 **조리과학 & 관능평가**

조별 기본 맛 인지 확인표

시료 번호	요원번호	무미	단맛	신맛	쓴맛	짠맛	감칠맛	모름
OOO 무미	1							
	2							
	3							
	4							
	정답자 수							
OOO 단맛	1							
	2							
	3							
	4							
	정답자 수							
OOO 신맛	1							
	2							
	3							
	4							
	정답자 수							
OOO 쓴맛	1							
	2							
	3							
	4							
	정답자 수							
OOO 짠맛	1							
	2							
	3							
	4							
	정답자 수							
OOO 감칠맛	1							
	2							
	3							
	4							
	정답자 수							

★ 요원이 분석한 맛을 정리하고 정답과 맞춰본다.

★★ 조별로 가장 많이 맞추거나 틀리는 맛을 파악할 수 있다.

❷ 삼점검사법

실험재료

- 제로슈가 사이다 : 1L
- 일반사이다 : 1L × 2ea(2L)
- 물 1L

필요기구 및 기기

- 컵(종이컵 가능) : 인원수 × 10ea
- 메스실린더 : 2ea(50mL)
- 라벨(인원수 × 3ea)

기구 및 기기

- 컵(인원수 X 10개)=종이컵 사용가능
- 라벨(인원수 X 3개)
- 메스실린더 2ea(50mL)

1. 실험의 목적

세 가지 시료 중 같은 두 종류와 하나의 다른 시료를 제시하고 시료 중 다른 하나를 찾을 수 있는지를 확인

2. 실험방법

① 임의의 숫자를 표기한 컵에 일반 사이다를 두 개, 제로슈가 사이다 하나를 20mL씩 각각 준비한다.

② 각각의 관능검사 요원에게 세 시료 중 두 종류는 같고 하나는 다름을 알려준다. 이후 맛을 하나씩 보고 물로 입을 헹군 뒤 다시 맛을 보며 다른 한 가지를 찾게 한다.

③ 시료 번호를 바꾼 뒤 다시 동일하게 시험을 실시한다.

④ 검사 요원은 차이가 느껴지는 하나의 시료 번호를 관능검사지에 작성한다.

⑤ 관리자는 관능검사의 요원별 결과를 받아 정답은 1, 오답은 0으로 표기하고 결과에 따른 집계표를 작성한 뒤 정답자 총계를 구한다. (조별 또는 집단에 따라 정답자 총계를 구하기도 함)

⑥ 삼점검사법의 통계 유의도표를 살펴보고 유의적인 차이가 있는지를 판정한다.

* 접시에 시료 번호를 반드시 적을 것

🌀 실험결과

관능검사지

다음의 세 종류 시료는 사이다이며 두 시료는 같은 제품이고 하나는 다른 시료입니다. 각 시료를 맛본 뒤 물로 입을 헹군 후 다음 시료를 맛보아 다른 시료라고 생각되는 제품에 ∨표시 하시기 바랍니다. 한 번의 실험이 끝나면 이후 번호를 달리한 시료가 제시되오니 같은 방법으로 관능검사를 진행하시기 바랍니다.

	시료 번호	다른 검사물 시료 번호	정답 / 오답
1회	_____　_____	_____	_____
2회	_____　_____	_____	_____

조별 삼점검사 결과 집계표

관능검사 요원	삼점검사 결과	
	1회	2회
1		
2		
3		
4		
5		
계		
총계		

* 2회 실험 중 정답자 수에 대한 1회와 2회의 총계를 구하시오.

* 정답은 1, 오답은 0으로 표기하시오.

결과해석법

삼점검사법은 통계적 유의도에서 관능검사를 실시한 요원의 수 × 2회 한 수를 관능검사 횟수로 하며, 정답 합계가 유의차를 나타내기 위한 최소한의 정답자 수 이상일 경우 α = 0000 수준에서 유의한 차이가 있다고 판정함

❸ 다중시료비교검사

실험재료

- 저지방우유 : 20ml × 검사인원수
- 무지방우유 : 20ml × 검사인원수
- 일반우유 : 20ml × 검사인원수
- 락토우유 : 20ml × 검사인원수
- 멸균우유 : 20ml × 검사인원수
- 저온살균우유 : 20ml × 검사인원수
- 물 : 1L

필요기구 및 기기

- 컵(종이컵 가능) : 인원수 × 8ea
- 메스실린더 : 6ea(50mL)
- 라벨 : 인원수 × 8ea

1. 실험의 목적

시판되는 우유의 종류에 따른 기호도 순위를 평가함

2. 실험방법

① 컵에 시료 번호를 표시한 뒤 우유를 종류별로 20ml씩 담는다.

② 관능검사 요원은 제시된 시료를 하나씩 맛본 뒤 물로 입을 헹구는 방식을 반복하며 우유의 맛을 보고 기호도 순위를 평가해 관능검사지에 작성하도록 함

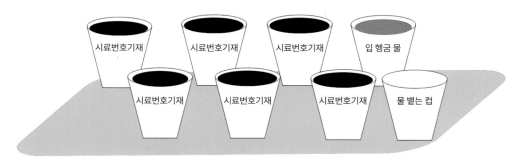

* 컵에 시료 번호를 반드시 적을 것
* 다중시료 종류는 다양하게 선택할 수 있음

🌀 실험결과

관능검사지

이름:	관능검사 요원 번호:	날짜:

다음은 OO에 대한 관능검사입니다. 시료 중 가장 좋은 것을 1위, 가장 나쁜 것을 6위로 하는 순위법을 사용해 평가하세요.

○○(시료품명)

시료 번호 (좋은 것부터 나쁜 것 순으로)	순위법

순위검사 결과 집계표

검사요원	순위법 집계표					
	시료 번호 ( )	시료 번호 ( )	시료 번호 ( )	시료 번호 ( )	시료 번호 ( )	시료 번호 ( )
1						
2						
3						
4						
5						
순위합계						

* 관능검사 요원별 순위를 표기함

* 순위법에 의한 검정표를 사용하여 5%의 유의수준에서 관능검사 요원 수와 시료 수에 해당하는 최소 및 최대 비유의적 순위 합계를 확인하고 각 시료 순위합계와 비교하여 기준범위를 벗어나는 시료물 간에 유의적 차이가 있다고 판정함

❹ 묘사법

실험재료

- 체다치즈 : 15g × 검사인원수수
- 카망베르치즈 : 15g × 검사인원수
- 크림치즈 : 15g × 검사인원수
- 에멘탈치즈 : 15g × 검사인원수
- 모차렐라치즈 : 15g × 검사인원수
- 블루치즈 : 15g × 검사인원수
- 물 : 1L

필요기구 및 기기

- 흰 접시 : 인원수 × 6ea
- 트레이 : 인원수 × 1ea
- 라벨 : 인원수 × 8ea
- 컵 : 인원수 × 2ea
- 티스푼
- 자
- 칼
- 전자저울

1. 실험의 목적

시판되는 치즈의 종류에 따른 외관, 질감, 맛을 묘사하여 묘사법으로 평가함

2. 실험방법

접시에 치즈를 동일한 크기로 썰어 제시하고 외관, 질감, 맛을 묘사법에 따라 표현한다.
하나의 시료를 맛본 뒤 입을 헹구고 다음 시료를 평가해 관능검사지를 작성한다.

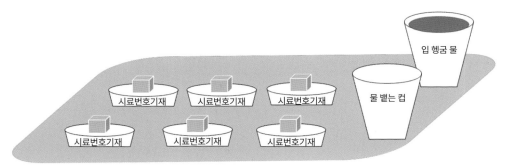

＊ 접시에 시료번호를 반드시 적을 것
＊ 시료 종류는 다양하게 선택할 수 있음

🌑 실험결과

관능검사지

이름: 관능검사 요원 번호: 날짜:

다음은 OO에 대한 관능검사입니다. 시료의 외관, 맛, 질감을 잘 확인하고 묘사하여 설명하세요.

○○(시료품명)

시료 번호	외관	질감	맛

＊ 가능한 상세하게 묘사할 것

❺ 순위법과 묘사법 복합

실험재료

- 묵가루 : 100g(50g × 2)수
- 물 : 5.5C(2.5C + 3C)
- 소금 : 2g(1g × 2)

필요기구 및 기기

- 사각틀 : (10 × 10cm) 2ea
- 작은 냄비 : 2ea
- 계량컵
- 계량스푼
- 접시 : 2ea
- 실리콘 주걱 : 2ea
- 칼
- 전자저울

1. 실험의 목적

물의 첨가량이 도토리묵의 조직감에 미치는 영향을 기호 선호도의 순위와 묘사를 통해 평가함

2. 실험방법

① 냄비에 다음 비율의 도토리묵 가루를 용해시켜 현탁액을 만든다.

   A: 묵가루 50g + 소금 1/4ts + 물 2.5C

   B: 묵가루 50g + 소금 1/4ts + 물 3C

② 중간 화력의 불을 올려놓고 바닥이 눋지 않도록 저어가면서 가열한다.

③ 현탁액이 걸쭉해지면 약불로 5분간 뜸들인다.

④ 준비된 틀에 물을 살짝 바른 뒤 ③의 액을 부어 식혀 굳힌다.

⑤ 완전히 굳으면 뒤집어 묵을 꺼낸 뒤 적당하게 썰어 단단한 정도는 순위법, 탄력성, 휘어짐, 응집성은 묘사법, 전반적인 기호도는 순위법으로 작성해 시료의 차이를 비교한다.

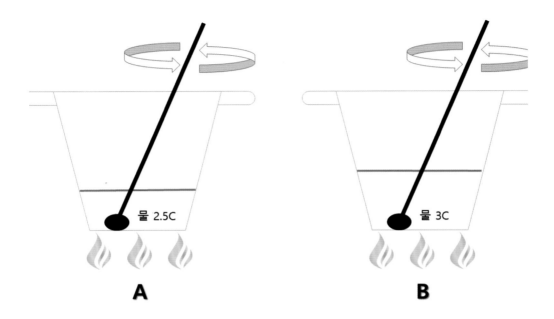

A   B

물 2.5C

물 3C

✿ 실험결과

시료	1) 단단한 정도	2) 탄력성	3) 휘어짐성	4) 응집성	5) 기호도
A 물 2.5C					
B 물 3C					

* 1), 5)는 순위법을 이용 단단한 순 / 기호도가 좋은 순으로 작성
* 2)~4)는 묘사법으로 작성

⑥ 측정(당도)량, 순위법, 묘사법 복합검사

실험재료

- 고구마(균일한 굵기로 준비): 600g 이상

필요기구 및 기기

- 찜기
- 강판
- 도마 / 칼
- 당도계
- 전자저울
- 오븐

- 그릇 : 4개
- 꼬치
- 블렌더
- 쿠킹호일
- 쿠킹랩
- 수저

1. 실험의 목적

고구마는 조리과정에 가열하는 시간에 따라 당도가 달라진다. 오븐과 찜기, 전자레인지의 세 가지 방법으로 고구마를 조리한 뒤 당도의 차이가 어떻게 다른지 비교해 본다.

2. 실험방법

① 고구마는 깨끗이 씻어 가장자리의 뾰족한 부분은 자르고 120g씩 되도록 하여 4등분을 만든다.

② 1개의 시료는 대조군, 나머지 3개의 시료는 실험군으로 하여 아래의 시간과 같이 각각 가열 조리한다. (익은 정도는 젓가락을 이용해 찌르면 부드럽게 들어가는 정도를 완성으로 본다.)

> 실험군으로 정한 고구마 3개는 쿠킹랩으로 싸서 찜기와 전자레인지에 익히고 오븐에 들어가는 고구마는 쿠킹호일로 싸서 조리한다.
> - 전자레인지 : 2분 30초
> - 찜통 : 18분
> - 오븐 : 170℃ 25분

③ 완성된 고구마 시료는 조리가 끝난 시점의 외관, 색, 질감 등을 보고 묘사하여 평가한다.

④ 1차 묘사평가가 끝난 고구마를 먹어보고 당도의 정도를 기호에 따라 순위법으로 표기한다.

⑤ 묘사와 순위법 측정이 끝난 고구마는 각각 정수물에 넣어 갈거나 으깨 면포를 이용해 즙을 짜고 대조군으로 준비한 고구마 역시 정수물을 이용해 갈아서 즙을 낸다.

⑥ 즙으로 만든 고구마 시료의 당도를 당도계를 이용해 측정한다.

🌀 실험결과

시료	1) 당도(Brix)	2) 색(윤기)	3) 맛(단맛)	4) 질감	5) 기호도
A 전자레인지					
B 찜통					
C 오븐					

* 1)은 측정법을 이용하여 작성
* 2)~4)는 묘사법으로 작성
* 5)는 순위법으로 작성

조리원리를 풀어 쓴 **조리과학 & 관능평가**

❼ 가열처리를 통한 육류의 품질 순위법, 묘사법 복합 비교검사

실험재료

• 소고기 등심(2.5cm 두께의 균일한 사이즈로 준비): 300g(150g ×2ea)
• 소금, 후추 약간
• 식용유 2ts

필요기구 및 기기

• 전자저울
• 프라이팬
• 뒤집개

• 접시 : 2ea
• 타이머

1. 실험의 목적

고기를 가열하는 방법에 따라 육질의 연함, 육즙의 유무, 중량의 감소를 파악하고 품질을 비교한다.

2. 실험방법

① 준비한 고기를 150g씩 2개로 잘라 준비한다.

② 고기에 소금, 후추로 밑간한다.

　　A : 소고기 150g + 소금, 후추 약간 + 식용유 1ts → 뚜껑 열고 조리

　　B : 소고기 150g + 소금, 후추 약간 + 식용유 1ts → 뚜껑 닫고 약불로 조리

③ A는 식용유를 넣고 팬이 달궈져 연기가 나면 고기를 올린 후 표면이 익으면 반대편으로 뒤집어 구워준다. 이때 익는 시간을 타이머를 이용해 측정한다.

④ B는 식용유를 넣고 가열되기 전 고기를 넣은 후 뚜껑을 덮은 뒤 약불로 천천히 익혀 양면이 똑같이 되도록 구워낸다.

⑤ 조리가 끝난 뒤 고기의 중량이 어느 정도 감소되었는지 아래의 수식을 이용해 계산한다.

$$중량감소율(\%) = \frac{조리\ 전\ 고기\ 중량(g) - 조리\ 후\ 고기\ 중량(g)}{고기\ 조리\ 전\ 중량(g)} \times 100$$

🌀 실험결과

시료	고기 중량			스테이크			
	조리 전	조리 후	중량감소율	소요 시간	1) 색	2) 연한 정도	3) 육즙
A 뚜껑 열고							
B 뚜껑 덮고							

* 1)은 묘사법을 이용하여 작성
* 2)는 순위법으로 연한 것부터 작성
* 3)은 순위법으로 육즙 많은 것부터 작성

전분의 호화(糊化)와 노화(老化)로 알아보는 관능평가

전분의 호화(α화)

전분(쌀)을 물과 함께 가열하면 전분립이 물을 흡수하여 팽창하고 점성이 높은 반투명의 콜로이드 상태가 되는 현상을 '호화'라고 한다. 즉, 쌀이 밥이 되는 현상을 비유할 수 있으며 이러한 전분의 호화에 영향을 미치는 인자로는 수분함량이 높고 가열온도가 높으며 전분입자가 크고, 전분농도가 낮으며, pH가 알칼리성일 때 호화는 빨리 진행된다. 조리작업에서 전분질 식품을 가열 호화시키는 이유는 소화성을 높이기 위한 목적이 크다.

전분의 노화(β화)

호화의 상대적 개념으로 호화된 전분의 수분이 빠지면서 전분립이 재결정화되는 현상으로 호화가 진행된 α전분을 실온이나 냉장 온도에 보관해 두면 소화가 잘 되지 않는 β전분(딱딱하게 굳어짐)으로 다시 돌아가는 현상을 전분의 '노화'라고 한다. 예를 들어 밥이나 떡을 실온에서 오래 방치할 때 굳어지는 현상이 바로 노화 현상이다. 그러나 호화되었던 전분 입자가 노화되어 결정영역이 다시 생긴다고 해서 노화된 전분이 호화 이전의 원래 구조로 돌아가는 것은 불가능하다. 노화에 영향을 미치는 인자로는 수분함량이 30~50%일 때 노화하기 쉬우며 아밀로오스의 함량이 높고 2~3℃의 온도에서 노화는 촉진된다. 또한 수분함량이 큰 식빵류를 구운 후 방치하면 식빵류 특유의 탄력성이 사라지고 딱딱해지며 부스러지기 쉬워지는 것을 빵류에서의 전분의 노화, 스테일링화(staling)라고 한다.

쉬 어 가 기

전분의 호화와 관련하여 죽을 조리할 경우 조리작업 현장에서 바닥이 눋지 않게 하기 위해 충분히 호화를 이룬 후에도 오랫동안 저어주면 팽윤된 전분립들의 내부결합이 끊어져 죽이 풀어질 염려가 있으므로 어느 정도 호화가 이루어진 상태에서는 불을 약하게 줄여 젓지 말고 뭉근하게 끓여주는 것이 좋다. 또한 잣죽을 끓일 경우 잣과 쌀을 따로 갈아서 쑤어야 한다. 잣과 쌀을 같이 갈아서 끓이면 잣에 들어 있는 다량의 α-아밀라아제가 쌀을 분해시켜 엉기는(퍼짐) 현상을 방해해 점도가 낮아져 엉기지 않기 때문이다.

• 전분의 호화(糊化)와 노화(老化) 비빔밥

비빔밥은 전통적으로 골동반(骨董飯)이라 부르기도 하며 골동은 여러 가지 물건을 한데 섞는다는 뜻이다. 특히 비빔밥은 밥 위에 여러 가지 나물과 고기를 볶아서 한데 올린 후 어울려 먹는 음식으로 영양학적으로 균형 잡힌 한국의 대표 음식이다. 또한 비빔밥에 들어가는 나물은 꼭 정해져 있는 것은 아니며 제철에 나는 갖은 채소를 이용할 수 있다. 비빔밥에 들어가는 비빔고추장을 약고추장이라 부르며 약고추장의 약은 꿀을 의미한다.

비빔밥

재료

- 쌀(30분 불린 쌀): 150g
- 애호박(6cm): 60g
- 도라지(찢은 것): 20g
- 고사리(불린 것): 30g
- 청포묵(6cm): 40g
- 쇠고기(살코기): 30g
- 달걀(지단): 1개
- 건다시마(5×5cm): 1장

- 고추장: 40g
- 식용유: 30ml
- 대파(흰 부분-4cm): 1개
- 마늘(깐 마늘): 2개
- 진간장: 15ml
- 백설탕: 15g
- 참기름, 소금, 후추

만드는 법

1. 불린 쌀은 체에 밭쳐 흐르는 물에 씻은 후 냄비에 동량의 물을 넣고 뚜껑을 덮은 뒤 센 불로 끓이다가 끓으면 약불로 줄여 고슬하게 밥을 짓는다.[불린 쌀(1) : 물(1) 비율]
2. 대파와 마늘은 곱게 다져둔다.
3. 애호박은 돌려 깎기 후 0.3cm×0.3cm×5cm로 채 썰어 소금에 살짝 절였다가 면포를 이용해서 수분을 제거한다.
4. 도라지는 0.3cm×0.3cm×5cm 길이로 채 썰어 소금을 이용하여 주물러 쓴맛을 제거한 후 소금물에 담근 후 헹궈서 물기를 제거한다.
5. 고사리는 질긴 부분을 잘라내고 5cm 길이로 잘라준 후 간장, 설탕, 참기름으로 밑간해 둔다.

6. 청포묵은 0.3cm×0.3cm×5cm로 채 썰어 끓는 물에 청포묵을 데친 후 물기를 제거하고 소금과 참기름으로 밑간한다.
7. 달걀은 황백 지단을 부쳐 0.3cm×0.3cm×5cm 크기로 채 썰어 준비한다.
8. 소고기는 지급된 재료의 2/3를 0.3cm×0.3cm×5cm 길이로 채 썰어 양념하고, 나머지는 곱게 다져서 약고추장을 만든다.
   - 소고기채 양념 : 간장, 설탕, 다진 파, 다진 마늘, 깨소금, 후추, 참기름
   - 약고추장 : 다진 소고기를 볶다가 고기가 반쯤 익었을 때 고추장 → 물 → 설탕 → 깨소금 → 참기름 순으로 넣고 졸여 약고추장을 만든다. 약고추장은 너무 질거나 되지 않게 만들고 참기름을 많이 넣지 않도록 한다.
9. 팬에 기름을 넉넉하게 두르고 깨끗이 손질한 다시마를 튀긴 뒤 기름을 체에 밭쳐 키친타월로 여분의 기름을 제거하고 잘게 부순다.
10. 다시마를 튀긴 후 밭쳐둔 기름을 이용해서 도라지 → 애호박 → 소고기 → 고사리 순으로 각각 볶아낸다.
11. 완성 그릇에 밥을 담고 윗부분을 평평하게 한 다음 준비해 둔 황·백지단, 도라지, 애호박, 고사리, 소고기, 청포묵을 보기 좋게 돌려 담은 후 위에 약고추장과 다시마를 얹어 낸다.

 평가포인트

❶ 비빔밥을 만들기 전 완성된 흰쌀밥 100g을 덜어내어 냉동실에 3시간 보관한 뒤 상태를 관찰하고, 전자레인지에 1분30초~2분간 데운 뒤 변한 상태를 확인하고 노화와 호화에 대해 논의한다.
❷ 갓 지은 밥으로 만든 비빔밥을 먹어보고 시간이 지나 식은 밥으로 만든 비빔밥을 시식한 뒤 비교해 본다.

관능평가

묘사분석

실험재료

- 갓 지은 밥으로 비벼낸 비빔밥 1그릇
- 갓 지은 밥으로 비벼낸 뒤 2시간이 경과된 비빔밥 1그릇

필요기구 및 기기

- 앞접시 : 인원수 × 1개
- 수저 : 인원수 × 1개
- 입 헹굼 물 : 인원수 × 1잔

1. 실험의 목적

비빔밥의 관능적 특성을 비교 · 평가한다.

2. 실험방법

– 비빔밥을 평가하고 특성을 표현하기 적합한 용어를 토의해서 개발한다.

　(아래표의 용어 예시)

– 앞접시에 시료를 덜어 맛을 보고 냄새와 질감, 특성 등을 묘사분석을 통해 비교한다.

3. 실험결과

시료	맛	냄새	외관	질감	종합
A					
B					

– 시료의 특성을 단어로 표현해 보고 각 특성의 강도가 약하면 1점, 강하면 5점으로 평가하도록 한다.

전분의 겔화(Gelation)로 알아보는 관능평가

차가운 물에 전분을 넣고 가열하여 호화가 일어난 후 그 풀이 식어서 흐르지 않는 상태를 '겔화(gelation)'라고 한다.

도토리묵

떡갈나무의 열매인 도토리를 가루로 내어 만든 음식으로 우리나라와 일본 일부 지역에서만 식용으로 이용한다. 푸딩과 같은 부드러운 식감을 갖고 있으며 일반적으로 간장을 이용해 만든 양념장을 곁들여 먹거나 얇게 썰어 말린 후 불려서 이용하기도 한다.
도토리묵을 처음 섭취한 공식적 기록은 임진왜란 시기로 알려져 있고, 피난길에 오른 선조가 토리 나무의 열매로 만든 묵을 먹었으며, 이후 별미로 궁궐에서 만들어졌다는 기록이 있다.

재료

- 도토리가루 : 100g
- 소금 : 2g
- 물 : 6C
- 참기름 약간

만드는 법

1. 도토리가루와 물은 1:6의 비율로 넣은 뒤 뭉치지 않도록 잘 풀어준다.
2. 잘 섞은 도토리가루물을 불에 올린 후 강불로 계속 저어주며 끓인다.(밑에 눌어붙지 않도록 주의)
3. 도토리가루물의 색이 진해지면서 표면에 결이 생기기 시작하면 중불로 줄여주고 소금으로 간을 맞춘다.
4. 멈추지 말고 계속 저어주다가 주걱에 반죽이 묻어 올라올 정도로 겔화가 진행되면 불을 끄고 뚜껑을 덮어 약 3분간 뜸을 들인다.
5. 조금 식은 후 그릇에 참기름을 살짝 바른 후 묵을 담아 식힌다.(나중에 묵이 잘 떨어지게 함)

 평가포인트

❶ 물 첨가량에 따라 도토리묵의 맛과 질감이 어떻게 변화하는지 비교해 본다.
❷ 도토리묵이 식는 과정에 일어나는 겔화를 시간별로 관찰해 보고 자른 단면과 점성, 탄성 등에 대해 논의해 본다.

관능평가

순위법과 묘사법 복합검사

실험재료

- 묵가루 : 100g(50g × 2)
- 소금 : 2g(1g × 2)
- 물 : 5.5C(2.5C + 3C)

필요기구 및 기기

- 사각틀 : (10 × 10cm) 2ea
- 작은 냄비 : 2ea
- 계량컵
- 계량스푼
- 접시 : 2ea
- 실리콘 주걱 : 2ea
- 칼
- 전자저울

1. 실험의 목적

물의 첨가량이 도토리묵의 조직감에 미치는 영향을 기호 선호도의 순위와 묘사를 통해 평가함

2. 실험방법

① 냄비에 다음 비율의 도토리묵 가루를 용해시켜 현탁액을 만든다.

　A: 묵가루 50g + 소금 1/4ts + 물 2.5C

　B: 묵가루 50g + 소금 1/4ts + 물 3C

② 중간 화력의 불을 올려놓고 바닥이 눋지 않도록 저어가면서 가열한다.

③ 현탁액이 걸쭉해지면 약불로 5분간 뜸들인다.

④ 준비된 틀에 물을 살짝 바른 뒤 ③의 액을 부어 식혀 굳힌다.

⑤ 완전히 굳으면 뒤집어 묵을 꺼낸 뒤 적당하게 썰어 단단한 정도는 순위법, 탄력성, 휘어짐, 응집성은 묘사법, 전반적인 기호도는 순위법으로 작성해 시료의 차이를 비교한다.

3. 실험결과

시료	1) 단단한 정도	2) 탄력성	3) 휘어짐성	4) 응집성	5) 기호도
A 물 2.5C					
B 물 3C					

* 1), 5)는 순위법을 이용 단단한 순 / 기호도가 좋은 순으로 작성
* 2)~4)는 묘사법으로 작성

전분의 호정화로 알아보는 관능평가

전분에 물을 가하지 않고 160~180℃ 이상으로 가열하면 가용성 전분을 거쳐 다양한 길이의 덱스트린으로 분해되는 현상을 '호정화(Dextrinization, 덱스트린화)'라 한다.

식빵

강력분과 이스트 같은 주재료뿐만 아니라 우유, 설탕, 계란 등 부재료를 넣어 만들며 다양한 재료를 이용해 변형한 옥수수식빵, 밤식빵, 우유식빵 등 종류도 다양하다.
식빵이 처음 생겨난 것은 1912년으로 그리 오래되지 않았으며 밀가루를 주식으로 하는 서양 사람들의 문화와 잘 맞아 급속히 발달하였다.
식빵 자체로 섭취하기도 하지만 토스트나 샌드위치와 같은 다른 요리에 많이 이용된다.

재료

- 강력분 : 350g
- 달걀 : 1개
- 설탕 : 40g
- 우유(따뜻한 것) : 200ml
- 이스트 : 6g
- 버터(녹인 것) : 40g

만드는 법

1. 볼에 따뜻한 우유, 달걀, 설탕, 소금을 넣고 섞은 후 이스트를 넣어 섞는다.
2. 1)에 강력분과 녹인 버터를 잘 섞어준 후 젖은 면포로 덮어 20분간 1차 발효를 진행한다.
3. 2)의 반죽이 발효되면 10번 정도를 접어주고 2차로 발효를 진행한 후 다시 10번을 접어준다.
4. 3)의 2차 발효와 총 20회의 반죽 접기가 끝나면 30분간 3차 발효를 진행한다.
5. 4)의 반죽 발효가 끝나면 반죽을 눌러 가스를 제거한 뒤 4등분으로 분할해 둥글리기를 하고 면포를 덮어 15분간 발효를 진행한다.
6. 분할한 반죽을 밀대로 밀어 가스를 빼고 가로세로 양쪽을 덮어주고 세로로 말아 같은 크기와 부피를 만들어 성형틀에 차곡차곡 넣는다.
7. 6)의 반죽 발효를 마지막으로 진행해서 식빵틀 위까지 반죽이 부풀면 위에 달걀물 또는 우유를 발라주고 160℃ 오븐에 25분간 구운 후 호정화가 이루어지면 꺼낸 후 녹인 버터를 발라 윤기 나게 만든다.

❶ 전분의 호정화는 160~180℃에서 일어난다. 관능평가를 위한 대조군의 온도를 140℃로 맞춘 뒤 빵반죽을 익혀내고 호정화에 따라 증가된 단맛을 비교해 본다.

❷ 식빵의 겉면에는 달걀물 또는 우유를 발라 호정화가 잘 일어나도록 한다. 준비된 식빵 반죽에서 하나의 반죽에는 달걀물 또는 우유를 바르고 나머지는 바르지 않고 호정화의 변화를 관찰해 보자.

관능평가

측정(당도)량, 순위법, 묘사법 복합검사

실험재료

- 색이 나도록 구운 식빵 1개
- 색이 나지 않도록 구운 식빵 1개

필요기구 및 기기

- 도마 / 칼
- 당도계
- 블렌더
- 물

1. 실험의 목적

식빵은 조리과정에 가열하는 온도에 따라 호정화가 다르게 나타나며 이에 따라 당도가 달라진다. 실험군과 대조군의 조리 방법을 다르게 하고 당도의 차이가 어떻게 다른지 비교해 본다.

2. 실험방법

① 식빵의 반죽은 동일하게 하고 오븐에 굽는 온도를 각각 다르게 세팅해서 굽는다.

② 하나의 식빵은 갈색이 나도록 만들고 하나는 갈색이 나지 않도록 구워낸다.

③ 식빵이 조리가 끝난 시점에서 외관, 색, 질감 등을 보고 묘사하여 평가한다.

④ 1차 묘사평가가 끝난 식빵을 먹어보고 당도의 정도를 기호에 따라 순위법으로 표기한다.

⑤ 묘사와 순위법 측정이 끝난 식빵의 색이 난 겉면을 정수물에 넣어 갈거나 으깨 면포를 이용해 즙을 짜고 즙으로 만든 시료의 당도를 당도계를 이용해 측정해 본다.

3. 실험결과

시료	1) 당도(Brix)	2) 색(윤기)	3) 맛(단맛)	4) 질감	5) 기호도
A					
B					

* 1)은 측정법을 이용하여 작성
* 2)~4)는 묘사법으로 작성
* 5)는 순위법으로 작성

삼투압(Osmosis : 침투압) 현상으로 알아보는 관능평가

반투막(半透膜)의 양쪽에 농도가 다른 수용액이 농도가 낮은 수용액에서 농도가 높은 수용액 쪽으로 물이 이동할 때 생기는 압력을 말하며 대표적으로 김장할 때 배추를 소금에 절이면 배추의 수분이 농도가 높은 소금물로 이동하면서 배추가 절여지는 현상을 예로 들 수 있다.

배추김치

김치는 우리나라를 대표하는 음식이다. 예부터 침채라고 부르며 즐겨왔던 김치의 형태는 무나 다른 야채를 소금에 절여 오랜 기간 변질되지 않게 보관하며 먹던 음식이었으며 현대의 배추김치와 같은 색, 모양을 갖춘 것은 불과 100여 년밖에 되지 않았다. 이는 김장용으로 사용하기 위한 결구배추가 한반도에 1900년 초에 들어왔고, 김치의 붉은색을 내는 고추와 고춧가루 역시 임진왜란 당시 우리나라로 유입되어 사용되었기 때문이다.
배추김치의 역사가 길지는 않지만 우리 민족의 소울푸드로, 각 지방별 김치 제조법이 다양하게 존재하는 만큼 한국을 대표하는 음식이라는 것은 분명하다.

재료 [배추절임용 : 물-400ml / 소금(천일염) : 800ml]

- 배추 : 1망(3개)
- 쪽파 : 1주먹
- 무 : 250g
- 양파 : 반개
- 깨 : 약간
- 찹쌀가루 : 80g

- 백설탕 : 210g
- 소금 : 210g
- 고춧가루 : 520g
- 까나리액젓 : 210ml
- 다시마 : 7장

- 매실액 : 210ml
- 새우젓 : 100g
- 다진 마늘 : 160g
- 다진 생강 : 210g
- 멸치 : 50g

만드는 법

1. 배추는 떡잎을 제거한 뒤 세로로 길게 반을 가른 뒤 꼭지 부분에 +모양의 칼집을 낸다.
2. 자르고 칼집 낸 배추를 물에 한 번 담갔다가 꺼낸 후 절임용 소금과 물을 이용해 소금물을 만들어 배추를 담가 뒤적이며 숨을 죽인다.
3. 소금 2컵을 준비해 배추 줄기를 들어 올리며 반 숟갈 정도의 소금을 사이에 뿌린다.
4. 나머지 소금은 배추 위에 고루 뿌리고 무거운 그릇을 이용해 누른다. (삼투압에 의해 총 7시간 정도 절이면서 중간중간 3회가량 뒤집어 골고루 절여질 수 있도록 한다.)
5. 멸치와 다시마를 넣고 물 5컵을 넣어 15분간 끓여 육수를 만든 후 식힌다.
6. 육수의 건더기는 모두 건져내고 찹쌀가루를 넣은 뒤 약불에서 천천히 끓여 풀을 쑨다.

7. 절여진 배추를 꺼내어 배추 밑동은 잘라서 버리고 5번 정도 물에 씻어 건져낸다.

8. 삼투압에 의해 절여지고 씻어낸 배추는 손으로 물기를 짜낸 후 채반에 올려 30분 정도 물기를 가볍게 빼준다.

9. 무와 양파는 채, 쪽파는 4cm 길이로 썰고 마늘과 생강은 다진다.

10. 볼에 고춧가루와 찹쌀풀, 다진 마늘, 새우젓, 까나리액젓, 매실액을 넣어 섞는다.

11. 10)의 양념과 9)의 야채를 섞어 김치소를 만들어준다.

12. 간을 보고 설탕, 소금을 이용해 염도와 당도를 맞춘 뒤 깨를 넣고 10분간 둔다.

13. 물기 뺀 배추를 한 장씩 들어가며 완성된 양념을 소로 발라준다.

14. 완성된 배추김치를 통에 담고 숙성시켜 먹는다.

[지역에 따라 사용하는 젓갈의 종류 및 부재료는 매우 다양하다. 취향과 지역 특색에 맞춰 여러 형태로 김치를 만들면 더욱 좋다.]

 평가포인트

❶ 배추김치를 만드는 과정에서 김치속은 동일하게 사용하되 한쪽은 절인 배추를, 다른 한쪽은 절이지 않은 배추를 이용해 속을 버무린다. 이후 일정시간이 지나면 두 종류의 배추로 만든 김치를 시식하고 비교해 본다.

❷ 지역별 김치 제조방법을 알아보고 각 지역의 특색에 따라 어떻게 다른지 논의해 본다.

관능평가

묘사법

실험재료

- 절여서 만든 배추김치 1포기
- 절이지 않고 만든 배추김치 1포기

필요기구 및 기기

- 흰 접시 : 인원수 × 6ea
- 트레이 : 인원수 × 1ea

- 도마 / 칼
- 젓가락

1. 실험의 목적

준비한 김치의 외관, 질감, 맛을 묘사하여 묘사법으로 평가함

2. 실험방법

접시에 김치를 동일한 크기, 동일한 부분으로 썰어 제시하고 외관, 질감, 맛을 묘사법에 따라 표현한다.

하나의 시료를 맛본 뒤 입을 헹구고 다음 시료를 평가해 관능검사지를 작성한다.

3. 실험결과

관능검사지

이름:	관능검사 요원 번호:	날짜:

다음은 ○○에 대한 관능검사입니다. 시료의 외관, 맛, 질감을 잘 확인하고 묘사하여 설명하세요.

○○(시료품명)

시료 번호	외관	질감	맛
A			
B			

*가능한 한 상세하게 묘사할 것

메일라드 반응(Maillard reaction)으로 알아보는 관능평가

식품의 갈변이란 식품의 저장 또는 가열 시 갈색으로 변하거나 본래의 색이 짙어지는 현상으로, 외관이나 풍미가 나빠지는 경우도 있지만 홍차나 간장의 제조와 같이 식품의 품질을 향상시키는 경우도 있다. 이러한 식품의 갈변현상은 효소적 갈변과 비효소적 갈변으로 크게 나뉘며 효소적 갈변에는 폴리페놀옥시다제(polyphenol oxidase)에 의한 갈변(사과, 배, 가지)과 티로시나제(tyrosinase)에 의한 갈변(감자, 고구마)이 있다. 이러한 효소에 의한 갈변을 억제하는 데는 조리작업 중 고온에서 열처리(데치기)하여 갈색에 기여하는 효소를 불활성화하거나 산소를 차단하는 방법이 있다. 비효소적 갈변에는 메일라드 반응(maillard reaction)과 캐러멜 반응(caramelization reaction), 아스코빅 애시드(ascorbic acid)의 산화반응이 있다. 캐러멜 반응은 당류를 180~200℃의 고온으로 가열시켰을 때 갈색 물질을 형성하는 것이며 아스코빅 애시드의 산화반응은 오렌지주스나 농축산물 등에서 발생하는 갈변현상이다. 메일라드 반응은 환원당의 카르복실기와 아미노기(단백질)를 갖는 화합물 사이에서 열을 만나 화학반응을 일으켜 갈색으로 변하는 반응으로 아미노-카보닐 반응 또는 마이야르 반응이라고도 한다. 식품을 가열하면 탄수화물 분자와 아미노산이 반응하면서 수백 가지의 물질을 생성하며 갈색으로 변할 때 일어나는 반응으로 식품의 풍미를 더하고 맛있는 냄새는 물론 육즙이 촉촉해지는 갈변반응을 의미한다.

돼지갈비 양념구이

우리나라의 구이요리는 '맥적(貊炙)'이라 불리는 고기 요리가 시초로 고구려시대부터 이어져 내려왔다. 역사서에서는 맥적을 "이미 조미되어 있으니 먹을 때 장을 찍어 먹을 필요가 없다."라고 기술되어 있다. 이를 통해 고기에 기본적인 양념이 되어 있는 상태로 불에 직접 구워서 먹었다는 것을 알 수 있다.

고기구이 중 갈비는 본래 소의 갈비를 주로 이용해 먹는 요리에서 유래되었으나 서민들이 즐겨 먹기 위해 상대적으로 가격이 저렴한 돼지고기의 갈비를 이용해 만들면서 널리 퍼지게 되었다.

재료

- 돼지갈비 : 1kg
- 배(간 것) : 75g
- 흑후추 : 약간
- 백설탕 : 30g
- 진간장 : 75ml

- 대파(흰 부분 다진 것) : 45g
- 깨소금 : 25g
- 다진 마늘 : 25g
- 참기름 : 25ml

만드는 법

1. 연한 돼지갈비를 살과 함께 자른 뒤 기름기를 제거한다.
2. 살을 0.5cm 두께로 얇게 저며서 편 뒤 잔 칼집을 골고루 넣는다.
3. 볼에 다진 파와 마늘, 배 간 것과 나머지 양념을 고루 섞어 양념장을 만들어준다.
4. 칼집 넣은 고기와 양념장을 먹기 30분쯤 전에 버무려 재웠다가 숯불을 이용해 굽는다.

 평가포인트

❶ 메일라드 반응이 일어나도록 구운 고기와 메일라드 반응이 일어나지 않도록 약불에서 익힌 고기를 먹어보고 비교해 본다.

❷ 메일라드 반응에 따른 영양성분의 변화는 다르게 나타난다. 흔히 '탄 음식은 암을 유발한다.'라는 말이 있듯이 메일라드 반응에 따른 영양성분의 변화를 알아보고 논의해 본다.

관능평가

품질 순위법, 묘사법 복합 비교검사

실험재료

- 메일라드 반응을 일으킨 조리가 완료된 돼지갈비 1대 : 150g
- 메일라드 반응을 일으키지 않고 조리가 완료된 돼지갈비 1대 : 150g

필요기구 및 기기

- 프라이팬 : 2ea
- 뒤집개 : 2ea
- 접시 : 2ea
- 가스레인지 : 2ea

1. 실험의 목적

고기를 가열하는 형태에 따라 일어나는 메일라드 반응과 육즙의 유무, 중량의 감소를 파악하고 품질을 비교한다.

2. 실험방법

① 준비한 고기를 두 개의 프라이팬에 올린다.

② 프라이팬의 불 세기를 조절한다.

　A : 돼지갈비 메일라드 반응 유도 → 타지 않을 정도의 센 불로 완전히 익도록 조리

　B : 돼지갈비 메일라드 반응이 일어나지 않도록 유도 → 색이 나지 않을 정도의 중불 또는 약불로 완전히 익도록 조리

③ 조리가 끝난 뒤 고기의 중량이 어느 정도 감소되었는지 아래의 수식을 이용해 계산한다.

$$중량감소율(\%) = \frac{조리\ 전\ 고기\ 중량(g) - 조리\ 후\ 고기\ 중량(g)}{고기\ 조리\ 전\ 중량(g)} \times 100$$

3. 실험결과

시료	고기 중량			스테이크			
	조리 전	조리 후	중량감소율	소요 시간	1) 색	2) 연한 정도	3) 육즙
A 뚜껑 열고							
B 뚜껑 덮고							

* 1)은 묘사법을 이용하여 작성
* 2)는 순위법으로 연한 것부터 작성
* 3)은 순위법으로 육즙 많은 것부터 작성

숙성(Aging)으로 알아보는 관능평가

사후강직이란 도살된 고기의 근육에서 생기는 현상으로 도축 후 근육이 수축하는 현상을 말한다. 이러한 수축 현상은 생체 내의 글리코겐이 젖산으로 변하면서 일어나는 현상으로 소나 말고기는 12~25시간, 돼지고기는 72시간, 닭고기는 12시간 정도의 강직 현상이 있다. 강직 현상이 지나면 숙성(Aging) 즉, 자가소화라 하여 육류 내 효소에 의해 육질이 부드럽게 되는 것을 숙성이라 한다. 쇠고기의 경우 0℃에서 10일, 5℃에서 7~8일, 10℃에서 4~5일, 13℃에서 5일, 15℃에서 2~3일, 20℃에서 2일, 32℃에서 5~6시간 정도가 소요된다. 고온에서 숙성이 빠르게 진행되지만, 부패의 위험성이 있다. 이렇듯 숙성을 잘 거친 육류를 조리하면 풍미는 올라가게 되는데 일반적으로 웻 에이징(Wet Aging)을 사용하나 색다른 풍미를 위해 드라이 에이징(Dry Aging)을 사용하기도 한다.

드라이 에이징(Dry Aging): 건식숙성

건식숙성의 숙성기간은 최소 10~40일 정도이며 저장온도는 1~3℃ 사이를 설정한다. 습도는 70~80% 유지하며, 바람의 세기는 2~5m/s 정도로 통풍이 잘되고 식육이 골고루 건조되어야 한다. 이렇게 건식숙성된 육류는 풍미가 좋아지는 장점이 있으나 상대적으로 폐기율이 높아지게 된다.

웻 에이징(Wet Aging): 습식숙성

습식숙성은 진공포장기를 이용하여 식육과 공기의 접촉을 차단한 후 −1~1℃ 사이에서 60일 정도 보관할 수 있다. 습식숙성의 장점은 건식숙성보다 숙성기간이 짧고 폐기율이 낮다는 것에 있다.

조리원리를 풀어 쓴 **조리과학 & 관능평가**

등심스테이크(건식숙성)

지방질이 고루 퍼진 등심의 경우 숙성과정에서 불필요한 수분이 증발하고 지방질이 농축되어 풍미가 더욱 진해진다.

재료

- 드라이 에이징 등심(채끝) : 150g
- 등심(채끝) : 150g
- 핑크솔트
- 고추냉이(생와사비 303제품)
- 허브소금 : 로즈마리소금
- 홀그레인 머스터드

만드는 법

1. 드라이 에이징 채끝등심과 숙성 과정을 거치지 않은 채끝등심을 준비한다.
2. 키친타월을 이용해 고기 표면의 수분을 제거한다.
3. 인덕션 두 개와 동일한 제품의 팬을 두 개 준비한다.
4. 비교군과 대조군의 스테이크를 동일 조건에서 같은 시간 동안 구워낸다.
   - 굽기의 세기: 인덕션 10 / 예열 시간 : 1분 / 한쪽 면 굽는 시간 : 1분 / 반대편 굽는 시간 : 1분 / 레스팅 시간 : 1분 30초
5. 굽기가 끝난 고기를 소금, 고추냉이, 허브소금, 홀그레인 머스터드를 곁들여 각각 비교해 본다.

[로즈마리소금: 소금과 생로즈마리 잎을 분쇄기로 분쇄한 뒤 이용]

 평가포인트

❶ 드라이 에이징된 등심스테이크와 숙성 과정을 거치지 않은 등심스테이크를 비교 섭취하고 고기의 향미, 질감의 차이를 느껴본다.

❷ 숙성은 맛에 변화를 주는 동시에 수분이 줄어들고 지방질이 풍부해지기 때문에 외형적으로도 변화가 나타난다. 숙성에 따라 나타나는 외형적 변화를 눈으로 관찰하고 숙성과정이 없는 고기와 숙성고기의 차이점을 비교해 본다.

관능평가

품질 순위법, 묘사법 복합 비교검사

실험재료

- 숙성시킨 소고기 등심(2.5cm 두께의 균일한 사이즈 준비) : 150g
- 숙성시키지 않은 소고기 등심(2.5cm 두께의 균일한 사이즈 준비) : 150g

필요기구 및 기기

- 전자저울
- 프라이팬
- 뒤집개

- 접시 : 2ea
- 타이머

1. 실험의 목적

숙성 과정을 거친 고기와 숙성하지 않은 고기 육질의 연함, 육즙의 유무, 중량의 감소를 파악하고 품질을 비교한다.

2. 실험방법

① 준비한 고기를 준비한다.

② 고기에 소금, 후추로 밑간한다.

　　A: 숙성한 소고기 150g + 소금, 후추 약간 + 식용유 1ts

　　B: 숙성 과정을 거치지 않은 소고기 150g + 소금, 후추 약간 + 식용유 1ts

③ A와 B 모두 식용유를 넣고 팬이 달궈져 연기가 나면 고기를 올린 후 표면이 익으면 반대편으로 뒤집어 구워준다. 이때 익는 시간을 타이머를 이용해 조건이 같도록 만든다.

⑤ 조리가 끝난 뒤 고기의 중량이 어느 정도 감소되었는지 아래의 수식을 이용해 계산한다.

$$중량감소율(\%) = \frac{조리\ 전\ 고기\ 중량(g) - 조리\ 후\ 고기\ 중량(g)}{고기\ 조리\ 전\ 중량(g)} \times 100$$

3. 실험결과

시료	고기 중량			스테이크			
	조리 전	조리 후	중량감소율	소요 시간	1) 색	2) 연한 정도	3) 육즙
A 숙성							
B 비 숙성							

* 1)은 묘사법을 이용하여 작성
* 2)는 순위법으로 연한 것부터 작성
* 3)은 순위법으로 육즙 많은 것부터 작성

연육효과(Softening effect)로 알아보는 관능평가

일반적으로 우리가 섭취하는 식육의 품질은 식육의 품종과 부위, 생육환경에 따라 품질이 결정된다. 그중에서도 식육의 생육환경은 매우 중요한 요소로서 어떠한 환경에서 자랐느냐에 따라 육질의 풍미는 물론 질김의 정도가 결정되기 때문이다. 한편 식육은 근섬유로 이루어져 있으며 근섬유의 주요 성분은 단백질이다. 이에 식육이 질길 경우 이러한 단백질을 기계적, 화학적 방법으로 부드럽게 만드는 과정을 거치게 되는데 이를 연육 과정이라 한다. 연육 과정에는 기계적(물리적) 연육 방법과 효소적 연육 방법이 있다.

- **기계적(물리적) 연육 방법** : 자르기, 두드리기, 다지기 등을 이용
- **효소적 연육 방법** : 배, 사과, 키위, 파인애플 등을 이용

불고기

불고기는 소고기의 등심, 목살 등을 1.5~2mm 두께로 얇고 넓게 저며 썬 뒤 양념에 하루 동안 재워 불에 구워서 먹는 요리로 비빔밥, 김치와 함께 우리나라를 대표하는 한식 메뉴다. 만드는 방식과 굽는 형태에 따라 국물이 있게 만들어 당면과 함께 먹기도 하고 석쇠를 이용해 숯불에 구워 먹기도 한다. 주로 사용하는 부위가 기름기가 적고 담백한 부위를 사용하기 때문에, 효소에 의한 연육이 필요한 메뉴다.

재료

*연육하지 않은 불고기 : 배, 파인애플 제외한 기본양념

- 쇠고기(목살): 500g
- 양파(간 것) : 1/2개
- 흑후추 : 약간
- 진간장 : 60ml

- 대파(흰 부분 다진 것) : 2뿌리
- 깨소금 : 15g
- 백설탕 : 15g
- 다진 마늘 : 15g
- 참기름 : 15ml

▶ 추가재료

적절한 연육 불고기 : 파인애플(간 것)= 1T / 배(간 것): 2T
과하게 연육한 불고기 : 파인애플(간 것)= 2T / 배(간 것): 4T

만드는 법

1. 고기는 1.5mm 두께로 얇게 저며서 준비한다.
2. 참기름을 제외한 모든 분량의 양념장을 모두 섞어 준비한다.
3. 고기와 양념을 섞어 준비한다.
4. 추가로 사용하는 연육 양념을 각각 넣은 후 구별해서 하루 냉장 보관하며 숙성시킨다.
5. 동일 조건에서 예열한 뒤 팬에 고기를 구워내고 비교해 본다.

 평가포인트

❶ 효소를 이용해 연육한 불고기와 연육하지 않은 불고기 그리고 과하게 연육한 불고기를 비교 섭취한 뒤 각각의 차이점을 비교해 본다.

❷ 물리적 연육과 효소적 연육의 차이를 검증해 보자. 각기 다른 연육법을 활용해 고기를 연육하고 양념한 불고기를 시식하고 차이점을 비교해 본다.

❸ 천연재료를 이용한 효소연육과 물리적 연육 외에 연육제라는 제품을 이용해 연육을 하기도 한다. 연육제의 종류에 대해 알아보고 사용할 때 주의할 점 및 적정사용량에 대해 알아보자.

[파인애플이 가지고 있는 연육효소인 브로멜린(bromelin) : 냉장고나 상온에서는 적온이 아니어서 효소활성 저하 – 65℃를 전후하여 활성이 매우 커져 연육작용 진행 – 고기를 구우면 고기 내부에서 연육작용이 급속히 일어나 죽처럼 녹아내릴 수 있음 – 생과육의 연육처리를 너무 오래 하면 고기가 너무 물러져 오히려 질감이 나빠짐]

관능평가

순위법과 묘사법

실험재료

- 양념에 연육처리를 하지 않은 불고기
- 양념에 연육처리를 마친 불고기
- 양념에 연육처리를 과하게 한 불고기

필요기구 및 기기

- 프라이팬 : 3ea
- 가스레인지 : 3ea
- 젓가락
- 접시 : 3ea
- 실리콘 주걱 : 3ea
- 타이머

1. 실험의 목적

천연 연육제를 첨가한 불고기와 천연 연육제를 첨가하지 않은 불고기 그리고 연육제를 과하게 첨가한 불고기를 동일 조건에서 가열하여 시식하고 각 시료별 기호와 선호도를 순위법으로 평가하고 묘사해 본다.

2. 실험방법

① 냄비에 각각의 양념으로 재워둔 불고기를 프라이팬에 올려 준비한다.

    A: 파인애플, 배를 넣지 않은 기본 양념불고기 → 하루 숙성

    B: 파인애플, 배를 정량 넣은 양념불고기 → 하루 숙성

    C: 파인애플, 배를 2배 사용한 양념불고기 → 하루 숙성

② 동일한 화력으로 동일 시간 동안 익혀낸다.

③ 고기가 다 익으면 각각의 시료에 번호를 부여해서 접시에 담아낸다.

④ 고기의 외관, 냄새, 맛, 질감을 시식해 보고 순위법과 묘사법으로 작성해 시료의 차이를 비교한다.

3. 실험결과

시료	1) 외관	2) 냄새	3) 맛	4) 질감	5) 부서짐성	6) 기호도
A 연육(X)						
B 적정 연육						
C 과연육						

* 1)~4)는 묘사법을 이용

* 5)는 순위법으로 부서짐성 약한 것부터 / 6) 기호도는 순위법으로 좋은 것부터 작성

조리원리를 풀어 쓴 **조리과학 & 관능평가**

농후제로 알아보는 관능평가

풍미의 핵심 농후제(종류별)로 알아보는 관능평가[루(roux) / 전분]

농후제는 서양요리에서 Soup나 Sauce의 농도를 조절하기 위해 사용되는 중요한 재료다. 전분, 난황, 리에종 등 농후제의 종류는 많지만 서양요리에서는 루를 가장 많이 이용한다. 그렇다면 전분을 이용해서 농도를 맞춘 음식과 루를 이용해서 농도를 맞춘 음식의 맛을 비교해 어떤 차이가 있는지 알아보자.

Beef stew

Stew는 서양요리에서 파생된 Soup 형태의 음식으로, 국물의 비중이 높은 Soup와는 다르게 고형물의 비중이 높은 음식이다. 다양한 재료를 이용해 장시간 은근히 끓여내 만들며 특히 질긴 사태와 같은 부위를 이용해 만든 Beef stew가 대표적이다.

재료

- 소고기 : 100g
- 당근 : 70g
- 양파 : 50g
- 버터 : 30g
- 셀러리 : 40g
- 감자 : 50g
- 마늘 : 1ea
- 밀가루 : 25g
- 토마토 페이스트 : 1T
- 월계수 잎 : 1장
- 정향 : 1ea
- 소금, 후추 : 약간

소스의 핵심 : 농후제(루)(전분)(난황)

종 류	전분입자 크기(μm)	조직감	조리 예
감자	15~100	길게 늘어지며 끈끈한 젤 형태	중식소스
쌀	2~10	짧게 끊어지며 단단한 젤	떡
밀	2~38	짧게 끊어지며 단단한 젤	밀가루풀
옥수수	4~26	짧게 끊어지며 단단한 젤	튀김옷
타피오카	5~36	길게 늘어지며 끈끈한 젤 형태	버블티
칡	7~75	짧게 끊어지며 단단한 젤	일식조리
고구마	15~55	짧게 끊어지며 단단한 젤	당면

만드는 법

1. 소고기는 핏물을 빼고 2cm 두께의 주사위 형태로 썰어 준비한다.
2. 마늘은 편으로 썰고 당근, 감자, 셀러리는 2cm 크기 주사위 형태로 썬 뒤 모서리를 둥글게 다듬어준다.
3. 양파는 2cm 정사각형 형태로 썰어 준비한다.
4. 자른 소고기에 소금과 후추로 밑간을 한 뒤 밀가루를 묻혀 색이 나게 겉면을 구워준다.
5. 팬을 예열하고 버터를 두른 뒤 약불에서 마늘을 볶다가 양파를 넣고 조금 더 볶는다.
6. 이어서 감자를 넣고 조금 볶아준 뒤 당근과 셀러리를 차례로 넣고 볶는다.
7. 토마토 페이스트를 볶던 야채에 넣고 조금 더 볶아 신맛을 날려준다.
8. 다른 팬에 버터를 넣고 녹인 뒤 밀가루를 넣고 초콜릿 색이 날 때까지 볶아 브라운 루를 만든다.
9. 볶은 브라운 루에 페이스트와 볶은 야채를 넣고 살짝 볶다가 물 1컵, 색을 낸 고기를 함께 넣어준다.
10. 월계수 잎과 정향을 넣고 은근히 끓여 카레의 농도로 만든다.
11. 완성된 스튜를 그릇에 담아준다.
12. 위의 모든 과정에서 루를 제외하고 같은 시간 동안 끓인 스튜를 전분으로 농도를 맞추고 두 가지 스튜의 맛과 농도를 비교해 본다.

 평가포인트

❶ 농후제의 종류는 매우 다양하다. 그중 루와 전분은 대표적인 농후제로 널리 이용되고 있다. 같은 음식의 농도를 맞추기 위해 루와 전분을 농후제로 사용하고 두 농후제를 사용했을 때의 농도에 따른 차이와 맛의 차이를 비교해 보자.

❷ 전분과 루를 이용해 농도를 맞춘 스튜는 뜨거운 상태에서와 차갑게 식은 상태에서의 차이가 어떤지 알아보자.

관능평가

관능적 특성 비교

실험재료

- 루를 이용해 완성한 비프스튜
- 전분을 이용해 완성한 비프스튜

필요기구 및 기기

- 수저
- 접시 : 2ea

1. 실험의 목적

각각 다른 재료를 이용해 완성한 비프스튜의 관능적 특성을 비교·평가한다.

2. 실험방법

① 스튜의 농도, 외관, 맛 등을 평가하기 위한 적정 용어를 토의를 거쳐 선정한다.

② 두 종류의 비프스튜는 어떤 재료를 이용해 만들었는지 알려주지 않는다.

③ 평가자들은 각각의 시료를 덜어 외관, 냄새, 맛, 소스의 농도, 윤기 등을 묘사해 평가한다.

3. 실험결과

시료	1) 외관	2) 냄새	3) 윤기	4) 맛	5) 소스의 농도	6) 기호도
A						
B						

– 시료의 특성을 단어로 표현해 보고 각 특성의 강도가 약하면 1점, 강하면 5점으로 평가하도록 한다.

– ANOVA 분석을 통해 시료 간 특성 차이에 유의성이 있는가를 분석해 본다.

단백질 응고 현상으로 알아보는 관능평가

단백질 응고

콩에 함유된 단백질인 글리시닌과 레구멜린은 콩을 마쇄하고, 물로 추출하는 방법으로 90% 이상 용출이 가능하다. 특히 글리시닌과 레구멜린의 가장 큰 특징은 칼슘염 또는 마그네슘염을 이용하면 묽은 용액 상태에서 응고성으로 인해 응고되는데, 이를 염석(salting out)이라고 부른다. 콩에 함유된 단백질을 용출하고 용출된 단백질의 응고성을 이용해 두부를 제조할 수 있다.

가정에서는 두부를 만들기 위해 간수를 이용하기도 하는데 균일한 품질의 두부를 제조하기 위해 글루코노델타락톤, 염화마그네슘 등을 이용한다.(본문의 서류와 두류 참조)

두부 만들기

우리나라 두부에 대한 기록은 고려말의 학자인 이색의 『목은집』에서 찾아볼 수 있는 것으로 보아 고려말 이전부터 전래되어온 것으로 추측할 수 있으며 조선시대 이후 다양한 두부 제조법이 발달한 것으로 알려져 있다. 또한 두부(豆腐)라는 뜻의 '부(腐)'는 썩었다는 의미가 아닌 뇌수와 같이 연하고 말랑말랑하다는 뜻으로 '포(泡)'라고 부르기도 한다.

재료
- 대두(불린 콩) : 500g
- 소포제(기포 제거용) : 100ml
- 글루코노델타락톤 : 20g
- 물 : 2L

만드는 법
1. 불린 콩을 준비하고 물 500ml와 함께 곱게 갈아 마쇄한다.
2. 갈아준 콩물과 남은 물을 함께 끓여 고소한 향이 나도록 가열한다.
3. 끓인 콩물을 면포에 담아 곱게 짜고 다시 끓이다가 기포가 올라오면 소포제를 함께 넣어준다.
4. 약 92℃까지 가열하고 불을 끈 뒤 글루코노델타락톤을 물에 섞은 용액을 100ml 만들어 조금씩 나누어 부어준다.
5. 응고되기를 기다린 후 1~2분 뒤 주걱으로 금을 그어 응고된 덩어리를 확인한다.
6. 면포에 나눠 담고 압착해 두부를 만든다.

❶ 시판되는 두부와 만든 두부의 맛과 질감, 특성에 어떠한 차이가 있는지 비교해 본다.
❷ 두부를 응고시킬 수 있는 응고제의 종류를 알아보고 글로코노델타락톤과 어떤 차이가 있는지 비교해 본다.
❸ 외관, 질감, 맛의 적절한 평가를 위한 용어를 우선 정하고 비교할 수 있는 예시를 들어 설명해 본다.

관능평가

시판 두부와 제조 두부의 관능적 특성 비교

실험재료

- 시판 두부와 제조 두부의 관능적 특성 비교
- 직접 제조한 두부

필요기구 및 기기

- 수저 : 1 × 인원수
- 칼/도마
- 접시 : 1 × 인원수

1. 실험의 목적

시판되는 두부와 직접 제조한 두부의 관능적 특성을 비교·평가한다.

2. 실험방법

① 두부의 외관, 질감, 맛 등을 평가하기 위한 적정 용어를 토의를 거쳐 선정한다.
② 외관상 두부의 차이가 나지 않도록 잘라서 배분한다.
③ 평가자들은 각각의 시료를 덜어 외관, 냄새, 맛, 질감, 단면 등을 묘사해 평가한다.

3. 실험결과

시 료	1) 외관	2) 냄새	3) 맛	4) 질감	5) 단면	6) 기호도
A						
B						
C						
D						

- 시료의 특성을 단어로 표현해 보고 각 특성의 강도가 약하면 1점, 강하면 5점으로 평가하도록 한다.
- ANOVA 분석을 통해 시료 간 특성 차이에 유의성이 있는가를 분석해 본다.

발효현상으로 알아보는 관능평가

기다림의 미학 발효(醱酵)로 알아보는 관능평가

막걸리

된장

간장

막걸리는 고려시대 문헌에 나오는 '탁주'라는 단어나 "고려의 서민들이 맛은 떨어지며 빛깔이 짙은 술을 마신다."라는 기록을 보면 알 수 있듯 우리 민족의 오랜 친구와 같은 술이다.

쌀로 지은 고두밥과 누룩, 물을 이용해 만드는 막걸리는 발효과정에서 알코올 발효와 함께 유산균 발효가 이루어지는 특징이 있다.

막걸리 만들기

막걸리를 동동주와 같은 술이라고도 하는데 이는 엄연히 다른 술이다. 막걸리는 가라앉은 침전물을 함께 섞어 먹지만, 동동주는 막걸리에 가라앉은 침전물을 제하고 위의 맑은 술만을 떠낸 것이기 때문이다. 물이 맑고 쌀이 맛있는 지역의 막걸리가 유명하며 특히 포천막걸리가 유명하다.

재료

- 멥쌀 : 150g
- 물 : 500ml
- 찹쌀 : 500g
- 누룩 : 65g

만드는 법

1. 멥쌀은 맑은 물이 나올 때까지 깨끗이 씻어 1시간 동안 물에 담가둔다.
2. 찹쌀 또한 맑은 물이 나올 때까지 깨끗이 씻고 3시간 동안 물에 담가둔다.
3. 누룩은 볕이 잘 들고 통풍이 잘되는 곳에 펼쳐둔다.
4. 막걸리를 담아둘 통은 수증기로 깨끗이 소독한 뒤 물기를 완전히 제거해 둔다.
5. 씻어둔 멥쌀은 물기를 20분간 완전히 제거하여 곱게 갈아준 뒤 끓인 물 500ml를 부어준다.(이후 25℃까지 식히기)
6. 찹쌀을 깨끗이 헹군 후 20분간 물기를 제거하고 젖은 면포 위에 펼쳐 1시간 동안 찐다.
7. 식힌 멥쌀물에 누룩을 넣어 잘 섞는다.
8. 쪄낸 찹쌀을 넓게 펼쳐 가능한 한 빠르게 식힌 뒤 멥쌀과 누룩을 섞은 반죽과 섞어준다.
9. 50분~1시간 동안 잘 섞어주면 물이 생기고 이 과정이 맛을 결정한다.
10. 소독한 발효통에 담고 키친타월을 덧댄 후 뚜껑을 덮어 21℃ 전후로 8일간 숙성한다.
11. 숙성된 막걸리를 면포에 걸러 짠 뒤 사이다 또는 물을 알맞게 섞는다.
12. 완성된 막걸리를 반으로 나눠 반은 동동주를 떠내고 반은 막걸리의 상태로 비교한다.

 평가포인트

❶ 완성된 막걸리를 침전물을 가라앉혀 동동주만을 거른 뒤 시음해 보고 막걸리와 어떤 차이가 있는지 비교해 본다.

❷ 막걸리를 만드는 과정 중 일어나는 발효현상을 일자별로 관측하고 어떤 변화가 있는지 살펴보자.

관능평가

삼점검사법

실험재료

- 동동주 : 1L
- 막걸리 : 1L × 2ea(2L)
- 물 : 1L

필요기구 및 기기

- 컵(종이컵 가능) : 인원수 × 10ea
- 메스실린더 : 2ea(50mL)
- 라벨 : 인원수 × 3ea

1. 실험의 목적

세 가지 시료 중 같은 두 종류와 하나의 다른 시료를 제시하고 시료 중 다른 하나를 찾을 수 있는지를 확인

2. 실험방법

① 임의의 숫자를 표기한 컵에 막걸리를 두 개, 동동주 하나를 20mL씩 각각 준비한다.

② 각각의 관능검사 요원에게 세 시료 중 두 종류는 같고 하나는 다름을 알려준다. 이후 맛을 하나씩 보고 물로 입을 헹군 뒤 다시 맛을 보며 다른 한 가지를 찾게 한다.

③ 시료 번호를 바꾼 뒤 다시 동일하게 실험을 실시한다.

④ 검사 요원은 차이가 느껴지는 하나의 시료 번호를 관능검사지에 작성한다.

⑤ 관리자는 관능검사의 요원별 결과를 받아 정답은 1, 오답은 0으로 표기하고 결과에 따른 집계표를 작성한 뒤 정답자 총계를 구한다. (조별 또는 집단에 따라 정답자 총계를 구하기도 함)

⑥ 삼점검사법의 통계 유의도표를 살펴보고 유의적인 차이가 있는지를 판정한다.

※ 컵에 시료 번호를 반드시 적을 것

3. 실험결과

관능검사지

다음의 세 종류 시료 중 두 시료는 같은 막걸리고 하나는 막걸리에서 추출한 동동주입니다. 각 시료를 맛본 뒤 물로 입을 헹군 후 다음 시료를 맛보아 다른 시료라고 생각되는 제품에 ∨표시를 하시기 바랍니다. 한 번의 실험이 끝나면 이후 번호를 달리한 시료가 제시되오니 같은 방법으로 관능검사를 진행하시기 바랍니다.

	시료 번호	다른 검사물 시료 번호	정답 / 오답
1회	_____ _____	_____	_____
2회	_____ _____	_____	_____

조별 삼점검사 결과 집계표

관능검사 요원	삼점검사 결과	
	1회	2회
1		
2		
3		
4		
5		
계		
총계		

* 2회 실험 중 정답자 수에 대한 1회와 2회의 총계를 구하시오.
* 정답은 1, 오답은 0으로 표기하시오.

결과해석법

삼점검사법은 통계적 유의도에서 관능검사를 실시한 요원의 수 × 2회 한 수를 관능검사 횟수로 하며, 정답 합계가 유의차를 나타내기 위한 최소한의 정답자 수 이상일 경우 α = 0000 수준에서 유의한 차이가 있다고 판정함

글루텐으로 알아보는 관능평가

쫄깃함과 글루텐(gluten)의 상관관계

글루텐은 밀가루에 함유된 단백질이 수분을 흡수해 수화되면서 그물과 같은 구조로 변하게 되는 현상을 말한다. 글루텐 형성이 잘 될수록 쫄깃한 식감을 가질 수 있고 박력분에 비해 강력분에서 글루텐이 잘 형성된다. 더욱 쫄깃한 반죽을 만들려면 반죽을 랩이나 비닐로 감싼 뒤 일정 시간 동안 방치하면 된다. 밀가루 반죽을 더욱 쫄깃하게 하기 위해 냉장고에서 일정 시간 보관하는 것 또한 이런 원리다.

수제비

수제비는 밀가루 반죽의 글루텐 형성을 이용한 대표적인 우리나라 서민 요리로 북한에서는 '뜨더국/뜨덕국'이라 부른다. 이름 그대로 반죽을 치대어 글루텐이 형성되면 형태에 관계없이 뜯어 끓는 육수에 넣어서 만들며 수제비 반죽보다는 육수에 의해 맛이 결정된다.
지역에 따라 수제비를 나중에 넣는 사리 형태로 이용하기도 하며 6.25 전쟁 이후로 가난한 사람들이 끼니를 때우기 위해 먹던 음식이라는 이미지가 있다.

재료

- 밀가루 : 3C
- 물(반죽용) : 1/2C
- 소금 : 1~2t
- 다시마(육수용) : 5×5cm 1장
- 다시멸치 : 10마리

- 무 : 100g
- 애호박 : 1/4개
- 당근 : 1/6개
- 양파 : 1개
- 대파 : 1뿌리

- 국간장 : 2T
- 다진 마늘 : 0.5T
- 소금 : 0.5T
- 후추 : 약간
- 맛술 : 0.5T

만드는 법

1. 볼에 밀가루를 넣은 뒤 소금을 넣고 물을 조금씩 나눠 부어주며 반죽한다.
2. 완성된 반죽은 비닐이나 랩으로 감싼 뒤 냉장고에 1시간 정도 숙성시킨다.
3. 끓는 물에 육수용 다시마, 멸치, 무를 넣고 10~15분 정도만 끓여 육수를 만든다.
4. 야채는 모두 채 썰어 준비하고 고명용 야채는 어슷 썰어 준비한다.
5. 육수의 멸치와 무, 다시마를 건져내고 채 썬 야채와 국간장, 소금, 맛술, 후추로 간한다.
6. 야채를 넣은 육수가 끓기 시작하면 숙성된 수제비 반죽을 떠서 넣는다.

❶ 같은 환경에 반죽용 밀가루를 하나는 강력분, 하나는 박력분으로 준비해 두 반죽의 쫄깃함 차이를 비교해 본다.

❷ 반죽 과정에서 반죽을 늘이면 그물형태의 망이 생겨난다. 강력분과 박력분의 그물형태 망이 어떻게 다른지 살펴보자.

관능평가

묘사법과 순위법

실험재료

- 강력분 반죽으로 만든 수제비 1그릇
- 박력분 반죽으로 만든 수제비 1그릇

필요기구 및 기기

- 수저 : 1 × 인원수
- 접시 : 1 × 인원수

1. 실험의 목적

강력분을 이용한 반죽과 박력분을 이용한 반죽을 비교하고 그 특성을 이해한다.

2. 실험방법

① 동일한 육수와 불 세기, 시간 등 같은 환경에서 조리한 수제비 두 종류를 준비한다.

② 각각의 관능검사 요원에게 두 종류의 수제비 반죽에 차이가 있음을 설명하고 구체적으로 어떤 점이 다른지 순위법과 묘사법을 이용하여 작성하도록 한다.

3. 실험결과

시료	1) 단단한 정도	2) 탄력성	3) 휘어짐성	4) 씹힘성	5) 기호도
A 물 2.5C					
B 물 3C					

* 1), 5)는 순위법을 이용 단단한 순 / 기호도가 좋은 순으로 작성
* 2)~4)는 묘사법으로 작성

달걀의 유화성으로 알아보는 관능평가

달걀의 특성으로 알아보는 조리과학[유화성(에멀션), 청정성, 응고성]

유화성이란 서로 녹지 않거나 균일한 혼합물을 만들 수 없는 액체를 섞이도록 유화시키는 성질을 말하고 유화제는 물과 기름처럼 섞이지 않는 액체를 섞이도록 만드는 물질을 말한다. 다만 완전히 섞이도록 만드는 것이 아니고 매우 작은 물방울과 기름방울의 형태로 고르게 분포된 에멀션 형태를 띠게 된다.

특히 달걀 노른자에 함유된 레시틴은 천연유화제로 다양한 요리에 널리 이용된다.

마요네즈

유화성을 이용한 요리는 매우 많지만 가장 널리 이용되는 식품이 바로 마요네즈다. 식초와 기름, 그리고 여러 향신료를 이용해 만드는 마요네즈는 소스와 드레싱, 기타 디핑소스로 활용된다.

재료

＊마요네즈 재료
- 식용유 : 200ml
- 레몬즙 : 15ml
- 계란 : 1개
- 소금 : 1/3T

만드는 법

1. 블렌더에 식용유를 담고 달걀 노른자와 레몬즙, 소금을 넣는다.
2. 블렌더를 이용해 30초간 믹싱해서 이용한다.

 평가포인트

❶ 마요네즈는 완벽하게 섞이는 것이 아니라 작은 방울들이 에멀션 형태로 존재한다. 만드는 과정에 분리가 일어날 수 있으니 주의해야 한다. 마요네즈를 만들 때 주의할 방법을 숙지하자(본서의 조리원리의 이해 유지류 참조)

❷ 마요네즈를 만드는 과정에 난황과 난백을 이용해 두 종류의 마요네즈를 만들어보고 그 차이를 비교해 본다.

❸ 난황 이외의 유화제 종류에는 어떤 것이 있는지 알아보고 각각의 특성에 대해 살펴보자.

관능평가

묘사법

실험재료

- 달걀 : 2ea
- 식초 : 3Ts(1Ts × 3)
- 식용유 : 300ml(100ml × 3)
- 소금 : 1.5t(0.5t × 3)

필요기구 및 기기

- 전자저울
- 계량스푼
- 볼 : 3ea
- 거품기
- 타이머
- 숟가락 : 3ea

1. 실험의 목적

전란과 난백, 난황으로 마요네즈를 제조하고 달걀의 종류에 따른 유화성과 안정성을 비교한다.

2. 실험방법

① 달걀 하나는 난황과 난백을 분리하고 나머지 하나는 전란으로 사용한다.

② 난황, 난백, 전란에 식초, 소금을 넣고 섞은 뒤 식용유를 반 스푼씩 넣어 가며 거품기로 저어준다.

③ 식용유의 절반 정도가 들어가 양이 많아지면 식용유를 1스푼씩 넣으면서 계속 저어준다.

④ 같은 조건에서 마요네즈의 농도가 생성되어 완성되는 시간을 체크하고 농도, 외관 등 관능적 특성을 기록한다.

⑤ 완성된 마요네즈를 상온에 두고 분리되는 시간이 어떻게 다른지 비교한다.

3. 실험결과

결과 \ 시료 번호		난황	난백	전란
제조시간				
용량				
분리되기까지 시간				
관능적 특성	외관			
	색			
	맛			
	유화상태			

* 가능한 한 상세하게 묘사할 것

한천(Agar)과 젤라틴(gelatin)의 겔(gel)화로 알아보는 관능평가

한천과 젤라틴의 공통적인 특성은 원하는 재료를 겔(gel)화시킬 수 있다는 것이다. 하지만 두 재료는 큰 차이점을 보이는데, 우선 겔화를 위한 응고력에 차이가 있다. 젤라틴에 비해 한천의 겔화가 10배 이상 높다. 또한 용해를 위해 녹이기 위한 온도에 차이가 있다. 한천은 90℃ 이상으로 가열해야 용해되는 반면 젤라틴은 25℃ 정도의 온도에서도 용해가 가능하다. 마지막으로 한천은 우뭇가사리라는 해조류에서 추출하는 식물성 식품이지만 젤라틴은 육류 또는 어류의 결체조직, 피부조직, 뼈에서 추출한 콜라겐 성분을 가공해 만드는 동물성 식품이다.

양갱

양갱은 화과자의 일종으로 팥에 설탕이나 물엿, 한천을 섞어 졸여 만든 과자의 일종이다. 일본에서 다양하게 발달되었고 현재는 에너지보충제 용도로도 많이 이용된다.

재료

＊팥양갱
- 적앙금 : 200g
- 한천 분말 : 5g
- 올리고당 : 25g
- 물 : 120ml
- 백설탕 : 20g

만드는 법

1. 냄비에 물과 한천 분말을 담고 20분간 불린다.
2. 불린 한천을 중불에 올려 주걱으로 저어가며 끓이고 투명해지면 불을 끈다.
3. 5분 뒤 냄비에 녹은 한천과 백설탕, 올리고당, 적앙금을 섞어 잘 풀어준다.
4. 재료를 섞은 용액이 타지 않도록 저어가며 끓이고 농도가 생기면 약불에서 약 20분간 은근히 끓인다.
5. 몰드에 담아 굳힌 뒤 꺼낸다.

❶ 한천을 이용해 만든 양갱과 젤라틴을 이용해서 만든 젤리의 차이점을 파악해 보자.

❷ 한천과 젤라틴의 겔화를 도와주는 물질과 겔화를 방해하는 물질로 어떤 것이 있는지 살펴보자.

❸ 양갱과 젤라틴을 만들 때 주의해야 할 점을 살펴보고 젤라틴, 한천의 양을 달리했을 때 겔화에 어떤 영향이 있는지 알아보자.

관능평가

묘사법과 순위법 I

양갱 만들기

실험재료

- 가루 한천 : 1g(3, 6, 9g)
- 소금 약간
- 설탕 : 400g(100g × 4)

- 고운 팥앙금 : 800g(200g × 4)
- 물 : 800ml(200ml × 4)

필요기구 및 기기

- 냄비 : 4개
- 나무주걱 : 4개
- 사각용기 : 4개

- 전자저울
- 칼
- 도마

1. 실험의 목적

한천의 농도를 달리하여 양갱을 만들어보고 차이점을 살펴본다.

2. 실험방법

① 각 냄비에 가루 한천을 1, 3, 6, 9g으로 나눠 계량한 뒤 물을 각 200ml씩 넣고 불려 끓인다.

② 끓인 한천에 각각 설탕 100g, 팥앙금 200g, 소금을 나눠 넣은 뒤 주걱을 이용해 눌

어붙지 않도록 저어가며 덩어리 없이 풀어준다.

③ 끓기 시작하면 중불에서 5분간 끓여준다.

④ 사각 트레이 안쪽에 물을 살짝 발라둔다.

⑤ 완성된 양갱을 ④의 트레이에 부어준 뒤 냉장고에서 1시간 동안 굳힌다.

⑥ 양갱이 굳으면 시료에 번호를 부여하고 잘라 외관, 맛, 경도 등을 묘사법으로 표현한 뒤 순위법을 이용해 기호도를 평가한다.

3. 실험결과

시료	1) 외관	2) 맛	3) 경도	4) 탄력성	5) 전체기호도
A 한천 1g					
B 한천 3g					
C 한천 6g					
D 한천 9g					

* 1), 4)는 묘사법으로 작성

* 5)는 순위법으로 작성

묘사법과 순위법 II

젤리 만들기

실험재료

- 생파인애플 : 1/2ea
- 통조림 파인애플 : 100g
- 물 : 60g(30g × 2)
- 가루젤라틴 : 3ts(1.5ts × 2)
- 끓는 물 : 140g(70g × 2)
- 백설탕 : 100g(50g × 2)

** 판젤라틴을 사용할 경우 2장(2g짜리)

필요기구 및 기기

- 유리용기(젤리 틀) : 2ea
- 계량스푼
- 전자저울
- 주서기
- 그릇 : 2ea

1. 실험의 목적

젤라틴을 이용해 젤리를 만들 때 파인애플에 함유된 단백질 분해효소가 젤리에 어떤 영향을 미치는지 알아보고 양갱의 식감, 질감과 비교해 보자.

2. 실험방법

① 생파인애플과 통조림 파인애플을 주서기로 갈아 각각 50g의 파인애플즙을 만든다.

② 그릇에 젤라틴 1.5ts과 물 30g을 넣고 5분 동안 불린 뒤 끓는 물 70g을 붓고 설탕을 함께 첨가해 젤라틴을 녹여준다.

③ 녹은 젤라틴에 생파인애플즙 50g, 통조림 파인애플즙 50g을 넣는다.

④ 젤리 틀 안쪽에 물을 적셔준 뒤 젤리를 부어 냉장고에서 1시간 동안 굳힌다.

⑤ 젤리가 굳으면 시료에 번호를 부여하고 잘라 외관, 맛, 경도 등을 묘사법으로 표현한 뒤 순위법을 이용해 기호도를 평가한다.

3. 실험결과

시료	1) 외관	2) 맛	3) 경도	4) 탄력성	5) 전체기호도
A 생파인애플즙					
B 통조림 파인애플즙					

* 1), 4)는 묘사법으로 작성
* 5)는 순위법으로 작성

수비드 조리기법으로 알아보는 관능평가

• 미식혁명 분자 조리

화학자 에르베티스와 물리학자 니콜라스 쿠르티가 처음으로 고안해낸 기법으로 프랑스가 기원이나 스페인 요리사들이 대중화시켰다. 분자는 물질의 성질을 가진 최소의 단위이며, 분자요리는 재료와 조리과정을 분자 단위로 보고 조리하는 방법이다. 식재료는 조리과정 중 고유의 성질을 잃어버리기 쉬운데, 이러한 단점을 극복하기 위해서 과학의 힘을 빌려 식재료가 가진 고유의 맛을 지키려고 노력하는 것이 분자 조리법이다. 분자 조리법의 대표적 기법은 다음과 같다.

• 수비드(Sous vide; 진공 저온요리) 기법으로 알아보는 관능평가

수비드(Sous vide; 진공 저온요리) 기법

식재료를 진공 포장하여 저온에서 장시간 조리하는 방법이다. 일반적으로 육류의 조직을 이루는 것이 근섬유 단백질의 일종인 액틴과 미오신인데 열을 가하면 단단해지는 특성이 있어 일반적인 화력을 이용하는 것보다 저온으로 장시간 익히면 육질이 더 부드럽게 된다. 주방에서 조리할 때 센 불에 고기를 넣으면 약불에 넣는 것보다 많이 줄어드는 것을 볼 수 있는데, 바로 이러한 원리로 인하여 육질이 질겨지게 되는 것이다. 진공 저온조리는 열을 서서히 전달함으로써 질겨지는 것을 방지한다. 저온에 오랫동안 가열하면 육즙이 흘러나오는 것을 우려할 수 있으나 이의 방지책으로 진공 포장하여 조리하는 기법이다.

수비드 닭가슴살

수비드의 가장 큰 장점은 진공 저온 조리과정을 장시간 거치며 극강의 부드러움을 만든다는 데 있다. 다양한 식재료 중에서 닭가슴살이야말로 수비드 조리과정을 통해 특유의 퍽퍽한 질감을 부드럽게 만들 수 있다.

재료

＊수비드 닭가슴살
- 닭가슴살 : 100g
- 소금, 후추 : 0.5g씩
- 월계수 잎 : 1p
- 로즈마리 : 1g
- 올리브오일 : 30ml
- 타임 : 1g

만드는 법

1. 닭가슴살은 깨끗이 씻어 손질한 뒤 모든 재료와 함께 진공 팩에 담는다.
2. 양념된 닭가슴살을 진공 팩에 넣고 진공포장기로 진공한다.
3. 수비드 머신의 온도를 63℃에 맞춘 뒤 온도가 맞으면 진공 팩을 넣고 1시간 동안 수비드를 진행한다.
4. 진공상태로 찬물에 담아 식힌 뒤 사용한다.

평가포인트

❶ 냄비에 삶아 익혀낸 닭가슴살과 수비드한 닭가슴살의 맛과 질감, 단면을 비교해 보고 시식해 본 뒤 차이점을 분석한다.
❷ 수비드로 닭가슴살뿐 아니라 야채, 면류의 조리 또한 가능하니 수비드를 이용한 다양한 메뉴를 학습하고 가장 어울리는 조리메뉴를 선정해 본다.

관능평가

묘사법과 순위법

실험재료

- 닭가슴살 : 200g(100g × 2)
- 소금, 후추 : 1g(0.5g × 2)
- 월계수 잎 : 2p
- 타임 : 2g(1g × 2)
- 올리브오일 : 60(30ml × 2)
- 로즈마리 : 2g(1g × 2)

필요기구 및 기기

- 수비드 머신
- 칼
- 냄비

- 진공 팩
- 도마
- 집게

- 진공 기계
- 물(수비드용 & 냄비용)

1. 실험의 목적

수비드 기법으로 조리한 닭가슴살과 일반 습식조리법인 삶기 기법으로 조리한 닭가슴살의 차이를 비교해 본다.

2. 실험방법

① 가슴살에 분량의 양념과 향신료를 각각 넣어 마리네이드한 뒤 수비드용 닭가슴살은 진공포장하고 냄비에 삶는 닭가슴살은 그대로 1시간 동안 숙성시킨다.

② 수비드용 닭가슴살은 수비드 머신에 물을 담고 63℃의 온도로 맞춘 뒤 1시간 동안 수비드를 진행한다.

③ 다른 하나의 닭가슴살은 냄비에 닭가슴살이 잠길 정도의 물을 담고 물이 끓으면 닭가슴살을 넣어 20분간 삶아준다.

④ 두 시료 모두 시간이 지나면 건져내고 실온에서 15분간 식혀준다.

⑤ 두 시료를 잘라 단면을 보고 맛, 냄새, 식감 등을 평가한 뒤 전체적인 기호도를 평가한다.

3. 실험결과

시료	1) 외관	2) 맛	3) 경도	4) 탄력성	5) 전체기호도
A 수비드한 닭가슴살					
B 삶아낸 닭가슴살					

* 1), 4)는 묘사법으로 작성
* 5)는 순위법으로 작성

구체화 기법으로 알아보는 관능평가

구체화(Spherification) 기법

생다시마나 미역에 들어 있는 알긴산을 추출하여 염화칼슘을 이용해, 액체를 구형(球形)화하는 기법으로 소스를 원형으로 만들어 모양과 색감을 살리면서 음식의 풍미를 높이는 방법이다. 알긴산나트륨(alginate sodium), 칼식(calcic), 글루코(gluco), 시트러스(citrus) 등이 이용된다.

캐비아(펄) 만들기

분자요리 기법의 펄 제조법은 기존의 소스를 캐비아 모양으로 변형하는 것으로 일반적인 소스 형태로 섭취해도 되지만 맛과 형태 모두 변화를 주는 독특한 조리기법이다.

재료

＊발사믹 캐비아
- 한천 : 3g
- 발사믹 식초 : 300ml
- 올리브오일 : 200ml

＊초고추장 캐비아
- 초고추장 : 300ml
- 한천 : 3g
- 젤라틴 : 1p
- 식용유 : 20ml

만드는 법

– 발사믹 캐비아

1. 냄비에 발사믹 식초와 한천을 넣고 끓여 녹인다.
2. 올리브오일은 유리병에 담아 냉장고에 보관해서 차갑게 만든다.
3. 주사기에 한천 녹인 발사믹 식초를 담은 뒤 차가운 올리브오일에 한 방울씩 떨어트린다.
4. 체에 건져 올리브오일을 제거해서 완성한다.

– 초고추장 캐비아

1. 냄비에 초고추장과 젤라틴, 한천을 넣고 끓여 녹인다.
2. 식용유를 유리병에 담아 냉장고에 보관해서 차갑게 만든다.
3. 주사기에 한천, 젤라틴을 녹인 초고추장을 담은 뒤 차가운 식용유에 한 방울씩 떨어트린다.
4. 체에 건져 식용유를 제거해 완성한다.

✅ 평가포인트

❶ 분자요리로 만든 초고추장과 일반 초고추장의 맛과 질감, 모양이 어떻게 다른지 비교해 본다.
❷ 캐비아 형태의 구체형태를 만들 때 일정한 모양이 생기도록 하려면 어떤 점에 유의해야 하는지 알아보자.

관능평가

묘사법과 순위법

실험재료

- 구체화 기법으로 만든 초고추장 캐비아
- 캐비아를 만든 동일 제품 초고추장(구체화 기법 사용 ×)

필요기구 및 기기

- 숟가락
- 페트리디쉬 : 2ea
- 물(입 헹굼용)

1. 실험의 목적

구체화 기법으로 만든 초고추장과 동일한 제품 초고추장의 차이를 비교해 보고 구체화 기법을 통해 얻을 수 있는 효과를 알아본다.

2. 실험방법

① 페트리디쉬에 초고추장을 짜서 담고 다른 하나에는 구체화 기법으로 제조한 캐비아 형태의 초고추장을 담는다.

② 각각의 시료를 외관, 냄새, 맛, 씹힘성 등을 확인한 뒤 전체적 기호도를 체크한다.

3. 실험결과

시료	1) 외관	2) 맛	3) 경도	4) 탄력성	5) 전체기호도
A 캐비아 형태 초고추장					
B 동일 제품 초고추장					

* 1), 4)는 묘사법으로 작성
* 5)는 순위법으로 작성

조리원리를 풀어 쓴 **조리과학 & 관능평가**

거품(Foam) 기법으로 알아보는 관능평가

거품(Foam) 기법

말 그대로 거품은 액체를 공기 속에 가둔 형태인데 이것은 단백질, 레시틴 등의 성질을 이용하여 식재료가 가지고 있는 고유의 향과 맛을 거품에 가두어 담아내는 기법이다. 레시테(lecite) 레시틴은 100% 대두 레시틴이며 유화제 역할을 한다. 이때 수크로(sucro) 등을 이용한다.

이외에 액화 질소를 이용하여 식재료를 급속 냉각할 때 또는 셔벗이나 아이스크림 제조 시에도 사용한다.

레몬폼

분자요리에 이용되는 레시틴 분말이 필요하다. 레시틴 분말은 폼의 형태를 유지할 수 있도록 도와주며 거품이 보다 안정되게 잘 생성되도록 돕는 역할을 한다. 또한 거품을 만들기 위한 용액의 맛은 진해야만 폼을 이용한 소스의 맛 또한 좋다.

재료

＊레몬폼
- 레몬 : 2ea
- 설탕 : 10g
- 레시틴 : 5g
- 소금 : 1g
- 레몬주스 : 200ml
- 타임 : 1g

만드는 법

1. 레몬주스에 레몬 2개의 즙을 짜서 넣은 뒤 레시틴, 설탕, 소금을 넣고 잘 저어준다.
2. 핸드믹서용 볼에 용액을 담고 핸드믹서를 이용해 거품을 발생시킨다.
3. 소스 대신 활용한다.

❶ 거품이 아닌 상태의 소스와 거품으로 만든 소스를 맛보고 식감과 맛의 차이를 비교해 본다.
❷ 폼을 만들고 유지하기 위해 사용되는 레시틴의 정량이 어느 정도인지 알아보고 과하게 레시틴이 사용되면 맛에 어떤 변화가 있는지 알아보자.

관능평가

묘사법과 순위법

실험재료

- 폼 기법으로 만든 레몬소스
- 레몬폼을 만든 동일제품 레몬소스(구체화 기법 사용 ×)

필요기구 및 기기

- 숟가락
- 핸드믹서 : 1ea
- 페트리디쉬 : 2ea
- 핸드믹서용 볼 : 1ea
- 물(입 헹굼용)

1. 실험의 목적

폼 기법으로 만든 레몬폼과 동일한 제품 레몬소스의 차이를 비교해 보고 폼 기법을 통해 얻을 수 있는 효과 및 응용 방법을 알아본다.

2. 실험방법

① 페트리디쉬에 레몬소스를 짜서 담고 다른 하나에는 폼 기법으로 제조한 레몬소스를 담는다.
② 각 시료의 외관, 냄새, 맛, 질감 등을 확인한 뒤 전체적 기호도를 체크한다.

3. 실험결과

시료	1) 외관	2) 맛	3) 냄새	4) 질감	5) 전체기호도
A 폼 형태의 레몬소스					
B 동일제품 레몬소스					

* 1), 4)는 묘사법으로 작성
* 5)는 순위법으로 작성

참고문헌

- Harold McGee. ON FOOD AND COOKING : The Science and Lore of the Kitchen. 이데아, 2022
- 구난숙·김향숙·이경애·김미정. 식품관능검사 이론과 실험. 교문사, 2019
- 김향숙·오명숙·황인경. 조리과학. 수학사, 2014
- 송태희·우인애·손정우·오세인·신승미. 이해하기 쉬운 조리과학. 교문사, 2022
- 안선정·김은미·이은정. 새로운 감각으로 새로 쓴 조리원리. 백산출판사, 2017
- 오세인·우인애·이병순·김동희·손정우·송태희·백재은. 한눈에 보이는 실험조리. 교문사, 2021
- (주)예지각 편집부. 요점 조리원리. (주)예지각, 1998
- 채현석. 분자의 원리를 활용한 분자요리. 백산출판사, 2021

인터넷 site
- https://imilk.or.kr(우유자조금관리위원회)
- https://koreanfood.rda.go.kr(농촌진흥청 국립농업과학원 [농식품 올바로] 국가표준식품성분표)
- https://www.ekape.or.kr(축산물 품질평가원)
- https://www.hanwooboard.or.kr(한우자조금관리위원회)
- http://www.mtrace.go.kr(축산물이력제)

이진택

현) 신안산대학교 호텔조리과 교수
　　조리외식 경영 & 메뉴 컨설턴트(Menu Consultant)

세종호텔 & The-K 서울호텔 한식조리팀 근무
세종대학교 외식경영학석사 & 국립한경대학교 이학박사
서울세계음식박람회 금메달 수상(한식 개인부문, 2005)
　　외 다수
(사)한국외식산업학회 이사(2020)
MBN 스페셜 '취업' 기술 교육으로 승부하라 – 출연
한국직업방송 '한식조리기능사실기 특강' 진행
농가 맛집 메뉴개발 & 컨설팅
농림식품기술기획평가원 한식장류를 활용한 할랄시장
　　및 에스닉 메뉴 개발
속리산면 산채음식거리 조성 메뉴개발 & 여주시 전통음
　　식 및 외식메뉴 개발
경기 광주시, 안양시 & 전남 목포시 현장맞춤 메뉴 컨설팅
　　외 다수

안용기

현) 한국폴리텍대학 서울강서캠퍼스 외식조리과 교수
　　조리기능사 실기 검정위원

The-K 서울호텔 조리부 근무
고려대학교 의료원 영양팀 일반식/치료식 R&D 담당
세종대학교 외식경영학석사 & 영산대학원 박사
서울시 50plus 재단 '식품과 외식의 미래' 강의
한국국제요리경연대회 금상 수상(일반개인 라이브부문,
　　2010)
서울국제외식조리경연대회 라이브부문 금상 수상(2013)
전통장류발효요리경연대회 라이브부문 서울시장상 수
　　상(2020)
중구청 & 신당동 떡볶이 타운 Food festival 컨설팅
송추가마골 조리애로기술지도 및 컨설팅

성기협

현) 대림대학교 호텔조리과 전임교수

일본 동경 게이오프라자호텔 연수
세종대학교 조리외식경영학 조리학박사
서울프라자호텔 메뉴개발팀장, 조리장
전국일본요리경연대회 최우수상 수상(최연소 초밥왕)
알래스카요리경연대회 본선 입상
홍콩국제요리대회 Black Box 은메달 수상
서울국제요리대회 단체전 및 개인전 금메달, 은메달, 동
　　메달 수상

저자와의
합의하에
인지첩부
생략

조리원리를 풀어 쓴 조리과학 & 관능평가

2024년 1월 5일 초판 1쇄 인쇄
2024년 1월 10일 초판 1쇄 발행

지은이 이진택·안용기·성기협
펴낸이 진욱상
펴낸곳 (주)백산출판사
교 정 성인숙
본문디자인 신화정
표지디자인 오정은

등 록 2017년 5월 29일 제406-2017-000058호
주 소 경기도 파주시 회동길 370(백산빌딩 3층)
전 화 02-914-1621(代)
팩 스 031-955-9911
이메일 edit@ibaeksan.kr
홈페이지 www.ibaeksan.kr

ISBN 979-11-6567-750-3 93590
값 32,000원